MATHÉMATIQUES
&
APPLICATIONS

Directeurs de la collection :
G. Allaire et M. Benaïm

64

MATHÉMATIQUES & APPLICATIONS

Comité de Lecture 2008–2011/Editorial Board 2008–2011

Instructions aux auteurs :

Les textes ou projets peuvent être soumis directement à l'un des membres du comité de lecture avec copie à G. ALLAIRE OU M. BENAÏM. Les manuscrits devront être remis à l'Éditeur sous format LaTeX2e (cf. ftp://ftp.springer.de/pub/tex/latex/svmonot1/).

Jean-Michel Rakotoson

Réarrangement Relatif

Un instrument d'estimations dans les problèmes aux limites

Springer

Jean-Michel Rakotoson

Laboratoire d'Applications des Mathématiques
Université de Poitiers
Boulevard Marie et Pierre Curie
Téléport 2, BP 30179
86962 Futuroscope Chasseneuil cedex
France
Jean-Michel.Rakotoson@math.univ-poitiers.fr

Library Congress Control Number: 2008928565

Mathematics Subject Classification (2000): 46E30, 46E35, 42B25, 35B45, 35B65, 35B50, 35J20, 35K65, 35J70, 35K55, 82D10

ISSN 1154-483X
ISBN-10 3-540-69117-0 Springer Berlin Heidelberg New York
ISBN-13 978-3-540-69117-4 Springer Berlin Heidelberg New York

Springer est membre du Springer Science+Business Media

springer.com
WMXDesign GmbH

Imprimé sur papier non acide 3100/SPi - 5 4 3 2 1 0 -

Je dédie ce livre à ma grande famille,
à tous mes professeurs de Mathématiques,
et en particulier à la mémoire de François Razanamparany.

Avant-propos

Je remercie avant tout mes deux enseignants, le Professeur Roger Temam et Madame Jacqueline Mossino, qui sont les premiers à étudier la dérivée directionnelle du réarrangement monotone et qui m'ont donné cette opportunité de m'initier à cette notion qu'ils ont bâptisée réarrangement relatif. Ils étaient aussi mes co-auteurs dans l'étude de plusieurs propriétés démontrées aux chapitres 2, 3, et 9.

Que mes différents collaborateurs trouvent ici ma profonde reconnaissance, en particulier Idelfonso Díaz de l'Université Complutense de Madrid, qui a apporté un merveilleux problème issu de la physique des plasmas. Ce modèle lié aux machines dites "Stellarator" a posé plusieurs questions ouvertes sur le réarrangement relatif. Cela m'a conduit à plusieurs développements des propriétés du réarrangement relatif en particulier les résultats du chapitre 7.

Il en est de même du professeur Denis Serre de l'Ecole Normale Supérieure de Lyon, qui m'a soumis le problème multicontrainte donné en exemple à l'introduction du chapitre 8. Ce problème a permis de développer une belle application de la notion du réarrangement relatif exposée dans ce chapitre.

Enfin, je termine mes remerciements au Professeur Marisa Seosane de l'Université de Santiago de Compostella (Saint Jacques de Compostelle) avec qui j'ai écrit plusieurs articles dont certains résultats sont dans ce livre, et à tous mes amis et collaborateurs italiens dont le Professeur Alberto Fiorenza de Naples, qui a introduit les petits espaces de Sobolev qui ont donné naissance à des applications des inégalités ponctuelles pour le réarrangement relatif.

J'adresse un merci particulier à Abdallah El Hamidi qui a bien voulu relire mon manuscrit et à Catherine Falaise-Bougant pour la mise en forme de ce document. Les remarques des référés anonymes m'ont permis d'améliorer le texte, qu'ils trouvent ici toute ma reconnaissance. J'exprime toute ma gratitude à Bernard Saramito et aux éditeurs de la collection pour avoir accepté ce livre dans cette série.

Poitiers,

Juillet 2007 *Jean Michel Rakotoson*

Préface

Quand on parle des inclusions de Sobolev, la plupart du temps on pense à celles associées aux espaces de Lebesgue. Les techniques pour obtenir les inégalités associées ou correspondantes sont fondées soit sur une représentation intégrale de la fonction à estimer (c'est la méthode originelle de Sobolev (voir les livres de Gilbard-Trudinger [68])), soit sur l'usage de l'inégalité de Gagliardo-Nirenberg (voir les livres de Brézis [24] ou de Adams [1] ou de J.E. Rakotoson -J.M. Rakotoson [88]). Quand on essaie de passer à des espaces plus généraux comme les espaces de Lorentz, les espaces de Birnbaum-Orlicz, les espaces de Zygmund $L^\beta(\text{Log } L)^\alpha$ ou tout autre espace normé comme celui récemment introduit par Alberto Fiorenza [60] : les petits espaces de Lebesgue, ces techniques usuelles pour obtenir les inclusions de Sobolev classiques ne sont plus facilement adaptables pour prouver les inclusions de Sobolev associées à ces espaces.

Ici, on propose des inégalités ponctuelles qui lient une fonction et son gradient. Ces inégalités s'avèrent être la racine de nombreuses inégalités de type Sobolev associées à des espaces normés, c'est à dire si ρ, ρ_0 sont deux normes, $W^1(\Omega, \rho)$ un espace de Sobolev associé à la norme ρ, $L(\Omega, \rho_0)$ l'espace normé associé à ρ_0, on donne des conditions (appelées indices d'inclusion) pour que $W^1(\Omega, \rho) \subset L(\Omega, \rho_0)$ avec une inclusion "continue".

Outre les inclusions de Sobolev, on montrera que ces inégalités conduisent aussi à des inégalités d'interpolation de type Gagliardo-Nirenberg.

Un autre avantage de la méthode que nous allons présenter, est de pouvoir estimer les constantes qui apparaissent dans ces inégalités. Voici un exemple d'inégalité fréquemment utilisée que nous redémontrons :

si Ω est un ouvert borné de $\mathbb{R}^2$, alors pour tout élément $u \in H_0^1(\Omega)$ on a

$$|u|_{L^4(\Omega)} \leqslant \left(\frac{1}{\pi}\right)^{\frac{1}{4}} |u|_{L^2(\Omega)}^{\frac{1}{2}} |\nabla u|_{L^2(\Omega)}^{\frac{1}{2}},$$

ou encore, nous montrerons que pour des espaces $W^1(\Omega, \rho)$ qui s'injectent dans l'ensemble des fonctions continues on a :

$$\operatorname*{osc}_{B(x,r)\cap\Omega} u \leqslant \frac{\alpha_N^{1-\frac{1}{N}}}{\alpha_{N-1}} \rho_{B(x,r)}(\nabla u)$$

où α_m désigne la mesure de la boule unité de $\mathbb{R}^m$,
$\rho_{B(x,r)}$ désigne la restriction de la norme ρ aux applications définies sur la boule $B(x,r)$ de centre x et de rayon $r > 0$.

Dans le cas particulier des espaces de Lorentz, un tel résultat a été démontré par E.M. Stein [118], mais sans l'estimation de la constante. Sa méthode est basée sur une représentation intégrale de la fonction u et l'usage de la théorie des opérateurs du type faible (voir le livre de Bennett-Sharpley [17]).

Pour obtenir ces précisions dans les estimations nous avons classé les fonctions que nous étudions, en trois grandes catégories selon leurs conditions au bord du domaine Ω :

1. Les fonctions à trace nulle
2. Les fonctions à trace partiellement nulle
3. Les fonctions à trace quelconque

Ces inégalités ponctuelles peuvent être obtenues dans les problèmes aux limites. Ce qui conduit à des théorèmes de régularité pour les espaces normés i.e. on peut répondre partiellement à la question : si f appartient à un espace normé $L(\Omega, \rho)$ que peut-on dire de la solution u?

Pour des raisons de clarté, nous avons souvent illustré ces résultats en choisissant les espaces de Lorentz et de Lebesgue suivant les conditions aux limites (1) ou (2) ou (3) précédentes. On peut les remplacer par les espaces cités ci-dessus ou par tout autre espace normé dont la norme vérifie certaines propriétés.

L'obtention de ces inégalités ponctuelles se fait par l'intermédiaire du réarrangement monotone et relatif dont les définitions et propriétés sont introduites au chapitres 1 et 2. L'un des principaux avantages de ces réarrangements est que ce sont des transformations qui envoient l'ensemble des fonctions mesurables $L^0(\Omega)$ dans l'ensemble des fonctions mesurables sur un intervalle de même mesure $\Omega_* =]0, |\Omega|[$ en conservant certaines "qualités" de la fonction d'origine.

Ces propriétés de conservation sont illustrées par les propriétés d'équi-mesurabilité pour le réarrangement monotone, les inégalités ponctuelles du type Polyà-Szëgo, du chapitre 3 ou encore les opérateurs moyennes pour le réarrangement relatif.

Au chapitre 4, on établit alors les inégalités ponctuelles résultant des formules intégrales de Fleming-Rishel, des inégalités isopérimétriques et les propriétés des réarrangements monotones et relatifs. On les applique aux inclusions non classiques et aux interpolations.

Au chapitre 5, on aborde la question d'estimations ponctuelles pour des problèmes aux limites telles les équations quasilinéaires, les équations relevant de la physique des plasmas pour une machine dite Tokamak.

Certains problèmes de la physique se modélisent en utilisant directement ces outils de réarrangements monotones et relatifs. Ce qui est assez naturel puisque le réarrangement monotone est l'inverse de la fonction "volume" des ensembles de niveau. Une illustration graphique est donnée à la fin du premier chapitre.

Quant à la notion de réarrangement relatif, d'une fonction b par rapport à une autre fonction u, son interprétation dépend de u, si u est une fonction étagée par exemple, alors la réarrangée de v par rapport à u est une fonction définie par morceaux obtenue en considérant les réarrangements monotones des restrictions de v aux plateaux de u. Par contre si u est "régulière", alors la fonction réarrangée de v par rapport à u est une moyenne pondérée de v sur une surface de niveau de u. Une illustration graphique est donnée à la fin du chapitre 2.

Pour résoudre ces problèmes où interviennent le réarrangement monotone et sa dérivée première, nous avons repris les théorèmes de Coron-Almgrem-Lieb mais en les exposant autrement. Certaines preuves sont donc différentes de celles originellement données par leurs auteurs, c'est l'objet du chapitre 6.

Quant au chapitre 7, il répond aux mêmes interrogations que le chapitre 6 mais pour le réarrangement relatif qui intervient dans le cadre des modèles de la physique des plasmas relevant d'une machine Stellarator. Nous donnons quelques uns de ces modèles dits non locaux au chapitre 8 en utilisant un cadre abstrait.

Tout ce qui a été décrit précédemment s'adapte aux cas d'une famille de fonctions paramétrées, par exemple, les fonctions dépendant du paramètre temps. C'est l'objet du chapitre 9 où nous montrons que le réarrangement relatif peut servir à l'étude de la régularité en temps du réarrangement monotone d'une famille de fonctions.

Comme dans le cas des problèmes stationnaires, on peut obtenir des estimations ponctuelles pour ces fonctions paramétrées. Nous illustrons cela pour des équations quasilinéaires et un système d'équations relevant d'un système Chemotaxis.

Puisque ce cours a été proposé en partie en D.E.A. de mathématiques à l'Université de Poitiers, nous proposons au chapitre 10 quelques exercices et des solutions ou indications de solutions au chapitre 11.

Remarques préliminaires

Nous avons opté de numéroter les théorèmes, lemmes, corollaires, propositions comme suit : de gauche à droite, lire le numéro du chapitre ensuite vient le numéro du paragraphe et le nombre le plus à droite est le numéro du théorème, lemme, corollaire ou proposition.

On utilisera des symboles abrégés :

- p.p. ou pp pour signifier presque partout
- t.q. ou tq signifient tel que (ou telle que, tels que...)

Table des matières

Index de symboles

- $\mathbb{R}^N$ espace euclidien de dimension N.
- $x \cdot y$ produit scalaire euclidien.
- $|x| = \sqrt{x \cdot x}$ norme euclidienne.
- V' ou V^* dual topologique d'un Banach V.
- $< .,. >$ crochet de dualité entre V et son dual.
- $\overline{F}^V$ (ou simplement $\overline{F}$) adhérence de F dans V.
- $\mathcal{C}_V F = F^c$ complémentaire de F dans V.
- $B(x,r) = \{y : |x-y| < r\}$ boule ouverte de centre x et de rayon r, $B(0,r) = B_r$.
  S'il n'y a pas de confusion, on note de la même manière la boule fermée. $B(0,1)$ est appelée boule unité.
- $|E|$ ou mes(E) mesure de Lebesgue d'un ensemble E.
- χ_E fonction caractéristique de E.
- $\displaystyle\int_\Omega f = \int_\Omega f(x)dx$ intégrale de f sur Ω par rapport à la mesure de Lebesgue.
- $f * g$ convolution de f et de g.
- $\dfrac{\partial}{\partial x_i}$ dérivée partielle par rapport à la variable x_i.
- $\nabla f = \left(\dfrac{\partial f}{\partial x_1}, \cdots, \dfrac{\partial f}{\partial x_N}\right)$ gradient de f.
- $D^\alpha f = \dfrac{\partial^{\alpha_1+\alpha_2+\cdots+\alpha_N}}{\partial^{\alpha_1} x_1 \partial^{\alpha_2} x_2 \cdots \partial^{\alpha_N} x_N} f$, $|\alpha| = \alpha_1 + \cdots + \alpha_N$.
- $\Delta u = \displaystyle\sum_{i=1}^N \frac{\partial^2 f}{\partial x_i^2}$.

- **Les espaces $C^k(\Omega)$, $C^{0,\alpha}(\Omega)$ et $\mathcal{D}(\Omega)$=$C_c^\infty(\Omega)$**
  - $C(\Omega) = C^0(\Omega) = \{v : \Omega \longrightarrow \mathbb{R} \text{ continue}\}$
  - supp (v)=support de v

- $C(\overline{\Omega}) = \{u : \Omega \to \mathbb{R}$ bornée, continue et qui peut être prolongée en une fonction continue sur $\overline{\Omega}\}$

- Pour $k \geqslant 1$, $k \in \mathbb{N}$,
  - $C^k(\Omega) = \{v \in C^{k-1}(\Omega), D^\alpha v \in C(\Omega), |\alpha| = k\}$
  - $C^\infty(\Omega) = \bigcap_{k \geqslant 0} C^k(\Omega)$
  - $C_c(\Omega) = \{v \in C(\Omega)$ tel que le $\text{supp}(v) = K$soit un compact$\}$
    $= \{v \in C(\Omega)$ tel que $v(x) = 0$ sur $\Omega \backslash K$, K compact dans $\Omega\}$
  - $C_c^k(\Omega) = C_c(\Omega) \cap C^k(\Omega)$, $k \geqslant 1$

Soit Ω un ouvert borné de $\mathbb{R}^N$ et $0 < \alpha \leqslant 1$, on note

$$C^{0,\alpha}(\overline{\Omega}) = \left\{ v \in C(\overline{\Omega}), \sup_{(x,y), x \neq y} \frac{|v(x) - v(y)|}{|x - y|^\alpha} < +\infty \right\}$$

muni de la norme $\|v\|_{0,\alpha} = |v|_{C(\overline{\Omega})} + \sup_{(x,y), x \neq y} \left\{ \dfrac{|v(x) - v(y)|}{|x - y|^\alpha} \right\}$.

- **Les espaces $L^p(\Omega)$**
  $1 \leqslant p \leqslant \infty$. Si $1 \leqslant p < \infty$, on note

$$L^p(\Omega) = \left\{ v : \Omega \longrightarrow \mathbb{R} \text{ mesurable tel que } \int_\Omega |v(x)|^p \, dx < +\infty \right\}.$$

La norme est notée $|v|_p = \left[\int_\Omega |v(x)|^p \, dx \right]^{\frac{1}{p}}$.
Si $p = \infty$, on note

$$L^\infty(\Omega) = \{v : \Omega \longrightarrow \mathbb{R} \text{ mesurable}, \exists M > 0 \text{ t.q. } |v(x)| \leqslant M \text{ p.p.}\}$$

la norme est notée $|.|_\infty$.

- **$L^{p,q}$ espace de Lorentz d'exposant p et q,**
  $|\cdot|_{(p,q)}$ une norme dans l'espace de Lorentz,
  $|\cdot|_{p,q}$ quantité équivalente à la norme $|\cdot|_{(p,q)}$.
- **$L^{(p'}$ petit espace de Lebesgue.**
  La norme associée est pour $p' = \dfrac{p}{p-1}$

$$|g|_{(p'} = \underset{g = \sum_{k=1}^{+\infty} g_k \ \ g_k \geqslant 0}{\text{Inf}} \left\{ \sum_{k=1}^{+\infty} \inf_{0 < \varepsilon < p-1} \varepsilon^{-\frac{1}{p-\varepsilon}} \left(\int_\Omega g_k^{(p-\varepsilon)'} dx \right)^{\frac{1}{(p-\varepsilon)'}} \right\},$$

où $(p - \varepsilon)'$ est le conjugé de $p - \varepsilon$.

- **Espace dual**
  $\mathcal{D}'(\Omega) = \{L : \mathcal{D}(\Omega) \to \mathbb{R}$, linéaire continue $\}$= espace des distributions
  $L^p(\Omega)' = L^{p'}(\Omega)$, $\quad \dfrac{1}{p} + \dfrac{1}{p'} = 1, \quad 1 \leqslant p < +\infty$.

- **Espaces de Sobolev** $W^{1,p}(\Omega)$
  Soit $1 \leqslant p \leqslant \infty$, on note l'espace de Sobolev :
  $W^{1,p}(\Omega) = \{u \in L^p(\Omega)$, tel que pour $i = 1, \cdots, N$, la dérivée distribution $\dfrac{\partial u}{\partial x_i}$ coïncide avec une fonction g_i de $L^p(\Omega)\}$.

- **Fonctions à valeurs vectorielles**
  - Si p est fini on note
    $L^p(0,T;V) = \{u : [0,T] \longrightarrow V$, est une fonction mesurable t.q. la fonction $t \to |u(t)|^p$ soit Lebesgue intégrable$\}$,
    la norme étant $|u|^p_{L^p(0,T;V)} = \displaystyle\int_0^T |u(t)|^p \, dt$
  - Si p est infini, alors on note
    $L^\infty(0,T;V) = \{u : [0,T] \longrightarrow V$, t.q. l'application $t \to |u(t)|$ soit mesurable, $\sup\limits_{t\in[0,T]} \text{ess}\ |u(t)|$ soit fini$\}$.
    la norme étant $|u|_{L^\infty(0,T;V)} = \sup\limits_{t\in[0,T]} \text{ess}\ |u(t)|$.
  - $C^k([0,T];V) = \{v \in C^{k-1}([0,T];V)$ t.q $v^{(k)} \in C([0,T];V)\}$
  - $C^\infty([0,T];V) = \displaystyle\bigcap_{k\geqslant 0} C^k([0,T];V)$.
  - $\mathcal{D}'(0,T;V) = \{L : \mathcal{D}(0,T) \longrightarrow V$, linéaire et continue $\}$.
    u' dérivée en temps, $u' \in \mathcal{D}'(0,T;V)$.
  - $W^{1,p}(0,T;V) = \{v \in L^p(0,T;V)$ t.q $v' \in L^p(0,T;V)\}$.
- $\{u > t\} = \{x : u(x) > t\}$, $\{u = t\} = \{x : u(x) = t\}$.
- $H_m(E)$ mesure de Hausdorf m-dimensionnelle de E.
- $u|_E$ restriction de la fonction u à l'ensemble E.
- α_m mesure de Lebesgue de la boule unité dans $\mathbb{R}^m$.
- $m_u(t) = |u > t| = m(t)$ fonction de distribution de u.
- u_* réarrangement décroissant de u.
- $u_{**}(t) = t^{-1} \displaystyle\int_0^t u_*(\sigma) d\sigma$.
- v_{*u} réarrangement relatif de v par rapport à u.
- $\partial G(u)$ sous-différentiel au point u d'une fonctionnelle G.
- M_u opérateur moyenne de 1ere espèce.
- $M_{u,v}$ opérateur moyenne de 2nde espèce.
- $P_\Omega(E)$ périmètre au sens de De Giorgi de E dans Ω.
- $P_{\mathbb{R}^N}(E)$ périmètre dans Ω relativement à un poids b de E.
- $Q(\Omega)$ ou Q constante relative isopérimétrique de Ω.
- ρ' norme associée d'une norme ρ.
- $V^1(\Omega, \rho) = \left\{v \in W^{1,1}(\Omega) : \rho\left(|\nabla v|_{*v}\right) < +\infty\right\}$.
- $W^1(\Omega, \rho) = \left\{v \in W^{1,1}(\Omega) : \rho\left(|\nabla v|_{*}\right) < +\infty\right\}$.

1

Motivations et généralités sur le réarrangement monotone

Pour montrer les inégalités de Sobolev, on peut utiliser la théorie de potentiel (potentiel de Riesz), qui est une manière d'utiliser les représentations intégrales, ou bien l'inégalité de Gagliardo-Nirenberg,

$$\text{pour } u \in C_c^\infty(\mathbb{R}^N) \qquad |u|_{L^{\frac{N}{N-1}}(\mathbb{R}^N)} \leqslant \prod_{j=1}^N |\partial_j u|_{L^1(\mathbb{R}^N)}^{\frac{1}{N}}.$$

Les preuves sont souvent très techniques et s'adaptent difficilement aux espaces invariants par réarrangement.

L'outil que nous allons présenter dans ce livre est une extension de celui développé dans le livre de Mossino [82] et est avant tout un outil pratique pour faire des estimations concernant les fonctions d'une variable réelle u partant d'un domaine Ω (souvent ouvert borné régulier de $\mathbb{R}^N$) dans $\mathbb{R}$ i.e. $u : \Omega \to \mathbb{R}$.

Un exemple de problème étudié avec cet outil est le suivant:
peut-on estimer (de façon explicite) la constante

$$\lambda_1^{\frac{1}{p}}(\Omega) = \operatorname*{Inf}_{u \in C_c^\infty(\Omega),\ u \neq 0} \frac{|\nabla u|_{L^p(\Omega)^N}}{|u|_{L^p(\Omega)}}, \qquad 1 \leqslant p < \infty\ ?$$

ou plus généralement, si $1 \leqslant p < N$, p^* l'exposant de Sobolev associé, peut-on donner des estimations explicites de

$$\operatorname*{Inf}_{u \in C_c^\infty(\Omega),\ u \neq 0} \frac{|\nabla u|_{L^p(\Omega)^N}}{|u|_{L^{p^*}(\Omega)}}\ ?$$

Et si $p = N$ peut-on trouver un espace $X(\Omega)$ t.q.

$$X(\Omega) \subset C(\overline{\Omega}), X(\Omega) \subsetneq W_\cdot^{1,N}(\Omega)?$$

et dans ce cas, peut-on donner une estimation de

$$\underset{B(x,r)\cap\Omega}{\text{osc}}\, u \text{ en fonction de } r \ (r \to 0),$$

$B(x,r)$ désignant la boule centrée en $x \in \Omega$, de rayon r.

L'espace $X(\Omega)$ est un espace "limite" des espaces de Sobolev classiques qui souvent ne s'exprime pas en terme d'espaces de Lebesgue, mais en utilisant des espaces liés au réarrangement comme les espaces de Lorentz ou les petits espaces de Lebesgue (voir Stein, Fiorenza-Rakotoson [62,118]).

Le même outil que nous allons développer va nous permettre :
- De résoudre des problèmes d'optimisation non classique, telle que la minimisation suivante :

$$\text{Inf}\left\{\frac{1}{2}\int_\Omega |\nabla v|^2\,dx - \int_\Omega fv\,dx, \quad v \in K(h)\right\}, \text{ où } h \in L^\infty(\Omega)$$

et $K(h) =$

$$\left\{v \in H_0^1(\Omega) : \int_\Omega \Phi(v)dx \leqslant \int_\Omega \Phi(h)dx \ \ \forall \Phi : I\!R \to I\!R \text{ convexe lipschitzienne}\right\}.$$

- De trouver l'équation d'Euler associée à ce problème. On verra que l'ensemble des contraintes peut s'exprimer en terme de réarrangement monotone et l'obtention des équations d'Euler nécessite le réarrangement relatif.

Des équations aux dérivées partielles non locales vont être abordées comme applications de ces outils.

D'autres problèmes multicontraintes peuvent se reformuler en terme de réarrangement relatif et de réarrangement monotone, voir le chapitre 2.

1.1 Notations et rappels

Tout au long de ce livre, on désignera par :

$I\!R^N$ l'espace euclidien muni de la norme $|x| = \left(\sum_{i=1}^N x_i^2\right)^{1/2}$ associée au produit scalaire $(x,y) = \sum_{i=1}^N x_i y_i$ (avec $x = (x_1, \cdots, x_N)$, $y = (y_1, \cdots, y_N)$), $B(x,r)$ la boule ouverte de centre x et de rayon r.

Pour simplifier, on utilisera la mesure de Lebesgue et si E est mesurable dans $I\!R^N$, on note $|E|$ la mesure de E ou par abus le volume de E, Ω désignera l'ensemble (souvent borné) sur lequel on travaille.

La fonction caractéristique de E sera notée χ_E i.e. $\chi_E = \begin{cases} 1 & \text{si } x \in E, \\ 0 & \text{sinon.} \end{cases}$ La mesure de Haussdorf m-dimensionnelle de E sera quelquefois utilisée et sera notée $H_m(E)$. Notons que $H_N(E) = |E| \equiv \mathcal{L}_N(E)$.

En un mot, le réarrangement d'une fonction $u : \Omega \to I\!R$ est la fonction u_* inverse de la fonction volume suivant $t \to \mathrm{vol}\Big\{u > t\Big\} = |u > t|$. C'est donc une fonction décroissante. Son intérêt principal se résume par la conservation du volume :

$$\mathrm{vol}\Big\{u > t\Big\} = \mathrm{vol}\Big\{u_* > t\Big\} \qquad (\forall t)$$

(volume d'ensemble de niveau). Ce qui implique la conservation de normes dans différents espaces normés.

Si $u : \Omega \to I\!R$ est une fonction mesurable, on notera simplement : $\Big\{u > t\Big\} = \Big\{x \in \Omega : u(x) > t\Big\}$, $\Big\{u = t\Big\} = \Big\{x \in \Omega : u(x) = t\Big\}$ de même pour les ensembles $\{u < t\}$, $\{u \leqslant t\}$, $\{u \geqslant t\}$. Leur mesure est notée $\Big|\Big\{u > t\Big\}\Big| = |u > t|$, de même pour $|u < t|$, $|u \geqslant t|$, $|u = t|$. Si $E \subset \Omega$ on note $v\big|_E$ la restriction de v à l'ensemble E.

On notera $L^p(\Omega)$ les espaces de Lebesgue classiques $1 \leqslant p \leqslant +\infty$ munis de la norme $|\cdot|_p$.

Définition 1.1.1 (palier en une valeur t).
Soit $t \in I\!R$, $u : \Omega \to I\!R$ mesurable.

On dira que u a un palier au point t si $|u = t| > 0$.

On appelle plateaux de u l'ensemble $P(u) = \displaystyle\bigcup_{t \in D_u} \Big\{u = t\Big\}$ où D_u est l'ensemble des points où u a un palier.

Proposition 1.1.1.
Soit $u : \Omega \to I\!R$ mesurable (Ω borné ou de mesure finie). Alors D_u (donné dans la définition précédente) est au plus dénombrable.

Preuve de la proposition.

Pour $n \in I\!N^*$, on pose $D_{u,n} = \Big\{t \in D_u : |u = t| > \dfrac{1}{n}\Big\}$.

Alors $D_u = \displaystyle\bigcup_{n \in I\!N^*} D_{u,n}$. Montrons que $D_{u,n}$ est au plus dénombrable. Si ce n'est pas le cas, alors $D_{u,n}$ est un ensemble infini non dénombrable et par l'axiome du choix, il existerait un sous-ensemble dénombrable $D'_{u,n} \subset D_{u,n}$. Alors

$$\frac{1}{n}\text{card}(D'_{u,n}) \leqslant \sum_{t\in D'_{u,n}} |u=t| = \left|\bigcup_{t\in D'_{u,n}} \{x : u(x)=t\}\right| \leqslant |\Omega|$$

Ce qui est absurde. Par suite D_u lui-même est au plus dénombrable. □

Définition 1.1.2 (fonction de distribution).
Soit $u : \Omega \to \mathbb{R}$ mesurable, $|\Omega| < +\infty$. On appelle fonction de distribution de u la fonction décroissante :

$$m_u = m : \begin{matrix} \mathbb{R} \to \mathbb{R} \\ t \ \to m(t) \end{matrix} \quad \textit{définie par } m(t) = m_u(t) = \text{mesure}\{u > t\}\,.$$

Définition 1.1.3 (réarrangement décroissant).
Soit $u : \Omega \to \mathbb{R}$ mesurable, $|\Omega| < +\infty$. On appelle réarrangement décroissant de u, la fonction $u_* : \left]0, |\Omega|\right[\to \mathbb{R}$ définie par

$$u_*(s) = \text{Inf }\ \{t \in \mathbb{R},\ m(t) \leqslant s\}\,.$$

Si $s=0,\ u_*(0) = \sup_\Omega \text{ess } u,\ s=|\Omega|\,,\ u_*(|\Omega|) = \inf_\Omega \text{ess } u.$

Propriété 1.1.1.
(a) m est continue à droite,
(b) $u_*\big(m(t)\big) \leqslant t \quad \forall t,$
(c) $m\left(u_*(s)\right) \leqslant s \quad \forall s,$
(d) u_* *est continue à droite sur* $\left[0, |\Omega|\right),$
(e) Si $u \leqslant v$ *p.p. alors* $u_*(s) \leqslant v_*(s)\ \forall s \in \overline{\Omega_*}.$

Preuve.

(a) Posons $E(h) = \{t < u \leqslant t+h\}$ alors $E(h_1) \subset E(h_2)$ si $h_1 \leqslant h_2$ et $\bigcap_{h>0} E(h) = \emptyset : \lim_{h\to 0} |E(h)| = 0$ soit $\lim_{h\to 0} m(t+h) = m(t)$.

(b) $u_*\big(m(t)\big) = \text{Inf }\ \{\theta : m(\theta) \leqslant m(t)\} \leqslant t.$

(c) Soit $s \in \Omega_*$, il existe $t_n \in \mathbb{R}$, t.q.

$$m(t_n) \leqslant s,\ t_n > u_*(s),\ t_n \xrightarrow[n\to+\infty]{} u_*(s).$$

Par continuité à droite, nous avons :

$$m(t_n) \xrightarrow[n\to+\infty]{} m\big(u_*(s)\big) : m\big(u_*(s)\big) = \lim_n m(t_n) \leqslant s.$$

Pour $s = |\Omega|\,,\ m(\inf_\Omega \text{ess } u) \leqslant |\Omega|\,,\ s=0$ on a $m(\sup_\Omega \text{ess }) = 0.$

(d) Supposons qu'il existe $s \in \left[0, |\Omega|\right[$ t.q. $\lim\limits_{h \searrow 0} u_*(s+h) \neq u_*(s)$, alors il existe γ t.q. $u_*(s) > \gamma > u_*(s+h)$, $\forall\, h > 0$. D'où

$$m(\gamma) \leqslant m\big(u_*(s+h)\big) \leqslant s + h : m(\gamma) \leqslant s.$$

Par définition de u_*, $u_*(s) \leqslant \gamma$, contradiction.

(e) Si $u \leqslant v$ alors $m_u(t) \leqslant m_v(t)\ \forall\, t$, ce qui entraîne par définition $u_*(s) \leqslant v_*(s)$, $\forall\, s \in \Omega_*$ (par continuité à droite pour $s = 0$, par continuité à gauche pour $s = |\Omega|$). □

Propriété 1.1.2 (fondamentale d'équimesurabilité).
Pour tout réel t, on a :

1. $|u > t| = |u_* > t|$,
2. $|u \geqslant t| = |u_* \geqslant t|$, $\quad |u \leqslant t| = |u_* \leqslant t|$, $\quad |u = t| = |u_* = t|$.

Preuve. Il suffit de montrer le premier énoncé car :
$|u \leqslant t| = |\Omega| - |u > t| = |\Omega| - |u_* > t| = |u_* \leqslant t|$,

$$\lim_{h \searrow 0} |u > t - h| = \lim_{h \searrow 0} |u_* > t - h| \text{ implique } |u \geqslant t| = |u_* \geqslant t|.$$

Pour montrer (1.), posons $I(t) = \big\{\sigma \in \overline{\Omega_*}\ u_*(\sigma) > t\big\}^{\cdot}$ • Si $t \geqslant \operatorname*{sup\,ess}_{\Omega} u$, alors $I(t) = \emptyset$: $\operatorname{mes}\big(I(t)\big) = |u > t| = 0$.

• Si $t < \operatorname*{sup\,ess}_{\Omega} u$, alors $0 \in I(t)$ et comme u_* est décroissante $I(t)$ est un intervalle. D'où $I(t) = \Big[0, \operatorname{mes}\{u_* > t\}\Big)$. Comme $u_*\big(m(t)\big) \leqslant t$ alors $m(t) \notin I(t)$ donc $m(t) \geqslant \operatorname{longueur}\big(I(t)\big) = |u_* > t|$.
Ainsi $\gamma = |u > t| \geqslant |u_* > t|$.

Soit $s > |u_* > t|$ alors $s \notin I(t)$ i.e. $u_*(s) \leqslant t$, $m(t) \leqslant m\big(u_*(s)\big) \leqslant s$, en faisant tendre s vers $|u_* > t|$ on a alors $|u > t| \leqslant |u_* > t|$. □

Corollaire 1.1.1.
Soit $F : \mathbb{R} \to \mathbb{R}_+$ borélienne. Alors

$$\int_\Omega F(u)dx = \int_{\Omega_*} F(u_*)ds.$$

En particulier, $|u|_{L^p(\Omega)} = |u_*|_{L^p(\Omega_*)} \qquad 1 \leqslant p \leqslant +\infty.$

Preuve. • Si $F(t) = \chi_{(a,b)}(t)$, $(a,b) \in \mathbb{R} \times \mathbb{R}$ fonction caractéristique d'un intervalle, alors l'égalité est vraie.

• Si $\mathcal{O}$ est un ouvert de $\mathbb{R}$, comme $\mathcal{O} = \bigcup\limits_{j \in D}]a_j, b_j[$, $]a_i, b_i[$ deux à deux disjoints, où D est au plus dénombrable on a

$$\int_{\Omega}\chi_{\mathcal{O}}(u)dx=\sum_{j\in D}\int_{\Omega}\chi_{]a_j,b_j[}(u)dx=\sum_{j\in D}\int_{\Omega_*}\chi_{]a_j,b_j[}(u_*)ds=\int_{\Omega_*}\chi_{\mathcal{O}}(u_*)ds.$$

• Si A est un fermé de $\mathbb{R}$, puisque $\chi_A=1-\chi_{\mathbb{R}\backslash A}$ et $\mathbb{R}\backslash A=\mathcal{O}$ est un ouvert alors on a l'égalité. On note :

$$\mathcal{M}_1=\left\{E \text{ borélien } : \int_{\Omega}\chi_E(u)dx=\int_{\Omega_*}\chi_E(u_*)ds\right\}.$$

On vérifie que $\mathcal{M}_1$ est une σ-algèbre contenant tous les ouverts (principe d'extension de Carathéodory) par suite elle contient la σ-algèbre borélienne.
• Si $F:\mathbb{R}\to\mathbb{R}_+$ est borélienne bornée alors il existe $(a_i^n)_{i\leqslant n}$ et $\{E_i\}_{i\leqslant n}$ avec $F_n(\sigma)=\sum_{i=0}^{n}a_i^n\chi_{E_i}(\sigma)$ étagée, E_i borélienne et $\lim_{n\to+\infty}F_n(\sigma)=F(\sigma)\ \forall\,\sigma\in\mathbb{R}$, F_n est uniformément bornée en n. Alors, par le théorème de la convergence dominée on a:

$$\int_{\Omega}F_n(u)dx=\int_{\Omega_*}F_n(u_*)ds\Longrightarrow\int_{\Omega}F(u)dx=\int_{\Omega}F(u_*)ds.$$

• Si F est borélienne non bornée, alors on considère la suite de fonctions : $T_k(\sigma)=\begin{cases}\sigma & |\sigma|\leqslant k\\ k\,\mathrm{sign}(\sigma) & \text{sinon,}\end{cases}$
$F_k(\sigma)=T_k\circ F(\sigma)$ vérifie $0\leqslant F_k(\sigma)\leqslant F_{k+1}(\sigma)\leqslant F(\sigma)$ alors

$$\int_{\Omega}F_k(u)=\int_{\Omega_*}F_k(u_*)ds\overset{\text{(Beppo-Lévi)}}{\underset{k\to+\infty}{\Longrightarrow}}\int_{\Omega}F(u)=\int_{\Omega_*}F(u_*).$$

□

N.B. On peut remplacer les mesures de Lebesgue par la mesure pondérée $|E|_a=\int_E a(x)dx$ si $a>0,\ a\in L^1(\Omega)$ et définir le réarrangement décroissant u_*^a associé à u (voir exercice 10.1.4, chapitre 10, ou les articles Rakotoson-Simon [104,105], Mercaldo A. [80], Brock F. et al. [26]).

Lemme 1.1.1.
Soit $\psi:\mathbb{R}\to\mathbb{R}$ croissante. Alors, pour tout u mesurable $(\psi\circ u)_*=\psi(u_*)$.

Preuve. Par équimesurabilité, on a :

$$|\psi\circ u>t|=\int_{\Omega}\chi_{]t,+\infty[}(\psi\circ u)du=\int_{\Omega_*}\left(\chi_{]t,+\infty[}\circ\psi\right)(u_*)ds=|\psi\circ u_*>t|.$$

Ce qui signifie que $(\psi\circ u)_*=(\psi\circ u_*)_*$. Posons $f=\psi\circ u_*$, alors f est décroissante. Si $s\in\Omega_*$ alors l'intervalle $\{f>f(s)\}$ ne contient pas s mais contient 0 s'il est non vide donc on a toujours $|f>f(s)|\leqslant s$, ainsi $f_*(s)\leqslant f(s)$

(par définition). Comme pour tout k : $\int_{\Omega_*} T_k(f(s))ds = \int_{\Omega_*} T_k(f_*(s))ds$ et que $T_k(f_*(s)) \leqslant T_k(f(s))$ on a :

$$\forall k : T_k(f_*(s)) = T_k(f(s)) \text{ p.p. en s.} \Longrightarrow f_*(s) = f(s)$$

p.p. d'où $(\psi \circ u)_* = (\psi \circ u_*)_* = \psi \circ u_*$ □

1.2 Les inégalités de Hardy-Littlewood

On aura besoin du lemme de Lyapounov suivant :

Lemme 1.2.1 (de Lyapounov).
Soit $s \in \Omega_*$ t.q. il existe $t \in \mathbb{R}$, $|u > t| \leqslant s \leqslant |u \geqslant t|$.
Alors il existe un ensemble E mesurable t.q. :

$$\begin{cases} \bullet \{u > t\} \subset E \subset \{u \geqslant t\}, \\ \bullet |E| = s. \end{cases}$$

Preuve. Soit P un polynôme (exemple $P(x) = \sum_{i=1}^{N} x_i^2 = |x|^2$) et v la restriction de P à $\{u \geqslant t\} \setminus \{u > t\} = \{u = t\}$ (notons que si $|u = t| = 0$, $s = |u > t|$, $E = \{u > t\}$). Considérons

$$E = \{x \in \Omega : u(x) > t\} \cup \{x : u(x) = t,\ v(x) > v_*(s - |u > t|)\}.$$

Comme v est sans palier, alors

$$|E| = |u > t| + |v_* > v_*(s - |u > t|)| = s.$$

□

Lemme 1.2.2 (1ère inégalité de Hardy-Littlewood).
Soit $E \subset \Omega$ mesurable, $u : \Omega \to \mathbb{R}$ mesurable $\geqslant 0$ ou intégrable. Alors,

$$\int_E u(x)dx \leqslant \int_0^{|E|} u_*(s)ds.$$

De même on a $\int_E u(x)a(x)dx \leqslant \int_0^{|E|_a} u_*^a(s)ds$, *pour* $a > 0$, $a \in L^1(\Omega)$.
Si E vérifie $\{u > t_0\} \subset E \subset \{u \geqslant t_0\}$, alors on a l'égalité.

Preuve. Soit $v = u|_E$ restriction de u à E. Alors par équimesurabilité, on déduit :

$$\int_E u(x)dx = \int_0^{|E|} v_*(\sigma)d\sigma.$$

(Ce qui est vrai si $u \geqslant 0$ ou $u \in L^1(E)$). Mais $m_v(t) \leqslant m_u(t)$ alors $v_*(s) \leqslant u_*(s)$, $s \leqslant |E|$.

D'où l'inégalité.

Si $\{u > t_0\} \subset E \subset \{u \geqslant t_0\}$, alors on a :

$$\int_E u\,dx = \int_{E\setminus\{u>t_0\}} u\,dx + \int_{\{u>t_0\}} u\,dx = t_0\,|E\setminus\{u>t_0\}| + \int_{u_*>t_0} u_* ds$$

$$\int_0^{|E|} u_* d\sigma = \int_0^{|u>t_0|} u_* d\sigma + \int_{|u>t_0|}^{|E|} u_* d\sigma \leqslant \int\limits_{u_*>t_0} u_* d\sigma \; + t_0\Big[\,|E| \setminus |u>t_0|\,\Big],$$

en effet $\sigma > m(t_0) \Longrightarrow u_*(\sigma) \leqslant u_*\left(m(t_0)\right) \leqslant t_0$.

$$\int_0^{|E|} u_* d\sigma \leqslant \int_E u\,dx.$$

Autre preuve. Montrons que $u_*(\sigma) = v_*(\sigma)$ si $\sigma < |E|$.
Soit $\sigma \in [0,|E|\,[$ et $t \in I\!R$,
si $t < t_0$, $m_u(t) \geqslant |E| > \sigma$,
si $t \geqslant t_0$, $m_u(t) = m_v(t)$ $(\{x \in \Omega : u(x) > t\} = \{x \in E : u(x) > t\})$.
Alors $u_*(\sigma) = \text{Inf } \{t \geqslant t_0 : m_u(t) \leqslant \sigma\} = v_*(\sigma)$. □

Corollaire 1.2.1 (de la 1ère inégalité).

(a) Pour tout $s \in \overline{\Omega_*}$ si $u \geqslant 0$ mesurable ou u intégrable :

$$\int_0^s u_*(\sigma)d\sigma = \text{Max}\left\{\int_E u(x)dx, \quad |E| = s\right\}.$$

(b) Si $u \geqslant 0$, $$\int_0^s u_*(\sigma)d\sigma = \text{Max}\left\{\int_E u(x)dx, \quad |E| \leqslant s\right\}.$$

Preuve.

(a) Si $|u = u_*(s)| = 0$, alors $E = \{u > u_*(s)\}$ vérifie

$$\int_{\{u>u_*(s)\}} u(x)dx = \int_{\{u_*>u_*(s)\}} u_*(\sigma)d\sigma.$$

Si $|u = u_*(s)| > 0$, alors $|u > u_*(s)| \leqslant s \leqslant |u \geqslant u_*(s)|$, il existe $E \subset \Omega$ mesurable t.q. $\{u > u_*(s)\} \subset E \subset \{u \geqslant u_*(s)\}$ et $|E| = s$. D'après le lemme précédent, on déduit que :

$$\int_E u(x)dx = \int_0^{|E|} u_*(\sigma)d\sigma.$$

(b) Si $u \geqslant 0$, alors on a :

$$\int_0^s u_*(\sigma)d\sigma = \text{Max}\left\{\int_E u(x)dx, \quad |E| = s\right\}$$

et

$$\text{Max}\left\{\int_0^{|E|} u_*(\sigma)d\sigma, \quad |E| \leqslant s\right\} \leqslant \int_0^s u_*(\sigma)d\sigma.$$

□

Corollaire 1.2.2.
Sous les mêmes conditions que le lemme 1.2.2 :

$$\int_0^s u_*(\sigma)d\sigma = \text{Max}\left\{\int_\Omega u(x)z(x)dx, \ 0 \leqslant z \leqslant 1, \ \int_\Omega z(x)dx = s\right\}$$

$\forall\, s \in \overline{\Omega_*}$.

Preuve. Soient $0 \leqslant z \leqslant 1$, $\displaystyle\int_\Omega z(x)dx = s > 0$

$$\int_\Omega u(x)z(x)dx = \int_{\{z>0\}} u(x)z(x)dx = \int_0^{|z>0|_z} u_*^z(\sigma)d\sigma$$

(où u_*^z est le réarrangement décroissant par rapport à la mesure $z(x)dx$ sur $\{z > 0\}$, $|z > 0|_z = \displaystyle\int_{\{z>0\}} z(x)dx = s$.)

Or, $0 \leqslant z \leqslant 1 \Longrightarrow u_*^z(\sigma) \leqslant u_*(\sigma)$, d'où

$$\int_\Omega u(x)z(x)dx \leqslant \int_0^s u_*(\sigma)d\sigma.$$

Comme

$$\text{Max}\left\{\int_E u(x)dx, \ |E| = s\right\}$$

$$\leqslant \text{Max}\left\{\int_\Omega u(x)z(x)dx, \ 0 \leqslant z \leqslant 1, \ \int_\Omega z(x)dx = s\right\}$$

on déduit le résultat.

Voir chapitre 10 (exercice 10.1.20) pour une autre preuve de ce corollaire. □

Proposition 1.2.1.
Soit $u : \Omega \to I\!R$ intégrable. Pour tout $s \in \overline{\Omega_*}$, posons :

$F(u) = \min\limits_{t \in I\!R}\left\{ts + \displaystyle\int_\Omega (u-t)_+ dx\right\}$. *Alors*

$$F(u) = \int_0^s u_*(\sigma)d\sigma.$$

Preuve. Posons $F(t,u) = ts + \int_\Omega (u-t)_+ dx,\ t \in I\!R$. Alors,

$$\begin{aligned} F(t,u) &= ts + \int_\Omega (u-t)_+(\sigma)d\sigma \\ &= ts + \int_0^{|u\geqslant t|} (u_* - t)(\sigma)d\sigma \\ &= ts + \int_0^s (u_*-t)(\sigma)d\sigma + \int_s^{|u\geqslant t|} (u_*-t)(\sigma)d\sigma \\ &= \int_0^s u_*(\sigma)d\sigma + \int_s^{|u\geqslant t|} (u_*-t)(\sigma)d\sigma. \end{aligned}$$

Nous avons

$$\int_s^{|u\geqslant t|} (u_*-t)(\sigma)d\sigma \geqslant 0.$$

En effet :

- Si $t \leqslant u_*(s)$ alors $|u_* \geqslant t| \geqslant |u_* \geqslant u_*(s)| \geqslant s$

et Si $\sigma < |u \geqslant t|$ alors $u_*(\sigma) - t \geqslant 0$: $\displaystyle\int_s^{|u\geqslant t|} (u_*(\sigma)-t)\,d\sigma \geqslant 0$;

- Si $t > u_*(s)$ alors $|u \geqslant t| \leqslant |u > u_*(s)| \leqslant s$

et si $\sigma > |u \geqslant t|$ alors $u_*(\sigma) - t < 0$. Par suite, l'intégrale est positive;

- Si $t = u_*(s)$, sur $(s, |u \geqslant u_*(s)|)$ la fonction $u_* = u_*(s)$ alors

$$F(u_*(s),u) = \int_0^s u_*(\sigma)d\sigma.$$

D'où

$$\int_0^s u_*(\sigma)d\sigma \leqslant \operatorname*{Min}_t\ F(t,u) = F(u) \leqslant F(u_*(s),u) = \int_0^s u_*(\sigma)d\sigma.$$

□

Corollaire 1.2.3 (de la proposition 1.2.1).
Soient u, v deux fonctions intégrables. Alors, on a l'équivalence suivante :

$$[A]\begin{cases} \displaystyle\int_0^s u_*(\sigma)d\sigma \leqslant \int_0^s v_*(\sigma)d\sigma,\ \forall\, s \in \overline{\Omega_*}, \\ \displaystyle\int_\Omega u dx = \int_\Omega v dx, \end{cases}$$

$$\Longleftrightarrow [B]\begin{cases} \forall \Phi : I\!R \to I\!R \text{ convexe et lipschitzienne}, \\ \displaystyle\int_\Omega \Phi(u)dx \leqslant \int_\Omega \Phi(v)dx. \end{cases}$$

Preuve.

Montrons que [B] implique [A]. En effet, pour tout $t \in I\!R$, $\Phi(\sigma) = (\sigma - t)_+$ est convexe lipschitzienne. Par suite,

$$\int_\Omega (u-t)_+ dx \leqslant \int_\Omega (v-t)_+ dx.$$

Par la proposition précédente on conclut que

$$\int_0^s u_*(\sigma) d\sigma \leqslant \int_0^s v_*(\sigma) \; \forall\, s \in [0, |\Omega|].$$

En considérant $\Phi(t) = -t$, on déduit $\displaystyle\int_\Omega u(x)dx \geqslant \int_\Omega v(x)dx$ d'où [A].

Réciproquement si Φ est convexe et lipschitzienne alors Φ' est une fonction croissante bornée. Par convexité

$$\big(v_*(\sigma) - u_*(\sigma)\big)\Phi'\big(u_*(\sigma)\big) \leqslant \Phi\big(v_*(\sigma)\big) - \Phi\big(u_*(\sigma)\big) \qquad \forall\, \sigma \in \Omega_*.$$

D'où

$$\int_{\Omega_*} (v_* - u_*)\, \Phi'(u_*) d\sigma \leqslant \int_\Omega \Phi(v)dx - \int_\Omega \Phi(u)dx.$$

Or,

$$\begin{aligned}\int_{\Omega_*} (v_* - u_*)\, \Phi'(u_*) d\sigma &= \int_{\Omega_*} \frac{d}{d\sigma} \int_0^\sigma (v_* - u_*)\, dt \Phi'(u_*) d\sigma \\ &= - \int_{\Omega_*} \left(\int_0^\sigma (v_* - u_*)\, dt \right) d\Phi'(u_*)\end{aligned}$$

(sachant que $\displaystyle\int_0^{|\Omega|} (v_* - u_*)\, dt = 0$).

Puisque $-d\Phi'(u_*) \geqslant 0$ et $\displaystyle\int_0^\sigma (v_* - u_*)\, dt \geqslant 0$, on déduit

$$\int_\Omega \Phi(v)dx - \int_\Omega \Phi(u)dx \geqslant \int_{\Omega_*} (v_* - u_*)\, \Phi'(u_*) d\sigma \geqslant 0.$$

□

Théorème 1.2.1 (2ème inégalité de Hardy-Littlewood).

Soient $f \in L^p(\Omega)$, $g \in L^{p'}(\Omega)$, $\dfrac{1}{p} + \dfrac{1}{p'} = 1$, $1 \leqslant p \leqslant +\infty$. *Alors*

$$\int_\Omega f(x)g(x)dx \leqslant \int_{\Omega_*} f_*(\sigma) g_*(\sigma) d\sigma.$$

On a besoin du lemme suivant :

Lemme 1.2.3 (de Fubini).
Soient $f \in L^p(\Omega),\ f \geqslant a > -\infty,\ g \in L^{p'}(\Omega)$ *alors*

$$\int_\Omega f(x)g(x)dx = a\int_\Omega g(x)dx + \int_a^{+\infty} dt \int_{f>t} g(x)dx.$$

Preuve. Comme $f(x) - a = \displaystyle\int_a^{f(x)} dt = \int_a^{+\infty} \chi_{]a,f(x)[}(t)dt$ alors, par le Théorème de Fubini-Tonelli classique

$$\int_\Omega (f(x) - a)\, g(x)dx = \int_a^{+\infty} dt \int_\Omega g(x)\chi_{]a,f(x)[}(t)dx$$

$$= \int_a^{+\infty} dt \int_\Omega g(x)\chi_{\{f>t\}}(x)dx = \int_a^{+\infty} dt \int_{\{f>t\}} g(x)dx.$$

□

Preuve du théorème.
Commençons par le cas où $f \in L^\infty(\Omega)$, $a = \inf\operatorname{ess}_\Omega f > -\infty$. Par équimesurabilité et le premier lemme de Hardy-Littlewood :

$$\int_\Omega f(x)g(x)dx \leqslant a\int_{\Omega_*} g_* d\sigma + \int_a^{+\infty} dt \int_{\{f_*>t\}} g_*(\sigma)d\sigma = \int_{\Omega_*} f_* g_*,$$

si $f \in L^p(\Omega)$, alors $T_k(f) \in L^\infty(\Omega)$, $T_k(f)_* = T_k(f_*)$ et $\displaystyle\int_\Omega T_k(f)g(x)dx \leqslant \int_\Omega T_k(f_*)g_* d\sigma$. Quand $k \to +\infty$ par le théorème de la convergence dominée, on obtient

$$\int_\Omega fg dx \leqslant \int_{\Omega_*} f_* g_* d\sigma.$$

□

1.3 Etude de la continuité de $u \to u_*$

Commençons par quelques remarques qui sont des conséquences des résultats qu'on a vus ci-dessus.

Proposition 1.3.1.
Si u, v *sont dans* $L^\infty(\Omega)$ *alors*

$$|u_*(\sigma) - v_*(\sigma)| \leqslant |u - v|_\infty \qquad \forall \sigma \in \Omega_*.$$

Preuve. Notons tout d'abord que $(u+c)_* = u_* + c$ (c = constante) (en choisissant $\psi(t) = t+c$ dans le lemme 1.1.1). Comme, $|u(x) - v(x)| \leqslant |u-v|_\infty$ alors

$$v(x) - |u-v|_\infty \leqslant u(x) \leqslant v(x) + |u-v|_\infty \; p.p..$$

D'où

$$v_*(\sigma) - |u-v|_\infty \leqslant u_*(\sigma) \leqslant v_*(\sigma) + |u-v|_\infty \qquad \forall \sigma.$$

□

Proposition 1.3.2.
Soient $u,\ v \in L^2(\Omega)$, alors

$$|u_* - v_*|_{L^2(\Omega)} \leqslant |u-v|_{L^2(\Omega)}\,.$$

Preuve. $|u_* - v_*|^2_{L^2(\Omega_*)} = \displaystyle\int_{\Omega_*} u_*^2 d\sigma + \int_{\Omega*} v_*^2 - 2d\sigma \int_{\Omega*} u_* v_* d\sigma.$

Comme $\displaystyle\int_{\Omega_*} u_* v_* \geqslant \int_\Omega uv$ par équimesurabilité on a :

$$|u_* - v_*|^2_{L^2(\Omega_*)} \leqslant \int_\Omega u^2 dx + \int_\Omega v^2 dx - 2\int_\Omega uv dx = |u-v|^2_{L^2}\,.$$

Proposition 1.3.3.
Soient $u,\ v \in L^1(\Omega)$, alors $|u_* - v_*|_{L^1} \leqslant |u-v|_{L^1}$.

Preuve. Suivant les idées de Crandall et Tartar [37], on a :

$$\min(u,v)(x) = \frac{u(x) + v(x) - |u(x) - v(x)|}{2} \leqslant (u(x) \ et \ v(x))\,.$$

D'où

$$\min(u,v)_* \leqslant \min(u_*, v_*) = \frac{u_* + v_* - |u_* - v_*|}{2}.$$

Par équimesurabilité, on a :

$$\int_\Omega \left[(u+v) - |u-v|\right](x) dx \leqslant \int_{\Omega_*} \left[(u_* + v_*) - |u_* - v_*|\right] d\sigma.$$

Ainsi on a :

$$\int_\Omega |u-v|\,(x) dx \geqslant \int_{\Omega_*} |u_* - v_*|\, d\sigma.$$

□

Corollaire 1.3.1.
Pour tout $p \in [1, +\infty]$, l'application $u \in L^p(\Omega) \to u_* \in L^p(\Omega)$ est (fortement) continue.

On montre même que c'est une application contractante.

Théorème 1.3.1 (propriété de contraction).
Soient ρ une fonction convexe de $I\!R$ dans $I\!R$, u et v deux fonctions mesurables t.q. $v \in L^\infty(\Omega)$ alors

$$\int_{\Omega_*} \rho\left((u+v)_* - u_*\right) d\sigma \leqslant \int_\Omega \rho(v)dx. \tag{1.1}$$

En particulier si $u \in L^\infty(\Omega)$ alors :

$$\int_{\Omega_*} \rho\left(v_* - u_*\right) d\sigma \leqslant \int_\Omega \rho(v-u)dx. \tag{1.2}$$

Corollaire 1.3.2.
On suppose de plus que ρ satisfait à la condition de croissance suivante : $\exists \alpha > 0,\ \beta > 0$: t.q.

$$\forall t \in I\!R, \quad |\rho(t)| \leqslant \alpha\,|t|^p + \beta \qquad \text{pour } 1 \leqslant p < +\infty.$$

Alors $\forall\,(u,v) \in L^p(\Omega) \times L^p(\Omega)$ on a :

$$\int_{\Omega_*} \rho(u_* - v_*)d\sigma \leqslant \int_\Omega \rho(u-v)dx.$$

En particulier l'application $u \in L^p(\Omega) \to u_* \in L^p(\Omega_*)$ est un contraction.

Preuve du théorème.
1er cas : $u \in L^\infty(\Omega),\ \rho \in C^2(I\!R)$.
On pose $\gamma = \min\left(-|u|_\infty, -|u+v|_\infty\right)$ alors p.p. en x

$$-\int_\gamma^{u(x)} \int_\gamma^{u(x)+v(x)} \rho''(t-s)dtds = -\int_\gamma^{u(x)} \Big[\rho'\left(u(x)+v(x)-s\right) - \rho'(\gamma - s)\Big]ds$$

$$= -\rho\big(\gamma - u(x)\big) + \rho(0) + \rho\big(v(x)\big) - \rho\big(u(x)+v(x)-\gamma\big)$$

ainsi

$$\rho\left(v(x)\right) = -\int_\gamma^{u(x)} \int_\gamma^{u(x)+v(x)} \rho''(t-s)dtds + \rho\big(\gamma - u(x)\big) - \rho(0) + \rho\big(u(x)+v(x)-\gamma\big).$$

En reprenant cette preuve, on a l'identité : $\rho(\alpha - \beta)$

$$= -\int_\gamma^{+\infty} \int_\gamma^{+\infty} \rho''(t-s)\,H(\beta - s)\,H(\alpha - t)dsdt + \rho(\gamma - \beta) - \rho(0) + \rho(\alpha - \gamma)$$

si α et $\beta \geqslant \gamma$, si on introduit la fonction de Heaviside $H(t) = \begin{cases} 0 & \text{si } t < 0 \\ 1 & \text{sinon.} \end{cases}$

On intègre la fonction $\rho(v)$ sur Ω et on utilise l'équimesurabilité :

$$\begin{aligned}&\int_\Omega \rho(v(x))\,dx \\ &= -\int_\gamma^{+\infty} \int_\gamma^{+\infty} \rho''(t-s) \int_\Omega H(u(x)-s)\cdot H(u(x)+v(x)-t)\,dxdsdt \\ &\quad + \int_{\Omega_*} \rho(\gamma - u_*(s))\,ds - \rho(0)\,|\Omega| + \int_{\Omega_*} \rho[(u+v)_*(s) - \gamma]\,ds. \qquad (1.3)\end{aligned}$$

Par l'inégalité de Hardy-Littlewood, on a :

$$\int_\Omega H(u(x)-s)\,H((u+v)(x)-t)\,dx \leqslant \int_{\Omega_*} H(u-s)_* H((u+v)-t)_*\,d\sigma. \qquad (1.4)$$

Mais $\sigma \to H(\sigma - t)$ est croissante, ainsi $H(u(t)-s)_* = H(u_* - s)$, $H((u+v)-t)_* = H((u+v)_* - t)$. Puisque ρ est convexe, $-\rho'' \leqslant 0$, on obtient des relations (1.3), (1.4) l'inégalité suivante :

$$\begin{aligned}\int_\Omega \rho(v(x))\,dx \geqslant &-\int_\gamma^{+\infty}\int_\gamma^{+\infty} \rho''(t-s) \int_{\Omega_*} H(u_*(\sigma)-s) H((u+v)_*(\sigma)-t)\,d\sigma dt ds \\ &+ \int_{\Omega_*} \rho(\gamma - u_*(\sigma))\,d\sigma + \int_{\Omega_*} \rho((u+v)_*(\sigma) - \gamma)\,d\sigma - \rho(0)\,|\Omega| \qquad (1.5)\end{aligned}$$

Un calcul similaire à celui fait précédemment (ou l'identité précédente) montre que le membre de droite de la relation (1.5) n'est autre que

$\int_{\Omega_*} \rho((u+v)_* - u_*)(\sigma) d\sigma$:

$$\int_{\Omega_*} \rho((u+v)_* - u_*)(\sigma) d\sigma \leqslant \int_\Omega \rho(v)(x) dx$$

2ème cas : $\rho \in C^2$, u **mesurable.**
Soit la fonction :

$$T_n(\sigma) = [n - (n - |\sigma|)_+]\,\mathrm{sign}(\sigma)$$

alors $T_n(u) \in L^\infty$ et $T_n(u)_* = T_n(u_*)$ p.p. et

$$\int_{\Omega_*} \rho(T_n(u+v)_* - T_n(u_*)) \leqslant \int_\Omega \rho(T_n(u+v) - T_n(u)).$$

Par le théorème de la convergence dominée

$$\int_{\Omega_*} \rho \underbrace{[(u+v)_* - u_*]}_{\in L^\infty(\Omega_*)} = \lim_n \int_{\Omega_*} \rho\,(T_n(u+v)_* - T_n(u_*))$$

$$\leqslant \lim_n \int_\Omega \rho\,(T_n(u+v) - T_n(u)) = \int_\Omega \rho(v)dx.$$

3ème cas : ρ est convexe.

Si (θ_j) est une suite régularisante $\theta_j \geqslant 0$ alors $\rho_j = \theta_j * \rho \in C^\infty(\mathbb{R})$ est convexe. Comme ρ_j converge uniformément vers ρ sur tout compact on a le résultat (là encore on a utilisé le fait que $(u+v)_* - u_* \in L^\infty(\Omega_*)$).

En remplaçant v par $v - u$, on a :

$$\int_{\Omega_*} \rho(v_* - u_*)d\sigma \leqslant \int_\Omega \rho(v-u)(x)dx.$$

□

Preuve du corollaire. Soit la fonction :

$$T_k(\sigma) = [k - (k - |\sigma|)_+]\,\mathrm{sign}(\sigma)$$

$$\int_{\Omega_*} \rho\,(T_k(v_*) - T_k(u_*))\,d\sigma \leqslant \int_\Omega \rho\,(T_k(v) - T_k(u))\,dx.$$

On a aussi,

$$\begin{cases} |\rho\,(T_k(v_*) - T_k(u_*))| \leqslant c\,(|v_*|^p + |u_*|^p) + \beta \in L^1(\Omega_*) \\ \lim\limits_{k\to+\infty} \rho\,(T_k(v_*) - T_k(u_*)) = \rho(v_* - u_*)\ p.p., \end{cases}$$

par le théorème de la convergence dominée :

$$\lim_{k\to+\infty} \int_{\Omega_*} \rho\,(T_k(v_*) - T_k(u_*)) = \int_{\Omega_*} \rho(v_* - u_*)d\sigma,$$

de même

$$\lim_{k\to+\infty} \int_\Omega \rho\,(T_k(v) - T_k(u)) = \int_\Omega \rho(v-u)d\sigma.$$

□

Exemple : $\rho(t) = |t|^p \quad p \geqslant 1$ est convexe.

Voici un corollaire direct du Corollaire 1.3.2 et de la Proposition 1.2.1

Corollaire 1.3.3.

$\forall\,(u,v) \in L^1(\Omega) \times L^1(\Omega)$

1. $\forall\,t \in \mathbb{R}$

$$\int_{\Omega_*} (|u_* - v_*| - t)_+ d\sigma \leqslant \int_\Omega (|u-v| - t)_+ dx.$$

2. $\forall\,s \in \overline{\Omega}_*$

$$\int_0^s |u_* - v_*|_*(\sigma)d\sigma \leqslant \int_0^s |u-v|_*(\sigma)d\sigma.$$

Preuve. Pour l'énoncé (1), on applique le corollaire 1.3.2 avec la fonction convexe $\sigma \to (|\sigma| - t)_+$.
Pour la partie (2), on combine l'énoncé (1) avec la proposition 1.2.1 □

Remarque. La même démarche conduit à l'inégalité de Lorentz-Shimogaki (voir Bennett-Sharphey [17] ou Bénilan-Crandall [16]).

1.4 Espaces fonctionnels liés au réarrangement

Notons maintenant :

$$L^0(\Omega) = \{v : \Omega \to \mathbb{R} \text{ mesurable}\}$$
$$L^0_+(\Omega) = L^0(\Omega) \cap \{v : \Omega \to \mathbb{R}_+\}.$$

Définition 1.4.1 (norme sur $L^0_+(\Omega)$).
Soit $\rho : L^0_+(\Omega) \to \overline{\mathbb{R}}_+$. On dira que ρ est une norme si elle vérifie les quatre axiomes suivants : $\forall f, g \in L^0_+(\Omega)$:

1. *Si $0 \leqslant f \leqslant g$ alors $\rho(f) \leqslant \rho(g)$ (ρ sera dite monotone).*
2. *$\rho(\lambda f) = |\lambda|\, \rho(f), \quad \forall \lambda \in \mathbb{R}$ (ρ sera dite homogène).*
3. *$\rho(f+g) \leqslant \rho(f) + \rho(g)$ (ρ satisfait l'inégalité triangulaire).*
4. *$\rho(f) = 0 \Longleftrightarrow f = 0$ (ρ sera dite définie).*

Quelquefois, on n'utilisera que quelques unes des propriétés 1–4 c'est le cas des applications $f \to |f|_{p,q}$ définies ci dessous.

Si ρ est une application sur $L^0_+(\Omega)$ alors on l'étend sur $L^0(\Omega)$ en posant pour $f \in L^0(\Omega), \quad \rho(f) = \rho(|f|)$.
On dira que ρ est non triviale s'il existe $f_0 > 0 : \rho(f_0) > 0$ et finie.

Définition 1.4.2.
Soit ρ une norme sur $L^0(\Omega)$. On dira que ρ est une norme invariante par réarrangement (r.i) si $f, g \in L^0(\Omega)$ vérifiant $f_* = g_*$ implique $\rho(f) = \rho(g)$.

Définition 1.4.3 (norme de Fatou).
On dira qu'une norme ρ est une norme de Fatou si $0 \leqslant f_n(x) \leqslant f_{n+1}(x) \xrightarrow[n\to+\infty]{} f(x)$ p.p. implique $\rho(f_n) \xrightarrow[n\to+\infty]{} \rho(f)$.

En plus des espaces de Lebesgue, voici des espaces associés à des normes de Fatou, non triviales et invariantes par réarrangement, ces espaces sont les plus fréquemment utilisés dans la littérature.

Pour introduire les espaces de Lorentz, définissons pour $f \in L^0(\Omega)$, $s \in \Omega_*$

$$|f|_{**}(s) = \frac{1}{s}\int_0^s |f|_*(\sigma)ds$$

et pour $1 \leqslant p \leqslant +\infty, \quad 0 < q \leqslant +\infty$

$$|f|_{(p,q)} = \left[\int_{\Omega_*} \left[t^{\frac{1}{p}} |f|_{**}(t)\right]^q \frac{dt}{t}\right]^{\frac{1}{q}} \quad si\ q < +\infty$$

et

$$|f|_{(p,q)} = \sup_{0\leqslant t<|\Omega|} t^{\frac{1}{p}} |f|_{**}(t) \quad si\ q = +\infty.$$

Définition 1.4.4 (espaces de Lorentz).
Soit $1 \leqslant p \leqslant +\infty, \quad 0 < q \leqslant +\infty$. *On appelle espace de Lorentz* $L^{p,q}(\Omega)$ *l'ensemble*

$$\left\{f \in L^0(\Omega), \qquad |f|_{(p,q)} < +\infty\right\}.$$

Lemme 1.4.1.
Soit $1 \leqslant p \leqslant +\infty, \quad 1 \leqslant q \leqslant +\infty$. *Alors* $L^{p,q}(\Omega)$ *est un espace vectoriel normé avec* $\rho(f) = |f|_{(p,q)}$. *De plus,* ρ *est une norme de Fatou, invariante par réarrangement (non triviale) si* $q < +\infty$, *et pour* $q = +\infty$ *sur* $L^\infty(\Omega)$ *au lieu de* $L^{p,\infty}(\Omega)$.

Preuve. Puisque $\displaystyle\int_0^s |f|_*(t)dt = \text{Max}\left\{\int_E |f|\, dx, \quad |E| \leqslant s\right\}$ ainsi $f \to \displaystyle\int_0^s |f|_*(t)dt$ est sous-linéaire i.e.

$$\int_0^s |f+g|_*(t)dt \leqslant \int_0^s |f|_*(t)dt + \int_0^s |g|_*(t)dt.$$

Comme $|\lambda f|_* = |\lambda|\,|f|_*\ \forall\,\lambda \in I\!R$ donc $\displaystyle\int_0^s |\lambda f|_*(t)dt = |\lambda|\int_0^s |f|_*(t)dt.$

Si $0 \leqslant f \leqslant g$ alors $0 \leqslant f_* \leqslant g_*$ d'où $\displaystyle\int_0^s f_*(t)dt \leqslant \int_0^s g_*(t)dt.$

On déduit de ces remarques que $f{\to}|f|_{(p,q)}$ est une norme si $1{\leqslant}q{\leqslant}{+}\infty$.

Cette norme est invariante par réarrangement. Notons d'abord que si $f_* = g_*$ alors $|f|_* = |g|_*$. En effet, $\displaystyle\int_{\Omega_*} \Phi\left(T_k\left(|f_*|\right)\right) = \int_{\Omega_*} \Phi\left(T_k\left(|g_*|\right)\right)$ alors $\displaystyle\int_\Omega \Phi\left(T_k\left(|f|\right)\right) = \int_\Omega \Phi\left(T_k\left(|g|\right)\right)$ soit $\displaystyle\int_\Omega \Phi\left(T_k\left(|f|_*\right)\right) = \int_\Omega \Phi\left(T_k\left(|g|_*\right)\right)$ $\forall \Phi : I\!R \to I\!R$ convexe lipschitzienne. Ainsi,

$$\int_0^s T_k(|f|_*) = \int_0^s T_k(|g|_*) \Longrightarrow |f|_* = |g|_* .$$

A partir de là, on voit que si $f_* = g_*$ alors $|f|_{(p,q)} = |g|_{(p,q)}$.

Pour montrer que c'est une norme de Fatou , on sait (voir exercice 10.1.6), que :
si $0 \leqslant f_n(x) \leqslant f_{n+1}(x) \xrightarrow[n \to +\infty]{} f(x)$ alors $f_{n*}(\sigma) \leqslant f_{(n+1)*}(\sigma) \underset{n}{\rightarrow} f_*(\sigma)$ partout.
Par le théorème de Beppo-Levi, $\displaystyle\int_0^t f_{n*}(\sigma)d\sigma \underset{n}{\rightarrow} \int_0^t f_*(\sigma)d\sigma \quad \forall t \in \overline{\Omega_*}$. Ce qui entraîne pour $q < +\infty$:

$$\left[t^{\frac{1}{p}} |f_n|_{**}(t)\right]^q \leqslant \left[t^{\frac{1}{p}} |f_{n+1}|_{**}(t)\right]^q \xrightarrow[n \to +\infty]{} \left[t^{\frac{1}{p}} |f|_{**}(t)\right]^q .$$

De nouveau par le théorème de Beppo-Levi on déduit :

$$|f_n|_{(p,q)} \xrightarrow[n \to +\infty]{} |f|_{(p,q)} .$$

Si $q = +\infty$, on applique le lemme de Dini sachant que $t \to t^{\frac{1}{p}} |f|_{**}(t)$ est continue sur $[0, |\Omega|]$.
Si $f \in L^\infty(\Omega)$, alors $\displaystyle\sup_{t \in [0,|\Omega|]} \left[t^{\frac{1}{p}} |f_n|_{**}(t)\right] \rightarrow \sup_{t \in [0,|\Omega|} t^{\frac{1}{p}} |f|_{**}(t)$.
On peut remplacer la norme précédente par la quantité équivalente :

$$|f|_{p,q} = \left[\int_{\Omega_*} \left[t^{\frac{1}{p}} |f|_*(t)\right]^q \frac{dt}{t}\right]^{\frac{1}{q}} \qquad si\ q < +\infty$$

et

$$|f|_{p,+\infty} = \sup_{0 < t < |\Omega|} \left[t^{\frac{1}{p}} |f|_*(t)\right] \qquad si\ q = +\infty.$$

L'application $f \to |f|_{p,q}$ n'est pas en général une norme (sauf si $1 \leqslant q \leqslant p$, voir exercice 10.1.10) mais néanmoins, cette application est monotone, définie et homogène au sens de la définition 1.4.1. Si $p = q$, par équimesurabilité on retrouve les espaces de Lebesgue classiques.

Voici l'inégalité de Hardy qui permettra de montrer une partie de l'équivalence :

Lemme 1.4.2 (Hardy).
Soit $1 \leqslant p < +\infty$, $r > 0$, $f \geqslant 0$ *mesurable sur* $[0, +\infty[$. *Alors*

$$\int_0^{+\infty} F(x)^p x^{p-r-1} dx \leqslant \left(\frac{p}{r}\right)^p \int_0^{+\infty} f(t)^p t^{p-r-1} dt$$

où

$$F(x) = \frac{1}{x} \int_0^x f(t)dt, \ x > 0.$$

Preuve. En appliquant l'inégalité de Hölder avec $d\mu(t) = t^{\frac{r}{p}-1}dt$,

$$\left(\int_0^x f(t)dt\right)^p = \left(\int_0^x f(t)t^{1-\frac{r}{p}}\, t^{\frac{r}{p}-1}dt\right)^p$$
$$\leqslant \left(\frac{p}{r}\right)^{p-1} x^{r(1-\frac{1}{p})} \int_0^x [f(t)]^p\, t^{p-r-1+\frac{r}{p}}dt.$$

D'où on a :

$$\int_0^{+\infty} \left(\int_0^x f(t)dt\right)^p x^{-r-1}dx \leqslant \left(\frac{p}{r}\right)^{p-1} \int_0^{+\infty} x^{-1-\frac{r}{p}} \int_0^x [f(t)]^p\, t^{p-r-1+\frac{r}{p}}dt. \tag{1.6}$$

En appliquant le théorème de Fubini

$$\int_0^{+\infty} x^{-1-\frac{r}{p}} \int_0^x [f(t)]^p\, t^{p-r-1+\frac{r}{p}}dt =$$
$$= \int_0^{+\infty} [f(t)]^p\, t^{p-r-1+\frac{r}{p}} \left(\int_t^{+\infty} x^{-1-\frac{r}{p}}dx\right) dt$$
$$= \frac{p}{r}\int_0^{+\infty} t^p\, [f(t)]^p\, t^{-r-1}dt. \tag{1.7}$$

En combinant les relations (1.6) et (1.7), on a le résultat. □

A l'aide de ce lemme de Hardy, on déduit :

Corollaire 1.4.1.
Soit $f \in L^{p,q}(\Omega)$, $1 < p < +\infty$, $1 \leqslant q \leqslant +\infty$

$$|f|_{(p,q)} \leqslant \frac{p}{p-1}\, |f|_{p,q}\, .$$

Preuve.
Cas où $q < +\infty$: On choisit $r = q\left(1 - \dfrac{1}{p}\right)$, on remplace p par q dans le lemme précédent, après avoir prolongé f_* par zéro ($f \geqslant 0$) on a :

$$\int_{\Omega_*} f_{**}(t)^q t^{q-r-1}dt \leqslant \left(\frac{q}{r}\right)^q \int_{\Omega_*} f_*(t)^q t^{q-r-1}dt$$

d'où le résultat.

Si $q = +\infty$ on écrit

$$|f|_{(p,+\infty)} = \sup_t \left[t^{\frac{1}{p}-1} \int_0^t \sigma^{-\frac{1}{p}}\sigma^{\frac{1}{p}} f_*(\sigma)d\sigma\right] \leqslant \sup_t \left[t^{\frac{1}{p}-1}\int_0^t \sigma^{-\frac{1}{p}}d\sigma\right] |f|_{p,+\infty}$$
$$= \frac{p}{p-1}\, |f|_{p,+\infty}\, .$$

□

1.5 Théorème de Ryff et conséquences

Dans ce dernier paragraphe, on va donner quelques propriétés générales qui vont être utiles par la suite.

Définition 1.5.1.
Une application $\sigma : \overline{\Omega} \to \overline{\Omega}_* = [0, |\Omega|]$ *est dite une application préservant les mesures si :*

$$\forall E \subset \overline{\Omega}_* \text{ mesurable}, \quad \left|\sigma^{-1}(E)\right| = |E|.$$

On a alors le théorème de Ryff suivant :

Théorème 1.5.1 (de Ryff (admis)).
Soit Ω *un ensemble de mesure finie,* $f \in L^0(\Omega)$. *Alors il existe une application* $\sigma : \overline{\Omega} \to \overline{\Omega}_*$ *préservant les mesures telle que :*

$$f_* \circ \sigma = f, \text{ presque partout dans } \Omega.$$

Remarque. Si f est sans palier i.e. $\text{mes}\big(P(f)\big) = 0$, alors on peut prendre $\sigma(x) = |f > f(x)|$, pour $x \in \Omega$.

Comme conséquence de ce théorème on a :

Proposition 1.5.1.
Soient f *et* g *deux fonctions de* $L^0_+(\Omega)$. *Alors il existe* $g_1 \geqslant 0$ *équimesurable avec* g *(i.e.* $g_{1*} = g_*$*) tel que*

$$\int_\Omega f g_1 dx = \int_{\Omega_*} f_* g_* d\sigma.$$

Preuve. D'après le théorème de Ryff, il existe σ préservant les mesures tel que $f = f_* \circ \sigma$. Posons $g_1 = g_* \circ \sigma$. Alors $g_{1*} = g_*$, puisque σ préserve les mesures, on vérifie, $\forall t \in \mathbb{R}$, $\quad |g_1 > t| = |g > t|$. Pour la même raison, on a :

$$\int_\Omega f g_1 dx = \int_\Omega (f_* g_*)\big(\sigma(x)\big) dx = \int_{\Omega_*} f_* g_* dt.$$

□

Comme conséquence directe de cette proposition, on a :

Proposition 1.5.2.
Soient f *et* g *deux éléments de* $L^0_+(\Omega)$. *Alors,*

$$\int_{\Omega_*} f_* g_* dt = \text{Max} \left\{ \int_\Omega f \overline{g} dx, \; g_* = \overline{g}_* \right\}.$$

Remarque. Si $(f,g) \in L^p(\Omega) \times L^{p'}(\Omega)$, $\dfrac{1}{p} + \dfrac{1}{p'} = 1$, on peut prouver la proposition 1.5.2 par densité (voir exercice 10.1.12).

Une application de la proposition 1.5.2 concerne les normes associées :

Définition 1.5.2 (d'une norme associée.).
Soit ρ une norme non triviale sur $L^0(\Omega)$. On appelle norme associée de ρ, l'application $\rho' : L^0(\Omega) \to I\!R_+$ donnée par :

$$\rho'(f) = \sup\left\{\int_\Omega |f\psi|\,dx,\ \rho(\psi) \leqslant 1\right\}.$$

Proposition 1.5.3.
Soit ρ une norme invariante par réarrangement. Alors,

$$\rho'(f) = \sup\left\{\int_{\Omega_*} |f|_*\,|g|_*\,dt, \quad \rho(g) \leqslant 1\right\},$$

$$\rho''(f) = \sup\left\{\int_{\Omega_*} |f|_*\,|g|_*\,dt, \quad \rho'(g) \leqslant 1\right\}.$$

En particulier, ρ' est une norme invariante par réarrangement.

Preuve. Par définition de ρ' et l'inégalité de Hardy-Littlewood on a :

$$\rho'(f) \leqslant \sup\left\{\int_{\Omega_*} |f|_*\,|g|_*\,dt, \quad \rho(g) \leqslant 1\right\}. \qquad (E1)$$

Par la proposition 1.5.2 précédente, et du fait que ρ soit invariante par réarrangement, on a :

$$\begin{aligned}\int_{\Omega_*} |f|_*\,|g|_*\,dt &= \sup\left\{\int_\Omega |f|\,|\overline{g}|\,dx, \quad |\overline{g}|_* = |g|_*\right\}\\ &\leqslant \sup\left\{\int_\Omega |f|\,|\overline{g}|\,dx, \quad \rho(\overline{g}) \leqslant 1\right\}\\ &= \rho'(f). \qquad (E2)\end{aligned}$$

En combinant les inégalités (E1) et (E2) précédentes, on déduit la première égalité.

La deuxième égalité découle de la première puisque ρ' est alors invariante par réarrangement. □

Remarques. On a le théorème de Lorentz-Luxembourg suivant : si ρ est une norme de Fatou alors $\rho'' = \rho$.

Les normes de Fatou ρ sur $L^0(\Omega)$ vérifiant $\rho(\chi_E) < +\infty$, pour E mesurable contenu dans Ω et $\int_E |f|(x)dx < C(E)\rho(f)$, $\forall f \in L^0(\Omega)$ sont associées à des espaces appelés Espaces de Fonctions de Banach (Banach Function space en anglais) définis par :

$$B_a(\Omega, \rho) = \Big\{ g \in L^0(\Omega) : \rho(g) < +\infty \Big\}.$$

$B_a(\Omega, \rho)$ est un espace de Banach pour la norme naturelle

$$||g|| = \rho(g).$$

Les théorèmes liés à la théorie de la mesure, comme le théorème de Beppo-Lévi, le lemme de Fatou, le théorème de la convergence dominée de Lebesgue peuvent être trouvés dans le livre de Federer [54], ou de Hewitt-Stromberg [71] ou de Brézis [24], J.E. Rakotoson-J.M. Rakotoson [89].

1.6 Construction du réarrangement monotone d'une fonction u en dimension 1

Comme l'application $u \in L^1(a, b) \to u_* \in L^1(0, b - a)$ est fortement continue, il suffit de construire le réarrangement monotone d'une fonction u en dimension 1 dans le cadre des fonctions étagées.

Soit

$$u(x) = \sum_{j=1}^{n} u_j \chi_{E_j}(x), \quad x \in [a, b].$$

On trie les valeurs de u par ordre décroissant (strict) soit $t_1 > t_2 > \ldots > t_p$, à chaque valeur t_j est associée l'ensemble $\{u = t_j\} = F_j$. En posant :

$$a_0 = 0,\ a_1 = |F_1|,\ a_2 = |F_1| + |F_2|, \ldots, a_p = |F_1| + |F_2| + \ldots + |F_p| = b - a$$

$$t_1 = \operatorname*{Max}_{x \in [a,b]} u(x), \qquad t_p = \operatorname*{Min}_{x \in [a,b]} u(x),$$

on déduit :

$$u_*(s) = \begin{cases} t_1 & 0 \leqslant s < a_1 \\ t_2 & a_1 \leqslant s < a_2 \\ \vdots & \\ t_p & a_{p-1} \leqslant s \leqslant a_p = b - a. \end{cases}$$

La fonction distribution $m_u(t)$ associée peut être construite simultanément puisque

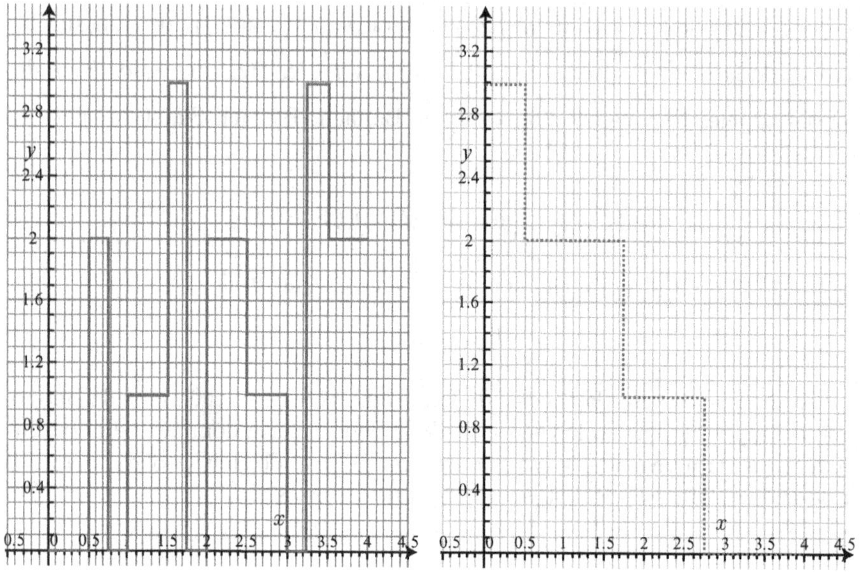

Fig. 1.1. Réarrangement d'une fonction en escalier

$$m_u(t) = \begin{cases} b - a = a_p & si\ t < t_p, \\ a_{p-1} & si\ t_p \leqslant t < t_{p-1}, \\ \vdots & \\ a_1 & si\ t_2 \leqslant t < t_1, \\ 0 & si\ t \geqslant t_1. \end{cases}$$

La description précédente peut être étendue aux fonctions données en dimension $\geqslant 2$, le choix est ici motivé par la clarté et la facilité de calcul en dimension 1.

L'algorithme précédent peut s'interpréter de la façon suivante : si nous appelons “bloc u_j” le “rectangle $E_j \times \{u_j\}$”, on rassemble d'abord tous les rectangles de même hauteur u_j. On obtient ainsi de nouveaux “blocs” $[a_{j-1}, a_j] \times \{t_j\}$.

Ensuite on met à gauche le bloc le plus élevé $[a_0, a_1] \times \{t_1\}$ et ainsi de suite par ordre décroisssant (voir Fig. 1.1).

Le même algorithme permet de tracer le réarrangement d'une fonction u non nécessairement étagée(voir figures 1.2 et 1.3).

Notes pré-bibliographiques

Le théorème de Ryff est prouvé dans le livre de Chong et Rice [32].

Les résultats de ce chapitre 1 sont souvent classiques, néanmoins certaines preuves relèvent d'ouvrages récents comme le livre de Ziemer [129], de

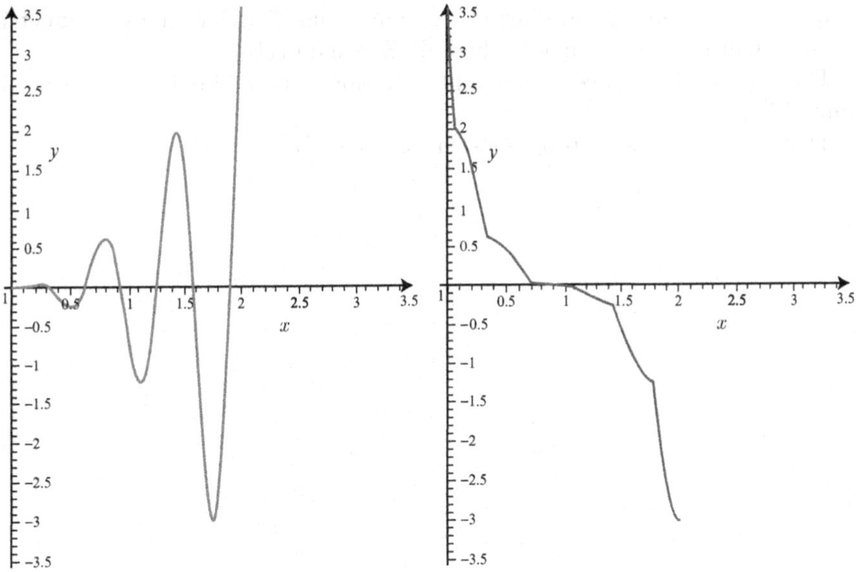

Fig. 1.2. Réarrangement de $x^2 \sin(10x)$

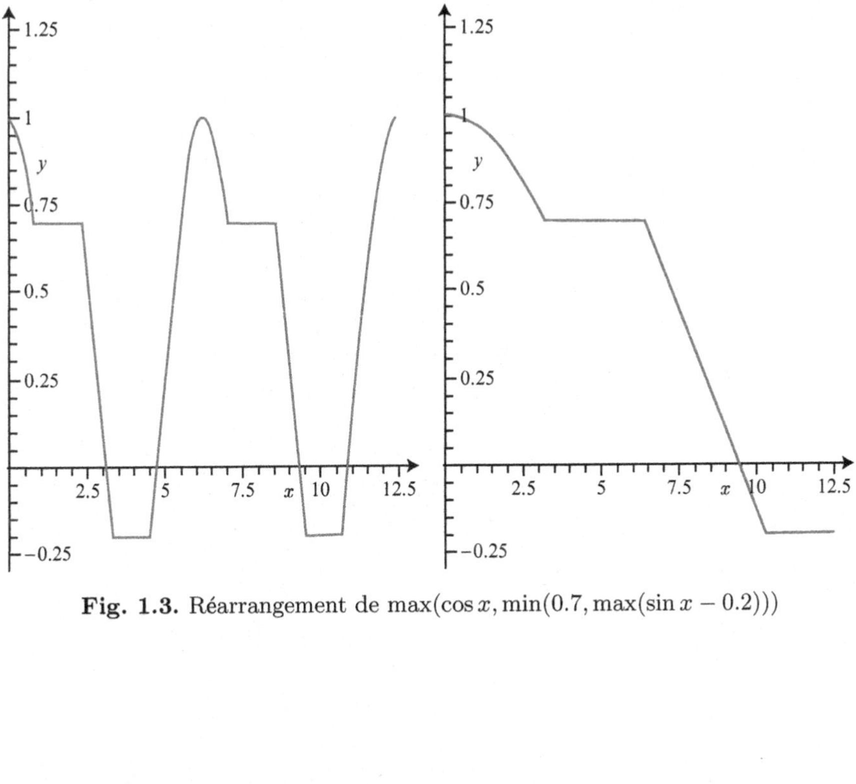

Fig. 1.3. Réarrangement de $\max(\cos x, \min(0.7, \max(\sin x - 0.2)))$

Jacqueline Mossino [82] ou d'articles comme celui d'Alvino-Lions-Trombetti [6] ou de Chiti [31] et comme la thèse de B. Simon [116].

Un exposé des espaces de Lorentz est donné dans l'article de Richard Hunt [72].

D'autres normes sont proposées en exercice (voir 10.1.30).

2

Réarrangement relatif

Dans ce chapitre, nous allons nous intéresser à la dérivée directionnelle du réarrangement, i.e. à l'application

$$u \in L^p(\Omega),\ (1 \leqslant p \leqslant +\infty) \mapsto u_* \in L^p(\Omega_*).$$

L'usage des dérivées directionnelles est naturel pour les problèmes d'optimisation, lorsqu'on veut caractériser une solution optimale.
L'exemple bien connu est le suivant : Pour $f \in L^\infty(\Omega)$,

$$\text{Min}\left\{\frac{1}{2}\int_\Omega |\nabla v|^2 - \int_\Omega fv = J(v),\ v \in H_0^1(\Omega)\right\} = \frac{1}{2}\int_\Omega |\nabla u|^2 - \int_\Omega f\,u = J(u).$$

La solution optimale u vérifie alors

$$\lim_{\lambda\to 0,\ \lambda>0} \frac{J(u+\lambda v) - J(u)}{\lambda} \geqslant 0,$$

c'est la dérivée de J au point u dans la direction v, d'où

$$\int_\Omega \nabla u \cdot \nabla v\,dx - \int_\Omega fv = 0 \quad \forall v \iff \begin{cases} -\Delta u = f & \text{dans } \Omega \\ u = 0 & \text{sur } \partial\Omega \end{cases}.$$

Si au lieu de J, on considère la fonctionnelle :

$$\widehat{J}(v) = J(v) + \int_{\Omega_*} f_*^2(\sigma) v_*^2(\sigma)\,d\sigma,$$

alors il y a une solution optimale $\overline{u}$ vérifiant $\widehat{J}(\overline{u}) = \inf\left\{\widehat{J}(v),\ v \in H_0^1(\Omega)\right\}$.
Quelle est l'équation donnée par $\displaystyle\lim_{\lambda\to 0} \frac{\widehat{J}(\overline{u}+\lambda v) - \widehat{J}(\overline{u})}{\lambda} \geqslant 0$.

Une autre motivation de l'étude du réarrangement relatif est fournie par le problème introduit par J.I. Dìaz, modélisant certains aspects de la fusion nucléaire. Ce problème est multicontrainte et grâce au réarrangement relatif, il peut se formuler sous la forme d'une équation d'équilibre

$$-\Delta u = G(u).$$

Il s'énonce de la façon suivante :

Trouver un couple $(u, F) \in H^1(\Omega) \times W^{1,1}_{loc}(I\!R)$ tel que

$$\begin{aligned} -\Delta u = aF(u) + F(u)F'(u) + bp'(u) \qquad & \text{dans } \Omega, \\ u - \gamma \in H^1_0(\Omega), \\ \int_{\{u>t\}} [F(u)F'(u) + bp'(u)]\, dx = j(t, ||u_+||_{L^\infty(\Omega)}), \forall t \in [\inf_\Omega u, \sup_\Omega u]. \end{aligned}$$

On montre que ce problème est équivalent à :

$$\begin{aligned} -\Delta u(x) = a(x)\mathcal{F}_u(x) + p'(u(x))[b(x) - b_{*u}(|u > u(x)|)] \\ + j'_t(u_+(x), u_{+*}(0))u'_{+*}(|u > u(x)|) \qquad \text{dans } \Omega, \end{aligned}$$

où

$$\begin{aligned} \mathcal{F}_u(x) = \Bigg[F_v^2 - 2\int_{|u>0|}^{|u>u_+(x)|} [p(u_*)]'(s)] b_{*u}(s) ds \\ + 2\int_{|u>0|}^{|u>u_+(x)|} j'_t(u_{+*}(s), u_{+*}(0))(u'_{+*}(s))^2 ds \Bigg]_+^{\frac{1}{2}} \end{aligned}$$

et

$$b_{*u} = \lim_{\lambda \to 0} \frac{(u + \lambda b)_* - u_*}{\lambda}.$$

Problème ouvert :

Dans l'état actuel de la recherche, on ne sait pas calculer directement la limite ponctuelle de $\dfrac{(u + \lambda v)_* - u_*}{\lambda}(\sigma)$ *quand* $\lambda \searrow 0, (\sigma \in \Omega_*)$.

Néanmoins, une réponse peut être donnée (voir chapitre 7 ou l'article de Rakotoson-Seoane [101]) si u est régulière ou en escallier et $v \in L^p(\Omega)$.)

A défaut de calcul direct, on va s'intéresser à la dérivée directionnelle de $u \xrightarrow{F(s,\cdot)} \int_0^s u_*(\sigma) d\sigma$ pour $u \in L^1(\Omega)$, $s \in \overline{\Omega_*}$.

2.1 Calcul d'une dérivée directionnelle : le réarrangement relatif

Considérons u et v deux fonctions intégrables et définissons pour $s \in \overline{\Omega_*}$

$$w(s) = \int\limits_{\{u>u_*(s)\}} v(x)dx + \int_0^{s-|u>u_*(s)|} \left(v|_{\{u=u_*(s)\}}\right)_*(\sigma)d\sigma$$

où $v|_{\{u=u_*(s)\}}$ désigne la restriction de v à $\{u = u_*(s)\}$ et $\left(v|_{\{u=u_*(s)\}}\right)_*$ son réarrangement décroissant.

Théorème 2.1.1 (dérivée Directionnelle).
Pour tout $s \in \overline{\Omega_*}$, pour u et v dans $L^1(\Omega)$,

$$\lim_{\lambda \to 0,\ \lambda > 0} \frac{F(s, u + \lambda v) - F(s, u)}{\lambda} = w(s).$$

Corollaire 2.1.1 (du théorème de Dérivée directionnelle).
On suppose que $v \in L^p(\Omega)$, $1 \leqslant p \leqslant +\infty$. Alors,

1. $w \in W^{1,p}(\Omega_*)$
2. $\dfrac{(u + \lambda v)_* - u_*}{\lambda} \underset{\lambda \to 0}{\rightharpoonup} \dfrac{dw}{ds} \begin{cases} \text{dans } L^p(\Omega_*)\text{-faible} & \text{si } 1 \leqslant p < +\infty, \\ \text{dans } L^\infty(\Omega_*)\text{-faible-}* & \text{sinon.} \end{cases}$

Quelques résultats préliminaires.
Notre preuve sera basée sur quelques résultats d'analyse convexe. Ceci est dû au fait que :

Lemme 2.1.1.
L'application $u \in L^1(\Omega) \xrightarrow{F(s,\cdot)} \int_0^s u_*(\sigma)d\sigma$ est convexe et continue pour la topologie forte, $\forall s \in \overline{\Omega_*}$.

Preuve. Soit $s \in \overline{\Omega_*}$. On a vu que pour tout $\lambda > 0$, u et v intégrables, nous avons :

$$\int_0^s (\lambda u + v)_*(\sigma)d\sigma \leqslant \int_0^s (\lambda u)_*(\sigma)d\sigma + \int_0^s v_*(\sigma)d\sigma$$
$$= \lambda \int_0^s u_*(\sigma)d\sigma + \int_0^s v_*(\sigma)d\sigma.$$

D'où la convexité de $F(s, \cdot)$. De plus, par la propriété de contraction, on déduit :

$$|F(s, u) - F(s, v)| \leqslant \int_\Omega |u - v|\, dx.$$

□

Définition 2.1.1 (fonction polaire ou conjuguée).
On appelle fonction polaire de $F(s, \cdot)$
la fonction définie sur $L^1(\Omega)' = L^\infty(\Omega)$ donnée par

$$F^*(s, q) = \sup_{v \in L^1(\Omega)} \left\{ \int_\Omega qv\, dx - F(s, v) \right\}, \qquad \text{pour } q \in L^\infty(\Omega).$$

Définition 2.1.2 (sous-différentielle).
Soient $u \in L^1(\Omega)$, $s \in \overline{\Omega_*}$. On appelle <u>*sous-différentielle de $F(s,\cdot)$ au point u*</u>*, l'ensemble :*

$$\partial F(s,u)=\left\{q \in L^\infty(\Omega) : \int_\Omega q(v-u) \leqslant F(s,v)-F(s,u), \quad \forall v \in L^1(\Omega)\right\}.$$

Proposition 2.1.1.

$$\partial F(s,u) = \left\{q \in L^\infty(\Omega),\ F^*(s,q)+F(s,u) = \int_\Omega qudx\right\}.$$

<u>Preuve.</u> Pour $q \in L^\infty(\Omega)$, on a

$$\int_\Omega q(v-u) \leqslant F(s,v)-F(s,u), \quad \forall v \in L^1(\Omega)$$

$$\iff \int_\Omega qv\,dx - F(s,v) \leqslant \int_\Omega qu\,dx - F(s,u), \quad \forall v \in L^1(\Omega)$$

$$\iff F^*(s,q) \leqslant \int_\Omega qu\,dx - F(s,u) \leqslant F^*(s,q)$$

$$\iff F^*(s,q)+F(s,u) = \int_\Omega qu\,dx.$$

D'où le résultat. □

Proposition 2.1.2.
Soient u et v dans $L^1(\Omega)$.

$$F'(s,u;v) = \lim_{\lambda\to 0,\lambda>0} \frac{F(s,u+\lambda v)-F(s,u)}{\lambda} =$$

$$= \mathrm{Max}\left\{\int_\Omega qv\,dx, \quad q \in \partial F(s,u)\right\}.$$

<u>Preuve.</u> Si $q \in \partial F(s,u)$, alors $\forall\lambda > 0$, $\lambda \int_\Omega qv\,dx \leqslant F(s,u+\lambda v)-F(s,u)$.
D'où

$$\int_\Omega qv\,dx \leqslant F'(s,u;v) \Longrightarrow \mathrm{Max}\left\{\int_\Omega qv, \quad q \in \partial F(s,u)\right\} \leqslant F'(s,u;v).$$

Pour montrer la réciproque posons, pour u et s fixés,

$$\varphi_\lambda(v) = \frac{F(s,u+\lambda v)-F(s,u)}{\lambda}.$$

La fonction $\lambda \to F(s, u + \lambda v)$ est convexe donc l'application $\lambda \to \varphi_\lambda(v)$ est croissante sur $\mathbb{R}_+$. Par suite, $\lim\limits_{\lambda \to 0,\ \lambda > 0} \varphi_\lambda(v) = \operatorname*{Inf}\limits_{\lambda > 0} \varphi_\lambda(v) = F'(s, u; v)$.
Calculons la fonction polaire de $F'(s, u; \cdot)$: soit $q \in L^\infty(\Omega) = L^1(\Omega)'$

$$\Big[F'(s,u;\cdot)\Big]^*(q) = \sup_{v \in L^1(\Omega)} \left\{ \int_\Omega qv\,dx - F'(s,u;v) \right\}$$

$$= \sup_{v \in L^1(\Omega)} \left\{ \int_\Omega qv\,dx + \sup_{\lambda > 0}\Big(- \varphi_\lambda(v)\Big) \right\}$$

$$= \sup_{v \in L^1(\Omega)} \sup_{\lambda > 0} \left\{ \int_\Omega qv\,dx - \varphi_\lambda(v) \right\}$$

$$= \sup_{\lambda > 0} \sup_{v \in L^1(\Omega)} \left\{ \int_\Omega qv\,dx - \varphi_\lambda(v) \right\}$$

$$= \sup_{\lambda > 0} \varphi_\lambda^*(q)$$

or

$$\varphi_\lambda^*(q) = \sup_{v \in L^1(\Omega)} \left\{ \int_\Omega qv\,dx - \frac{F(s, u + \lambda v)}{\lambda} \right\} + \frac{F(s,u)}{\lambda}$$

$$= \sup_{w \in L^1(\Omega)} \left\{ \int_\Omega q \frac{w-u}{\lambda} dx - \frac{F(s,w)}{\lambda} \right\} + \frac{F(s,u)}{\lambda}$$

$$= \frac{1}{\lambda}\left(F^*(s,q) + F(s,u) - \int_\Omega qu\,dx \right).$$

Puisque

$$F^*(s,q) + F(s,u) - \int_\Omega qu\,dx \geqslant 0 \quad \forall q \in L^\infty(\Omega),\ \forall u \in L^1(\Omega)$$

alors

$$\Big[F'(s,u;\cdot)\Big]^*(q) = \sup_{\lambda > 0} \varphi_\lambda^*(q) = \begin{cases} 0 & \text{si } q \in \partial F(s,u) \\ +\infty & \text{sinon.} \end{cases}$$

Par suite, le polaire de $\Big[F'(s,u;\cdot)\Big]^*$ est

$$\Big[F'(s,u;\cdot)\Big]^{**}(v) = \sup_{q \in L^\infty(\Omega)} \left\{ \int_\Omega qv\,dx - \Big[F'(s,u;\cdot)\Big]^*(q) \right\}$$

$$= \sup_{q \in \partial F(s,u)} \left(\int_\Omega qv\,dx \right).$$

Mais l'application $v \to F'(s,u;v)$ est convexe, continue car

$$|F'(s,u;v) - F'(s,u;\overline{v})| \leqslant |v - \overline{v}|_{L^1(\Omega)}\,,$$

(donc aussi partout finie), par suite (voir H. Brézis, [24]) on déduit:

$$\Big[F'(s,u;\cdot)\Big]^{**} = F'(s,u;\cdot).$$

D'où

$$F'(s,u;v) = \sup_{q\in\partial F(s,u)} \Big(\int_\Omega qv\,dx\Big).$$

□

La prochaine étape consiste à calculer $\partial F(s,u)$ et ce supremum.

Lemme 2.1.2.
Pour s fixé dans $\overline{\Omega_*}$, $u \in L^1(\Omega)$, définissons la fonctionnelle

$$G_s(v) = \int_\Omega (v - u_*(s))_+ dx + su_*(s),$$

$v \in L^1(\Omega)$. *Alors*

$$\partial F(s,u) \subset \partial G_s(u).$$

Preuve.
Soit $q \in \partial F(s,u)$, s et u fixés. On a vu précédemment (voir expression $\int_0^s u_*(\sigma)d\sigma$ au chapitre 1) que $F(s,v) \leqslant G_s(v)$, $F(s,u) = G_s(u)$. Alors $\forall v \in L^1(\Omega)$, on a

$$\int_\Omega q(v-u)dx \leqslant F(s,v) - F(s,u) \leqslant G_s(v) - F(s,u).$$

D'où $\int_\Omega q(v-u) \leqslant G_s(v) - G_s(u) : q \in \partial G_s(u)$. □

Lemme 2.1.3.
Pour s et u fixés, on a :

$$\partial G_s(u) = \Big\{ q \in L^\infty(\Omega) : 0 \leqslant q \leqslant 1,\ q = \chi_{\{u>u_*(s)\}} + z \ \textit{avec support } z \subset \{u = u_*(s)\} \Big\}.$$

Preuve. Soit $q \in \partial G_s(u)$. Alors $\forall v \in L^1(\Omega)$

$$\int_\Omega q(v-u)dx \leqslant \int_\Omega (v-u_*(s))_+ dx - \int_\Omega (u - u_*(s))_+ dx.$$

Soient $\varphi \in L^\infty(\Omega)$ et $\lambda > 0$, alors en choisissant $v = u + \lambda\varphi\chi_{\{u\neq u_*(s)\}}$, on déduit que

$$\int_{\{u\neq u_*(s)\}} q\varphi\, dx = \int_{\{u\neq u_*(s)\}} \varphi\, dx \qquad \forall \varphi \in L^\infty(\Omega).$$

En effet, en posant :

$$f_\lambda(x) = \frac{\big(u + \lambda\varphi\chi_{u\neq u_*(s)} - u_*(s)\big)_+(x) - \big(u - u_*(s)\big)_+(x)}{\lambda}$$

alors quand $\lambda \to 0$, $f_\lambda(x)$ tend vers $\varphi\chi_{\{u>u_*(s)\}}$. D'où par le théorème de la convergence dominée on a

$$\int_{\{u\neq u_*(s)\}} \varphi q\, dx \leqslant \lim_{\lambda\to 0}\int_\Omega f_\lambda(x)dx = \int_{\{u>u_*(s)\}} \varphi\, dx \quad ,$$

ce qui fournit l'égalité. Ainsi $q(x) = \chi_{\{u>u_*(s)\}}$ si $u \neq u_*(s)$. De même si on choisit $v = u + \varphi\chi_{\{u=u_*(s)\}}$, $\varphi \in L^\infty(\Omega)$, alors :

$$\int_{\{u=u_*(s)\}} \varphi q\, dx \leqslant \int_{\{u=u_*(s)\}} \varphi_+\, dx \ .$$

Si $\varphi \geqslant 0$ ceci entraîne $q \leqslant 1$ et si on choisit $\varphi \leqslant 0$ alors on a

$$\int_{\{u=u_*(s)\}} \varphi q\, dx \leqslant 0 : q \geqslant 0.$$

On conclut :

$$q(x) = \chi_{\{u>u_*(s)\}}(x) + z(x), \quad 0 \leqslant z \leqslant 1, \quad \operatorname{supp} z \subset \{u = u_*(s)\}\,.$$

Réciproquement, si q est de cette forme, alors

$$\int_\Omega q(v-u) = \int_\Omega q(v - u_*(s))dx - \int_{\{u>u_*(s)\}} (u - u_*(s))dx$$

$$\leqslant \int_\Omega (v - u_*(s))_+ dx - \int_\Omega (u - u_*(s))_+ dx : q \in \partial G_s(u).$$

□

Pour calculer $\partial F(s,u)$, rappelons que

$$\partial F(s,u) = \left\{ q \in L^\infty(\Omega) : F^*(s,q) + F(s,u) = \int_\Omega qu\, dx \right\},$$

il nous faut calculer la fonction polaire $F^*(s,q)$.

Lemme 2.1.4.
Soit $q \in \partial G_s(u)$. Alors,

$$F^*(s,q) = \begin{cases} 0 & si \displaystyle\int_\Omega q(x)dx = s \\ +\infty & sinon \end{cases}.$$

Preuve.

$$\begin{aligned} F^*(s,q) &= \sup_{v\in L^1(\Omega)} \left\{ \int_\Omega qv\,dx - \min_t \left\{ ts + \int_\Omega (v-t)_+ dx \right\} \right\} \\ &= \sup_{v\in L^1(\Omega)} \sup_t \left\{ \int_\Omega qv\,dx - ts - \int_\Omega (v-t)_+ dx \right\} \\ &= \sup_t \left\{ -ts + \sup_{v\in L^1(\Omega)} \left\{ \int_\Omega qv\,dx - \int_\Omega (v-t)_+ dx \right\} \right\}. \end{aligned}$$

Or,

$$\begin{aligned} \int_\Omega qv - \int_\Omega (v-t)_+ dx &= \int_\Omega q(v-t)dx + t\int_\Omega q\,dx - \int_\Omega (v-t)_+ dx \\ &= \int_\Omega (q-1)(v-t)_+ dx - \int_\Omega q(v-t)_- dx + t\int_\Omega q dx. \end{aligned}$$

D'où
$F^*(s,q) =$

$$= \sup_t \left\{ t\left(\int_\Omega q\,dx - s \right) + \sup_{v\in L^1(\Omega)} \left\{ \int_\Omega (q-1)(v-t)_+ dx - \int_\Omega q(v-t)_- dx \right\} \right\}.$$

Puisque $q \in \partial G_s(u)$, alors $0 \leqslant q \leqslant 1$. Par suite,

$$\int_\Omega (q-1)(v-t)_+ dx - \int_\Omega q(v-t)_- dx \leqslant 0.$$

En prenant $v = t$, on voit que :

$$\sup_{v\in L^1(\Omega)} \left\{ \int_\Omega (q-1)(v-t)_+ dx - \int_\Omega q(v-t)_- dx \right\} = 0.$$

D'où

$$F^*(s,q) = \sup_t \left\{ t\left(\int_\Omega q\,dx - s \right) \right\} = \begin{cases} 0 & \text{si } \displaystyle\int_\Omega q(x)dx = s \\ +\infty & \text{sinon} \end{cases}.$$

□

On déduit ainsi :

Corollaire 2.1.2.

$$\partial F(s,u) = \left\{ q \in \partial G_s(u) : F(s,u) = \int_\Omega qu\,dx, \quad \int_\Omega q(x)dx = s \right\} \Longleftrightarrow$$

$$\partial F(s,u) = \Big\{ q \in L^\infty(\Omega),\ q = \chi_{\{u>u_*(s)\}} + z,\ \textit{avec}\ \mathrm{supp} z \subset \{u = u_*(s)\}$$

$$\textit{et} \int_0^s u_*(\sigma)d\sigma = \int_\Omega qu\,dx,\ \int_\Omega q(x)dx = s \Big\}.$$

Corollaire 2.1.3 (du corollaire 2.1.2).
Pour tout $s \in \overline{\Omega_*}$

$$\partial F(s,u) = \Big\{ q = \chi_{\{u>u_*(s)\}} + z,\ 0 \leqslant q \leqslant 1,\ \mathrm{supp}\ z \subset \{u = u_*(s)\}$$

$$\textit{et} \int_{\{u=u_*(s)\}} z(x)\,dx = s - |u > u_*(s)| \Big\}.$$

Preuve. Examinons de plus près $\partial F(s,u)$

$$\int_0^s u_*(\sigma)d\sigma = \int_\Omega qu\,dx \Longleftrightarrow$$

$$\int_0^s u_*(\sigma)d\sigma - \int_0^{|u_*>u_*(s)|} u_*(\sigma)d\sigma = \left(\int_{\{u=u_*(s)\}} z\,dx \right) u_*(s)$$

$$\Longleftrightarrow u_*(s)\big(s - |u > u_*(s)|\big) = u_*(s) \left(\int_{\{u=u_*(s)\}} z\,dx \right).$$

Si $u_*(s) \neq 0$ alors on a donc :

$$\int_{\{u=u_*(s)\}} z\,dx = s - |u > u_*(s)| \Longleftrightarrow \int_0^s u_*(\sigma)d\sigma = \int_\Omega qu\,dx,$$

d'où l'on déduit que $\displaystyle\int_\Omega q(x)dx = s$.
Si $u_*(s) = 0$ alors par équimesurabilité on a toujours

$$\int_0^s u_*(\sigma)d\sigma = \int_\Omega qu\,dx \text{ et } \int_\Omega q(x)dx = s \Longleftrightarrow \int_{\{u=0\}} z(x)\,dx = s - |u > 0|. \qquad \square$$

Théorème 2.1.2 (expression de $F'(s,u;v)$).
Soient u et v dans $L^1(\Omega)$, $s \in \overline{\Omega_*}$. Alors,

$$F'(s,u;v) = \int_{\{u>u_*(s)\}} v\,dx \quad + \int_0^{s-|u>u_*(s)|} \left(v|_{\{u=u_*(s)\}}\right)_*(\sigma)d\sigma\,.$$

Preuve. On sait que

$$F'(s,u;v) = \mathrm{Max}\left\{\int_\Omega qv\,dx,\ q \in \partial F(s,u)\right\} \text{ avec } q = \chi_{\{u>u_*(s)\}} + z$$

on a : $F'(s,u;v) = \displaystyle\int_{\{u>u_*(s)\}} v\,dx \quad +$

$$+\,\mathrm{Max}\left\{\int_\Omega zv\,dx\,,\ 0 \leqslant z \leqslant 1,\ \mathrm{supp}\ z \subset \{u = u_*(s)\},\right.$$

$$\left.\int_{\{u=u_*(s)\}} z(x)dx = s - |u > u_*(s)|\right\}$$

$$= \int_{\{u>u_*(s)\}} v\,dx \quad +$$

$$+\,\mathrm{Max}\left\{\int_{\{u=u_*(s)\}} zv\,dx\ ,\ 0 \leqslant z \leqslant 1,\ \int_{\{u=u_*(s)\}} z(x)dx\ = s - |u > u_*(s)|\right\}.$$

D'après les corollaires des inégalités de Hardy-Littlewood, on a :

$$\mathrm{Max}\left\{\int_{\{u=u_*(s)\}} zv\,dx\ ,\ 0 \leqslant z \leqslant 1,\ \int_{\{u=u_*(s)\}} z(x)dx\ = s - |u > u_*(s)|\right\} =$$

$$= \int_0^{s-|u>u_*(s)|} \left(v|_{\{u=u_*(s)\}}\right)_* d\sigma\,.$$

D'où le résultat. □

Théorème 2.1.3.
Soient $u \in L^1(\Omega)$, $v \in L^p(\Omega)$, $1 \leqslant p \leqslant +\infty$. Alors

1. $\dfrac{d}{ds}\left(\dfrac{F(\cdot, u+\lambda v) - F(\cdot, u)}{\lambda}\right) \underset{\lambda \searrow 0}{\rightharpoonup} \dfrac{d}{ds}F'(\cdot, u; v)$
dans $L^p(\Omega_*)$-faible si $1 \leqslant p < +\infty$;
dans $L^\infty(\Omega_*)$-faible- si $p = +\infty$.*
2. *En particulier, $F'(\cdot, u; v) \in W^{1,p}(\Omega_*)$.*

Définition 2.1.3 (du réarrangement relatif).
Sous les mêmes conditions que le théorème ci-dessus, on appelle le réarrangement relatif de v par rapport à u la fonction

$$v_{*u} = \frac{d}{ds}F'(\cdot, u; v) \in L^p(\Omega_*).$$

Preuve du Théroème 2.1.3. Posons $\dfrac{F(s, u+\lambda v) - F(s, u)}{\lambda} = w_\lambda(s)$, $\lambda > 0$. Alors en utilisant la propriété de contraction, on a : $\forall s \in \overline{\Omega_*}$

1. $|w_\lambda(s)| \leqslant |v|_{L^1(\Omega)}$, $\left|\dfrac{dw_\lambda}{ds}\right|_{L^p(\Omega_*)} \leqslant |v|_{L^p(\Omega)}$.
2. Puisque $\lim\limits_{\lambda \to 0} w_\lambda(s) = F'(s, u; v)$ on a $\forall \varphi \in L^\infty(\Omega_*)$,

$$\int_{\Omega_*} \varphi(s) F'(s, u; v) ds = \lim_{\lambda \to 0} \int_{\Omega_*} \varphi(s) w_\lambda(s) ds$$

$\left(\text{donc } \dfrac{dw_\lambda}{ds} \rightharpoonup \dfrac{d}{ds}F'(\cdot, u; v). \text{ dans } \mathcal{D}'(\Omega_*)\right)$.

Par suite, si $1 < p \leqslant +\infty$ alors d'après les relations (1) et (2) on a :

3. $|F'(s, u; v)| \leqslant |v|_{L^1(\Omega)}$.
4. $\forall \varphi \in C_c^1(\Omega_*)$, on a

$$\left|\int_\Omega \varphi'(s) F'(s, u; v) ds\right| \leqslant |v|_{L^p(\Omega)} \cdot |\varphi|_{L^{p'}(\Omega_*)}$$

(où $\varphi' = \dfrac{d\varphi}{ds}$). Par conséquent $F'(\cdot, u; v) \in W^{1,p}(\Omega_*)$. Comme $\dfrac{dw_\lambda}{ds}$ reste dans un borné de $L^p(\Omega_*)$ et $\lim\limits_{\lambda \to 0} \displaystyle\int_\Omega \varphi \frac{dw_\lambda}{ds} = -\int_\Omega \varphi'(s) F'(s, u; v) ds$, on déduit que $\dfrac{dw_\lambda}{ds} \underset{\lambda \to 0}{\rightharpoonup} \dfrac{d}{ds}F'(\cdot, u; v)$ dans $L^p(\Omega_*)$ faible si $1 < p < +\infty$ et dans $L^\infty(\Omega_*)$-faible-* si $p = +\infty$.

Pour le cas $p = 1$, on va utiliser le critère de Dunford-Pettis, i.e.

$$\forall \varepsilon > 0,\ \exists \delta(\varepsilon) > 0 \text{ t.q. si } |A| \leqslant \delta(\varepsilon) \text{ alors } \int_A \left|\frac{dw_\lambda}{ds}\right| ds \leqslant \varepsilon,\ \forall \lambda > 0.$$

En effet, cette propriété assure que le fait que $\frac{dw_\lambda}{ds}$ reste dans un borné de $L^1(\Omega_*)$, entraîne que $\frac{dw_\lambda}{ds}$ converge $\frac{d}{ds}F'(\cdot, u; v)$ dans $L^1(\Omega_*)$ faible (en utilisant (2)).

Pour montrer la propriété de Dunford-Pettis, fixons $\varepsilon > 0$ et $v_\varepsilon \in L^\infty(\Omega)$ t.q. $|v - v_\varepsilon|_{L^1} \leqslant \frac{\varepsilon}{2}$ et $\delta_\varepsilon > 0$ t.q. $2\,|v_\varepsilon|_\infty \leqslant \frac{\varepsilon}{\delta_\varepsilon}$.

Posons $w_{\lambda,\varepsilon}(s) = \dfrac{F(s, u + \lambda v_\varepsilon) - F(s,u)}{\lambda}$ et soit A un sous-ensemble mesurable de Ω_*.

Si $|A| \leqslant \delta_\varepsilon$ alors on a :

$$\begin{aligned}
\int_A \left|\frac{dw_\lambda}{ds}\right| &\leqslant \int_A \left|\frac{dw_\lambda}{ds} - \frac{dw_{\lambda,\varepsilon}}{ds}\right| + \int_A \left|\frac{dw_{\lambda,\varepsilon}}{ds}\right| \\
&= \int_A \left|\frac{(u+\lambda v_\varepsilon)_* - (u+\lambda v)_*}{\lambda}\right| + \int_A \left|\frac{(u+\lambda v_\varepsilon)_* - u_*}{\lambda}\right| \\
&\leqslant |v_\varepsilon - v|_{L^1} + |v_\varepsilon|_{L^\infty}|A| \leqslant \frac{\varepsilon}{2} + \frac{\varepsilon}{2} = \varepsilon.
\end{aligned}$$

□

2.2 Propriétés immédiates du réarrangement relatif

Proposition 2.2.1.
Soient $u \in L^1(\Omega)$ et $v \in L^p(\Omega)$, $1 \leqslant p \leqslant +\infty$.

(a) $|v_{*u}|_{L^p(\Omega_*)} \leqslant |v|_{L^p(\Omega)}$.
(b) Si $v_1 \leqslant v_2$ $\;v_i \in L^p(\Omega)$ alors $v_{1*u} \leqslant v_{2*u}$.
(c) L'application $v \in L^p(\Omega) \to v_{*u} \in L^p(\Omega_*)$ est une contraction.
(d) $\forall \Phi : \mathbb{R} \to \mathbb{R}$ lipschitzienne et convexe on a :

$$\int_{\Omega_*} \Phi(v_{1*u} - v_{2*u})d\sigma \leqslant \int_\Omega \Phi(v_1 - v_2)dx.$$

Preuve des propriétés.

(a) Pour montrer que $|v_{*u}|_p \leqslant |v|_p$. On a

$$|v_{*u}|_p = \sup\left\{\int_{\Omega_*} v_{*u}\varphi d\sigma,\ \varphi \in L^{p'}(\Omega_*),\ |\varphi|_{L^{p'}} \leqslant 1\right\}$$

$\frac{1}{p} + \frac{1}{p'} = 1.$

Mais avec l'inégalité de Hölder, on conclut que :

$$\int_{\Omega_*} v_{*u}\varphi d\sigma = \lim_{\lambda\to 0}\int_{\Omega_*}\frac{dw_\lambda}{d\sigma}\varphi d\sigma \leqslant |\varphi|_{p'}\cdot|v|_p$$

$\left(\text{d'après le lemme précédent, } \left|\frac{dw_\lambda}{d\sigma}\right|_p \leqslant |v|_p\right)$. D'où le résultat.

(b) Soit v_1 et v_2 deux éléments de $L^1(\Omega)$, $u \in L^1(\Omega)$. Alors, $\forall\lambda>0$, $(u+\lambda v_1)_* \leqslant (u+\lambda v_2)_*$ si $v_1 \leqslant v_2$ p.p. Ainsi $\forall\varphi\in\mathcal{D}(\Omega_*)$, $\varphi\geqslant 0$ nous avons :

$$\int_{\Omega_*}\frac{(u+\lambda v_1)_*-u_*}{\lambda}\varphi \leqslant \int_{\Omega_*}\frac{(u+\lambda v_2)_*-u_*}{\lambda}\varphi$$

quand $\lambda\searrow 0$, on déduit

$$\int_{\Omega*} v_{1*u}\varphi \leqslant \int_{\Omega_*} v_{2*u}\varphi \Longrightarrow v_{1*u}\leqslant v_{2*u}\ p.p..$$

(c) En raisonnant comme en (a) et (b) si v_1 et v_2 sont dans $L^p(\Omega)$, $1\leqslant p\leqslant +\infty$, $u\in L^1(\Omega)$, alors, $\forall\varphi\in L^{p'}(\Omega_*)$ la propriété de contraction et l'inégalité de Hölder impliquent que

$$\int_{\Omega_*}\left[\frac{(u+\lambda v_1)_*-(u+\lambda v_2)_*}{\lambda}\right]\varphi d\sigma \leqslant |\varphi|_{p'}\,|v_1-v_2|_p\,.$$

En faisant tendre λ vers zéro, on a:

$$\int_{\Omega_*}(v_{1*u}-v_{2*u})\varphi d\sigma \leqslant |\varphi|_{p'}\,|v_1-v_2|_p \qquad \forall\varphi\in L^{p'}(\Omega),$$

ce qui entraîne que : $|v_{1*u}-v_{2*u}|_p \leqslant |v_1-v_2|_p$. Ce qui prouve que l'application $v\in L^p(\Omega)\to v_{*u}\in L^p(\Omega_*)$ est une contraction.

(d) Puisque l'application $v\to v_{*u}$ est continue, il suffit de montrer que $\forall v\in L^\infty(\Omega)$, $\forall\Phi:\mathbb{R}\to\mathbb{R}$ convexe, lipschitzienne on ait:

$$\int_{\Omega_*}\Phi(v_{*u})d\sigma \leqslant \int_\Omega \Phi(v)dx \qquad \forall u\in L^1(\Omega).$$

En effet, si on note $v^k = T_k(v)$ (troncature de v) alors $v^k\to v$ si $v\in L^p(\Omega)$, $1\leqslant p<+\infty$, alors, comme on a :

$$\left|\Phi(v^k_{*u})(\sigma)-\Phi(v_{*u})(\sigma)\right| \leqslant |\Phi'|_\infty\left|v^k_{*u}(\sigma)-v_{*u}(\sigma)\right|,$$

on déduit que :

$$\lim_k\int_{\Omega_*}\Phi(v^k_{*u})(\sigma) = \int_{\Omega_*}\Phi(v_{*u})d\sigma.$$

Comme

$$\lim_k \int_\Omega \Phi(v^k) = \int_\Omega \Phi(v),$$

l'inégalité $\int_{\Omega_*} \Phi(v^k_{*u})d\sigma \leqslant \int_\Omega \Phi(v^k)$ entraînerait $\int_{\Omega_*} \Phi(v_{*u}) \leqslant \int_\Omega \Phi(v)$.

Pour prouver l'inégalité dans le cas d'une fonction bornée, on introduit pour $v_i \in L^\infty(\Omega)$, $i = 1, 2$, $v = v_1 - v_2$ et le convexe :

$$\mathcal{K}(v) = \left\{h \in L^2(\Omega_*), \quad \int_{\Omega_*} \Phi(h)d\sigma \leqslant \int_\Omega \Phi(v)dx\right\}$$

(où $\Phi : I\!R \to I\!R$ convexe lipschitzienne). C'est un fermé pour la topologie forte de $L^2(\Omega_*)$. Par suite $\mathcal{K}(v)$ est faiblement fermé. Pour $u \in L^1(\Omega)$,

$$\frac{dw_\lambda}{ds} = \frac{(u + \lambda v_1)_* - (u + \lambda v_2)_*}{\lambda} \text{ vérifie } \int_{\Omega_*} \Phi\left(\frac{dw_\lambda}{d\sigma}\right) d\sigma \leqslant \int_\Omega \Phi(v)dx$$

(voir les théorèmes de contraction) et $\dfrac{dw_\lambda}{d\sigma} \underset{\lambda \to 0}{\rightharpoonup} v_{1*u} - v_{2*u}$ dans $L^2(\Omega_*)$-faible. Donc $\int_{\Omega_*} \Phi(v_{1*u} - v_{2*u}) \leqslant \int_\Omega \Phi(v)$ car $v_{1*u} - v_{2*u} \in \mathcal{K}(v)$. □

Remarque. D'autres extensions sont possibles pour la contraction par exemple si $\rho : I\!R_+ \to I\!R_+$ convexe, v_1 et v_2 dans $L^\infty(\Omega)$ alors

$$\int_{\Omega_*} \rho\left(|v_{1*u} - v_{2*u}|\right) d\sigma \leqslant \int_\Omega \rho\left(|v_1 - v_2|\right) dx, \quad \forall u \in L^1(\Omega).$$

Corollaire 2.2.1 (de la proposition 2.2.1).
Si $v \in L^p(\Omega)$, $1 \leqslant p \leqslant +\infty$, $u \in L^1(\Omega)$

1. $\forall s \in \overline{\Omega_*}$, $\quad \int_0^s |v_{*u}|_* (\sigma)d\sigma \leqslant \int_0^s |v|_* (\sigma)d\sigma.$
2. *Si $v \in L^{p,q}(\Omega)$ alors $v_{*u} \in L^{p,q}(\Omega_*)$ et*

$$|v_{*u}|_{(p,q)} \leqslant |v|_{(p,q)}.$$

Preuve. C'est une conséquence des équivalences qu'on a montrées auparavant et de la définition de $L^{p,q}(\Omega)$. En effet la fonction $\sigma \to (|\sigma| - t)_+$ est convexe, on déduit, par les propriétés données au chapitre 1, que $\forall t$: $\int_0^s |v_{*u}|_* (\sigma)d\sigma \leqslant \int_0^s |v|_* (\sigma)d\sigma$. L'assertion (1) implique (2).

On sait que si $1 \leqslant q \leqslant p < +\infty$ alors l'application $f \to |f|_{p,q}$ est une norme. On peut alors, dans ce cas montrer que $|v_{*u}|_{p,q} \leqslant |v|_{p,q}$. La preuve est incluse dans le résultat général suivant qui avec le corollaire 1.3.3 montre que l'application réarrangement est une contraction de $B_a(\Omega,\rho)$ dans $B_a(\Omega_*,\rho)$ si ρ est invariant par réarrangement.

Théorème 2.2.1 (Lorentz-Luxembourg).
Soit ρ une norme non triviale sur $L^0(\Omega_*)$. On suppose que la norme ρ est une norme de Fatou, invariante par réarrangement. Soient f, g dans $L^0(\Omega_*)$,

si $f \geqslant 0$, $g \geqslant 0$ vérifient $\forall s \geqslant 0$, $\displaystyle\int_0^s f_*(\sigma)d\sigma \leqslant \int_0^s g_*(\sigma)d\sigma$, *alors*

$$\rho(f) \leqslant \rho(g).$$

On admettra ce théorème, voici quelques éléments de sa preuve.
On rappelle sur $L^0(\Omega_*)$, la norme dite associée :

$$\rho'(\varphi) = \sup\left\{\int_{\Omega_*} |\psi\varphi|\,d\sigma : \rho(\psi) \leqslant 1\right\}.$$

Alors

$$\int_{\Omega_*} |f\varphi|\,d\sigma \leqslant \rho'(\varphi)\cdot\rho(f) \quad \textit{si } f \in L^0(\Omega_*),\ \rho'(\varphi) < +\infty.$$

□

On déduit de la proposition 1.5.3 et du théorème de Lorentz-Luxemburg concernant la norme associée de ρ' le :

Lemme 2.2.1.
Si ρ est une norme de Fatou alors

$$\rho(f) = \sup\left\{\int_{\Omega_*} |f\varphi|\,d\sigma : \rho'(\varphi) \leqslant 1\right\}$$

et si ρ est invariante par réarrangement

$$f \geqslant 0,\ \rho(f) = \sup\left\{\int_{\Omega_*} f_*\,|\varphi|_*\,d\sigma : \rho'(\varphi) \leqslant 1\right\}.$$

On peut alors montrer

Lemme 2.2.2.
Si $f \geqslant 0$, $g \geqslant 0$, $\displaystyle\int_0^s f_*(\sigma)d\sigma \leqslant \int_0^s g_*(\sigma)d\sigma\ \forall s \in \Omega_*$, *alors $\forall\varphi \in L^0(\Omega_*)$, on a :*

$$\int_{\Omega_*} f_*\,|\varphi|_*\,d\sigma \leqslant \int_{\Omega_*} g_*\,|\varphi|_*\,d\sigma.$$

Preuve. Si $|\varphi|_*(|\Omega|) = 0$ alors

$$\int_{\Omega_*} f_* |\varphi|_* = -\int_{\Omega_*} \left(\int_0^s f_*(t)dt \right) d|\varphi|_* \leqslant$$
$$\leqslant -\int_{\Omega_*} \left(\int_0^s g_*(t)dt \right) d|\varphi|_* = \int_{\Omega_*} g_* |\varphi|_* d\sigma.$$

Si $|\varphi|_*(|\Omega|) \neq 0$, alors on considère

$$\varphi_n(\sigma) = \begin{cases} |\varphi|(\sigma) & \text{si } 0 \leqslant \sigma < |\Omega| - \dfrac{1}{n+1} \\ 0 & \text{sinon} \end{cases}.$$

Par suite $0 \leqslant \varphi_n \leqslant \varphi_{n+1} \to |\varphi|$ p.p. et $\varphi_{n*}(\sigma) = 0$, si $\sigma > |\Omega| - \dfrac{1}{n+1}$.
Comme $\displaystyle\int_{\Omega_*} f_* \varphi_{n*}(\sigma)d\sigma \leqslant \int_{\Omega_*} g_*(\sigma)\varphi_{n*}(\sigma)d\sigma$, on conclut avec le théorème de Beppo-Levi. □

Ainsi, on déduit le théorème 2.2.1,

$$\rho(f) = \sup\left\{ \int_{\Omega_*} f_* |\varphi|_*,\ \rho'(\varphi) \leqslant 1 \right\} \leqslant \rho(g) = \sup\left\{ \int_{\Omega_*} g_* |\varphi|_*,\ \rho'(\varphi) \leqslant 1 \right\}.$$

Comme application, on peut considérer :

$$\rho(f) = |f|_{p,q} = \left[\int_{\Omega_*} \left[t^{\frac{1}{p}} |f|_*(t) \right]^q \frac{dt}{t} \right]^{\frac{1}{q}} \quad 1 \leqslant q \leqslant p < +\infty$$

est une norme sur $L^0(\Omega_*)$ et $L^{p,q} = \left\{ f \in L^0(\Omega_*) : \rho(f) < +\infty \right\}$. Elle est de Fatou et invariante par réarrangement.

On a montré que

$$\int_0^s |v_{*u}|_*(\sigma)d\sigma \leqslant \int_0^s |v|_*(\sigma)d\sigma \quad \forall s \in \overline{\Omega_*}$$

alors

$$\rho(v_{*u}) \leqslant \rho(|v|_*) = \left[\int_{\Omega_*} \left[t^{\frac{1}{p}} |v|_*(t) \right]^q \frac{dt}{t} \right]^{\frac{1}{q}},$$

soit

$$|v_{*u}|_{L^{p,q}(\Omega_*)} \leqslant |v|_{L^{p,q}(\Omega)}.$$

□

Plus généralement, sous les hypothèses du théorème 2.2.1,

$$\rho(|v_{*u}|) \leqslant \rho(|v|_*).$$

En particulier si u est sans palier, on retrouve la propriété de contraction

$$\rho(|v_{1*v} - v_{2*u}|) \leqslant \rho(|v_1 - v_2|),$$

ρ étant une norme de Fatou invariante par réarrangement.

2.3 Opérateurs moyennes de première espèce

Les opérateurs moyennes vont nous permettre de passer d'une intégrale définie sur Ω_* à une intégrale définie sur Ω.

Définition 2.3.1.
Soit $u : \Omega \to I\!R$ mesurable. P, P_* sont respectivement l'ensemble des paliers de u et de u_* :
$P = \bigcup_{i \in D} P_i, \quad P_* = \bigcup_{i \in D} P_i^*,\ |P_i| = |\{u = t_i\}| = |P_i^*| = |\{u_* = t_i\}|.$
Pour presque tout $x \in \Omega$, on note :

$$\beta_u(x) = \underline{\beta}(u)(x) = |u > u(x)| = m_u\big(u(x)\big)$$

$$\overline{\beta}_u(x) = \overline{\beta}(u)(x) = |u \geqslant u(x)|$$

$$\delta(u)(x) = \Big[\underline{\beta}(u)(x),\ \overline{\beta}(u)(x)\Big].$$

Si $x \in P_i$, on note $s_i' = \underline{\beta}(u)(x)$, $s_i'' = \overline{\beta}(u)(x)$, ainsi $P_i^* = [s_i', s_i'')$.

Lemme 2.3.1.
Soient P l'ensemble des paliers de u, P_* celui de u_* et N un ensemble mesurable de Ω_* on note :

$$\beta_u^{-1}(N) - P = \{x \in \Omega \backslash P : \beta(u)(x) \in N\} \ \textit{avec}\ \beta = \underline{\beta} \textit{ ou } \overline{\beta}.$$

Alors si $|N| = 0$, $\big|\beta_u^{-1}(N) - P\big| = 0$.

<u>Preuve.</u> Soit $\varepsilon > 0$, il existe un ouvert $\mathcal{O}_\varepsilon : N \subset \mathcal{O}_\varepsilon \subset \Omega_*, |\mathcal{O}_\varepsilon| \leqslant \varepsilon$, alors

$$\beta_u^{-1}(N) - P \subset \beta_u^{-1}(\mathcal{O}_\varepsilon) - P.$$

Il suffit donc de montrer que

$$\big|\beta_u^{-1}(\mathcal{O}_\varepsilon) - P\big| \leqslant \varepsilon.$$

$$\big|\beta_u^{-1}(\mathcal{O}_\varepsilon) - P\big| = \int_\Omega \chi_{\mathcal{O}_\varepsilon}\left(\beta(u)(x)\right) \cdot \chi_{I\!R - \bigcup_{i \in D} t_i}\big(u(x)\big) dx.$$

La fonction $t \to \chi_{\mathcal{O}_\varepsilon}(m_u(t)) \cdot \chi_{I\!R - \bigcup_{i \in I\!R} t_i}(t)$ est une fonction positive borélienne alors, par équimesurabilité nous avons :

$$\big|\beta_u^{-1}(\mathcal{O}_\varepsilon) - P\big| = \int_{\Omega_*} \chi_{\mathcal{O}_\varepsilon}\Big(\beta_{u_*}(u_*((s))\Big) \cdot \chi_{I\!R - \bigcup_{i \in I\!R} t_i}\big(u_*(s)\big) ds$$

car $m_u(t) = m_{u_*}(t)$. Mais si $s \notin P_*$ alors $m_{u_*}(u_*(s)) = s$

$$|\beta_u^{-1}(\mathcal{O}_\varepsilon) - P| = \int_{\Omega_*} \chi_{\mathcal{O}_\varepsilon}(s) \cdot \chi_{\mathbb{R} - \bigcup_{i \in \mathbb{R}} t_i}(u_*(s))ds \leqslant |\mathcal{O}_\varepsilon| \leqslant \varepsilon.$$

□

Définition 2.3.2.
Soient $u : \Omega \to \mathbb{R}$ mesurable, $P(u) = P$ l'ensemble des paliers de u et P_* celui de u_*, $g : \Omega_* \to \mathbb{R}$ mesurable (définie presque partout) positive ou $g \in L^1(\Omega_*)$.
On définit $M_u(g) : \Omega \to \overline{\mathbb{R}}$ par :

$$M_u(g)(x) = \begin{cases} g\Big(\beta_u(x)\Big) & si\ x \in \Omega \backslash P \\ \dfrac{1}{|P_i|} \displaystyle\int_{s_i'}^{s_i''} g(s)ds & si\ x \in P_i. \end{cases}$$

$M_u(g)$ est bien défini presque partout dans Ω car par le lemme 2.3.1, on a

$$g = g' \text{ p.p.} \implies M_u(g)(x) = M_u(g')(x) \text{ p.p.}.$$

Lemme 2.3.2.
(i) Si $g : \Omega_* \to \mathbb{R}$ mesurable positive ou si g est intégrable alors

$$\int_{\Omega_*} g(\sigma)d\sigma = \int_\Omega M_u(g)dx.$$

(ii) $\forall p \in [1, +\infty]$, $\quad M_u \in \mathcal{L}\Big(L^p(\Omega_*),\ L^p(\Omega)\Big)$ et $\|M_u\| = 1$.

Preuve. Il suffit de prouver, pour $g \geqslant 0$ mesurable

$$\int_{\Omega_* \backslash P_*} g(\sigma)d\sigma = \int_{\Omega \backslash P} M_u(g)dx$$

et

$$\int_{P_i^*} g(\sigma) = \int_{P_i} M_u(g)dx.$$

Soit $\overline{g}$ borélienne t.q. $g = \overline{g}$ p.p. Alors, on a :

$$\int_{\Omega_* \backslash P_*} g(\sigma)\,d\sigma = \int_{\Omega_* \backslash P_*} \overline{g} \quad = \int_{\Omega_*} \chi_{\mathbb{R} - \bigcup_{i \in D} t_i}(u_*(s))\overline{g}\Big(m_{u_*}(u_*(s))\Big)ds$$

$$= \int_{\Omega} \chi_{\mathbb{R}-\bigcup_{i\in D} t_i}(u(x))\overline{g}\Big(m_u(u(x))\Big)dx$$

$$= \int_{\Omega\backslash P} \overline{g}\Big(\beta_u(x)\Big)dx = \int_{\Omega\backslash P} g\Big(\beta_u(x)\Big)dx\,.$$

Par ailleurs, on a :

$$\int_{P_i^*} g = \int_{s_i'}^{s_i''} g(\sigma) = \int_{P_i} M_u(g)dx\ .$$

Ce qui achève la preuve du lemme □

Notons que : $|M_u(g)| \leqslant M_u(|g|)$ d'où si $g \in L^1(\Omega_*)$ alors $M_u(g) \in L^1(\Omega)$ et:

$$\int_{\Omega} M_u(g) = \int_{\Omega} M_u(g_+) - \int_{\Omega} M_u(g_-) = \int_{\Omega_*} g(\sigma)d\sigma.$$

Pour $1 \leqslant p < +\infty$, on a presque partout :

$$|M_u(g)(x)|^p \leqslant \big[M_u(|g|)\big]^p(x) \leqslant M_u\left(|g|^p\right)(x),$$

d'où

$$\left.\begin{aligned} \int_{\Omega} |M_u(g)|^p \leqslant \int_{\Omega} M_u\Big(|g|^p\Big) = \int_{\Omega_*} |g|^p\,(\sigma)d\sigma \\ g = c^{te},\ M_u g = g \end{aligned}\right\} \Longrightarrow \|M_u\| = 1$$

si $p = \infty$ $\quad |M_u(g)(x)| \leqslant |g|_{\infty} : |M_u(g)|_{\infty} \leqslant |g|_{\infty}\,.$ □

Définition 2.3.3 (opérateurs moyennes de 1ère espèce).
L'application $\underline{M_u : L^p(\Omega_*) \to L^p(\Omega)}$ *est appelée* *opérateur moyenne de première espèce.*

2.4 Opérateurs moyennes de seconde espèce

Soient u, v deux fonctions réelles mesurables. On peut définir $M_{u,v}$ de la façon suivante :

$$P(u) = \text{ ensemble des paliers de } u = \bigcup_{i\in D} P_i(u)$$

$v_i = v|_{P_i(u)}$, $g : \Omega_* \to \mathbb{R}$ mesurable $\geqslant 0$ ou intégrable. Alors $M_{u,v}(g) : \Omega \to \overline{\mathbb{R}}$ est donnée par :

$$M_{u,v}(g)(x) = \begin{cases} g\big(\beta_u(x)\big) & \text{si } x \in \Omega \backslash P, \\ M_{v_i}(h_i)(x) & \text{si } x \in P_i, \end{cases}$$

$h_i : \big[0, s_i'' - s_i' = |P_i|\,\big] \to \mathbb{R} : h_i(s) = g(s_i' + s)$.
M_{v_i} est définie comme M_u (Ω remplacé par P_i).
On vérifie

si $g = g'$ p.p. dans Ω_* alors $M_{u,v}(g) = M_{u,v}(g')$ *p.p.*

si $g \geqslant 0$ alors $\displaystyle\int_{\Omega_*} g d\sigma = \int_{\Omega} M_{u,v}(g)$

si g est intégrable alors $\displaystyle\int_{\Omega_*} g = \int_{\Omega} M_{u,v}(g)$

si $v = c^{te}$ $M_{u,v} = M_u$.

$M_{u,v} \in \mathcal{L}\Big(L^p(\Omega_*), L^p(\Omega)\Big)$, $1 \leqslant p \leqslant +\infty$, $\|M_{u,v}\| = 1$.

Notons que :

$$\int_{P_i} M_{u,v}(g) dx = \int_{P_i} M_{v_i} h_i$$

$$\underset{lemme\ sur\ M_{v_i}}{=} \int_0^{s_i''-s_i'} h_i = \int_{s_i'}^{s_i''} g = \int_{P_i} M_u(g)\,.$$

Définition 2.4.1.
$M_{u,v}$ est appelé opérateur moyenne de seconde espèce.

Lemme 2.4.1.
Soient $g \in L^1(\Omega_*)$ et g_n une suite de $L^1(\Omega_*)$ t.q.

$$\begin{cases} g_n(\sigma) \underset{n}{\to} g(\sigma) \ p.p. \\ g_n \to g \ dans\ L^1(\Omega_*). \end{cases}$$

Alors

$$M_u(g_n)(x) \to M_u(g)(x) \ p.p.$$

et

$$M_{u,v}(g_n)(x) \to M_{u,v}(g)(x) \ p.p.$$

dans Ω.

Preuve.
$N = \Big\{\sigma \in \Omega_* \,:\, g_n(\sigma)$ ne tend pas vers $g(\sigma)$ ou $g(\sigma)$ n'existe pas$\Big\}$ alors $|N| = 0$. Par conséquent, $\Big\{x \in \Omega\backslash P \,:\, \beta_u(x) \in N\Big\}$ est de mesure nulle. Ainsi,

* $g_n\Big(\beta_u(x)\Big) \underset{n}{\to} g\Big(\beta_u(x)\Big)$ p.p. $x \in \Omega\backslash P$.
  Comme $\displaystyle\int_{s_i'}^{s_i''} g_n(\sigma)d\sigma \underset{n}{\to} \int_{s_i'}^{s_i''} g(\sigma)d\sigma : M_u(g_n)(x) \to M_u(g)(x)$.
* $h_{i,n}(s) = g_n(s_i' + s) \underset{n}{\to} g(s_i' + s)$ p.p. dans P_i^* alors

$$M_{v_i}(h_{i,n})(x) \to M_{v_i}(h_i)(x) \text{ p.p. dans } P_i.$$

Puisque D est au plus dénombrable, on déduit :

$$M_{u,v}(g_n)(x) \to M_{u,v}(g)(x) \; p.p..$$

□

2.5 Formules intégrales pour une fonction de deux variables et conséquences

Soit $F : \Omega_* \times I\!R \to I\!R$ une fonction définie p.p. dans Ω_* et partout dans $I\!R$. On suppose que F est de Carathéodory, c'est à dire

$$p.p.\ s : t \in I\!R \mapsto F(s,t) \text{ est continue}$$

et

$$\forall t, \qquad s \in \Omega_* \mapsto F(s,t) \text{ est mesurable.}$$

On définit $\mathcal{M}F$ (resp pour M_uF, $M_{u,v}F$) par :

$$\Big(\mathcal{M}F\Big)(x,t) = \Big(\mathcal{M}F(\cdot,t)\Big)(x).$$

Lemme 2.5.1.

(i) $\mathcal{M}\big(F \circ u_*\big) = (\mathcal{M}F) \circ u$,

(ii) Si $F \geqslant 0$ $\displaystyle\int_{\Omega_*} F \circ u_* = \int_{\Omega} (\mathcal{M}F) \circ u\, dx$,

(iii) Si $F \circ u_* \in L^p(\Omega_*)$, $1 \leqslant p \leqslant +\infty$ *alors* $\big(\mathcal{M}F\big) \circ u \in L^p(\Omega)$:

$$\left|\Big(\mathcal{M}F\Big) \circ u\right|_{L^p(\Omega)} \leqslant |F \circ u_*|_{L^p(\Omega_*)}.$$

Preuve.
Cas où $\mathcal{M} = M_u$, si $u(x) = t_i,\ i \in D$ alors :

$$\bullet\Big(\mathcal{M}F\Big)\circ u(x) = \frac{1}{|P_i|}\int_{s_i'}^{s_i''} F\big(s, u(x)\big)ds = \frac{1}{|P_i|}\int_{s_i'}^{s_i''} F\big(s, t_i\big)ds$$

$$= \frac{1}{|P_i|}\int_{s_i'}^{s_i''} F\big(s, u_*(s)\big) = \Big(\mathcal{M}F\Big)\circ u_*(x).$$

Pour p.p. $x \in \Omega\backslash P$ on a :

$$\bullet\Big(M_u F\Big)\circ u(x) = F\big(\beta_u(x), u(x)\big) = F\Big(\beta_u(x), u_*\big(\beta_u(x)\big)\Big) = M_u\big(F\circ u_*\big)(x)$$

(i) et (ii) en découlent. La preuve est identique pour $M_{u,v}$. □

Lemme 2.5.2.
Soient $v \in L^p(\Omega)$, $1 \leqslant p \leqslant +\infty$, $u \in L^1(\Omega)$.
Soit $w = w(u, v)$ la fonction définie par le théorème 2.1.1.
Soit $g \in L^q(\Omega_*)$, $\dfrac{1}{q} + \dfrac{1}{p} = 1$, alors :

$$\int_{\Omega_*} g v_{*u} = \int_{\Omega_*} g\cdot\frac{dw}{ds} = \int_\Omega M_{u,v}(g)\cdot v\,dx.$$

Preuve.
Si $1 < p \leqslant +\infty$, comme l'application $g \in L^q(\Omega_*) \to M_{u,v}(g) \in L^q(\Omega)$ est continue il suffit de montrer l'égalité pour un sous-espace dense : $g \in \mathcal{D}(\Omega_*)$. On a

$$w(s) = \int_\Omega v(x)\chi_{]u_*(s),+\infty[}\big(u(x)\big)dx + \sum_{i\in D}\chi_{P_i^*}(s)\int_0^{s-s_i'} v_{i*}d\sigma\,,$$

on écrit que :

$$\int_{\Omega_*} g\cdot\frac{dw}{ds} = -\int_{\Omega_*}\frac{dg}{ds}w = A + \sum_{i\in D} B_i$$

avec $A = -\displaystyle\int_{\Omega_*}\frac{dg}{ds}\int_\Omega \chi_{]u_*(s),+\infty[}\big(u(x)\big)v(x)dx$

et $B_i = -\displaystyle\int_{s_i'}^{s_i''}\frac{dg}{ds}\cdot\left[\int_0^{s-s_i'} v_{i*}d\sigma\right]ds.$

Par le théorème de Fubini

$$A = -\int_{\Omega} v(x) \int_{\Omega_*} \frac{dg}{ds} \cdot \chi_{]-\infty,u(x)[}\big(u_*(s)\big)ds$$

$$= -\int_{\Omega} v(x) \int_{\overline{\beta_u}(x)}^{|\Omega|} \frac{dg}{ds} ds = \int_{\Omega} v(x) g\Big(\overline{\beta_u}(x)\Big), \text{ puisque on a}$$

$$\{u_*(\cdot) < u(x)\} = \Big(\overline{\beta_u}(x), |\Omega|\Big] \text{ et } \{u_* \geqslant u(x)\} = \Big[0, \overline{\beta_u}(x)\Big).$$

Pour B_i on intègre par parties :

$$B_i = -g(s_i'') \cdot \int_0^{s_i''-s_i'} v_{i_*}(\sigma)d\sigma + \int_{s_i'}^{s_i''} g(s)v_{i_*}(s-s_i')ds\,.$$

Le premier terme vaut :

$$= -\int_{P_i^*} g(s_i'') \cdot v_{i*}(\sigma) = -\int_{P_i} g(s_i'')v_i(x)dx\,.$$

Comme, $s_i'' = \overline{\beta_u}(x)$, cette dernière intégrale s'écrit :

$$-g(s_i'') \cdot \int_0^{s_i''-s_i'} v_{i_*}(\sigma)d\sigma = -\int_{P_i} g(\overline{\beta_u}(x))v_i(x)dx\,.$$

Quant au second terme,

$$\int_{s_i'}^{s_i''} g(s)v_{i_*}(s-s_i')ds = \int_0^{s_i''-s_i'} g(\sigma+s_i') \cdot v_{i_*}(\sigma)d\sigma = \int_{P_i^*} (F \circ v_{i*})(s)ds$$

(avec $F(s,t) = g(s+s_i') \cdot t$)

$$= \int_{P_i} (M_{v_i}F) \circ v_i dx = \int_{P_i} M_{v_i}\left(g(\,\cdot + s_i')\right) v dx = \int_{P_i} M_{u,v}(g)v\,dx.$$

D'où, par combinaison des deux termes, on obtient :

$$B_i = -\int_{P_i} g(\overline{\beta_u}(x))v(x)dx + \int_{P_i} M_{u,v}(g)v(x)dx\,,$$

$$\int_{\Omega_*} g\frac{dw}{ds} = \int_{\Omega\backslash P} g\Big(\overline{\beta_u}(x)\Big)v\,dx + \int_P M_{u,v}(g)v\,dx = \int_\Omega M_{u,v}(g)v\,dx.$$

Cas où $p = 1$. Pour $g \in L^\infty(\Omega_*)$, on considère une suite $g_n \in \mathcal{D}(\Omega_*)$ t.q.

$$\begin{cases} g_n \to g \text{ dans } L^1(\Omega_*) \\ |g_n|_\infty \leqslant |g|_\infty \\ g_n \to g \ p.p. \end{cases}.$$

Alors $M_{u,v}(g_n)(x) \to M_{u,v}(g)(x)$ p.p. dans Ω (par le lemme 2.4.1). Ainsi si $v \in L^1(\Omega)$

$$|M_{u,v}(g_n)v(x)| \leqslant |g_n|_\infty \cdot |v(x)| \leqslant |g|_\infty |v(x)| \in L^1(\Omega)$$

par le théorème de la convergence dominée, nous avons :

$$\int_\Omega M_{u,v}(g_n)v\,dx \to \int_\Omega M_{u,v}(g)v\,dx$$

de même,

$$\int_\Omega g_n \cdot v_{*u} d\sigma \to \int_\Omega g(\sigma) \cdot v_{*u}(\sigma) d\sigma,$$

d'où $\displaystyle\int_\Omega M_{u,v}(g)v = \int_{\Omega_*} g(\sigma)v_{*u}(\sigma)d\sigma.$

En particulier pour $g(s) = F \circ u_*(s)$

$$\int_{\Omega_*} (F \circ u_*)\, v_{*u} = \int_\Omega [(M_{u,v}F) \circ u]\, v dx.$$

□

2.6 Applications des opérateurs moyennes

Les applications de ces formules sont nombreuses, en voici des exemples.

Proposition 2.6.1 (continuité faible de $u \to v_{*u}$).
Soient u et v deux éléments de $L^1(\Omega)$. On suppose que u est sans palier i.e. $\text{mes}\Big(P(u)\Big) = 0$, u_n une suite de $L^1(\Omega)$ t.q. $u_n(x) \xrightarrow[n\to+\infty]{} u(x)$ p.p. dans Ω.
Alors $v_{*u_n} \underset{n\to+\infty}{\rightharpoonup} v_{*u}$ dans $L^1(\Omega_*)$-faible.

Preuve. Pour $x \in \Omega$, $\underline{\beta}(u_n)(x) = |u_n > u_n(x)|$, $\overline{\beta}(u_n)(x) = |u_n \geqslant u_n(x)|$. $\delta(u_n)(x) = \big[\underline{\beta}(u_n)(x), \overline{\beta}(u_n)(x)\big]$. Notons alors, pour $g \in \mathcal{D}(\Omega_*)$

$$\operatorname*{Min}_{\sigma \in \delta(u_n)(x)} g(\sigma) \leqslant M_{u_n,v}(g)(x) \leqslant \operatorname*{Max}_{\sigma \in \delta(u_n)(x)} g(\sigma).$$

On a toujours,

$$|u > u(x)| = \liminf_n \underline{\beta}(u_n)(x) \leqslant \limsup_n \overline{\beta}(u_n)(x) \leqslant |u \geqslant u(x)|.$$

Si $mes\Big(P(u)\Big) = 0$ alors $\lim_n \delta(u_n)(x) = \underline{\beta}(u)(x)$.

Donc $\lim_n M_{u_n,v}(g)(x) = g\Big(\,|u > u(x)|\,\Big)$. Par le théorème de la convergence dominée et la formule précédente, on a

$$\lim_n \int_{\Omega_*} g(\sigma) v_{*u_n}(\sigma) d\sigma = \lim_n \int_{\Omega} M_{u_n,v}(g) v \, dx = \int_{\Omega_*} g(\sigma) v_{*u}(\sigma) d\sigma.$$

Ainsi, $v_{*u_n} \rightharpoonup v_{*u}$ dans $\mathcal{D}'(\Omega_*)$. Mais $|v_{*u_n}|_{L^1} \leqslant |v|_{L^1}$ et $\forall\, E \subset \Omega_*$ mesurable

$$\int_E |v_{*u_n}| \leqslant \int_0^{|E|} |v|_* .$$

Ainsi, v_{*u_n} vérifie le critère de Dunford et Pettis, par suite $v_{*u_n} \rightharpoonup v_{*u}$ dans $L^1(\Omega_*)$-faible.

L'hypothèse $mes\big(P(u)\big) = 0$ est utile. On peut construire une fonction $u \in L^1(\Omega)$ et une suite $u_n \in L^1(\Omega)$ t.q. v_{*u_n} ne tend pas vers v_{*u} $(\forall\, v \in L^1(\Omega))$ dans $\mathcal{D}'(\Omega_*)$, et $\text{mes}\big(\text{P(u)}\big) \neq 0$ (voir chapitre 7). □

Dans le cas où u a un palier au moins, nous avons le résultat suivant généralisant le précédent :

Théorème 2.6.1.
Soient $v \in L^1(\Omega)$ et u_n, u une suite de $L^1\Omega)$ t.q. $u_n(x) \to u(x)$ p.p. dans Ω. Soit $\theta \in L^1(\Omega_*)$ t.q. $\theta(\sigma) = 0$ si $\sigma \in P(u_*)$. Alors,

$$\theta v_{*u_n} \rightharpoonup \theta v_{*u} \text{ dans } L^1(\Omega_*)\text{-faible.}$$

Preuve. Par densité, il suffit de considérer $\theta \in C(\overline{\Omega}_*)$. Comme ci-dessus, si $E \subset \Omega_*$ mesurable alors

$$\int_E |\theta v_{*u_n}| \, dt \leqslant |\theta|_\infty \int_0^{|E|} |v|_* \, dt.$$

Il suffit alors de montrer $\forall\, g \in C(\overline{\Omega}_*)$

$$\lim_n \int_{\Omega_*} g\theta v_{*u_n} = \int_{\Omega_n} g\theta v_{*u} dt.$$

Par la formule de la moyenne, on a :

$$\int_{\Omega_*} g\theta v_{*u_n} dt = \int_{\Omega_*} M_{u_n v}(g\theta)(x) v(x) dx.$$

Puisque $\theta(\sigma) = 0$ si $\sigma \in P(u_*)$, on déduit que

$$\lim_n M_{u_n v}(g\theta)(x) = (g\theta)\big(|u > u(x)|\big),$$

notons que $|u > u(x)| \in P(u_*)$ si $x \in P(u)$.
Par le théorème de la convergence dominée, et de nouveau la formule de la moyenne, on déduit le résultat. □

Théorème 2.6.2.
Soient u et v dans $L^1(\Omega)$ et soit $\theta \in L^1(\Omega_*)$ t.q. $\theta(\sigma) = 0$ si $\sigma \in P(u_*)$. Alors,

$$\theta\left(v\chi_{\Omega\backslash P(u)}\right)_{*u} = \theta\chi_{\Omega_*\backslash P(u_*)} v_{*u}.$$

Preuve. Si $g \in C(\overline{\Omega}_*)$ alors,

$$\int_{\Omega_*} g\theta\left(v\chi_{\Omega\backslash P(u)}\right)_{*u} dt = \int_{\Omega\backslash P(u)} (\theta g)\big(|u > u(x)|\big) v\, dx$$

et

$$\int_{\Omega_*} g\theta\left(\chi_{\Omega_*\backslash P(u_*)}\right) v_{*u} dt = \int_{\Omega} M_{u,v}\left(g\theta\chi_{\Omega_*\backslash P(u_*)}\right) v\, dx$$

$$= \int_{\Omega\backslash P(u)} (g\theta)\big(|u > u(x)|\big) v\, dx$$

(car $\chi_{\Omega_*\backslash P(u_*)}\big(|u > u(x)|\big) = 1$ si $x \in \Omega\backslash P(u)$). □

2.7 Construction d'un réarrangement relatif d'une fonction v par rapport à une fonction u en escalier

Dans ce paragraphe, nous allons donner un exemple de tracé d'un réarrangement relatif d'une fontion v par rapport à une fonction u en escalier. Comme l'application $v \in L^1(a,b) \to v_{*u} \in L^1(0, b-a)$ est une contraction, on peut se restreindre à des fonctions v en escalier pour illustrer le tracé.

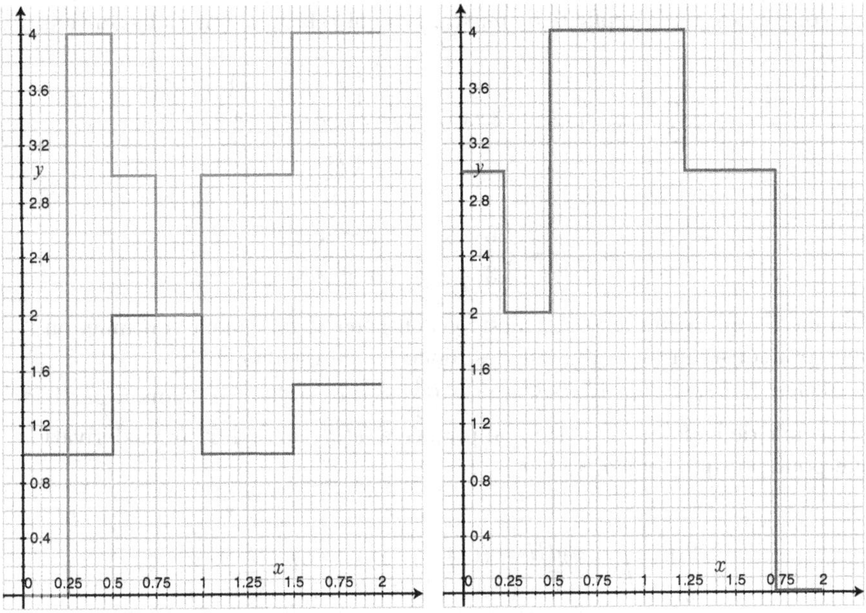

Fig. 2.1. Réarrangement relatif de v par rapport à u

Soit $u : [a,b] \to I\!R$, $u(x) = \sum_{j-1}^{n} u_j \chi_{E_j}(x)$, $x \in [a,b]$. On commence par trier les valeurs u_j par ordre strictement décroissant $t_1 > \ldots > t_p$.
On note $F_j = \{u = t_j\}$ et $a_0 = 0$, $a_1 = |F_1|$, $a_2 = |F_1| + |F_2|, \ldots, a_p = b - a = |F_1| + \ldots + |F_p|$ (notons $a_j - a_{j-1} = |F_j| = |\{u = t_j\}|$).

On définit $v_j = v$ restreint à F_j et on applique l'algorithme de calcul du réarrangement monotone à v_j, on obtient v_{j*} (qui est une fonction en escalier pour v en escalier).

On obtient v_{*u} en translatant les réarrangements comme suit (voir Fig. 2.1):

$$v_{*u}(s) = \begin{cases} v_{1*}(s) & \text{si } 0 \leqslant s < a_1 \\ v_{2*}(s - a_1) & \text{si } a_1 \leqslant s < a_2 \\ & \text{(translaté de } v_{2*} \text{ à partir de } a_1 \\ & \text{ en prenant une longueur } |u = t_1|) \\ \vdots & \\ v_{p*}(s - a_{p-1}) & \text{si } a_{p-1} \leqslant s < a_p = b - a \\ & \text{(translatée de } v_{p*} \text{ sur } [a_{p-1}, a_p]) \end{cases}$$

Remarque.
Pour d'autres tracés du réarrangement relatif lorsque v et u sont affines par morceaux par exemple et u vérifiant $|\{x : u'(x) = 0\}| = 0$, nous renvoyons à l'article de Rakotoson-Seoane [101].

Voici un exemple explicite de réarrangement relatif de fonctions continues : soient

$$I =]0, \frac{5}{2}[= I_*, \; v(x) = 3x, \; u(x) = \begin{cases} x & 0 \leqslant x \leqslant 1 \\ \frac{1}{2}x + \frac{1}{2} & 1 < x \leqslant 2 \\ \frac{7}{2} - x & 2 < x \leqslant \frac{5}{2} \end{cases}$$

alors

$$v_{*u}(s) = \begin{cases} 6 - s & 0 \leqslant s < \frac{3}{2} \\ 3(\frac{5}{2} - s) & \frac{3}{2} \leqslant s \leqslant \frac{5}{2} \end{cases}$$

Comme l'application $u \to b_{*u}$ n'est pas en général fortement continue, on ne peut pas construire b_{*u} à partir des fonctions en escalier u.

Si $u \in W^{1,1}(\Omega)$ t.q. $\left|\left\{x : \nabla u(x) = 0\right\}\right| = 0$ et $v \in L^1(\Omega)$ alors à partir de la formule de Federer (cf. p.158), appliquée à $w(s)$, on déduit après dérivation, que pour presque tout $\sigma \in \Omega_*$:

$$v_{*u}(s) = \frac{1}{a(s)} \int_{\left\{u=u_*(s)\right\}} \frac{v(x)dH_{N-1}(x)}{|\nabla u|(x)} \quad \text{où } a(s) = \int_{\left\{u=u_*(s)\right\}} \frac{dH_{N-1}}{|\nabla u|(x)}, \; N \geqslant 2.$$

Le calcul précédent donne un sens faible à v_{*u} pour $u \in L^1(\Omega)$. Une expression analogue peut être montrée pour $N = 1$.

Ce calcul est justifié dans l'article de Rakotoson [92], Díaz-Rakotoson [51]. Il est laissé aux lecteurs.

Voici un exemple où v est continue et u en escalier (voir figure 2.2) :

$$v(x) = x \quad 0 \leqslant x \leqslant 3,$$

et

$$u(x) = \begin{cases} 2 & 0 \leqslant x < 1, \\ 1 & 1 \leqslant x < 2, \\ 3 & 2 \leqslant x \leqslant 3. \end{cases}$$

Alors

$$v_{*u}(s) = \begin{cases} 3 - s & 0 \leqslant s < 1, \\ 2 - s & 1 \leqslant s < 2, \\ 4 - s & 2 \leqslant s \leqslant 3. \end{cases}$$

Pour la figure qui va suivre, sur la partie gauche nous avons les tracés de u, u_*, v, v_* avec

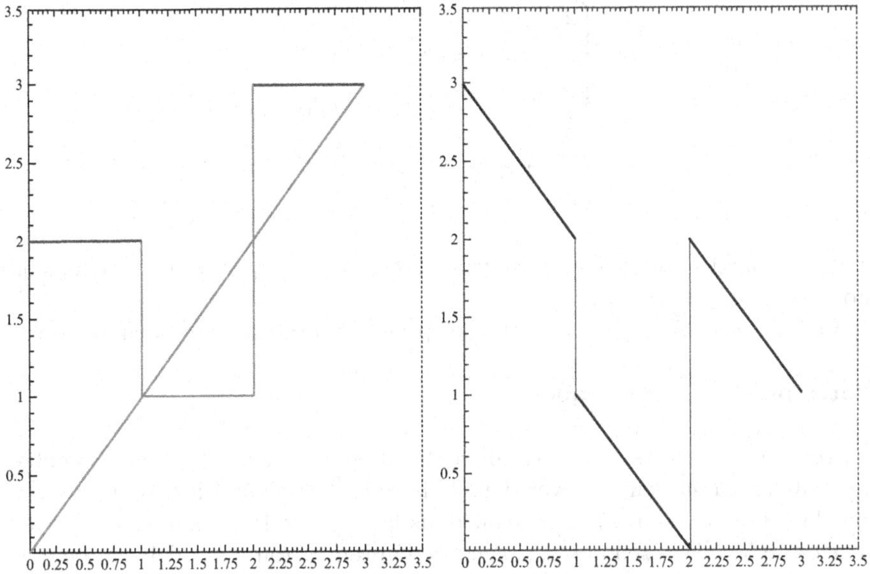

Fig. 2.2. Réarrangement relatif de v par rapport à u

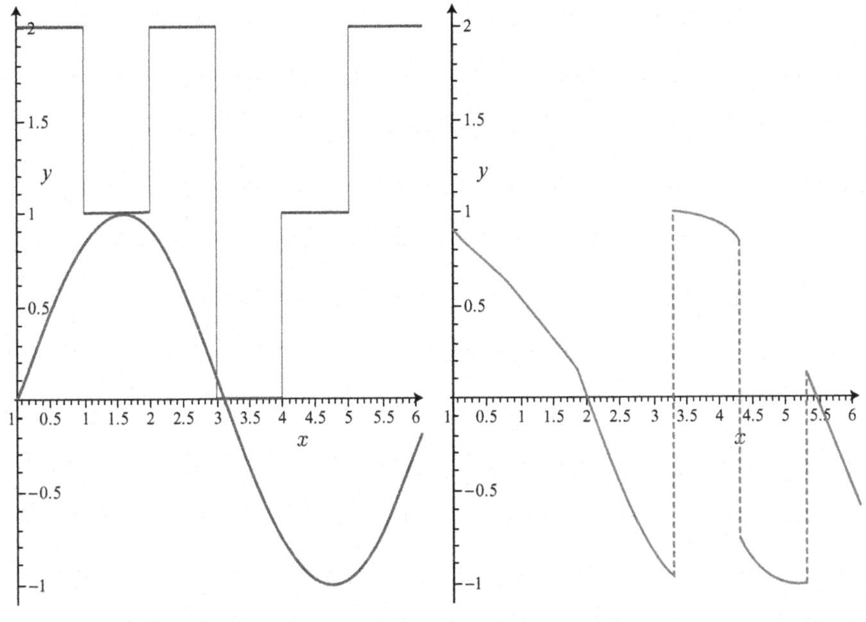

Fig. 2.3. Réarrangement relatif de $v(x) = \sin(x)$ par rapport à u

$$u(x) = \begin{cases} 2 & 0 < x < 1 \\ 1 & 1 < x < 2 \\ 2 & 2 < x < 3 \\ 0 & 3 < x < 4 \\ 1 & 4 < x < 5 \\ 2 & 5 < x < \pi \end{cases}, \qquad v(x) = \sin(x)$$

et sur la partie droite le réarrangement relatif de v_{*u} et le réarrangement monotone $\{v_{*u}\}_*$ (voir Fig. 2.3).

On voit que : $\{v_{*u}\}_* = v_*$, cette propriété sera démontrée au chapitre 7.

Notes pré-bibliographiques

Tous les résultats de ce chapitre (sauf le théorème 2.2.1 de Lorentz-Luxemburg qu'on peut trouver dans le livre de Chong et Rice) sont énoncés soit dans le livre de J. Mossino, soit dans la thèse de B. Simon, soit dans les articles de Mossino-Temam, soit ceux de l'auteur et/ou ses collaborateurs.

3

Inégalités du type Polyà-Szëgo et régularité du réarrangement

L'une des égalités que nous utiliserons fréquemment pour estimer ponctuellement u_* est la suivante : $u_*(s) - u_*(t) = \int_t^s u'_*(\sigma)d\sigma$. Mais une telle égalité n'est vraie que si u_* est absolument continue sur $[t, s]$. Ainsi dans ce chapitre, nous allons montrer comment le réarrangement relatif va nous permettre de répondre à la question naturelle suivante : si u est régulière (disons $C^k(\overline{\Omega})$) que peut-on dire de la régularité de u_*? A travers cette étude, on déduira des inégalités qui lieront le gradient de u et la dérivée de u_*. Ces inégalités donneront les inégalités de Polyà-Szëgo classiques mais aussi diverses autres extensions.

Mais auparavant, faisons quelques remarques préliminaires. La nature du domaine doit intervenir dans le cas général. En effet si $\Omega = \Omega_1 \cup \Omega_2, \Omega_i$ ouverts disjoints ($\overline{\Omega}_1 \cap \overline{\Omega}_2 = \emptyset$), alors la fonction caractéristique de $\overline{\Omega}_1$: $u(x) = \chi_{\overline{\Omega}_1}(x)$ est une fonction continue sur Ω, $u_* : [0, |\Omega|] \to \mathbb{R}$ est donnée par $u_*(s) = \begin{cases} 1 & si\ s \in [0, |\Omega_1|[\\ 0 & sinon \end{cases}$. Donc $u_* \notin C(\overline{\Omega}_*)$. On montrera alors que $u_* \in C(\overline{\Omega}_*) \Longleftrightarrow \overline{u(\Omega)}$ connexe, si $u \in C(\Omega) \cap L^\infty(\Omega)$.

Ensuite, pour montrer que même si on a une fonction u indéfiniment dérivable, analytique, son réarrangement n'est pas nécessairement C^1. En voici un exemple sur $[-1, 2]$, considérons $u(x) = x^2$, alors, pour $s \in [0, 3]$

$$u_*(s) = \begin{cases} (2-s)^2 & si\ 0 \leqslant s < 1 \\ \left(\dfrac{3-s}{2}\right)^2 & si\ 1 \leqslant s \leqslant 3 \end{cases}.$$

On note que $u_* \notin C^1[0, 3]$.

Nous allons néanmoins montrer que si $u \in C^{0,1}(\overline{\Omega})$, ($\Omega$ connexe régulier ou $u = 0$ sur $\partial\Omega$), alors $u_* \in C^{0,1}_{loc}(\Omega_*)$.

Commençons par étudier la continuité de u_*. Désormais, Ω sera toujours un ouvert, borné (pour simplifier).

3.1 Continuité $s \longrightarrow u_*(s)$

Théorème 3.1.1 (continuité de u_*).
Soit $u \in C(\Omega) \cap L^\infty(\Omega)$. Les conditions suivantes sont équivalentes :

(i) $u_* \in C(\overline{\Omega_*})$,
(ii) $\overline{u(\Omega)}$ est connexe.

Preuve.

$(ii) \Longrightarrow (i)$ Puisque $\overline{u(\Omega)}$ est connexe alors on a :

$$\overline{u(\Omega)} = \left[\alpha = \inf_{\Omega} \text{ess } u,\ \beta = \sup_{\Omega} \text{ess } u\right] \subset I\!R.$$

On a toujours $u_*(0) = \lim_{s \searrow 0} u_*(s)$, $u_*(|\Omega|) = \lim_{s \nearrow |\Omega|} u_*(s)$. Soit maintenant, $s \in \Omega_*$, comme u_* est monotone alors elle admet une limite à gauche et à droite. De plus, nous savons que u_* est continue à droite. Par suite,

$$u_*(s_-) = \lim_{h \to 0\ h > 0} u_*(s-h),\ u_*(s) = \lim_{h \to 0\ h>0} u_*(s+h).$$

Si u_* était discontinue au point s alors $|u_*(s) < u_* < u_*(s_-)| = 0$.
Soit par équimesurabilité $|u_*(s) < u < u_*(s_-)| = 0$.

Comme $\Big\{u_*(s) < u < u_*(s_-)\Big\}$ est contenu dans $]\alpha, \beta[$, il existe $x \in \Omega$: $u_*(s) < u(x) < u_*(s_-)$ et par continuité, cet ensemble $\Big\{u_*(s) < u < u_*(s_-)\Big\}$ contient une boule centrée au point x. Par conséquent $|u_*(s) < u < u_*(s_-)| > 0$ (d'où la contradiction).

$(i) \Longrightarrow (ii)$ On raisonne par l'absurde. Si $\overline{u(\Omega)}$ n'est pas connexe alors il existerait deux fermés non vides F_1 et F_2 t.q. $F_1 \cap F_2 = \emptyset$ et $F_1 \cup F_2 = \overline{u(\Omega)}$. $\overline{u(\Omega)}$ étant un compact, F_1 et F_2 le sont aussi. Soient $t_1 \in F_1$ et $t_2 \in F_2$, on peut supposer $t_1 < t_2$. On pose $c = \sup F_1 \cap [t_1,\ t_2]$. Par compacité, on a $c \in F_1 \cap [t_1,\ t_2]$. Soit $d = \inf F_2 \cap [c,\ t_2]$, de même $d \in F_2 \cap [c,\ t_2]$. On a $c < d$ car $F_1 \cap F_2 = \emptyset$ et $]c, d[\cap\big(F_1 \cup F_2\big) = \emptyset$.

Mais comme $\overline{u(\Omega)} = F_1 \cup F_2$ d'où $\Big\{x \in \Omega : c < u(x) < d\Big\} = \emptyset$, soit $|c < u_* < d| = 0$. Or $\inf_{\Omega} \text{ess } u \leqslant c < d \leqslant \sup_{\Omega} \text{ess } u$. Si u_* était continue sur $\overline{\Omega_*}$, il existerait $s \in \Omega_*$ t.q. $u_*(s) \in]c, d[$ et $h > 0 : u_*\Big([s-h, s+h]\Big) \subset]c, d[$. Alors

$$|c < u_* < d| \geqslant 2h > 0.$$

□

3.2 Formule de Fleming-Rishel

Pour analyser la dérivée de u_* nous avons besoin de quelques lemmes. Tout d'abord la notion de périmètre au sens de De Giorgi qui étend la notion classique de périmètre pour des ensembles bien réguliers.

Définition 3.2.1 (périmètre d'un ensemble mesurable).

- *Soit E un ensemble mesurable de Ω. On appelle périmètre de E suivant Ω le nombre*

$$P_\Omega(E) = \sup\left\{\int_E \operatorname{div}(\overrightarrow{\Phi})dx, \quad \overrightarrow{\Phi} \in C_c^\infty(\Omega)^N, \ \left|\overrightarrow{\Phi}\right|_\infty \leqslant 1\right\}.$$

- *On appelle périmètre de E suivant $\mathbb{R}^N$ le nombre*

$$P_{\mathbb{R}^N}(E) = \sup\left\{\int_E \operatorname{div}(\overrightarrow{\Phi})dx, \quad \overrightarrow{\Phi} \in C_c^\infty(\mathbb{R}^N)^N, \ \left|\overrightarrow{\Phi}\right|_\infty \leqslant 1\right\}.$$

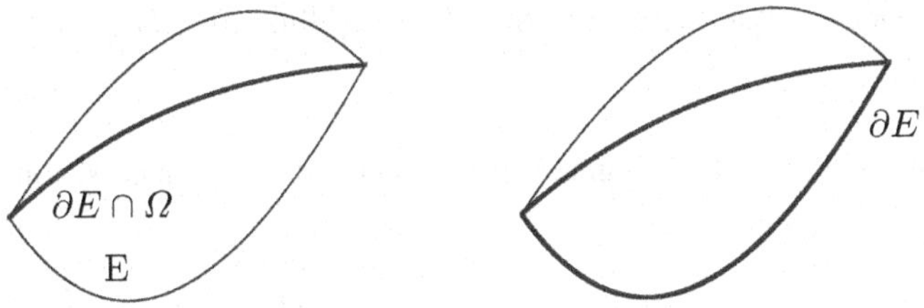

Proposition 3.2.1.

1. *$P_\Omega(\Omega) = 0 = P_\Omega(E)$ si $|E| = 0$.*
2. *$P_\Omega(E) \leqslant P_{\mathbb{R}^N}(E)$, $\forall E$ mesurable dans Ω. Si $E \subset \overline{\Omega_1} \subset \Omega$, Ω_1 ouvert relativement compact dans Ω, on a l'égalité.*
3. *Si $\{E_n\}$ est une suite d'ensembles mesurables de Ω t.q. $\chi_{E_n}(x) \to \chi_E(x)$ p.p. où E mesurable $\subset \Omega$. Alors $P_\Omega(E) \leqslant \liminf_n P_\Omega(E_n)$ (semi-continuité inférieure).*

Preuve.

1. Puisque $\overrightarrow{\Phi} \in C_c^\infty(\Omega)^N$, $\Phi = (\Phi_1, \dots, \Phi_N)$,
$\displaystyle\int_\Omega \operatorname{div}\overrightarrow{\Phi}\, dx = \int_{\partial\Omega'} \Phi \cdot \overrightarrow{n}\, dH_{N-1}(x) = 0$, ceci grâce à la formule de Green avec support $\overrightarrow{\Phi} \subset \Omega' \subset\subset \Omega$, Ω' de classe C^1, $\overrightarrow{n}(x)$ la normale extérieure au point $x \in \partial\Omega'$.

2. Si $\overrightarrow{\Phi} \in C_c^\infty(\Omega)^N$ alors le prolongement par zéro dans $\mathbb{R}^N$ est un élément de $C_c^\infty(\mathbb{R}^N)^N$ d'où l'inégalité.
   Si $E \subset \overline{\Omega_1} \subset \Omega$, considérons $\psi \in C_c^\infty(\Omega)$ t.q. $\psi = 1$ sur $\overline{\Omega_1}$.
   $\forall \overrightarrow{\Phi} \in C_c^\infty(\mathbb{R}^N)^N$, on a

$$\int_E \operatorname{div}(\psi\overrightarrow{\Phi})dx = \int_E \operatorname{div}(\overrightarrow{\Phi})dx, \quad \psi\overrightarrow{\Phi} \in C_c^\infty(\Omega)^N.$$

   D'où $P_{\mathbb{R}^N}(E) \leqslant P_\Omega(E) : P_\Omega(E) = P_{R^N}(E)$.
   Voici un exemple de couple (E, Ω_1) vérifiant $E \subset \overline{\Omega_1} \subset \Omega$. Soit E : $\operatorname{dist}(E, \partial\Omega) > 0$ alors on peut prendre

$$\Omega_1 = \left\{x \in \Omega : \operatorname{dist}(x, \partial\Omega) > \frac{1}{2}\operatorname{dist}(E, \partial\Omega)\right\}.$$

3. Soit $\overrightarrow{\Phi} \in C_c^\infty(\Omega)^N$ alors par le théorème de la convergence dominée, on a :

$$\lim_n \int_{E_n} \operatorname{div}(\overrightarrow{\Phi})dx = \int_E \operatorname{div}(\overrightarrow{\Phi})dx.$$

   Comme $\displaystyle\int_{E_n} \operatorname{div}(\overrightarrow{\Phi})dx \leqslant P_\Omega(E_n)$ d'où $\displaystyle\int_E \operatorname{div}(\overrightarrow{\Phi})dx \leqslant \liminf_n P_\Omega(E_n)$ soit $P_\Omega(E) \leqslant \liminf_n P_\Omega(E_n)$. □

Le périmètre ainsi défini est une bonne généralisation car, on a la proposition suivante :

Proposition 3.2.2.
Soit U un ouvert borné inclus dans Ω t.q. $\partial U \cap \Omega$ soit de classe C^1. Alors, pour $N \geqslant 2$,

$$P_\Omega(U) = \int_{\partial U \cap \Omega} dH_{N-1}(x)\,.$$

Preuve. Soit $\Phi \in C_c^\infty(\Omega)^N$. Comme $\Phi(x) = 0$ au voisinage de $\partial\Omega$, alors par la formule de Green,

$$\int_U \operatorname{div}(\Phi)dx = \int_{\partial U \cap \Omega} \Phi \cdot \overrightarrow{n}\, dH_{N-1}(x) \leqslant |\Phi|_\infty \cdot \int_{\partial U \cap \Omega} dH_{N-1}(x)\,.$$

De cette inégalité, on conclut que $P_\Omega(U) \leqslant \displaystyle\int_{\partial U \cap \Omega} dH_{N-1}(x)$, car $|\overrightarrow{n}| = 1$.

Réciproquement, considérons le champ de vecteurs $\overrightarrow{n}(x)$, $x \in \partial U$. L'application $x \in \partial U \cap \Omega \to \overrightarrow{n}(x)$ ($|\overrightarrow{n}| = 1$, normale extérieure unitaire) est de classe C^1. On peut l'étendre à $\mathbb{R}^N$ en un champ $\overrightarrow{V}(x)$ t.q. $\overrightarrow{V} \in C^1$ et $\left|\overrightarrow{V}(x)\right| \leqslant 1$, $\forall x \in \mathbb{R}^N$.

Notons tout d'abord que puisque C_c^∞ est dense dans C_c^1. On a aussi

$$\begin{aligned} P_\Omega(U) &= \sup\left\{ \int_U \operatorname{div}(\Phi)dx,\ \Phi \in C_c^1(\Omega)^N,\ |\Phi|_\infty \leqslant 1 \right\} \\ &\geqslant \sup\left\{ \int_U \operatorname{div}(\psi\overrightarrow{V})dx,\ \forall\psi \in C_c^1(\Omega),\ |\psi|_\infty \leqslant 1 \right\} \\ &= \sup\left\{ \int_{\partial U\cap\Omega} \psi\overrightarrow{V}\cdot\overrightarrow{n}dH_{N-1}(x),\ \forall\psi \in C_c^1(\Omega),\ |\psi|_\infty \leqslant 1 \right\}. \end{aligned}$$

Comme $\overrightarrow{V}\cdot\overrightarrow{n} = 1$ sur $\partial U \cap \Omega$, alors :

$$P_\Omega(U) \geqslant \sup\left\{ \int_{\partial U\cap\Omega} \psi dH_{N-1}(x)dx,\ \psi \in C_c^1(\Omega),\ |\psi|_\infty \leqslant 1 \right\}.$$

D'où $P_\Omega(U) \geqslant \displaystyle\int_{\partial U\cap\Omega} dH_{N-1}(x)$. (Notons qu'il existe une suite $\psi_j \in C_c^\infty(\Omega)$ t.q. $|\psi_j(x)| \leqslant 1$ et $\psi_j(x) \xrightarrow[j\to+\infty]{} 1\ \forall x \in \Omega$). □

Théorème 3.2.1 (formule de Fleming-Rishel).
Soit $u \in W^{1,1}(\Omega)$. Alors

$$\int_\Omega |\nabla u|\, dx = \int_{-\infty}^{+\infty} P_\Omega\left(\{u > t\}\right) dt\,.$$

Preuve. Posons $\overrightarrow{V}(x) = \begin{cases} \dfrac{\nabla u}{|\nabla u|}(x) & si\ \nabla u(x) \neq 0 \\ 0 & sinon \end{cases}$. Alors $|V(x)| \leqslant 1$. Par régularisation, il existe une suite $\overrightarrow{\Phi}_j$ de $C_c^\infty(\Omega)^N$ t.q. $\left|\overrightarrow{\Phi}_j(x)\right| \leqslant 1$ pour tout $x \in \Omega$ et $\Phi_j(x) \xrightarrow[j\to+\infty]{} V(x)$ p.p. dans Ω; on a alors

$$\int_\Omega |\nabla u|\,(x)dx = \lim_{j\to+\infty} \int_\Omega \nabla u\cdot\Phi_j dx.$$

Par la formule de Green, et le théorème de Fubini (voir lemme 1.2.3)

$$\int_\Omega \nabla u\cdot\Phi_j dx = -\int_\Omega u \operatorname{div}(\Phi_j)dx = -\int_{-\infty}^{+\infty} dt \int_{\{u>t\}} \operatorname{div}(\Phi_j)dx\,.$$

(noter que $\int_\Omega \mathrm{div}(\Phi_j)dx = 0$).

Comme $-\int_{-\infty}^{+\infty} dt \int_{\{u>t\}} \mathrm{div}(\Phi_j)dx \leqslant \int_{-\infty}^{+\infty} P_\Omega(u>t)dt$, on déduit

$$\int_\Omega |\nabla u|\, dx = \lim_j \int_\Omega \nabla u \cdot \Phi_j(x)dx \leqslant \int_{-\infty}^{+\infty} P_\Omega(u>t)dt\,.$$

Pour l'inégalité inverse, commençons par le cas où $u \in C^\infty(\Omega) \cap W^{1,1}(\Omega)$. Considérons pour $\varepsilon > 0$, $\psi_\varepsilon \in \mathcal{D}(\Omega)$ t.q. $0 \leqslant \psi_\varepsilon \leqslant \psi_\delta \leqslant 1$ si $\delta < \varepsilon$ et $\psi_\varepsilon(x) \underset{\varepsilon\to 0}{\longrightarrow} 1$ pour tout $x \in \Omega$. Alors par le théorème de la convergence dominée, $\lim_{\varepsilon\to 0} \int_\Omega \psi_\varepsilon \frac{|\nabla u|^2}{\sqrt{\varepsilon + |\nabla u|^2}} dx = \int_\Omega |\nabla u|\, dx$. Par la formule de Green, ensuite le théorème de Fubini, on a :

$$\int_\Omega \psi_\varepsilon \frac{|\nabla u|^2}{\sqrt{\varepsilon + |\nabla u|^2}} dx = -\int_\Omega u\, \mathrm{div}\left(\psi_\varepsilon \frac{\nabla u}{\sqrt{\varepsilon + |\nabla u|^2}}\right) dx$$

$$= -\int_{-\infty}^{+\infty} dt \int_{\{u>t\}} \mathrm{div}\left(\psi_\varepsilon \frac{\nabla u}{\sqrt{\varepsilon + |\nabla u|^2}}\right) dx$$

(noter $\int_\Omega \mathrm{div}\,(\psi_\varepsilon U_\varepsilon)\, dx = 0$ où $U_\varepsilon = \frac{\nabla u}{\sqrt{\varepsilon + |\nabla u|^2}}$). Puisque $u \in C^\infty(\Omega)$, d'après le théorème de Sard, pour presque tout $t \in \mathbb{R}$, $u^{-1}(t)$ est une sous-variété de dimension $N-1$ de classe C^∞ sur laquelle $\nabla u \neq 0$. Par suite pour presque tout t, les ensembles $\{u > t\}$ sont des ouverts de bord C^∞ et la normale extérieure en un point x du bord est $\overrightarrow{n}(x) = -\frac{\nabla u}{|\nabla u|}(x)$.
En utilisant la formule de Green, on déduit :

$$-\int_{-\infty}^{+\infty} dt \int_{u>t} \mathrm{div}(\psi_\varepsilon U_\varepsilon)dx = \int_{-\infty}^{+\infty} dt \int_{\partial\{u>t\}} \psi_\varepsilon\, |U_\varepsilon|\, dH_{N-1}(x)\,.$$

Quand $\varepsilon \to 0$, cette dernière intégrale converge vers :

$$\int_{-\infty}^{+\infty} dt \int_{u^{-1}(t)} dH_{N-1} = \int_{-\infty}^{+\infty} P_\Omega(u>t)dt\,.$$

En combinant ces dernières relations, on a :

$$\int_\Omega |\nabla u|\,dx = \int_{-\infty}^{+\infty} P_\Omega(u>t)dt\,.$$

Si $u \in W^{1,1}(\Omega)$ alors il existe une suite $u_n \in C^\infty(\Omega) \cap W^{1,1}(\Omega)$ t.q. $u_n(x) \xrightarrow[n\to+\infty]{} u(x)$ p.p. et dans $W^{1,1}(\Omega)$-fort. Alors pour presque tout $t \in \mathbb{R}$, on a $\chi_{\{u_n>t\}}(x) \to \chi_{\{u>t\}}(x)$ p.p. en x. Par la semi-continuité inférieure $\liminf_n P_\Omega(u_n > t) \geqslant P_\Omega(u > t)$ et par le lemme de Fatou, on a :

$$\int_{-\infty}^{+\infty} P_\Omega(u>t)dt$$
$$\leqslant \liminf_n \int_{-\infty}^{+\infty} P_\Omega(u_n>t)dt = \liminf_n \int_\Omega |\nabla u_n|\,dx = \int_\Omega |\nabla u|\,dx.$$

□

3.3 Continuité locale absolue du réarrangement monotone

Nous admettrons le lemme suivant dont les preuves peuvent être trouvées dans les livres de Federer [54], V. Madja [79], ou l'article de L. Ljusternik [77]:

Lemme 3.3.1 (inégalité isopérimétrique et relative isopérimétrique).

1. *Pour tout ensemble E mesurable de $\mathbb{R}^N$, de mesure finie, on a : $P_{\mathbb{R}^N}(E) \geqslant N\alpha_N^{\frac{1}{N}}|E|^{1-\frac{1}{N}}$ où α_N désigne la mesure de la boule unité de $\mathbb{R}^N$. On a l'égalité si et seulement si E est une boule de $\mathbb{R}^N$. Cette inégalité est dite l'inégalité isopérimétrique dans $\mathbb{R}^N$.*
2. *On suppose que Ω vérifie la propriété du cône intérieur (par exemple Ω lipschitzien) et qu'il est connexe. Alors il existe une constante $Q = Q(\Omega, N) > 0$ tel que pour tout ensemble E mesurable de Ω, on ait :*

$$\min\left(|E|^{1-\frac{1}{N}},\ |\Omega\backslash E|^{1-\frac{1}{N}}\right) \leqslant QP_\Omega(E).$$

(c'est l'inégalité dite relative isopérimétrique).

Remarque.

1. Si Ω est une boule alors $Q(\Omega, N) = \dfrac{1}{\alpha_{N-1}}\left(\dfrac{\alpha_N}{2}\right)^{1-\frac{1}{N}}$ (où α_m est la mesure de la boule unité de $\mathbb{R}^m$).

2. Si Ω est un rectangle de côtés a, b, $a \geqslant b > 0$ alors $Q(\Omega, 2) = a^{1/2}(2b)^{-1/2}$, (donc $\Omega \subset \mathbb{R}^2$).
3. Si Ω est un triangle de $\mathbb{R}^2$ dont le plus petit angle est ω alors $Q(\Omega, 2) = (2\omega)^{-1/2}$.

Ces deux derniers énoncés sont dûs à Cianchi [35]. Nous allons maintenant appliquer, ces inégalités et le lemme de Fleming-Rishel à la recherche de la régularité du réarrangement monotone.

Théorème 3.3.1 (fondamental (de régularité)).
Soit $u \in W^{1,1}(\Omega)$. On suppose qu'il existe une fonction continue $k : \Omega_* \to]0, +\infty[$ t.q. $P_\Omega(u > t) \geqslant k(|u > t|)$ pour presque tout $t \in]\inf\limits_\Omega \text{ess}\, u, \sup\limits_\Omega \text{ess}\, u[$. Alors, $u_* \in W^{1,1}_{loc}(\Omega_*)$. De plus, u vérifie l'inégalité ponctuelle suivante

$$-k(s)\frac{du_*}{ds}(s) \leqslant |\nabla u|_{*u}(s) \ p.p..$$

Preuve. Soit $0 < \varepsilon < |\Omega|$ et $I(\varepsilon) =]\varepsilon, |\Omega| - \varepsilon[$. Si $u \in W^{1,1}(\Omega)$ alors pour tout $s \in \Omega_*$, $\big(u - u_*(s)\big)_+ \in W^{1,1}(\Omega)$ et d'après la formule de Fleming-Rishel, on déduit

$$\int_{u > u_*(s)} |\nabla u| \, dx = \int_{\mathbb{R}} P_\Omega\Big(\big(u - u_*(s)\big)_+ > t\Big) dt$$

$$= \int_0^{+\infty} P_\Omega\Big(u > t + u_*(s)\Big) dt = \int_{u_*(s)}^{+\infty} P_\Omega\big(u > \sigma\big) d\sigma \,. \tag{3.1}$$

Posons $c = \dfrac{1}{\text{Min}\,\big\{k(\sigma),\ \sigma \in I(\varepsilon)\big\}} \in]0, +\infty[$. Soit $\eta > 0$ alors il existe $\delta > 0$: $c\displaystyle\int_0^\delta |\nabla u|_*(\sigma) d\sigma \leqslant \eta$.

Considérons alors $]a_i, b_i[\subset I(\varepsilon)$, $i = 1, \ldots, m$, m intervalles deux à deux disjoints t.q. $\displaystyle\sum_{i=1}^m (b_i - a_i) \leqslant \delta$. D'après la relation (3.1), on déduit

$$\int_{u_*(b_i) < u < u_*(a_i)} |\nabla u| \, dx = \int_{u_*(b_i)}^{u_*(a_i)} P_\Omega(u > t) \geqslant \int_{u_*(b_i)}^{u_*(a_i)} k(|u > t|) dt \,. \tag{3.2}$$

Mais pour presque tout t t.q. $u_*(b_i) \leqslant t \leqslant u_*(a_i)$, on a :

$$a_i \leqslant |u \geqslant u_*(a_i)| \leqslant |u \geqslant t| = |u > t| \leqslant |u > u_*(b_i)| \leqslant b_i.$$

D'où

$$k\big(|u>t|\big) \geqslant \text{Min}\ \Big\{k(\sigma),\ a_i \leqslant \sigma \leqslant b_i\Big\} \geqslant \text{Min}\ \Big\{k(\sigma) : \sigma \in I(\varepsilon)\Big\} \tag{3.3}$$

et par définition du réarrangement relatif :

$$\int_{u_*(b_i)<u<u_*(a_i)} |\nabla u|\, dx \quad = \int_{a_i}^{b_i} |\nabla u|_{*u}(\sigma)d\sigma\,. \tag{3.4}$$

En combinant les relations (3.2) à (3.4), on aboutit $\forall i = 1, \ldots, m$:

$$\int_{a_i}^{b_i} |\nabla u|_{*u}(\sigma)d\sigma \geqslant \text{Min}\ \Big\{k(\sigma),\ \sigma \in I(\varepsilon)\Big\}\, |u_*(a_i) - u_*(b_i)|\,. \tag{3.5}$$

D'où

$$c \int_{\bigcup_i]a_i,b_i[} |\nabla u|_{*u}(\sigma)d\sigma \geqslant \sum_{i=1}^{m} \Big[u_*(a_i) - u_*(b_i)\Big]. \tag{3.6}$$

Mais par le corollaire 2.2.1, on sait :

$$\int_{\bigcup_i]a_i,b_i[} |\nabla u|_{*u} \leqslant \int_0^{|\bigcup_i]a_i,b_i[|} \Big(|\nabla u|_{*u}\Big)_*(\sigma)d\sigma \leqslant \int_0^{\delta} |\nabla u|_*(\sigma)d\sigma, \tag{3.7}$$

d'où

$$\sum_{i=1}^{m} \Big[u_*(a_i) - u_*(b_i)\Big] \leqslant c \int_0^{\delta} |\nabla u|_*(\sigma)d\sigma \leqslant \eta. \tag{3.8}$$

Ce qui prouve que u_* est absolument continue, comme $u_* \in L^1(\Omega)$: $u_* \in W^{1,1}_{loc}(\Omega_*)$.

Pour obtenir l'inégalité ponctuelle, on reprend (3.2)–(3.6) avec $a_i = s,\ b_i = s+h,\ h > 0$,

$$\frac{1}{h}\int_s^{s+h} |\nabla u|_{*u}(\sigma)d\sigma \geqslant \text{Min}\ \Big\{k(\sigma),\ s \leqslant \sigma \leqslant s+h\Big\} \cdot \frac{u_*(s) - u_*(s+h)}{h}. \tag{3.9}$$

Puisque $u_* \in W^{1,1}_{loc}(\Omega_*)$ donc $\lim\limits_{h\to 0} \dfrac{u_*(s) - u_*(s+h)}{h} = -\dfrac{du_*}{ds}(s)$ pour presque tout s et comme $|\nabla u|_{*u} \in L^1(\Omega_*)$ alors

$$\lim_{h\to 0}\frac{1}{h}\int_s^{s+h} |\nabla u|_{*u}(\sigma)d\sigma = |\nabla u|_{*u}(s) \text{ pour presque tout } s.$$

De ces faits, la relation (3.9) conduit à :

$$-k(s)\cdot\frac{du_*}{ds}(s) \leqslant |\nabla u|_{*u}(s) \text{ p.p. en } s.$$

□

Corollaire 3.3.1.
Soit $u \in W_0^{1,p}(\Omega)$, $u \geqslant 0$, $1 \leqslant p \leqslant +\infty$. Alors $u_* \in W^{1,p}(\varepsilon, |\Omega|)$ $\forall \varepsilon \in]0, |\Omega|[$. De plus on a les inégalités de Polyà-Szëgo suivantes

$$N\alpha_N^{\frac{1}{N}}\left|s^{1-\frac{1}{N}}\frac{du_*}{ds}\right|_{L^p(\Omega_*)} \leqslant \left||\nabla u|_{*u}\right|_{L^p(\Omega_*)} \leqslant |\nabla u|_{L^p(\Omega)}. \tag{3.10}$$

<u>Preuve.</u> Si $u \in W_0^{1,p}(\Omega)$, $u \geqslant 0$ alors $\forall t > 0$ $\{u > t\} \cap \partial\Omega$ est de mesure H_{N-1} nulle.

Alors pour tout $t > 0$, $P_\Omega(u > t) = P_{\mathbb{R}^N}(u > t) \geqslant N\alpha_N^{\frac{1}{N}}|u > t|^{1-\frac{1}{N}}$. On applique le théorème fondamental 3.3.1 avec $k(\sigma) = N\alpha_N^{\frac{1}{N}}\sigma^{1-\frac{1}{N}}$. On déduit d'abord les inégalités (3.10).
Puisque $u_* \in W_{loc}^{1,1}(\Omega_*)$ et que $\forall \varepsilon \in]0, |\Omega|[$:

$$\left|\frac{du_*}{ds}\right|_{L^p(\varepsilon,|\Omega|)} \leqslant c_\varepsilon |\nabla u|_{L^p(\Omega)} < +\infty.$$

On déduit du fait que $u_* \in L^p(\Omega_*)$ que $u_* \in W^{1,p}(\varepsilon, |\Omega|)$. □

Corollaire 3.3.2.
On suppose que Ω est un ouvert connexe vérifiant la propriété du cône intérieur (soit par exemple $C^{0,1}$).
On pose $k(s) = \dfrac{1}{Q}\min\left(s^{1-\frac{1}{N}}, (|\Omega| - s)^{1-\frac{1}{N}}\right)$. Alors, si $1 \leqslant p \leqslant +\infty$,

$$\forall u \in W^{1,p}(\Omega), \quad u_* \in W_{loc}^{1,p}(\Omega_*).$$

De plus, on a les inégalités de Polyà-Szëgo :

$$\left|k\cdot\frac{du_*}{ds}\right|_{L^p(\Omega_*)} \leqslant \left||\nabla u|_{*u}\right|_{L^p(\Omega_*)} \leqslant |\nabla u|_{L^p(\Omega)}. \tag{3.11}$$

Preuve. Soit $u \in W^{1,p}(\Omega)$. Alors d'après l'inégalité relative isopérimétrique : $P_\Omega(u > t) \geqslant k(|u > t|)\ \forall t \in \mathbb{R}$. Donc

$$u_* \in W^{1,1}_{loc}(\Omega_*) \text{ et } -k(s)\frac{du_*}{ds} \leqslant |\nabla u|_{*u}(s) \text{ p.p.}.$$

D'où

$$\left|k(s)\frac{du_*}{ds}\right|_{L^p(\Omega_*)} \leqslant \left|\,|\nabla u|_{*u}\right|_{L^p(\Omega_*)} \leqslant |\nabla u|_{L^p(\Omega)}. \tag{3.12}$$

Ainsi, $\forall \varepsilon > 0$, $\left|\dfrac{du_*}{ds}\right|_{L^p(\varepsilon,|\Omega|-\varepsilon)} \leqslant c_\varepsilon |\nabla u|_{L^p(\Omega)} \Longrightarrow u_* \in W^{1,p}_{loc}(\Omega_*)$. □

Corollaire 3.3.3.
Soit $u \in W^{1,p}_0(\Omega)$, $1 \leqslant p \leqslant +\infty$. On note pour $s \in \overline{\Omega}_*$ $k(s) = N\alpha_N^{\frac{1}{N}} \operatorname{Min}\left(s^{1-\frac{1}{N}}, (|\Omega| - s)^{1-\frac{1}{N}}\right)$. Alors

$$\forall t \neq 0 \quad P_\Omega(u > t) \geqslant k(|u > t|).$$

Et l'on a les inégalités de Polyà-Szëgo :

$$\left|k \cdot \frac{du_*}{ds}\right|_{L^p(\Omega_*} \leqslant \left|\,|\nabla u|_{*u}\right|_{L^p(\Omega_*)} \leqslant |\nabla u|_{L^p(\Omega)}.$$

Preuve.
Soit $t \neq 0$. Si $t > 0$ alors $P_\Omega(u > t) = P_{\mathbb{R}^N}(u > t) \geqslant N\alpha_N^{\frac{1}{N}} |u > t|^{1-\frac{1}{N}}$ et si $t < 0$ alors $P_\Omega(u > t) = P_\Omega(u \leqslant t) = P_{\mathbb{R}^N}(u \leqslant t) \geqslant N\alpha_N^{\frac{1}{N}} |u \leqslant t|^{1-\frac{1}{N}}$.
D'où,

$$P_\Omega(u > t) \geqslant N\alpha_N^{\frac{1}{N}} \min\left(|u > t|^{1-\frac{1}{N}},\ (|\Omega| - |u > t|)^{1-\frac{1}{N}}\right).$$

On applique le théorème fondamental 3.3.1 et on suit le même raisonnement qu'aux corollaires 3.3.1 et 3.3.2. □

On peut donner une régularité globale pour u_* si u est suffisamment régulière.

Théorème 3.3.2.
Soit Ω un ouvert borné connexe vérifiant la propriété du cône intérieur (par exemple lipschitzien). Soit $Q = Q(\Omega, N)$ la constante relative isopérimétrique associée à Ω. Alors, si $u \in W^{1,p}(\Omega)$, $p > N$ alors $u_* \in W^{1,q}(\Omega_*)$, $1 \leqslant q < q_0$ avec $q_0 = \dfrac{1}{1 + \frac{1}{p} - \frac{1}{N}}$. De plus, on a :

$$\left|\frac{du_*}{ds}\right|_q \leqslant Qc(N,p)\,|\Omega|^{\beta(N,p)}\, ||\nabla u|_{*u}|_p,$$

avec $\beta(N,p) = \dfrac{1}{N} + \dfrac{1}{q} - \dfrac{1}{p} - 1$, $c(N,p) = 4\left(1 - \frac{pq}{N'(p-q)}\right)^\nu$ $\nu = \dfrac{1}{p} - \dfrac{1}{q}$.

Preuve. Il suffit de montrer que $u'_* \in L^q(\Omega_*)$ (car $u_* \in W^{1,1}_{loc}(\Omega_*)$). En écrivant :

$$\int_{\Omega_*} \left|\frac{du_*}{d\sigma}\right|^q d\sigma = \int_{\Omega_*} \overline{k}(\sigma)^{-q} \left|\overline{k}(\sigma)\frac{du_*}{d\sigma}\right|^q d\sigma$$

où $\overline{k}(\sigma) = \min\left(\sigma^{1-\frac{1}{N}}, (|\Omega| - \sigma)^{1-\frac{1}{N}}\right)$, on applique alors l'inégalité de Hölder à cette dernière inégalité pour obtenir :

$$\left[\int_{\Omega_*} \left|\frac{du_*}{d\sigma}\right|^q d\sigma\right]^{\frac{1}{q}} \leqslant \left[\int_{\Omega_*} \overline{k}(\sigma)^{-\frac{qp}{p-q}} d\sigma\right]^{\frac{(p-q)}{pq}} \left|\overline{k}\frac{du_*}{d\sigma}\right|_p \leqslant$$

$$\leqslant Qc(N,p)\,|\Omega|^{\beta(N,p)}\,||\nabla u|_{*u}|_p\,.$$

Résultat identique si $u \in W^{1,p}_0(\Omega)$, $p > N$, Ω un ouvert borné quelconque. □

En réalité, la régularité $W^{1,1}_{loc}(\Omega_*)$ de u_* est vraie pour un ouvert quelconque connexe mais dans ce cas on n'a plus d'estimation pour $|u'_*|_{L^1(\varepsilon,|\Omega|-\varepsilon)}$, pour $\varepsilon > 0$. On a le théorème suivant

Théorème 3.3.3.
Soit Ω un ouvert quelconque mais connexe. Si $u \in W^{1,1}_{loc}(\Omega)$ alors

$$u_* \in W^{1,1}_{loc}(\Omega_*).$$

La preuve de ce théorème nécessite les lemmes suivants.

Lemme 3.3.2.
Soit $u : \Omega \to \mathbb{R}$ mesurable, $B \subset \Omega_*$ t.q. $|B| = 0$ et $\forall\, s \in B$, $\dfrac{du_*}{ds}(s) \in \mathbb{R}$. Alors,

$$|u_*(B)| = 0.$$

Preuve du lemme 3.3.2. Soit $k \in \mathbb{N}$ et notons pour $n \in \mathbb{N}^*$,
$B_k = \left\{s \in B : |u'_*(s)| \leqslant k\right\}$
et $B_{n,k} = \left\{s \in B_k : |u_*(s) - u_*(s')| \leqslant (k+1)\,|s - s'|\,, |s - s'| \leqslant \dfrac{1}{n}\right\}$.
Alors, $B_k = \bigcup_{n\geqslant 1} B_{n,k}$ et $|B_k| = 0$. Pour $n \geqslant 1$ (fixé) et $\delta \in]0, \frac{1}{n}[$, il existe une famille d'intervalles deux à deux disjoints $\left(J_{n,p}\right)_{p\geqslant 1}$ tel que $B_{n,k} \subset \bigcup_{p\geqslant 1} J_{n,p}$ et $\sum_{p\geqslant 1} \mathrm{mes}(J_{n,p}) \leqslant \delta$. Posons $b_p = |u_*(B_{n,k} \cap J_{n,p})|$.

Puisque $u_*(B_{n,k}) = \bigcup_{p=1}^{+\infty} u_*(B_{n,k} \cap J_{n,p})$

alors $\big|u_*(B_{n,k})\big| \leqslant \sum_{p=1}^{+\infty} b_p$ et $b_p \leqslant (k+1)\text{mes}\big(J_{n,p}\big)$

(en effet si $J_{n,p} = [b,a]$ alors on a $u_*\Big(B_{n,k} \cap J_{n,p}\Big) \subset [u_*(a), u_*(b)]$
et $b_p \leqslant u_*(b) - u_*(a) \leqslant (k+1)\text{mes}(J_{n,p})$).
On déduit $|u_*(B_{n,k})| \leqslant (k+1)\delta$: $|u_*(B_{n,k})| = 0\ \forall n,k$ ce qui implique $|u_*(B_k)| = 0$: $|u_*(B)| = 0$. □

Lemme 3.3.3.
Soit $v : \Omega \to I\!R$ t.q. $v_* \in W^{1,1}_{loc}(\Omega_*)$. Alors, l'ensemble $I'(v) = \Big\{t \in I(v) = \Big]\inf_\Omega \text{ess}\ v, \sup_\Omega \text{ess}\ v\Big[,\ m_v'(t) = 0\Big\}$ est de mesure nulle. Ici, $m_v(t) = |v > t|$.

Preuve. Considérons l'ensemble

$$E_{nd} = \Big\{s \in \Omega_*,\ v_*'(s) \text{ n'existe pas ou n'est pas fini}\Big\}.$$

Alors $|E_{nd}| = 0$ donc $\gamma_j = \left|v_*\left(E_{nd} \cap \left[\frac{1}{j}, |\Omega| - \frac{1}{j}\right]\right)\right| = 0, \quad \forall j \geqslant j_\Omega$.
D'où $|v_*(E_{nd})| \leqslant \sum_{j \geqslant j_\Omega} \gamma_j = 0$. Puisque $v_*\big(m_v(t)\big) = t, \quad \forall t \in I(v)$, alors
$I'(v) \subset \Big\{t \in I(v),\quad m_v(t) \in E_{nd}\Big\} \subset v_*(E_{nd})$.
D'où $|I'(v)| \leqslant |v_*(E_{nd})| = 0$. □

Lemme 3.3.4.
Si $v : \Omega \to I\!R$ mesurable t.q. l'ensemble

$$I'(v) = \Big\{t \in I(v) =]\inf_\Omega \text{ess}\ v, \sup_\Omega \text{ess}\ v[,\ m_v'(t) = 0\Big\}$$

soit de mesure nulle et $v_* \in C(\Omega_*)$, alors, $v_* \in W^{1,1}_{loc}(\Omega_*)$.

Preuve. Il suffit de montrer que pour tout $\varepsilon > 0$, si $E \subset [\varepsilon, |\Omega| - \varepsilon]$ avec $|E| = 0$ alors $|v_*(E)| = 0$.
Posons

$$D_v = \Big\{t \in I(v), |v = t| > 0\Big\},$$

$$I"(v) = \Big\{t \in I(v),\ \text{t.q. } m_v'(t) \text{ n'existe pas ou n'est pas fini}\Big\}.$$

Comme $v_*\big(m_v(t)\big) = t\ \forall t \in I(v)$, alors
pour tout $t \in I_3(v) = I(v) \backslash \Big(D_v \cup I'(v) \cup I"(v)\Big)$, on peut appliquer la dérivation composée $v'_*\big(m_v(t)\big) = \dfrac{1}{m'_v(t)} \in \mathbb{R}$.

Comme $|D_v \cup I'(v) \cup I"(v)| = 0$, alors pour presque tout $t \in I(v)$, $v'_*\big(m(t)\big) \in \mathbb{R}$. Si on note $E_d = \Big\{s \in E : v'_*(s) \text{ est fini}\Big\}$ alors,

$$\Big\{t \in I_3(v) : \exists s \in E, t = v_*(s)\Big\} \subset \Big\{t \in I_3(v) : m_v(t) \in E_d\Big\} \subset v_*(E_d).$$

D'où $|v_*(E)| = \Big|\Big\{t \in I_3(v), \exists s \in E, t = v_*(s)\Big\}\Big| \leqslant |v_*(E_d)|$. En appliquant le lemme 3.3.2, on déduit $|v_*(E_d)| = 0$. □

Preuve du théorème 3.3.3. Soit $\Big(\Omega_j\Big)_{j \geqslant 0}$ une suite de bornés connexes de bord lipschitzien t.q. $\overline{\Omega}_j \subset \Omega_{j+1} \subset \bigcup_{p \geqslant 0} \Omega_p = \Omega$. Posons $u_j = u|_{\Omega_j}$ la restriction à Ω_j de $u \in W^{1,1}_{loc}(\Omega)$. Alors $u_j \in W^{1,1}(\Omega_j)$ et $u_{j^*} \in W^{1,1}_{loc}(\Omega_{j*})$. De plus, $u_{j^*}(0) \leqslant (u_{j+1})_*(0) \xrightarrow[j \to +\infty]{} u_*(0)$, $u_{j^*}(|\Omega_j|) \to u_*(|\Omega|)$.

Ainsi, si $u_*(0) < a < b < u_*(|\Omega|)$, alors pour j grand,

$$|a < u < b| = |a < u_* < b| \geqslant |a < u_j < b| > 0$$

(car $u_{j^*}(0) < a < b < u_{j^*}(|\Omega_j|)$).
Ce qui prouve que nécessairement $u_* \in C(\Omega_*)$.
Si $I_j(u) =]u_{j^*}(0), u_{j^*}(|\Omega_j|)[$ alors pour presque tout $t \in I_j(u)$, $\forall h > 0$,

$$0 \leqslant \frac{m_j(t) - m_j(t+h)}{h} \leqslant \frac{m(t) - m(t+h)}{h} \tag{3.13}$$

où $m_j(t) = |u_j > t|$, $m(t) = |u > t|$.
Ce qui implique $0 \leqslant -m'_j(t) \leqslant -m'(t)$ pour presque tout $t \in I_j(v)$.
D'où $\Big\{t \in I_j(v) : m'(t) = 0\Big\} \subset \Big\{t \in I_j(v) : m'_j(t) = 0\Big\}$.
Comme $u_{j^*} \in W^{1,1}_{loc}(\Omega_{j*})$ donc $\Big|\Big\{t \in I_j(v) : m'_j(t) = 0\Big\}\Big| = 0$ d'après le lemme 3.3.3. D'où

$$\Big|\Big\{t \in I(v) : m'(t) = 0\Big\}\Big| \leqslant \sum_j \Big|\Big\{t \in I_j(v) : m'_j(t)\Big\}\Big| = 0.$$

On applique maintenant le lemme 3.3.4 pour conclure que $u_* \in W^{1,1}_{loc}(\Omega_*)$. □

Remarque. On peut utiliser une décomposition de Ω en cubes mais pour montrer que u_* est continue, on procède autrement (voir exercice 10.1.27, chapitre 10, ou les articles cités).

3.4 Réarrangements sphériques et inégalités de Polyà-Szëgo classiques

Définition 3.4.1.
Considérons $u : \Omega \to \mathbb{R}$ *mesurable et* $\underset{\sim}{\Omega}$ *la boule centrée à l'origine et de même mesure que* Ω. *On définit* $\underset{\sim}{u} : \underset{\sim}{\Omega} \to \mathbb{R}$ *par* $\underset{\sim}{u}(x) = u_*(\alpha_N |x|^N)$, $|x|$ =*norme euclidienne de* $x \in \underset{\sim}{\Omega}$.

$\underset{\sim}{u}$ *s'appelle le* *réarrangement sphérique de* u .

Propriété 3.4.1 (immédiates).

1. $\underset{\sim}{u}$ *est une fonction radiale, qui décroît le long du rayon i.e. si* $|x| = r_1 < r_2 = |y|$, (x, y) *dans* $\underset{\sim}{\Omega}$ *alors* $\underset{\sim}{u}(x) \geqslant \underset{\sim}{u}(y)$.
2. u *et* $\underset{\sim}{u}$ *sont équimesurables.*
3. $u \in L^p(\Omega) \to \underset{\sim}{u} \in L^p(\underset{\sim}{\Omega})$ *est une contraction pour* $1 \leqslant p \leqslant +\infty$.

Preuve. (1) découle de la définition de $\underset{\sim}{u}$. Quant à (2), on a pout tout $t \in \mathbb{R}$, par changement de variables,

$$\left|\underset{\sim}{u} > t\right| = \int_{\underset{\sim}{\Omega}} \chi_{]t,+\infty[}\big(\underset{\sim}{u}(x)\big)dx = \int_0^{\text{Rayon de } \underset{\sim}{\Omega}} \chi_{]t,+\infty[}\big(u_*(\alpha_N r^N)\big)N\alpha_N r^{N-1}dr =$$

$$= \int_{\Omega_*} \chi_{]t,+\infty[}\big(u_*(s)\big)ds = |u_* > t| = |u > t|.$$

L'énoncé (3) découle de la propriété de contraction de u_*. □

Revenons maintenant à la régularité de $\underset{\sim}{u}$ et les inégalités de Polyà-Szëgo.

Proposition 3.4.1 (Inégalités de Polyà-Szëgo classiques).
Soit $u \in W_0^{1,p}(\Omega)$, $u \geqslant 0$, $1 \leqslant p \leqslant +\infty$. *Alors*

$$\underset{\sim}{u} \in W_0^{1,p}(\underset{\sim}{\Omega}) \text{ et } \left|\nabla \underset{\sim}{u}\right|_{L^p(\underset{\sim}{\Omega})} \leqslant \big|\,|\nabla u|_{*u}\,\big|_{L^p(\Omega_*)} \leqslant |\nabla u|_{L^p(\Omega)}.$$

<u>Preuve.</u> Commençons par le cas où $u \in C_c^\infty(\Omega),\ u \geqslant 0$.
Alors $\forall\, \varepsilon > 0$ (petit), $\underset{\sim}{u} \in W^{1,\infty}\Big(\underset{\sim}{\Omega}\backslash B(0,\varepsilon)\Big)$ où $B(0,\varepsilon)$ désigne la boule centrée à l'origine de rayon ε. En effet, $u_* \in W^{1,\infty}(\alpha_N \varepsilon^N, |\Omega|)$. Ainsi, si $(x,y) \in \Big(\underset{\sim}{\Omega}\backslash B(0,\varepsilon)\Big)^2$, alors

$$\Big|\underset{\sim}{u}(x) - \underset{\sim}{u}(y)\Big| \leqslant |u'_*|_{L^\infty(\alpha_N \varepsilon^N, |\Omega|)}\, \alpha_N \Big|\, |x|^N - |y|^N \,\Big| \leqslant c_N^\varepsilon\, |x-y|\, .$$

Avec l'équimesurabilité, cette inégalité conduit au fait que $\underset{\sim}{u}$ est lipschitzienne sur $\underset{\sim}{\Omega}\backslash B(0,\varepsilon) = \Omega_\varepsilon$. De nouveau, par changement de variables, $1 \leqslant p < +\infty$

$$\int_{\Omega_\varepsilon} |\nabla \underset{\sim}{u}|^p dx = (N\alpha_N^{\frac{1}{N}})^p \int_{\alpha_N \varepsilon^N}^{|\Omega|} \left[s^{1-\frac{1}{N}} \left| \frac{du_*}{ds} \right| \right]^p dx \leqslant \Big|\, |\nabla u|_{*u} \,\Big|^p_{L^p(\Omega_*)} \leqslant |\nabla u|^p_{L^p(\Omega)}\, . \tag{3.14}$$

D'où quand $\varepsilon \to 0$, $\forall\, p \in [1, +\infty[$

$$\Big|\nabla \underset{\sim}{u}\Big|_{L^p(\underset{\sim}{\Omega})} \leqslant \Big|\, |\nabla u|_{*u} \,\Big|_{L^p(\Omega_*)} \leqslant |\nabla u|_{L^p(\Omega)}\, . \tag{3.15}$$

Dans la relation (3.14) ou (3.15), on conclut que $\underset{\sim}{u} \in W^{1,\infty}(\underset{\sim}{\Omega})$ quand $p \to +\infty$. Comme $\underset{\sim}{u}(x) = \inf\limits_{\overline{\Omega}} u = 0$ pour $x \in \partial\underset{\sim}{\Omega}$ alors $\underset{\sim}{u} \in W_0^{1,\infty}(\underset{\sim}{\Omega})$.
Si $u \in W_0^{1,p}(\Omega),\ u \geqslant 0$, alors, il existe $u_n \in \mathcal{D}(\Omega),\ u_n \geqslant 0$ t.q. $u_n \to u$ dans $W^{1,p}(\Omega)$-fort. Comme $\Big|\nabla \underset{\sim}{u}_n\Big|_{L^p(\underset{\sim}{\Omega})} \leqslant |\nabla u_n|_{L^p}(\Omega) \leqslant c^{te}$ et que $\Big|\underset{\sim}{u}_n - \underset{\sim}{u}\Big|_{L^p(\underset{\sim}{\Omega})} = |u_{n*} - u_*|_{L^p(\Omega_*)} \xrightarrow[n \to +\infty]{} 0$, on conclut, pour $p > 1$, que $\underset{\sim}{u}_n$ converge vers $\underset{\sim}{u}$ dans $W^{1,p}(\underset{\sim}{\Omega})$-faible : $\underset{\sim}{u} \in W^{1,p}(\underset{\sim}{\Omega})$.

D'où $\Big|\nabla \underset{\sim}{u}\Big|_{L^p(\underset{\sim}{\Omega})} \leqslant \Big|\, |\nabla u|_{*u} \,\Big|_{L^p(\Omega_*)} \leqslant |\nabla u|_{L^p(\Omega)}$ (en utilisant un changement de variables comme à la relation 3.14).

Si $p = 1$, vérifions que $(\nabla \underset{\sim}{u}_n)_{n \geqslant 0}$ satisfait les conditions de Dunford-Pettis.

Comme $\Big|\nabla \underset{\sim}{u}_n\Big|(x) = N\alpha_N |x|^{N-1} \Big|u'_{n*}(\alpha_n |x|^N)\Big|$, on a le résultat cherché.
Introduisons quelques résultats généraux.

Lemme 3.4.1.
Soit $u \in W_0^{1,1}(\Omega)$, $u \geqslant 0$. *Posons :*
$v(\sigma) = \left|\nabla \underset{\sim}{u}\right|_*(\sigma)$, $z(\sigma) = N\alpha_N^{\frac{1}{N}}\sigma^{1-\frac{1}{N}}\left|u'_*(\sigma)\right|$, *pour* $\sigma \in \overline{\Omega}_*$. *Alors* $v = z_*$.

Preuve. Pour $t \in \mathbb{R}$, en utilisant l'expression de $\left|\nabla \underset{\sim}{u}\right|$, on a :

$$|v > t| = \int_{\Omega_*} \chi_{]t,+\infty[}\big(v(\sigma)\big)d\sigma = \int_{\underset{\sim}{\Omega}} \chi_{]t,+\infty[}\Big(z\big(\alpha_N\,|x|^N\big)\Big)dx$$

(ceci par équimesurabilité). En effet avec un changement de variables dans cette dernière intégrale, on conclut :

$$|v > t| = \int_{\Omega_*} \chi_{]t,+\infty[}\big(z(s)\big)ds = |z_* > t| : v = z_*.$$

Lemme 3.4.2. *(voir aussi le chapitre 4).*
Sous les conditions du lemme 3.4.1, $\forall\, s \in \overline{\Omega}_*$, *on a les inégalités ponctuelles de Polyà-Szëgo :*

$$\int_0^s \left|\nabla \underset{\sim}{u}\right|_*(\sigma)d\sigma \leqslant \int_0^s \left(|\nabla u|_{*u}\right)_*(\sigma)d\sigma \leqslant \int_0^s |\nabla u|_*(\sigma)d\sigma.$$

Preuve. Par le corollaire 3.3.1 du théorème fondamental (de régularité) 3.3.1, on a p.p. en σ, $z(\sigma) \leqslant |\nabla u|_{*u}(\sigma)$. D'où $v(\sigma) = z_*(\sigma) \leqslant \left(|\nabla u|_{*u}\right)_*(\sigma)$. Ainsi,

$$\int_0^s \left|\nabla \underset{\sim}{u}\right|_*(\sigma)d\sigma \leqslant \int_0^s \left(|\nabla u|_{*u}\right)_*(\sigma)d\sigma \leqslant \int_0^s |\nabla u|_*(\sigma)d\sigma.$$

(voir les propriétés du réarrangement relatif du chapitre 2).

Corollaire 3.4.1.
La suite $(\nabla \underset{\sim}{u}_n)_n$ *vérifie la condition de Dunford-Pettis. En particulier,* $\nabla \underset{\sim}{u}_n$ *tend vers* $\nabla \underset{\sim}{u}$ *dans* $L^1(\underset{\sim}{\Omega})$*-faible et* $\underset{\sim}{u} \in W_0^{1,1}(\underset{\sim}{\Omega})$.

Preuve. Soit $\eta > 0$, il existe n_0 entier, t.q. $\forall\, n \geqslant n_0$, $|\nabla(u_n - u)|_{L^1} \leqslant \dfrac{1}{2}\eta$. Soit $\delta > 0$ t.q.

$$\int_0^\delta |\nabla u|_*(\sigma)d\sigma \leqslant \frac{1}{2}\eta, \quad \int_0^\delta |\nabla u_j|_*(\sigma)d\sigma \leqslant \frac{1}{2}\eta \qquad j = 0, \ldots, n_0.$$

Alors, d'après le théorème de Hardy-Littlewood, puis le lemme 3.4.2, $\forall\, E$ mesurable dans $\underset{\sim}{\Omega}$ vérifiant $|E| \leqslant \delta$,

$$\int_E \left|\nabla \underset{\sim}{u_n}\right| dx \leqslant \int_0^{|E|} \left|\nabla \underset{\sim}{u_n}\right|_* d\sigma \leqslant \int_0^{|E|} |\nabla u_n|_* \, d\sigma \, .$$

Si $n \leqslant n_0$ alors $\displaystyle\int_E \left|\nabla \underset{\sim}{u_n}\right| dx \leqslant \eta$.

Si $n \geqslant n_0$ alors $\displaystyle\int_0^{|E|} \left|\nabla \underset{\sim}{u_n}\right|_* d\sigma \leqslant |\nabla(u_n - u)|_{L^1} + \int_0^{|E|} |\nabla u|_* \, d\sigma \leqslant \eta$ (par la propriété de contraction).

En combinant ces relations, on a : $\displaystyle\int_E \left|\nabla \underset{\sim}{u_n}\right| dx \leqslant \eta$. On conclut comme le cas $p > 1$.

Enfin concluons ce paragraphe par le théorème général suivant :

Théorème 3.4.1 (extension des inégalités de Polyà-Szëgo).
Soit ρ une norme de Fatou invariante par réarrangement, non triviale sur $L^0(\Omega_*)$. Alors, pour tout $u \in W_0^{1,1}(\Omega)$, $u \geqslant 0$ on a l'inégalité :

$$\rho\left(\left|\nabla \underset{\sim}{u}\right|_*\right) \leqslant \rho\left(|\nabla u|_{*u}\right) \leqslant \rho\left(|\nabla u|_*\right).$$

Preuve. C'est une conséquence du lemme 3.4.2 et du théorème 2.2.1 de Lorentz-Luxembourg. □

Remarque. Si pour tout $u \in W^{1,1}(\Omega)$ on a $\left|k \cdot \dfrac{du_*}{ds}\right|_{L^1(\Omega_*)} \leqslant |\nabla u|_{L^1(\Omega)}$ avec $k(0) = k(|\Omega|) = 0$, $k \in C^1_{loc}(\Omega_*)$. Alors pour tout E mesurable dans Ω,

$$P_\Omega(E) \geqslant k(|E|).$$

En effet, si $E \subset \Omega$ mesurable alors, il existe une suite $u_m \in C^\infty(\Omega) \cap W^{1,1}(\Omega)$ t.q. :

(i) $\displaystyle\lim_{m\to+\infty} \int_\Omega |\nabla u_m| \, dx = P_\Omega(E)$,
(ii) $\displaystyle\lim_{m\to+\infty} |u_m - \chi_E|_{L^1} = 0$.

Un tel résultat est prouvé dans le livre de V. Madja [79]. Soit $\varphi \in \mathcal{D}(\Omega_*)$ t.q. $|\varphi|_\infty \leqslant 1$ et $\varphi(|E|) = 1$, on suppose que $0 < |E| < |\Omega|$, nous avons alors $\displaystyle\int_{\Omega_*} (k\varphi)' u_{m*} d\sigma \leqslant |\varphi|_\infty \, |\nabla u_m|_{L^1}$ mais $u_{m*} \to \chi_{[0,|E|]}$. D'où

$$k(|E|) = \lim_m \int_{\Omega_*} (k\varphi)' u_{m*} \leqslant \lim_m |\nabla u_m|_{L^1} = P_\Omega(E).$$

Si $|E| = 0$ ou $|E| = |\Omega|$ alors $k(|E|) = P_\Omega(E) = 0$.

3.5 Inégalités de Polyà-Szëgo ponctuelles pour le α-réarrangement

On peut définir des réarrangements similaires au cas sphérique appelés α-réarrangement, on aura besoin de quelques préliminaires.

Définition 3.5.1 (et notations).
Soit Σ_α un cône ouvert de $I\!R^N$, $N \geqslant 2$ de sommet l'origine et d'angle solide $\alpha \in]0, \alpha_{N-1}[$ où α_{N-1} est la mesure de la boule unité de $I\!R^{N-1}$ (i.e. aussi la $(N-1)$ mesure de Hausdorff de la sphère unité S^{N-1}). Soit A_α un sous-ensemble de S^{N-1} de mesure α i.e. $H_{N-1}(A_\alpha) = \alpha$, alors on a précisément,

$$\Sigma_\alpha = \Big\{\lambda x,\ x \in A_\alpha,\ \lambda \in]0, +\infty[\Big\}.$$

($A_\alpha = \Sigma_\alpha \cap S^{N-1}$). On suppose $\partial\Sigma_\alpha$ est lipschitzien.
On note $\Sigma(\alpha, R)$ l'ouvert sectoriel de $I\!R^N$ d'angle solide α et de rayon R c'est à dire $\Sigma(\alpha, R) = \Sigma_\alpha \cap B(0, R)$ où $B(0, R)$ est la boule de rayon R centrée à l'origine.

On notera σ_N la mesure du secteur unitaire $\Sigma(\alpha, 1)$ i.e. mes$\{\Sigma(\alpha, 1)\} = \sigma_N$. Exemple pour $N = 2$, $\sigma_2 = \dfrac{\alpha}{2}$.

Dans le plan $I\!R^2$, on considère les coordonnées polaires. Pour $\alpha \in]0, \pi[$, on a :

$$\Sigma_\alpha = \Big\{(\rho, \theta) \in I\!R^2 : 0 < \theta < \alpha,\ \rho > 0\Big\}$$

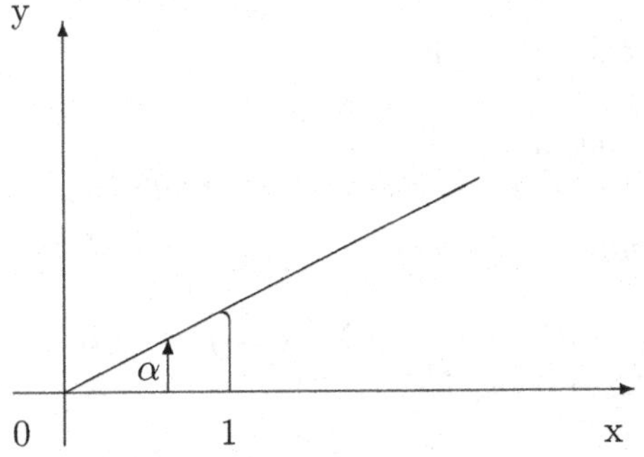

On a le :

Théorème 3.5.1 (inégalité isopérimétrique pour un cône).
Si Σ_α est un cône convexe de $I\!R^N$ alors $P_{\Sigma_\alpha}(E) \geqslant N\sigma_N^{\frac{1}{N}} |E|^{1-\frac{1}{N}}$, pour tout ensemble mesurable $E \subset \Sigma_\alpha$ de mesure finie. Si $\partial\Sigma_\alpha \backslash \{0\}$ est régulière alors on a l'égalité si et seulement si E est un secteur convexe $\Sigma(\alpha, R)$ homothétique à Σ_α.

Ce théorème sera admis, pour plus de détails on peut consulter l'article de Lions-Pacella-Tricacino [76].

Pour un ouvert Ω borné connexe lipschitzien, on considère $\Gamma_0 \subset \partial\Omega$, $H_{N-1}(\Gamma_0) > 0$ et $\Gamma_1 = \partial\Omega \backslash \Gamma_0$. On définit la constante relative isopérimétrique suivante :

$$Q(\Gamma_1, \Omega) = \sup_E \frac{|E|^{1-\frac{1}{N}}}{P_\Omega(E)}$$

où le supremum est pris sur tous les ensembles mesurables E de Ω t.q. $\partial E \cap \Gamma_0$ ne contient aucun sous-ensemble de mesure H_{N-1} positive.

On admet les propositions suivantes :

Proposition 3.5.1 (exemple de calcul explicite).
Soit $\alpha \in]0, \alpha_{N-1}[$ et $\Sigma(\alpha, R)$ le secteur convexe défini précédemment. On note $\widetilde{\Gamma}_0 = \left\{x \in \partial\Sigma(\alpha, R),\ |x| = R\right\}$ et $\widetilde{\Gamma}_1 = \partial\Sigma(\alpha, R) \backslash \widetilde{\Gamma}_0$. Alors
$$Q\left(\widetilde{\Gamma}_1, \Sigma(\alpha, R)\right) = \frac{1}{N\sigma_N^{\frac{1}{N}}} \text{ avec } \sigma_N = H_N\left(\Sigma(\alpha, 1)\right).$$

Proposition 3.5.2 (finitude $Q(\Gamma_1, \Omega)$).
On a $Q(\Gamma_1, \Omega) < +\infty$. De plus,
il existe un secteur unitaire $\Sigma(\alpha, 1)$ t.q. $Q(\Gamma_1, \Omega) = \dfrac{1}{N\sigma_N^{\frac{1}{N}}}$.

Nous allons définir le α-réarrangement :

Définition 3.5.2 (α-réarrangement).
Soit Ω un ouvert connexe borné lipschitzien, de constante isopérimétrique $\dfrac{1}{N\sigma_N^{\frac{1}{N}}}$. On appelle α-réarrangement d'une fonction mesurable $u : \Omega \to I\!R$, la fonction $C_\alpha u : \sum(\alpha, R) \to I\!R$, avec $H_N\left(\sum(\alpha, R)\right) = \sigma_N R^N = H_N(\Omega)$ définie par
$$C_\alpha u(x) = u_*\left(\sigma_N |x|^N\right).$$

La fonction $C_\alpha u$ a les mêmes propriétés que $\underset{\sim}{u}$. Les preuves sont identiques à celles de $\underset{\sim}{u}$.

Propriété 3.5.1.
1. $|u|_{L^q(\Omega)} = |C_\alpha u|_{L^q(\sum(\alpha,R))} \qquad 1 \leqslant q \leqslant +\infty.$
2. Si $u \in W^{1,p}_{\Gamma_0}(\Omega) = \Big\{v \in W^{1,p}(\Omega) : v = 0 \text{ sur } \Gamma_0\Big\}$, $1 \leqslant p \leqslant +\infty$, *alors pour* $u \geqslant 0$

$$-u'_*(s) \leqslant \frac{s^{\frac{1}{N}-1}}{N\sigma_N^{\frac{1}{N}}} |\nabla u|_{*u}(s)$$

et
$$|\nabla C_\alpha(u)|_{L^p(\sum(\alpha,R))} \leqslant |\nabla u|_{L^p(\Omega)}.$$

On a de même que le réarrangement sphérique des inégalités de type Polyà-Szëgo ponctuelles.

Théorème 3.5.2.
Soit $u \in W^{1,1}_{\Gamma_0}(\Omega)$, $u \geqslant 0$. *Alors* $\forall\, s \in \overline{\Omega}_*$, *on a*

$$\int_0^s |\nabla C_\alpha(u)|_*(\sigma)d\sigma \leqslant \int_0^s (|\nabla u|_{*u})_*(\sigma)d\sigma \leqslant \int_0^s |\nabla u|_*(\sigma)d\sigma.$$

Lemme 3.5.1.
Soit $u \in W^{1,1}_{\Gamma_0}(\Omega)$, $u \geqslant 0$.
Posons $w(s) = -N\sigma_N^{\frac{1}{N}} s^{1-\frac{1}{N}} u'_*(s)$ *pour* $s \in \Omega_*$. *Alors,* $\forall\, \sigma \in \Omega_*$

$$|\nabla C_\alpha(u)|_*(\sigma) = w_*(\sigma) \leqslant (|\nabla u|_{*u})_*(\sigma).$$

Preuve du lemme. Comme $C_\alpha u(x) = u_*(\sigma_N |x|^N)$ alors p.p. en x

$$|\nabla C_\alpha(u)|(x) = -N\sigma_N |x|^{N-1} u'_*(\sigma_N |x|^N) = w(\sigma_N |x|^N).$$

Pour tout $t \in \mathbb{R}$, on déduit après changement de variables

$$\text{mesure}\Big\{x : |\nabla C_\alpha(u)|(x) > t\Big\} = \int_{\sum(\alpha,R)} \chi_{]t,+\infty[}(w(\sigma_N |x|^N)dx$$

$$= \int_{\Omega_*} \chi_{]t,+\infty[}\big(w_*(s)\big)ds : |\nabla C_\alpha(u)|_* = w_*.$$

Par les inégalités ponctuelles (voir propriété 3.5.1), on a
$+w(s) \leqslant |\nabla u|_{*u}(s)$, p.p. en $s \in \Omega_*$ d'où $w_* \leqslant \Big(|\nabla u|_{*u}\Big)_*$. □

Preuve du théorème 3.5.2. Du lemme précédent, on déduit en combinant avec les propriétés du réarrangement relatif :

$$\int_0^s |\nabla C_\alpha(u)|_*(\sigma)d\sigma \leqslant \int_0^s (|\nabla u|_{*u})_*(\sigma)d\sigma \leqslant \int_0^s |\nabla u|_*(\sigma)d\sigma.$$

□

Notes pré-bibliographiques

Les preuves données aux paragraphes 3.1 et 3.2 sont tirées de la thèse de B. Simon [116]. Le théorème fondamental 3.3.1 est une combinaison des résultats de Rakotoson-Temam [107, 109] et Rakotoson [99]. Les corollaires 3.3.1 et 3.3.2 sont des variantes améliorées des inégalités de Polyà-Szegö. Tout le reste de ce paragraphe est dû à l'auteur. Les théorèmes du paragraphes 3.4 sont des versions améliorées des résultats existants, voir le livre de J. Mossino [82].

Les α-réarrangements ont été introduits par Lions-Parcella-Tricanco [76], les inégalités ponctuelles reliant le α-réarrangement et le réarrangement relatif sont dues à l'auteur.

4

Inégalités ponctuelles et inclusions généralisées de Sobolev

Les résultats classiques sur les inclusions de Sobolev nous indiquent que $W_0^{1,N}(\Omega)$ est contenu dans $L^q(\Omega)$ pour tout q fini, et que si $p > N$ alors $W_0^{1,p}(\Omega)$ est contenu (aussi de façon continue) dans les espaces hölderiens $C^{0,1-\frac{N}{p}}(\overline{\Omega})$. On constate qu'il "manque" des espaces intermédiaires $X(\Omega)$ satisfaisant :
$W_0^{1,p}(\Omega) \underset{\neq}{\hookrightarrow} X(\Omega) \underset{\neq}{\hookrightarrow} W_0^{1,N}(\Omega)$ et $X(\Omega) \subset C(\overline{\Omega})$. E.M. Stein a montré que l'espace de Lorentz-Sobolev

$$W^1(\Omega, |\cdot|_{N,1}) = \left\{ f \in L^1(\Omega) : |\nabla f| \in L^{N,1}(\Omega) \right\}$$

est contenu dans l'ensemble des fonctions continues $C(\Omega)$. Pour cela, en utilisant une représentation intégrale de f, il montre que pour tout cube $Q(h)$ de côté $|h|$, pour tout x et $x+h$ dans $Q(h)$, on a :

$$|f(x+h) - f(x)| \leqslant c |\nabla f \chi_{Q(h)}|_{L^{N,1}}.$$

La méthode que nous proposons dans ce chapitre nous conduira à redémontrer ce résultat mais en même temps à préciser la constante, on prouvera en particulier que $W^1(\Omega, |\cdot|_{N,1}) \subset C(\Omega)$ et $\forall u \in W^1(\Omega, |\cdot|_{N,1})$, $\forall x \in \Omega$ t.q. $B(x,r) \subset \Omega$, on a :

$$\underset{B(x,r)}{\text{osc}}\ u \leqslant \frac{\alpha_N^{1-\frac{1}{N}}}{\alpha_{N-1}} \int_0^{\alpha_N r^N} t^{\frac{1}{N}} |\nabla u|_* \frac{dt}{t}\,.$$

Cette inégalité découle d'une inégalité plus générale sur $W^{1,1}(\Omega)$ stipulant que si $\overline{u}$ est la restriction de u à $B(x,r)$ alors

$$\underset{B(x,r)}{\text{osc}}\ u \leqslant \frac{\alpha_N^{1-\frac{1}{N}}}{\alpha_{N-1}} \int_0^{\alpha_N r^N} s^{\frac{1}{N}-1} \Big(|\nabla \overline{u}|_{*\overline{u}} \Big)_* (s)ds\,.$$

Pour obtenir de tels résultats, revenons à une inégalité du chapitre précédent, qui s'écrit : $-u_*'(\sigma) \leqslant \dfrac{|\nabla u|_{*u}(\sigma)}{k(\sigma)}$ pour $\sigma \in \Omega_*$, u appartenant à une famille de fonctions. C'est cette inégalité ponctuelle qui permet en réalité de donner non seulement une preuve unificatrice de diverses inclusions de Poincaré-Sobolev mais aussi des extensions non classiques de ces inégalités. Mieux encore, elle conduit à des estimations des diverses constantes qui apparaissent dans ces inégalités comme par exemple, la première valeur propre du p-Laplacien $\lambda_1(\Omega)^{\frac{1}{p}} = \operatorname*{Inf}_{u\neq 0\ u\in W_0^{1,p}(\Omega)} \dfrac{|\nabla u|_p}{|u|_p}$ ou plus généralement si $1 \leqslant q \leqslant p^* = \dfrac{pN}{N-p}$, $1 \leqslant p \leqslant N$, une estimation de $\displaystyle\sup_{u\neq 0\ u\in W_0^{1,p}(\Omega)} \frac{|u|_q}{|\nabla u|_p}$.
On verra que l'on peut remplacer sans difficulté $L^p(\Omega)$ par tout autre espace $L(\Omega,\rho)$ ou $L(\Omega_*,\rho)$ avec ρ une norme de Fatou invariante par réarrangement. Pour donner un exemple de norme ρ différente de celle des espaces de Lorentz, considérons Ω un ouvert de mesure 1, $1 < p < +\infty$, $p' = \dfrac{p}{p-1}$. Pour $g \geqslant 0$ mesurable, on associe

$$|g|_{(p'} = \operatorname*{Inf}_{g=\sum_{k=1}^{+\infty} g_k\ g_k\geqslant 0} \left\{ \sum_{k=1}^{+\infty} \inf_{0<\varepsilon<p-1} \varepsilon^{-\frac{1}{p-\varepsilon}} \left(\int_\Omega g_k^{(p-\varepsilon)'} dx \right)^{\frac{1}{(p-\varepsilon)'}} \right\}$$

où $(p-\varepsilon)'$ est le conjugué de $p-\varepsilon$. Notons $\rho(g) = |g|_{(p'}$.

Considérons $L^{(p'}(\Omega) = \Big\{ g \text{ mesurable } : \|g\|_{(p'} < +\infty \Big\}$. Ces espaces vérifient $L^{p'+\varepsilon}(\Omega) \subset L^{(p'}(\Omega) \subset L^{p'}(\Omega)\ \forall\, \varepsilon > 0$, ils sont appelés petits espaces de Lebesgue. De tels espaces ont été introduits par Fiorenza [60]. Le petit espace de Lebesgue-Sobolev noté :

$$W^{1,(N}(\Omega) = \Big\{ u \in L^1(\Omega) : \rho(|\nabla u|) < +\infty \Big\}$$

vérifie :

$$\operatorname*{osc}_{B(x,r)} u \leqslant \frac{\alpha_N^{1-\frac{1}{N}}}{\alpha_{N-1}} \left(\frac{|\Omega| N}{N-1} \right)^{1-\frac{1}{N}} \rho\Big(|\nabla u| \chi_{B(r,x)} \Big).$$

4.1 Inégalités ponctuelles pour le réarrangement relatif

Définition 4.1.1 (propriété PSR). *Nous dirons qu'un sous-ensemble V de $W^{1,1}(\Omega)$ vérifie les inégalités de Poincaré-Sobolev pour le réarrangement relatif (noté PSR) si :*

(i) $u_* \in W^{1,1}_{loc}(\Omega_*)$, $\forall\, u \in V$
(ii) Il existe une fonction $K(\cdot,\Omega,V) : \Omega_* \to [0,+\infty[$ mesurable t.q. :

$$-u_*'(s) \leqslant K(s,\Omega,V) \cdot |\nabla u|_{*u}(s), \ \textit{p.p. tout } s \textit{ et } \forall\, u \in V.$$

Avant de donner des propriétés générales pour un tel ensemble V, voici quelques exemples d'ensembles V (conséquence du théorème fondamental 3.3.1).

Théorème 4.1.1 (existence d'ensemble V vérifiant la propriété PSR).

1. *L'ensemble* $V = W_0^{1,1}(\Omega) \cap L_+^0(\Omega)$ *vérifie la propriété PSR. De plus on peut choisir* $K(s,\Omega,V) = \dfrac{s^{\frac{1}{N}-1}}{N\alpha_N^{\frac{1}{N}}}$.
2. *L'ensemble* $V = W_0^{1,1}(\Omega)$ *vérifie la propriété PSR avec*
$$K(s,\Omega,V) = \frac{\max\left(s^{\frac{1}{N}-1}, (|\Omega|-s)^{\frac{1}{N}-1}\right)}{N\alpha_N^{\frac{1}{N}}}.$$
3. *Si* Ω *est un ouvert connexe lipschitzien alors* $V = W^{1,1}(\Omega)$ *vérifie la propriété PSR. De plus, il existe une constante* $Q(\Omega, N) = Q > 0$ *(qui est une constante relative isopérimétrique) telle que*
$$K(s,\Omega,V) = Q\max\left(s^{\frac{1}{N}-1}, (|\Omega|-s)^{\frac{1}{N}-1}\right).$$
4. *Si* Ω *est un ouvert connexe lipschitzien alors* $V = W_{\Gamma_0}^{1,1}(\Omega) \cap L_+^0(\Omega)$ *vérifie la propriété PSR avec*
$$K(s,\Omega,V) = \frac{s^{\frac{1}{N}-1}}{N\sigma_N^{\frac{1}{N}}} \text{ avec } \sigma_N = \left|\sum(\alpha,1)\right|.$$

Preuve. C'est une conséquence du théorème fondamental 3.3.1 et ses corollaires 3.3.1, 3.3.2, 3.3.3, propriété 3.5.1.

Corollaire 4.1.1. *Soit* $\Omega = B(R)$ *une boule de rayon* $R > 0$. *Alors* $V = W^{1,1}(B(R))$ *vérifie la propriété PSR et*
$$K(s,B(R),V) = \frac{1}{\alpha_{N-1}}\left(\frac{\alpha_N}{2}\right)^{1-\frac{1}{N}} \mathrm{Max}\left(s^{\frac{1}{N}-1}, (\alpha_N R^N - s)^{\frac{1}{N}-1}\right)$$
où α_m *désigne la mesure de la boule unité de* $\mathbb{R}^m$.

Preuve. On sait que dans le cas d'une boule la meilleure constante relative isopérimétrique est $Q = \dfrac{1}{\alpha_{N-1}}\left(\dfrac{\alpha_N}{2}\right)^{1-\frac{1}{N}}$, d'où le résultat. □

Voici quelques théorèmes généraux pour les ensembles V vérifiant la propriété PSR.

Proposition 4.1.1. *Soit $V \subset W^{1,1}(\Omega)$ vérifiant la propriété PSR. Pour tout $u \in V \cap W^{1,q}(\Omega)$, $1 \leqslant q < +\infty$, on a aussi :*

$$-u'_*(s) \leqslant K(s,\Omega,V) \cdot \left[(|\nabla u|^q)_{*u}\right]^{\frac{1}{q}}(s) \quad pp \text{ en } s.$$

Preuve. Pour $h > 0$, on a $|u_*(s+h) < u < u_*(s)| \leqslant h$, par l'inégalité de Hölder

$$\int_s^{s+h} |\nabla u|_{*u}\, d\sigma = \int_{u_*(s+h)<u<u_*(s)} |\nabla u|\, dx \leqslant h^{1-\frac{1}{q}} \left(\int_s^{s+h} (|\nabla u|^q)_{*u}(\sigma) d\sigma \right)^{\frac{1}{q}}.$$

D'où, pour presque tout $s \in \Omega_*$ on a :

$$|\nabla u|_{*u}(s) = \lim_{h\to 0} \frac{1}{h} \int_s^{s+h} |\nabla u|_{*u}(\sigma) d\sigma \leqslant \left[(|\nabla u|^q)_{*u}(s)\right]^{\frac{1}{q}}.$$

□

Proposition 4.1.2. *Soit V vérifiant la propriété PSR.*
Posons $K(s) = K(s,\Omega,V)$ pour $0 < \sigma < t$, $\underset{\sigma<s<t}{\text{sup ess}}\, [sK(s)] = g(t,\sigma)$. Alors

$$u_*(\sigma) - u_*(t) \leqslant g(t,\sigma) \left(\frac{t}{\sigma}\right) |\nabla u|_{**}(t)$$

où $|\nabla u|_{**}(t) = \dfrac{1}{t} \displaystyle\int_0^t |\nabla u|_*(\tau) d\tau$.

Preuve. En effet, puisque $u_* \in W^{1,1}_{loc}(\Omega_*)$ alors

$$u_*(\sigma) - u_*(t) = -\int_\sigma^t u'_*(s) ds \leqslant \int_\sigma^t K(s,\Omega,V) |\nabla u|_{*u}(s) ds$$

$$\leqslant g(t,\sigma) \int_\sigma^t \frac{1}{s} |\nabla u|_{*u}(s) ds$$

$$\leqslant g(t,\sigma) \left(\frac{t}{\sigma}\right) \frac{1}{t} \int_0^t |\nabla u|_{*u}(s) ds \leqslant g(t,\sigma) \left(\frac{t}{\sigma}\right) |\nabla u|_{**}(t).$$

□

Il arrive qu'au lieu d'utiliser u_* on ait besoin de u_{**}. Dans ce cas on peut remplacer u'_* par u'_{**}. On a alors le :

Théorème 4.1.2. *Soit V un sous-ensemble de $W^{1,1}(\Omega)$ vérifiant la propriété PSR. Alors,* $\forall u \in V$

$$-u'_{**}(s) \leqslant \widetilde{K}(s) \left[|\nabla u|_{*u}\right]_{**}(s) \text{ p.p. } s \in \Omega_*.$$

En particulier, on a :

$$-u'_{**}(s) \leqslant \widetilde{K}(s) \, |\nabla u|_{**}(s) \text{ p.p. } s$$

où $\widetilde{K}(s) = \frac{1}{s} \sup\limits_{0 \leqslant t \leqslant s} \text{ess} \, [tK(t)]$.

Preuve. Par intégration par parties, pour $s \in \Omega_*$, $u \in V$, on a

$$\frac{1}{s} \int_0^s [u_*(t) - u_*(s)] \, dt = \frac{1}{s} \int_0^s t \, |u'_*(t)| \, dt. \tag{4.1}$$

Par la propriété PSR et Hardy-Littlewood, on déduit

$$u_{**}(s) - u_*(s) \leqslant \frac{1}{s} \int_0^s tK(t) \, |\nabla u|_{*u}(t) dt \leqslant \widetilde{K}(s) \int_0^s \Big(|\nabla u|_{*u} \Big)_*(t) dt$$

comme $-\dfrac{d}{ds} u_{**}(s) = \dfrac{1}{s} \left[u_{**}(s) - u_*(s)\right]$, on déduit

$$-u'_{**}(s) \leqslant \widetilde{K}(s) \Big(|\nabla u|_{*u} \Big)_{**}(s) \leqslant \widetilde{K}(s) \, |\nabla u|_{**}(s).$$

□

Exemple si $V = W^{1,1}_{0+}(\Omega)$ alors $\widetilde{K}(s) = K(s) = \dfrac{s^{\frac{1}{N}-1}}{N\alpha_N^{\frac{1}{N}}}$.

4.2 Inclusions de type général : applications aux espaces de Lorentz

Pour étudier les inclusions du type Poincaré-Sobolev associées à une norme ρ rappelons la :

Définition 4.2.1 (norme associée).
Soit ρ une norme (non triviale) sur $L^0(\Omega_*)$. On appelle norme associée l'application $\rho' : L^0(\Omega_*) \to [0, +\infty]$ définie par

$$\rho'(f) = \sup \left\{ \int_{\Omega_*} |fg| \, d\sigma, \ \rho(g) \leqslant 1 \right\}$$

Théorème 4.2.1 (inclusion dans $L^\infty(\Omega)$). *Soit V vérifiant la propriété PSR. L'ensemble* $\Big\{u \in V,\ t.q.\ \rho\left(|\nabla u|_{*u}\right) < +\infty\Big\}$ *est inclus dans* $L^\infty(\Omega)$ *si* $\rho'\big(K(\cdot,\Omega,V)\big)$ *est finie. De plus,*

$$\operatorname*{osc}_{\Omega} u \leqslant \rho'\Big(K(\cdot,\Omega,V)\Big)\rho\big(\,|\nabla u|_{*u}\,\big).$$

Preuve. Pour tous $\sigma, s \in \Omega_*$, on a $|u_*(\sigma) - u_*(s)| \leqslant \displaystyle\int_{\Omega_*} |\nabla u|_{*u}(t)K(t)dt$ où $K(t) = K(t,\Omega,V)$. Par définition de ρ'

$$\int_{\Omega_*} K(t)\,|\nabla u|_{*u}(t) \leqslant \rho'(K)\cdot\rho\big(\,|\nabla u|_{*u}\,\big).$$

D'où

$$\operatorname*{osc}_{\Omega} u \leqslant \rho'(K)\rho(|\nabla u|_{*u}) < +\infty \text{ si } \rho'(K) < +\infty \text{ et } \rho(|\nabla u|_{*u}) < +\infty.$$

□

On peut remplacer l'ensemble précédent par un autre ensemble plus courant si ρ a plus de propriétés.

Corollaire 4.2.1. *On considère ρ une norme de Fatou invariante par réarrangement sur $L^0(\Omega_*)$. Alors, pour V vérifiant la propriété PSR,*

$$\Big\{u \in V : \rho(|\nabla u|_*) < +\infty\Big\} \subset L^\infty(\Omega) \text{ si } \rho'(K) < +\infty$$

où $K(\cdot) = K(\cdot,\Omega,V)$.

Preuve. On sait que pour $u \in W^{1,1}(\Omega)$, on a toujours,

$$\int_0^s (|\nabla u|_{*u})_*(\sigma)d\sigma \leqslant \int_0^s |\nabla u|_*(\sigma)d\sigma,\ \forall\, s \in \Omega_*.$$

Alors $\rho(|\nabla u|_{*u}) \leqslant \rho(|\nabla u|_*)$. Par conséquent on a :

$$\Big\{u \in V : \rho(|\nabla u|_*) < +\infty\Big\} \subset \Big\{u \in V : \rho(|\nabla u|_{*u}) < +\infty\Big\}.$$

□

Dans ce qui va suivre nous allons donner des normes (les plus courantes en dehors de celles des espaces de Lebesgue) vérifiant les conditions du corollaire 4.2.1 ou du théorème 4.2.1.

Lemme 4.2.1. *L'application* $f \in L^0(\Omega_*) \xrightarrow{\rho_N} \displaystyle\int_{\Omega_*} t^{\frac{1}{N}}\,|f|_*(t)\frac{dt}{t}$ *est une norme de Fatou, invariante par réarrangement, non triviale.*

Preuve. En effet si $f \in L^0_+(\Omega_*)$ $0 \leqslant f_n \leqslant f_{n+1} \to f$ presque partout, comme $0 \leqslant f_{n*} \leqslant (f_{n+1})_* \to f_*$, avec le théorème de Beppo-Lévi on a $\rho_N(f_n) \to \rho(f)$. Par suite $f \to \rho_N(f)$ est une norme de Fatou et invariante par réarrangement sur $L^0_+(\Omega)$, donc sur $L^0(\Omega)$. Il suffit de prendre $f(t) = 1$, $\rho_N(1) = N\,|\Omega|^{\frac{1}{N}}$, donc elle est non triviale. □

Lemme 4.2.2. *La norme associée à la norme du lemme 4.2.1 vérifie*

$$\rho'_N(f) \leqslant \sup_{0\leqslant t\leqslant |\Omega|} \left[t^{\frac{1}{N'}}\,|f|_*(t)\right] \text{ où } \frac{1}{N'} = 1 - \frac{1}{N}\,.$$

Preuve. Si $\rho_N(g) \leqslant 1$ alors $\int_\Omega |fg| \leqslant \int_{\Omega_*} |f|_*\,|g|_*$ (d'après l'inégalité de Hardy-Littlewood) d'où

$$\int_\Omega |fg|\,dx \leqslant \sup_t \left[t^{\frac{1}{N'}}\,|f|_*(t)\right] \cdot \int_{\Omega_*} t^{-\frac{1}{N'}}\,|g|_*(t)dt \leqslant \sup_t \left[t^{\frac{1}{N'}}\,|f|_*(t)\right].$$

D'où $\rho'_N(f) \leqslant \sup_t \left[t^{\frac{1}{N'}}\,|f|_*(t)\right]$. □

On notera désormais $\rho'_{N,1}(f) = \sup_t \left[t^{\frac{1}{N'}}\,|f|_*(t)\right]$.

Cette inégalité est suffisante dans notre contexte, néanmoins puisque ρ_N est invariante par réarrangement, on a en fait l'égalité.

Lemme 4.2.3.

$$\frac{1}{N}\rho'_{N,1}(f) \leqslant \rho'_N(f) \leqslant \rho'_{N,1}(f), \qquad \forall\, f \in L^0(\Omega).$$

Preuve. Puisque ρ_N est invariante par réarrangement, on déduit :

$$\rho'_N(f) = \sup\left\{\int_{\Omega_*} |f|_*\,|g|_*\,dt,\ \rho_N(g) \leqslant 1\right\}.$$

Soit $t \in \Omega_*$ (fixé) et $E \subset \Omega_*$ tel que $|E| = t$. Considérons la fonction $g(\sigma) = \frac{1}{Nt^{\frac{1}{N}}}\chi_E(\sigma)$, $\sigma \in \Omega_*$. Alors $\rho_N(g) = 1$ car $g_*(\sigma) = \frac{1}{Nt^{\frac{1}{N}}}\chi_{[0,t)}(\sigma)$, on déduit alors que

$$\rho'_N(f) \geqslant \int_{\Omega_*} |f|_*\,g_*(\sigma)d\sigma = \frac{t^{\frac{1}{N'}}}{N}\left(\frac{1}{t}\int_0^t |f|_*(\sigma)d\sigma\right).$$

Mais $|f|_*(t) \leqslant \frac{1}{t}\int_0^t |f|_*(\sigma)d\sigma$. Par conséquent, $\forall\, t \in \Omega_*$

$$\rho'_N(f) \geqslant \frac{1}{N}\left[t^{\frac{1}{N'}}\,|f|_*(t)\right].$$

□

Lemme 4.2.4. *(a) Soit* $K_1 = \dfrac{t^{\frac{1}{N}-1}}{(N\alpha_N^{\frac{1}{N}})}$ *alors* $\rho'_{N,1}(K_1) = \left(N\alpha_N^{\frac{1}{N}}\right)^{-1}$.
(b) Soit $K_2(t) = \mathrm{Max}\left(t^{\frac{1}{N}-1}, (|\Omega| - t)^{\frac{1}{N}-1}\right)$. *Alors :*

$$\rho'_{N,1}(K_2) = 2^{1-\frac{1}{N}}.$$

<u>Preuve.</u>

(a) On a $K_{1*} = K_1$ d'où $\sup_\sigma \left[\sigma^{\frac{1}{N'}} K_{1*}(\sigma)\right] = \left(N\alpha_N^{\frac{1}{N}}\right)^{-1}$.
(b) On a $K_{2*}(\sigma) = 2^{\frac{1}{N'}}\sigma^{-\frac{1}{N'}}$. D'où $\sup_\sigma \left[\sigma^{\frac{1}{N'}} K_{2*}(\sigma)\right] = 2^{\frac{1}{N'}}$.

On applique dans les deux cas, le lemme 4.2.3. □

Corollaire 4.2.2 (du lemme 4.2.4).

(a) Soit $W_0^1\left(\Omega, |\cdot|_{N,1}\right) = \left\{u \in W_0^{1,1}(\Omega),\ |\nabla u| \in L^{N,1}(\Omega)\right\}$.
Alors, $W_0^1\left(\Omega, |\cdot|_{N,1}\right) \subset L^\infty(\Omega)$
et $\forall u \in W_0^1\left(\Omega, |\cdot|_{N,1}\right)$, $|u|_\infty \leqslant \dfrac{1}{N\alpha_N^{\frac{1}{N}}} |\nabla u|_{L^{N,1}(\Omega)}$.
(b) Soit $r > 0$ *et* $B(r)$ *une boule de rayon* r. *Notons*
$X\big(B(r)\big) = \left\{u \in L^1\big(B(r)\big) : |\nabla u| \in L^{N,1}\big(B(r)\big)\right\}$. *Alors,*

$$\operatorname*{osc}_{B(r)} u \leqslant \frac{\alpha_N^{1-\frac{1}{N}}}{\alpha_{N-1}} \int_0^{\alpha_N r^N} t^{\frac{1}{N}} |\nabla u|_* (t) \frac{dt}{t} = \frac{\alpha_N^{1-\frac{1}{N}}}{\alpha_{N-1}} |\nabla u|_{L^{N,1}(B(r))}.$$

<u>Preuve.</u>

(a) Si $u \in W_0^1\left(\Omega, |\cdot|_{N,1}\right)$ alors $v = |u| \in W_0^{1,1}(\Omega)$, $|u|_*(|\Omega|) = 0$. En utilisant ρ_N, on a $\rho_N(|\nabla v|_*) = |\nabla u|_{N,1}$, en utilisant le théorème 4.2.1, on a pour tout s $v_*(s) \leqslant \rho'_N(K_1)\rho_N(|\nabla v|_*) \leqslant \frac{1}{N\alpha_N^{\frac{1}{N}}} |\nabla u|_{N,1}$.
(b) Comme $X\big(B(r)\big)$ vérifie la propriété PSR avec

$$K\Big(s, B(r), X\big(B(r)\big)\Big) = \frac{1}{\alpha_{N-1}} \left(\frac{\alpha_N}{2}\right)^{1-\frac{1}{N}} K_2(s)\ ,$$

alors avec le théorème 4.2.1,

$$\operatorname*{osc}_{B(r)} u \leqslant \rho'_N(K)\rho_N(|\nabla u|_*) \leqslant \frac{\alpha_N^{1-\frac{1}{N}}}{\alpha_{N-1}} |\nabla u|_{L^{N,1}(B(r))}.$$

□

Corollaire 4.2.3.
Soit $W^1\left(\Omega, |\cdot|_{N,1}\right) = \left\{u \in L^1(\Omega) : |\nabla u| \in L^{N,1}(\Omega)\right\}$.
Alors $W^1\left(\Omega, |\cdot|_{N,1}\right) \subset C(\Omega)$ *et* $\forall x \in \Omega$, *et* $r > 0$ *t.q.* $B(x,r) \subset \Omega$,

$$\operatorname*{osc}_{B(x,r)} u \leqslant \frac{\alpha_N^{1-\frac{1}{N}}}{\alpha_{N-1}} |\nabla u|_{L^{N,1}(B(r))}.$$

4.3 Indice général d'inclusions pour les fonctions à trace nulle

Les inégalités ponctuelles vont nous permettre de donner des estimations de façon simple des constantes telles : $\inf_{u \in W} \dfrac{|\nabla u|_p}{|u|_q}$, $1 \leqslant q \leqslant p^*$. Juste en utilisant trois "petits" arguments :

(a) $\forall\, s, \sigma \in \Omega_*,\ u_*(\sigma) - u_*(s) = -\displaystyle\int_\sigma^s u_*'(t)dt$ si $u_* \in W^{1,1}_{loc}(\Omega_*)$.

(b) Equimesurabilité ou invariance par réarrangement.
(c) Les inégalités ponctuelles de Poincaré-Sobolev pour le réarrangement relatif additionnées de l'inégalité de Hölder entre une norme et sa norme associée.

Voici un théorème général qui illustre cela.

Notations. Pour un ensemble V vérifiant la propriété PSR, on note $K = K(\cdot, \Omega, V)$. Pour ρ une norme sur $L^0(\Omega_*)$, on définit l'espace de Sobolev:

$$W^1(\Omega, \rho) = \left\{u \in V : \rho(|\nabla u|_*) < +\infty\right\}.$$

On suppose $W^1(\Omega, \rho) \neq \{0\}$.
Pour $u \in L^0(\Omega)$, on définit deux fonctions : $(t, s) \in \Omega_*^2$

$a_1(t, s, u) = \operatorname{sign}(|u \geqslant 0| - t)\operatorname{sign}(t - s)$ où $\operatorname{sign}(\sigma) = \begin{cases} 1 & si\ \sigma > 0 \\ 0 & sinon \end{cases}$.

$a_2(t, s, u) = \operatorname{sign}(t - |u \geqslant 0|)\operatorname{sign}(s - t)$.
$a(t, s, u) = a_1(t, s, u) + a_2(t, s, u)$.

$N(t, s) = K(t)\left[\displaystyle\sup_{u \in W^1(\Omega,\rho)} a(t, s, u)\right]$.

On note pour $s \in \Omega_*$, $N(s)(t) = N(t, s)$, $t \in \Omega_*$.

Lemme 4.3.1 (fondamental). *Soit $u \in V$. Alors $\forall\, s \in \Omega_*$,*

$$|u_*(s)| \leqslant \int_{\Omega_*} K(t)a(t,s,u)\,|\nabla u|_{*u}(t)dt\ .$$

Preuve. Soit $s \in \Omega_*$, $u \in V$. Si $0 \leqslant s \leqslant |u > 0|$

alors $u_*(s) = -\int_s^{|u\geqslant 0|} u_*'(t)dt$ entraîne, du fait que $u \in V$, que

$$|u_*(s)| \leqslant \int_{\Omega_*} K(t)a_1(t,s,u)\,|\nabla u|_{*u}(t)dt\ .$$

Comme $a_2(t,s,u) = 0$, on déduit que

$$|u_*(s)| \leqslant \int_{\Omega_*} K(t)a(t,s,u)\,|\nabla u|_{*u}(t)dt.$$

Si $|u \geqslant 0| < s \leqslant |\Omega|$ alors

$$\begin{aligned}|u_*(s)| &= \int_{|u\geqslant 0|}^{s} |u_*'(t)|\,dt \leqslant \int_{\Omega_*} K(t)a_2(t,s,u)\,|\nabla u|_{*u}(t)dt\\ &= \int_{\Omega_*} K(t)a(t,s,u)\,|\nabla u|_{*u}(t)dt.\end{aligned}$$

Si $|u > 0| \leqslant s \leqslant |u \geqslant 0|$, $u_*(s) = 0$. L'inégalité reste vraie. □

Théorème 4.3.1 (général d'inclusion et d'estimation). *Soit ρ une norme de Fatou invariante par réarrangement non triviale sur $L^0(\Omega_*)$ et soit ρ_0 une application définie, homogène et monotone sur $L^0(\Omega_*)$.*
Pour $s \in \Omega_*$, on note $b(s) = \rho'(N(s))$ (ρ' associée de ρ). Alors

1. $\forall\, u \in W^1(\Omega,\rho)$, $\rho_0(u_*) \leqslant \rho_0(b)\rho(|\nabla u|_{*u}) \leqslant \rho_0(b)\rho(|\nabla u|_*)$,
2. $\rho_0(b) > 0$,
3. $\displaystyle \operatorname*{Inf}_{u\in W^1(\Omega,\rho)\ u\neq 0} \frac{\rho(|\nabla u|_*)}{\rho_0(u_*)} \leqslant \frac{1}{\rho_0(b)}$. *En particulier,*

$$W^1(\Omega,\rho) \subsetneq \Big\{v \in L^0(\Omega) : \rho_0(v_*) < +\infty\Big\} \text{ si } \rho_0(b) < +\infty.$$

Preuve. Soit $u \in W^1(\Omega,\rho)$. D'après le lemme fondamental 4.3.1, on déduit :

$$|u_*(s)| \leqslant \int_{\Omega_*} N(t,s)\,|\nabla u|_{*u}(t)dt \leqslant \rho'(N(s))\rho(|\nabla u|_{*u}). \tag{4.2}$$

Puisque ρ est une norme de Fatou invariante par réarrangement on déduit $\rho(|\nabla u|_{*u}) \leqslant \rho(|\nabla u|_*)$. Par suite pour toute application définie, homogène et monotone ρ_0 sur $L^0(\Omega_*)$, on a, pour tout $u \in W^1(\Omega,\rho)$,

$$\rho_0(u_*) \leqslant \rho(|\nabla u|_*)\rho_0(\rho'(N(s))) = \rho_0(b)\rho(|\nabla u|_*)\ .$$

Si $\rho_0(b) = 0$ alors $\forall u,\ u_* = 0$ (d'après le premier énoncé et ρ_0 est définie) donc $W^1(\Omega, \rho) = \{0\}$ (contradiction).
De la relation 1), puisque $\rho_0(b) > 0$ on déduit l'estimation, et si $\rho_0(b) < +\infty$ alors $\rho_0(u_*) < +\infty\ \forall u \in W^1(\Omega, \rho)$. □

Corollaire 4.3.1 (des fonctions positives).
Si $W^1(\Omega, \rho) \subset L^0_+(\Omega)$ *alors pour tout* (t, s)

$$N(t, s) = K(t)\,\mathrm{sign}\,(t - s).$$

Définition 4.3.1. $\rho_0(b)$ *est appelé indice d'inclusion associé à* $W^1(\Omega, \rho)$.

Corollaire 4.3.2. *On suppose que* $1 \in W^1(\Omega, \rho)$ *alors* $\rho_0(b) = +\infty$

Comme première application, on va retrouver les inclusions classiques en calculant $\rho_0(b)$.

4.4 Inclusions de Poincaré-Sobolev-Lorentz

4.4.1 Cas des fonctions à trace nulle

Considérons le cas où $V = \Big\{u \in W_0^{1,1}(\Omega),\ u \geqslant 0\Big\}$. Alors nous savons que $K(t) = \dfrac{t^{\frac{1}{N}-1}}{N\alpha_N^{\frac{1}{N}}}$. Choisissons $\rho(f) = \left(\displaystyle\int_{\Omega_*} |f|^p\right)^{\frac{1}{p}}$, $1 < p < +\infty$, alors $W^1(\Omega, \rho) = W_0^{1,p}(\Omega) \cap L^0_+(\Omega)$.

Dans ce cas $\rho'(f) = \left(\displaystyle\int_{\Omega_*} |f|^{p'}\right)^{\frac{1}{p'}}$, $N(t, s) = \dfrac{t^{\frac{1}{N}-1}}{N\alpha_N^{\frac{1}{N}}}\,\mathrm{sign}\,(t - s)$. Ainsi

$$\rho'(N(s)) = \left(\int_s^{|\Omega|} t^{-\frac{p'}{N'}}\right)^{\frac{1}{p'}} \frac{1}{N\alpha_N^{\frac{1}{N}}} = \begin{cases} \dfrac{1}{N\alpha_N^{\frac{1}{N}}}\left(+\mathrm{Log}\,\dfrac{|\Omega|}{s}\right)^{\frac{1}{N'}} & si\ p = N \\[2ex] \dfrac{1}{N\alpha_N^{\frac{1}{N}}} \cdot \left[\dfrac{|\Omega|^{1-\frac{p'}{N'}} - s^{1-\frac{p'}{N'}}}{N' - p'} N'\right]^{\frac{1}{p'}} & sinon \end{cases}$$

pour $s \in \Omega_*$.

Remarque. On peut considérer aussi le cas $p = 1$, $\rho'\big(N(s)\big) = \dfrac{s^{\frac{1}{N}-1}}{N\alpha_N^{\frac{1}{N}}}$.

Théorème 4.4.1.
Soit ρ_0 *une application définie, homogène et monotone sur* $L^0(\Omega_*)$ *t.q.* $\rho_0\left(+\left(\text{Log }\frac{|\Omega|}{s}\right)^{\frac{1}{N'}}\right) < +\infty$.
Alors $W_0^{1,N}(\Omega) \subset \left\{v \in L^0(\Omega),\ \rho_0(v_*) < +\infty\right\}$.
En particulier, $\forall\, r \in [1, +\infty[$, *on a* $W_0^{1,N}(\Omega) \subset L^{r,+\infty}(\Omega)$.
De plus, on a :

$$\lambda = \frac{N\alpha_N^{\frac{1}{N}}\,[\mathrm{e}N']^{\frac{1}{N'}}}{|\Omega|^{\frac{1}{r}}\, r^{\frac{1}{N'}}} \leqslant \operatorname*{Inf}_{u\in W_0^{1,N}(\Omega)\ u\neq 0} \frac{|\nabla u|_{L^N}}{|u|_{r,+\infty}} .$$

Preuve. Rappelons que si $u \in W_0^{1,N}(\Omega)$ alors $|u| \in W_{0+}^{1,N}(\Omega)$. Ainsi la première partie de ce théorème découle du théorème 4.3.1. Quant à la seconde partie, on considère l'application $\rho_0(f) = \sup\limits_{0\leqslant s\leqslant|\Omega|}\left(s^{\frac{1}{r}}\,|f|_*(s)\right)$, $f \in L^0(\Omega_*)$. Alors dans ce cas :

$$\rho_0(b) = \frac{1}{N\alpha_N^{\frac{1}{N}}}\sup_s\left(s^{\frac{1}{r}}\left(-\text{Log }\frac{s}{|\Omega|}\right)^{\frac{1}{N'}}\right) = \frac{|\Omega|^{\frac{1}{r}}}{N\alpha_N^{\frac{1}{N}}}\sup_{0\leqslant t\leqslant 1}\left[t^{\frac{1}{r}}\,(-\text{Log }t)^{\frac{1}{N'}}\right]$$

(en posant $t = \dfrac{s}{|\Omega|}$). Or, nous avons :

$$\sup_{0\leqslant t\leqslant 1}\left[t^{\frac{1}{r}}\,(-\text{Log }t)^{\frac{1}{N'}}\right] = \left[\sup_{0\leqslant t\leqslant 1}\left[t^{\frac{N'}{r}}\,(-\text{Log }t)\right]\right]^{\frac{1}{N'}} = \left[\frac{r}{\mathrm{e}N'}\right]^{\frac{1}{N'}} .$$

D'où $\rho(b) = \dfrac{|\Omega|^{\frac{1}{r}}}{N\alpha_N^{\frac{1}{N}}}\left[\dfrac{r}{\mathrm{e}N'}\right]^{\frac{1}{N'}}$, d'où la minoration à l'aide du théorème général 4.3.1. □

Remarque. On a vu que $\operatorname*{Inf}\limits_{u\in W_0^{1,N}(\Omega)\ u\neq 0}\dfrac{|\nabla u|_{L^N}}{|u|_{r,+\infty}} = \operatorname*{Inf}\limits_{u\geqslant 0\ u\in W_0^{1,N}(\Omega)\ u\neq 0}\dfrac{|\nabla u|_{L^N}}{|u|_{r,+\infty}}$ (car $|\nabla u| = |\nabla |u||$). En utilisant le réarrangement sphérique on déduit : $\operatorname*{Inf}\limits_{u\in W_0^{1,N}(\Omega)\ u\neq 0}\dfrac{|\nabla u|_N}{|u|_{r,+\infty}} \geqslant \operatorname*{Inf}\limits_{u\geqslant 0\ u\in W_0^{1,N}(\underset{\sim}{\Omega})\ u\neq 0}\dfrac{|\nabla u|_N}{|u|_{r,+\infty}} = a$. On peut encadrer cette dernière quantité.

Proposition 4.4.1. *Soit* $\underset{\sim}{\Omega} = B(R)$ *une boule de même mesure que* Ω *centrée à l'origine. Soit* $\delta > 0$ *(petit)* $\alpha > 1$, $m = \dfrac{1}{N'} - \dfrac{\delta}{N} > 0$ *et* $v(x) = \left(-\text{Log }\dfrac{\alpha_N\,|x|^N}{\alpha\,|\Omega|}\right)^m$ *pour* $x \in \underset{\sim}{\Omega}$. *Alors, pour* $\alpha < \mathrm{e}^{rm}$ *on a*

$$\frac{|\nabla v|_N}{|v|_{r,+\infty}} = \frac{(r\mathrm{e}^{-1})^{\frac{\delta}{N}}\,m^{-m+1}}{[\delta(\text{Log }\alpha)^{\delta}]^{\frac{1}{N}}\,(N')^{\frac{1}{N'}}}\lambda \geqslant a \geqslant \lambda.$$

Preuve. En effet un calcul direct donne :

$$|\nabla u|_{L^N} = \frac{mN\alpha_N^{\frac{1}{N}}}{[\delta(\text{Log}\ \alpha)^{\delta}]^{\frac{1}{N}}},\ |u|_{r,+\infty} = \alpha^{\frac{1}{r}} |\Omega|^{\frac{1}{r}} \sup_{0\leqslant t\leqslant \frac{1}{\alpha}} \left(t^{\frac{1}{r}} (-Ln\, t)^m\right)$$

et $\sup\limits_{0\leqslant t\leqslant \frac{1}{\alpha}} \left(t^{\frac{1}{r}} (-Ln\, t)^m\right) = \left(\frac{rm}{\mathrm{e}}\right)^m$. Comme $m = \frac{1}{N'} - \frac{\delta}{N}$ alors on déduit l'expression du rapport sachant que

$$\lambda = \frac{N\alpha_N^{\frac{1}{N}} [\mathrm{e}N']^{\frac{1}{N'}}}{|\Omega|^{\frac{1}{r}} r^{\frac{1}{N'}}},\quad a = \inf_{u\geqslant 0} \frac{|\nabla u|_N}{|u|_{r,+\infty}}.$$

□

Remarque. Noter que $L^r(\Omega) \subset L^{r,+\infty}(\Omega) \subset L^q(\Omega)\ \forall q < r$. On peut "améliorer" le résultat précédent en remplaçant $|\cdot|_{r,+\infty}$ par $\rho_0 = |\cdot|_r$. On a alors, en reprenant la démarche précédente que :

Théorème 4.4.2 (inclusion de Sobolev pour $p = N$).
$W_0^{1,N}(\Omega) \subset L^r(\Omega)$, $\forall r < +\infty$ on a :

$$|u|_{L^r(\Omega)} \leqslant \frac{|\Omega|^{\frac{1}{r}}}{N\alpha_N^{\frac{1}{N}}} \left(\int_0^1 (-\,\text{Log}\ t)^{\frac{r}{N'}}\, dt\right)^{\frac{1}{r}} \left| |\nabla u|_{*u} \right|_N$$

et

$$\int_0^1 (-\,\text{Log}\ t)^{\frac{r}{N'}}\, dt = \int_0^{+\infty} \sigma^{r(1-\frac{1}{N})} \mathrm{e}^{-\sigma} d\sigma = \Gamma\left(1 + \frac{r}{N'}\right) \widetilde{\scriptstyle r\to+\infty} r (N')^{\frac{1}{N'}} \mathrm{e}^{-\frac{1}{N'}}.$$

Corollaire 4.4.1 (inégalité de Trudinger).
On a $\forall \underline{\lambda} > \frac{1}{N\alpha_N^{\frac{1}{N}}}$

$$\int_\Omega \exp\left(\frac{|u(x)|}{\underline{\lambda} |\nabla u|_N}\right)^{\frac{N}{N-1}} \leqslant \frac{|\Omega|}{1 - \left(\frac{1}{\underline{\lambda} N\alpha_N^{\frac{1}{N}}}\right)^{\frac{N}{N-1}}}.$$

Idée de preuve. Pour k entier, on choisit $r = k\frac{N}{N-1}$ dans le théorème 4.4.2

$$\int_\Omega |u(x)|^{k\frac{N}{N-1}} dx \leqslant \frac{|\Omega|}{(N\alpha_N^{\frac{1}{N}})^{k\frac{N}{N-1}}} \left(\int_0^{+\infty} \sigma^k \mathrm{e}^{-\sigma} d\sigma\right) |\nabla u|_N^{k\frac{N}{N-1}}.$$

Sachant que $\exp(t) = \sum_{k=0}^{+\infty} \frac{t^k}{k!}$, à partir de l'inégalité précédente en multipliant par $\frac{1}{\underline{\lambda}^{k\frac{N}{N-1}}}$, on déduit après sommation l'inégalité. □

Remarque. L'optimisation de la condition sur $\underline{\lambda}$ (inégalité de Trudinger) a été prouvée par E. Lieb [74].

Théorème 4.4.3 (inclusion dans $C^{0,\alpha}$ (cas $p > N$)).
Soit $u \in W_0^{1,p}(\Omega)$, $p > N$. Alors $u \in C^{0,\alpha}(\overline{\Omega})$ avec $\alpha = 1 - \frac{N}{p}$.
De plus,

(i) $|u|_\infty \leqslant \frac{1}{N\alpha_N^{\frac{1}{N}}} \left[\frac{N(p-1)}{p-N}\right]^{1-\frac{1}{p}} |\Omega|^{\frac{1}{N}-\frac{1}{p}} \, ||\nabla u|_{*u}|_{L^p(\Omega_*)}$,

(ii) $\forall r > 0$, $\forall x \in \Omega$ *t.q.* $B(x,r) = B(r) \subset \Omega$, *on a :*

$$\underset{B(x,r)}{\operatorname{osc}} u \leqslant \frac{2^{\frac{1}{N}-\frac{1}{p}}}{\alpha_{N-1}} \left(\alpha_N \frac{N(p-1)}{p-N}\right)^{1-\frac{1}{p}} |\nabla u|_{L^p(B(x,r))} \cdot r^{1-\frac{N}{p}} .$$

Preuve.

(i) On choisit $\rho_0(f) = |f|_\infty$.
Comme $b(s) = \frac{1}{N\alpha_N^{\frac{1}{N}}} \left[\frac{N(p-1)}{p-N}\right]^{1-\frac{1}{p}} \left[|\Omega|^{1-\frac{p'}{N'}} - s^{1-\frac{p'}{N'}}\right]$,
pour $p > N$, $s \in \Omega_*$, on déduit que

$$\rho_0(b) = \frac{1}{N\alpha_N^{\frac{1}{N}}} \left[\frac{N(p-1)}{p-N}\right]^{1-\frac{1}{p}} |\Omega|^{\frac{1}{N}-\frac{1}{p}} ,$$

on conclut avec le théorème général d'estimation 4.3.1 sachant que $|u| \in W_0^{1,p}(\Omega)$ si $u \in W_0^{1,p}(\Omega)$.

(ii) Soit $\overline{u}$ la restriction de u à $B(x,r)$. Alors $\overline{u} \in W^{1,1}(B(r))$. Par l'inégalité de Poincaré-Sobolev ponctuelle (voir corollaire 4.1.1 du théorème 4.1.1), on déduit

$$\underset{B(x,r)}{\operatorname{osc}} u = \overline{u}_*(\alpha_N r^N) - \overline{u}_*(0) \leqslant$$

$$\leqslant \frac{1}{\alpha_{N-1}} \left(\frac{\alpha_N}{2}\right)^{1-\frac{1}{N}} \int_0^{\alpha_N r^N} \operatorname{Max}\left(t^{\frac{1}{N}-1}, (\alpha_N r^N - t)^{\frac{1}{N}-1}\right) |\nabla \overline{u}|_{*\overline{u}}(t) dt$$

En appliquant l'inégalité de Hölder à cette dernière intégrale et sachant

$$||\nabla \overline{u}|_{*\overline{u}}|_{L^p(0,\alpha_N r^N)} \leqslant |\nabla \overline{u}|_{L^p(B(r))} = |\nabla u|_{L^p(B(r))} ,$$

on déduit

$$\operatorname*{osc}_{B(x,r)} u \leqslant \frac{1}{\alpha_{N-1}} \left(\frac{\alpha_N}{2}\right)^{1-\frac{1}{N}} \cdot \left(2\int_0^{\alpha_N r^N} t^{(\frac{1}{N}-1)p'}\right)^{\frac{1}{p'}} |\nabla u|_{L^p(B(r))}$$

$$= \frac{2^{\frac{1}{N}-\frac{1}{p}}}{\alpha_{N-1}} \left(\alpha_N \frac{N(p-1)}{p-N}\right)^{1-\frac{1}{p}} |\nabla u|_{L^p(B(r))}$$

□

Notons que le prolongement par zéro de u dans $\mathbb{R}^N$ est dans $W^{1,p}(\mathbb{R}^N) \subset C^{0,\alpha}(\overline{\Omega})$.

Théorème 4.4.4 (inclusion pour $p < N$).
Si $1 \leqslant p < N$, *on a :* $W_0^{1,p}(\Omega) \hookrightarrow L^{p^*}(\Omega)$ *avec* $\dfrac{1}{p^*} = \dfrac{1}{p} - \dfrac{1}{N}$. *de plus, on a :*

(i) $|u|_{L^{p^*}(\Omega)} \leqslant \dfrac{1}{N\alpha_N^{\frac{1}{N}}} B^{\frac{1}{p^*}} \left| |\nabla u|_{*u} \right|_{L^p(\Omega_*)}$ *si* $1 < p < N$ *avec*

$$B = \frac{p^*}{p^*(p-1)} \left\{ \frac{\Gamma\left(\frac{pp^*}{p^*-p}\right)}{\Gamma\left(\frac{p^*}{p^*-p}\right)\Gamma\left(\frac{p(p^*-1)}{p^*-p}\right)} \right\}^{-1+\frac{p}{p^*}} \left[p^*\left(1-\frac{1}{p}\right)\right]^{p^*-\frac{p^*}{N}}$$

où $\Gamma(x+1) = \displaystyle\int_0^{+\infty} t^x e^{-t} dt$.

(ii) $|u|_{L^{\frac{N}{N-1}}} \leqslant \dfrac{1}{N\alpha_N^{\frac{1}{N}}} |\nabla u|_{L^1(\Omega)}$ *si* $p = 1$.

Preuve. Soit $u \in W_0^{1,p}(\Omega)$, quitte à remplacer par $|u|$, on peut supposer que $u \geqslant 0$. On a : $u_*(s) = \displaystyle\int_s^{|\Omega|} |u_*'(t)|\, dt$.

Alors

$$\int_\Omega u(x)^{p^*} dx = \int_{\Omega_*} u_*(s)^{p^*} ds = \int_0^{|\Omega|} ds \left[\int_s^{|\Omega|} |u_*'(t)|\, dt\right]^{p^*}.$$

On applique l'inégalité de Bliss (voir ci-après), on déduit

$$|u|_{p^*}^{p^*} \leqslant \int_0^{|\Omega|} ds \left[\int_s^{|\Omega|} |u_*'(t)|\, dt\right]^{p^*} \leqslant B \left[\int_0^{|\Omega|} \left|u_*'(t) t^{\frac{N-1}{N}}\right|^p dt\right]^{\frac{p^*}{p}}.$$

Par l'inégalité PSR, on sait que dans ce cas,

$$\left|u_*'(t)t^{\frac{N-1}{N}}\right| \leqslant \frac{1}{N\alpha_N^{\frac{1}{N}}} \left|\nabla u\right|_{*u}(t) .$$

D'où en combinant les deux inégalités :

$$|u|_{p^*} \leqslant \frac{B^{\frac{1}{p^*}}}{N\alpha_N^{\frac{1}{N}}} \left|\left|\nabla u\right|_{*u}\right|_{L^p(\Omega_*)} \leqslant \frac{B^{\frac{1}{p^*}}}{N\alpha_N^{\frac{1}{N}}} \left|\nabla u\right|_{L^p(\Omega)} .$$

Quant à (ii), puisque $\overline{\mathcal{D}(\Omega)_+} = W_{0+}^{1,1}(\Omega)$ (fonctions positives), on peut supposer que $u \in \mathcal{D}(\Omega)$, $u \geqslant 0$. Par ailleurs si on considère le réarrangement sphérique $\underset{\sim}{u} \in W^{1,\infty}(\underset{\sim}{\Omega})$, $\underset{\sim}{u} \geqslant 0$, alors nous avons:

$$\int\limits_{\underset{\sim}{\Omega}} \left|\nabla \underset{\sim}{u}(x)\right| dx = N\alpha_N^{\frac{1}{N}} \int\limits_{\underset{\sim}{\Omega}} s^{1-\frac{1}{N}} \left|u_*'(s)\right| ds$$

$$\leqslant \int\limits_{\Omega_*} \left|\nabla u\right|_{*u}(\sigma) d\sigma = \int_{\Omega} \left|\nabla u\right| dx.$$

Par équimesurabilité, il suffit de montrer 0que :

$$\left(\int_{\Omega} \left(\underset{\sim}{u}(x)\right)^{\frac{N}{N-1}} dx\right)^{1-\frac{1}{N}} \leqslant \frac{1}{N\alpha_N^{\frac{1}{N}}} \left|\nabla \underset{\sim}{u}\right|_{L^1} .$$

Soit $t > 0$, T_t la troncature au niveau t i.e. $T_t(\sigma) = \min(\sigma, t)$ si $\sigma \geqslant 0$. En suivant l'idée de W. Ziemer [129] posons, $f(t) = \left(\int_{\Omega} T_t(\underset{\sim}{u})^{\frac{N}{N-1}} dx\right)^{1-\frac{1}{N}}$. Alors f est absolument continue car

$$|f(t) - f(t')| \leqslant \left(\int_{\Omega} \left|T_t(\underset{\sim}{u}) - T_{t'}(\underset{\sim}{u})\right|^{\frac{N}{N-1}} dx\right)^{1-\frac{1}{N}} \leqslant |t - t'| \left|\underset{\sim}{u} > \min(t, t')\right|^{1-\frac{1}{N}},$$

d'où si $t' = t + h$,

$$|f(t) - f(t')| \leqslant h|\underset{\sim}{u} > t|^{1-\frac{1}{N}} \textit{ pour } h > 0.$$

Ce qui entraîne que $|f'(t)| \leqslant |\underset{\sim}{u} > t|^{1-\frac{1}{N}}$ p.p. t,

$$|\underset{\sim}{u}|_{L^{\frac{N}{N-1}}} \leqslant \left|\int\limits_0^{+\infty} f'(t) dt\right| \leqslant \int\limits_0^{+\infty} |\underset{\sim}{u} > t|^{1-\frac{1}{N}} dt .$$

Puisque $P_{\underset{\sim}{\Omega}}(\underset{\sim}{u} > t) = N\alpha_N^{\frac{1}{N}} |\underset{\sim}{u} > t|^{1-\frac{1}{N}}$ pour presque tout t, on déduit à l'aide de la formule de Fleming-Rishel

$$|u|_{L^{\frac{N}{N-1}}} \leqslant \frac{1}{N\alpha_N^{\frac{1}{N}}} \int_0^{+\infty} P_{\underset{\sim}{\Omega}}(\underset{\sim}{u} > t)dt \leqslant \frac{1}{N\alpha_N^{\frac{1}{N}}} \int_{\underset{\sim}{\Omega}} |\nabla \underset{\sim}{u}| dx .$$

D'où l'inégalité. □

Remarque. En utilisant $\rho_0(b) = |b|_q$ alors, on peut montrer dans ce cas ($1 < p < N$) que $\rho_0(b) < +\infty \ \forall q < p^*$. On ne peut malheureusement pas traiter le cas limite $q = p^*$. D'où l'usage du lemme de Bliss.

Lemme 4.4.1 (de Bliss). *Soit $\varphi \geqslant 0$ et $q > p > 1$. Alors*

$$\int_0^{+\infty} \left(\int_t^{+\infty} \varphi(s)ds \right)^q dt \leqslant B \left[\int_0^{+\infty} \varphi(t)^p t^{-1+p+\frac{p}{q}} \right]^{\frac{q}{p}}$$

où

$$B = \frac{q}{q(p-1)} \left\{ \frac{\Gamma\left(\frac{pq}{q-p}\right)}{\Gamma\left(\frac{q}{q-p}\right) \Gamma\left(\frac{p(q-1)}{q-p}\right)} \right\}^{\frac{q}{p}-1} \times \left[q\left(1 - \frac{1}{p}\right) \right]^{q-\frac{q}{p}+1} .$$

N.B. Pour obtenir la régularité au bord on utilisera implicitement un opérateur de prolongement $P : W^{1,p}(\Omega) \to W^{1,p}(\mathbb{R}^N)$ pour Ω ouvert lipschitzien (voir Madja V. [79]).

4.4.2 Cas des fonctions nulles sur une partie du bord

Pour cette classe de fonctions, on utilise plutôt la notion de α-réarrangement vue au paragraphe 3.5. On suppose alors que Ω est un ouvert connexe lipschitzien, $\Gamma_0 \subset \partial\Omega$, $H_{N-1}(\Gamma_0) > 0$, $\Gamma_1 = \partial\Omega \backslash \Gamma_0$.

Remarque. Puisqu'on peut écrire $Q(\Gamma_1, \Omega) = \dfrac{1}{N\sigma_N^{\frac{1}{N}}}$, on constate que le cas des fonctions à trace partiellement nulle est le même que le cas des fonctions à trace nulle. Il suffit de remplacer α_N mesure de la boule unité par la mesure σ_N d'un secteur unitaire $\Sigma(\alpha, 1)$. On déduit alors facilement :

Théorème 4.4.5 (inclusion de $W^{1,p}_{\Gamma_0}(\Omega)$).
Notons pour $1 \leqslant p \leqslant +\infty$, $W^{1,p}_{\Gamma_0}(\Omega) = W^{1,p}(\Omega) \cap W^{1,1}_{\Gamma_0}(\Omega)$.

1. *Si* $p > N$ *alors,* $W^{1,p}_{\Gamma_0}(\Omega) \subset C^{0,\alpha}(\overline{\Omega})$, $\alpha = 1 - \dfrac{N}{p}$ *et* $\forall\, u \in W^{1,p}_{\Gamma_0}(\Omega)$
$$|u|_\infty \leqslant \frac{1}{N\sigma_N^{\frac{1}{N}}}\left[\frac{N(p-1)}{p-N}\right]^{1-\frac{1}{p}} |\Omega|^{\frac{1}{N}-\frac{1}{p}}\, \big|\, |\nabla u|\, \big|_{*u}\big|_{L^p(\Omega_*)}\ .$$
L'oscillation de u dans $B(x,r)$ *est la même que dans le théorème 4.4.3.*
2. *Si* $p = N$, $W^{1,N}_{\Gamma_0}(\Omega) \subset L^r(\Omega)$ $\forall\, r \in [1, +\infty[$ *et*
$$|u|_r \leqslant \frac{|\Omega|^{\frac{1}{r}}}{N\sigma_N^{\frac{1}{N}}}\left(\int_0^{+\infty} \sigma^{r(1-\frac{1}{N})} \mathrm{e}^{-\sigma} d\sigma\right)^{\frac{1}{r}} \big|\, |\nabla u|\, \big|_{*u}\big|_N\ .$$
3. *Si* $1 \leqslant p < N$, $W^{1,p}_{\Gamma_0}(\Omega) \subset L^{p^*}(\Omega)$, $\dfrac{1}{p^*} = \dfrac{1}{p} - \dfrac{1}{N}$ *on a :*
   (i) $|u|_{p^*} \leqslant \dfrac{B^{\frac{1}{p^*}}}{N\sigma_N^{\frac{1}{N}}} \big|\, |\nabla u|\, \big|_{*u}\big|_p$ *si* $1 < p < N$ *avec B la même constante que le théorème 4.4.4, (constante de Bliss).*
   (ii) $|u|_{\frac{N}{N-1}} \leqslant \dfrac{1}{N\sigma_N^{\frac{1}{N}}} |\nabla u|_1$ *si* $p = 1$.

4.4.3 Indice général d'inclusion des fonctions à trace quelconque dans $W^{1-\frac{1}{p},p}(\partial\Omega)$

Les inclusions de Sobolev pour les espaces $W^{1,p}(\Omega)$ sont analogues à celles présentées ci-dessus lorsque Ω est un ouvert borné de bord lipschitzien. Les estimations dans ce cas sont différentes i.e. les constantes sont différentes et on utilise non plus le gradient mais la norme de $W^{1,p}(\Omega)$.
Voici un théorème d'estimations générales dans ce cas:

Théorème 4.4.6.
Pour $s \in \Omega_*$, *on note* $I(s) = \left[\min\left(s, \frac{|\Omega|}{2}\right),\ \max\left(s, \frac{|\Omega|}{2}\right)\right]$. *Soit V un sous-ensemble de* $W^{1,1}(\Omega)$ *vérifiant la propriété PSR, associé à la fonction* $K = K(\cdot, \Omega, V)$. *Soit* ρ *une norme non triviale sur* $L^0(\Omega_*)$. *Notons,* $b(s) = \rho'(\chi_{I(s)}K)$ *et*
$$V^1(\Omega, \rho) = \Big\{v \in V \ t.q.\ \rho\big(\,|\nabla v|_{*v}\big) < +\infty\Big\}.$$

Alors pour toute application définie, homogène et monotone ρ_0 *sur* $L^0(\Omega_*)$, *vérifiant* $\rho_0(1) < +\infty$, *si* $\rho_0(b) < +\infty$ *on a*

$$V^1(\Omega,\rho) \subset L(\Omega,\rho_0) = \Big\{v \in L^0(\Omega) : \rho_0(v_*) < +\infty\Big\}.$$

De plus, on a : $\forall\, u \in V^1(\Omega,\rho)$

$$\rho_0\Big(u_* - u_*\left(\frac{|\Omega|}{2}\right)\Big) \leqslant \rho_0(b)\rho(|\nabla u|_{*u}).$$

Définition 4.4.1. $\rho_0(b)$ *s'appelle indice d'inclusion associé à* $V^1(\Omega,\rho)$.

Remarques.

1. Si ρ_0 vérifie $\rho_0(f + \ \textit{constante}) \leqslant \rho_0(f) + \textit{constante}\ \rho_0(1)$, la dernière inégalité implique :

$$\rho_0(u_*) \leqslant \rho_0(b)\rho(|\nabla u|_{*u}) + \left|u_*\left(\frac{|\Omega|}{2}\right)\right| \rho_0(1) < +\infty.$$

   En effet $|u_*| \leqslant \left|u_* - u_*\left(\frac{|\Omega|}{2}\right)\right| + \left|u_*\left(\frac{|\Omega|}{2}\right)\right|$, ce qui implique que $\rho_0(u_*) \leqslant \rho_0\left(u_* - u_*\left(\frac{|\Omega|}{2}\right)\right) + \left|u_*\left(\frac{|\Omega|}{2}\right)\right| \rho_0(1)$.
2. Si ρ est une norme de Fatou invariante par réarrangement alors sous les conditions du théorème on a :

$$W^1(\Omega,\rho) \subset V^1(\Omega,\rho) \ \textit{car}\ \forall\, u \in W^1(\Omega,\rho),\ \rho(|\nabla u|_{*u}) \leqslant \rho(|\nabla u|_*) < +\infty\ .$$

Preuve du théorème 4.4.6. Soit $u \in V^1(\Omega,\rho)$ alors $\forall\, s \in \Omega_*$,

$$\left|u_*(s) - u_*\left(\frac{|\Omega|}{2}\right)\right| \leqslant \int_{\Omega_*} \chi_{I(s)}(\sigma)K(\sigma)\,|\nabla u|_{*u}(\sigma)d\sigma.$$

D'où l'on a :

$$\left|u_*(s) - u_*\left(\frac{|\Omega|}{2}\right)\right| \leqslant \rho'(\chi_{I(s)}K) \cdot \rho(|\nabla u|_{*u}).$$

Si ρ_0 est homogène et monotone, on déduit :

$$\rho_0\left(u_* - u_*\left(\frac{|\Omega|}{2}\right)\right) \leqslant \rho_0(b)\rho(|\nabla u|_{*u})$$

où $b(s) = \rho'(\chi_{I(s)}K)$, ρ' est la norme associée à ρ. □

Corollaire 4.4.2 (du théorème 4.4.6).
Sous les conditions du théorème précédent, si ρ est une norme de Fatou invariante par réarrangement et $\rho_0(f+\lambda) \leqslant \rho_0(f) + \lambda\rho_0(1)$, $\forall\, \lambda \in I\!R_+$, $f \in L^0(\Omega_*)$ alors

$$\rho_0(u_*) \leqslant \rho_0(b)\rho(|\nabla u|_*) + \frac{2}{|\Omega|}\rho_0(1)\,|u|_1\,,$$

$\forall\, u \in W^1(\Omega,\rho) = \Big\{v \in V : \rho(|\nabla u|_*) < +\infty\Big\}.$

Preuve du corollaire. Puisque ρ est une norme de Fatou invariante par réarrangement on déduit que (voir remarques ci-dessus) :

$$\rho_0(u_*) \leqslant \rho_0(b)\rho(|\nabla u|_*) + \left|u_*\left(\frac{|\Omega|}{2}\right)\right|\rho_0(1). \tag{4.3}$$

Mais puisque u_* est décroissante on a :

$$\frac{2}{|\Omega|}\int_{\frac{|\Omega|}{2}}^{|\Omega|} u_*(\sigma)d\sigma \leqslant u_*\left(\frac{|\Omega|}{2}\right) \leqslant \frac{2}{|\Omega|}\int_0^{\frac{|\Omega|}{2}} u_*(\sigma)d\sigma\,.$$

D'où

$$\left|u_*\left(\frac{|\Omega|}{2}\right)\right| \leqslant \frac{2}{|\Omega|}\,|u|_{L^1}\,. \tag{4.4}$$

On combine les deux relations (4.3) et (4.4), on déduit l'inégalité. □

Il arrive souvent dans les applications que l'on utilise des fonctions à moyenne donnée. Pour cette raison nous allons donner un théorème analogue au théorème 4.4.6 où $u_*\left(\dfrac{|\Omega|}{2}\right)$ est remplacée par la moyenne $\dfrac{1}{|\Omega|}\displaystyle\int_\Omega u(x)dx$.

Théorème 4.4.7. *Sous les mêmes conditions que le théorème 4.4.6, considérons $u \in V^1(\Omega,\rho)$ et notons $s_u \in \overline{\Omega}_*$ t.q. $u_*(s_u) = \dfrac{1}{|\Omega|}\displaystyle\int_\Omega u dx$,*

$$I(u,s) = [\min(s,s_u),\ \max(s,s_u)]\,,\ b_u(s) = \rho'\big(\chi_{I(u,s)}K\big).$$

Pour toute application homogène et monotone ρ_0 sur $L^0(\Omega_*)$ t.q. $\rho_0(b_u) < +\infty$ et $\rho_0(1) < +\infty$, on a

$$\rho_0\left(u_* - \frac{1}{|\Omega|}\int_\Omega u(x)dx\right) \leqslant \rho_0(b_u)\rho\big(\,|\nabla u|_{*u}\big).$$

Preuve. Elle est identique à celle du théorème 4.4.6 en remplaçant $I(s)$ par $I(u,s)$ et b par b_u. Notons que si $s_u = 0$ ou $s_u = |\Omega|$ alors u est constante.

Ainsi le cas le plus intéressant est $0 < s_u < |\Omega|$, ainsi il suffit de remplacer dans les applications du théorème 4.4.6, $\dfrac{|\Omega|}{2}$ par s_u pour obtenir un résultat analogue. □

4.5 Calcul d'indices d'inclusions

Pour changer, nous allons considérer dans cette partie $\rho(f) = |f|_{(p,q)}$ la norme dans l'espace de Lorentz $L^{p,q}(\Omega)$. On va supposer que Ω est un ouvert borné connexe lipschitzien dont la constante relative isopérimétrique est notée $Q > 0$. On a alors :

Lemme 4.5.1. *Soit* $1 < p < +\infty$, $1 \leqslant q \leqslant +\infty$. *Alors, la norme associée à* ρ *est équivalente à* $|\cdot|_{(p',q')}$, $\dfrac{1}{p} + \dfrac{1}{p'} = 1$, $\dfrac{1}{q} + \dfrac{1}{q'} = 1$. *De plus, on a*

$$\rho'(g) \leqslant |g|_{(p',q')}, \qquad \forall g \in L^0(\Omega).$$

Preuve. On se contentera de montrer la dernière inégalité qui est suffisante dans notre contexte :

$$\int_{\Omega_*} |fg|\,dx \leqslant \int_{\Omega_*} |f|_*(t)\,|g|_*(t)dt \leqslant \int_{\Omega_*} |f|_{**}(t)\,|g|_{**}(t)dt$$

$$= \int_{\Omega_*} \left[t^{\frac{1}{p}}\,|f|_{**}(t)\right]\left[t^{\frac{1}{p'}}\,|g|_{**}(t)\right]\frac{dt}{t} \leqslant |f|_{(p,q)}\,|g|_{(p',q')}$$

(par l'inégalité de Hölder).

En prenant le supremum sur toutes les fonctions $f \in L^0(\Omega_*) : |f|_{(p,q)} \leqslant 1$, on a l'inégalité $\rho'(g) \leqslant |g|_{(p',q')}$ $\forall g \in L^0(\Omega_*)$. □

Rappelons que sous les conditions précédentes, l'ensemble $V = W^{1,1}(\Omega)$ vérifie l'inégalité ponctuelle de Poincaré-Sobolev avec

$$K(\sigma) = Q \max\left(\sigma^{\frac{1}{N}-1}, (|\Omega| - \sigma)^{\frac{1}{N}-1}\right).$$

Lemme 4.5.2 (calcul de $(\chi_{I(s)}K)_*$). *Soit* $s \in \Omega_*$, *alors pour tout* $\sigma \in \overline{\Omega}_*$,

$$(\chi_{I(s)}K)_*(\sigma) = Q \begin{cases} (s+\sigma)^{\frac{1}{N}-1}\chi_{[0,\frac{|\Omega|}{2}-s]}(\sigma) & si\ 0 < s \leqslant \dfrac{|\Omega|}{2}, \\ (|\Omega| - s + \sigma)^{\frac{1}{N}-1}\,\chi_{[0,s-\frac{|\Omega|}{2}]} & si\ \dfrac{|\Omega|}{2} < s < |\Omega|. \end{cases}$$

Preuve.

Si $0 < s \leqslant \dfrac{|\Omega|}{2}$ alors $\chi_{I(s)}K = \dfrac{v}{Q}$ a pour allure

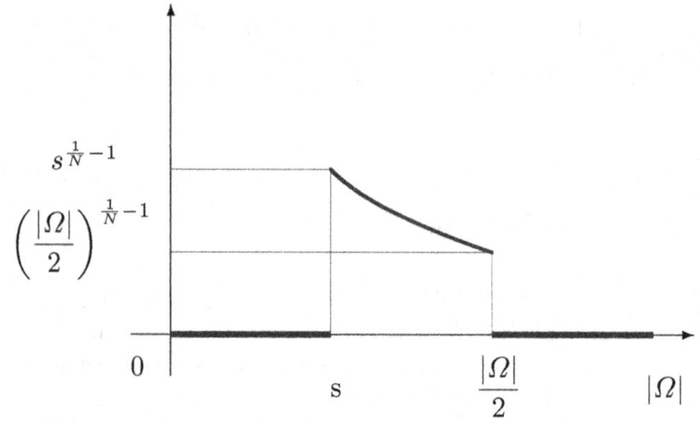

$$\text{i.e. } v(s) = \begin{cases} Q\sigma^{\frac{1}{N}-1} & si\ s \leqslant \sigma \leqslant \dfrac{|\Omega|}{2} \\ 0 & ailleurs. \end{cases}$$

Pour obtenir le réarrangement décroissant de v il suffit de translater d'une longueur s vers la gauche.

$$\text{D'où } (\chi_{[s,\frac{|\Omega|}{2}]}K)_*(\sigma) = Q\begin{cases} (\sigma+s)^{\frac{1}{N}-1} & si\ 0 \leqslant \sigma < \dfrac{|\Omega|}{2} - s \\ 0 & sinon. \end{cases}$$

Si $\frac{|\Omega|}{2} < s < |\Omega|$ alors $v = \chi_{[\frac{|\Omega|}{2},s]}K$ a pour allure :

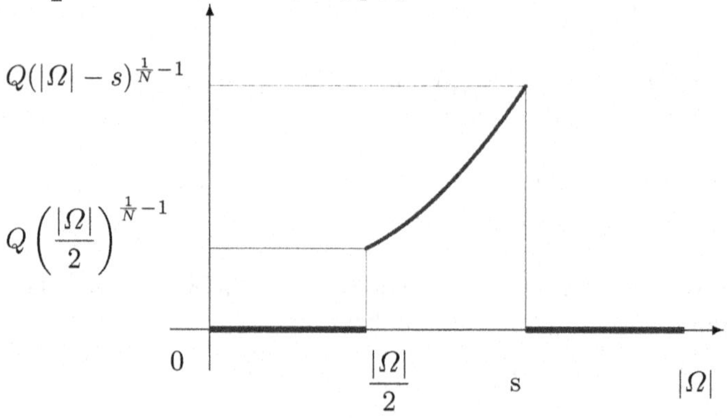

$$\text{i.e. } v(\sigma) = \begin{cases} Q(|\Omega|-\sigma)^{\frac{1}{N}-1} & si\ \dfrac{|\Omega|}{2} < \sigma \leqslant s \\ 0 & sinon. \end{cases}$$

$\forall t \in I\!R_+$, on a

$$|v > t| = \begin{cases} 0 & si\ t \geqslant Q\left(|\Omega| - s\right)^{\frac{1}{N}-1} \\ s - \dfrac{|\Omega|}{2} & si\ t \leqslant Q\left(\dfrac{|\Omega|}{2}\right)^{\frac{1}{N}-1} \\ s - |\Omega| + \left(\dfrac{t}{Q}\right)^{-\frac{N}{N-1}} & sinon. \end{cases}$$

D'où

$$v_*(\sigma) = \begin{cases} 0 & si\ \sigma \geqslant s - \dfrac{|\Omega|}{2} \\ Q(|\Omega| - s + \sigma)^{\frac{1}{N}-1} & si\ 0 \leqslant \sigma < s - \dfrac{|\Omega|}{2}. \end{cases}$$

Commençons par le cas où $p \geqslant N,\ q = 1$.

Lemme 4.5.3 (expression de $b(s)$). *Soit $p \geqslant N,\ q = 1$ et posons, pour $s \in \Omega_*$, $b_1(s) = \left|\chi_{I(s)}K\right|_{p',+\infty}$. Alors,*

$$b_1(s) = Q\left|s - \frac{|\Omega|}{2}\right|^{\frac{1}{p'}} \left(\frac{2}{|\Omega|}\right)^{\frac{1}{N'}}, \quad \frac{1}{p} + \frac{1}{p'} = 1,\ N' = \frac{N}{N-1},$$

et

$$b_1(s) \leqslant b(s) = \left|\chi_{I(s)}K\right|_{(p',+\infty)} \leqslant pb_1(s) \qquad \forall\, s \in \overline{\Omega}_*\,.$$

Preuve.
Puisque l'on a $|v|_{p',+\infty} \leqslant |v|_{(p',+\infty)} \leqslant p\,|v|_{p',+\infty}$, calculons $\left|\chi_{I(s)}K\right|_{p',+\infty}$. Due à la symétrie des expressions du réarrangement dans le lemme (4.5.2) précédent, il suffit de faire le cas où $0 < s \leqslant \dfrac{|\Omega|}{2}$,

$$b_1(s) = \left|\chi_{I(s)}K\right|_{p',+\infty} = \sup_t \left[t^{\frac{1}{p'}}\left(\chi_{I(s)}K\right)_*(t)\right].$$

Soit en reprenant l'expression du lemme précédent

$$b_1(s) = Q \sup_{0 \leqslant t \leqslant \frac{|\Omega|}{2} - s} t^{\frac{1}{p'}}(s+t)^{-\frac{1}{N'}} = Q\left[\sup_{0 \leqslant t \leqslant \frac{|\Omega|}{2} - s} \frac{t^{\frac{N'}{p'}}}{s+t}\right]^{\frac{1}{N'}}.$$

Pour $p \geqslant N$, la fonction $t \to \dfrac{t^{\frac{N'}{p'}}}{s+t}$ est croissante. D'où

$$b_1(s) = Q\left(\frac{2}{|\Omega|}\right)^{\frac{1}{N'}} \cdot \left(\frac{|\Omega|}{2} - s\right)^{\frac{1}{p'}}, \quad 0 < s \leqslant \frac{|\Omega|}{2}.$$

Par symétrie, on a pour $\dfrac{|\Omega|}{2} < s < |\Omega|$,

$$b_1(s) = Q\left(\frac{2}{|\Omega|}\right)^{\frac{1}{N'}} \cdot \left(s - \frac{|\Omega|}{2}\right)^{\frac{1}{p'}}.$$

□

Théorème 4.5.1 (inclusions des espaces de Lorentz-Sobolev : $\mathbf{p} \geqslant \mathbf{N}$).
Soit $p \geqslant N,\ q = 1$.
Définissons, $W^1(\Omega,\ |\cdot|_{p,1}) = \left\{v \in L^1(\Omega) : |\nabla v| \in L^{p,1}(\Omega)\right\}$. *Alors,*

1. $W^1(\Omega,\ |\cdot|_{p,1}) \subset L^\infty(\Omega) \cap C^\alpha(\Omega),\ \alpha = 1 - \dfrac{N}{p}$.
2. $\forall v \in W^1(\Omega,\ |\cdot|_{p,1})$, *on a*

$$|v|_\infty \leqslant pQ\left(\frac{|\Omega|}{2}\right)^{\frac{1}{N}-\frac{1}{p}} |\nabla v|_{(p,1)} + \frac{2}{|\Omega|}|v|_1$$

et $\underset{B(x,r)}{\operatorname{osc}} v \leqslant \dfrac{\alpha_N^{1-\frac{1}{p}}}{\alpha_{N-1}} |\nabla v|_{L^{p,1}(B(r))} r^{1-\frac{N}{p}}$ *où* $B(x,r) = B(r) \subset \Omega$.

Preuve. Notons d'abord que :
$L^{p,1} \subset L^{N,1}$ et $|f|_{(N,1)} \leqslant |\Omega|^{\frac{1}{N}-\frac{1}{p}} |f|_{(p,1)}$, $\forall f \in L^{p,1}$ $p \geqslant N$. En effet,

$$|f|_{(N,1)} = \int_{\Omega_*} t^{\frac{1}{N}-\frac{1}{p}} t^{\frac{1}{p}} |f|_{**}(t)\frac{dt}{t} \leqslant |\Omega|^{\frac{1}{N}-\frac{1}{p}} |f|_{(p,1)}.$$

Ainsi $W^1(\Omega,\ |\cdot|_{p,1}) \hookrightarrow W^1(\Omega,\ |\cdot|_{N,1})$ avec une injection continue. On a vu que : $\forall v \in W^1(\Omega,\ |\cdot|_{N,1})$,

$$\underset{B(r)}{\operatorname{osc}} v \leqslant \frac{\alpha_N^{1-\frac{1}{N}}}{\alpha_{N-1}} |\nabla v|_{L^{N,1}(B(r))} \leqslant \frac{\alpha_N^{1-\frac{1}{p}} r^{1-\frac{N}{p}}}{\alpha_{N-1}} |\nabla v|_{L^{p,1}(B(r))}$$

(en utilisant l'inégalité précédente).

Pour justifier l'estimation L^∞, on considère, $\rho_0(v) = |v|_\infty$. Alors, en appliquant le corollaire 4.4.2 du théorème 4.4.6, on déduit :
$\forall v \in W^1(\Omega,\ |\cdot|_{p,1})$,

$$|v|_\infty \leqslant |b|_\infty |\nabla v|_{(p,1)} + \frac{2}{|\Omega|}|v|_1 \leqslant pQ\left(\frac{|\Omega|}{2}\right)^{\frac{1}{N}-\frac{1}{p}} |\nabla v|_{(p,1)} + \frac{2}{|\Omega|}|v|_1\ .$$

□

Remarque. Si $p > N$, pour tout $N < q < p$ on a : $L^p \subsetneqq L^{q,1} \subsetneqq L^{N,1}$. En effet, $f \in L^p_+(\Omega)$ on a :

$$\int_{\Omega_*} t^{\frac{1}{q}} f_*(t)\frac{dt}{t} \leqslant \left(\int_{\Omega_*} t^{-\frac{p'}{q'}}\right)^{\frac{1}{p'}} |f_*|_p = c|\Omega|^{\frac{1}{p'}-\frac{1}{q'}} |f|_p < +\infty$$

(car $q' > p'$ pour $p > q$).

En conséquence, on a :

$$W^{1,p}(\Omega) \subset W^1(\Omega,\ |\cdot|_{q,1}) \subset W^1(\Omega,\ |\cdot|_{N,1}).$$

Corollaire 4.5.1 (du théorème d'inclusion 4.5.1).
Pour tout $p > N$, on a :

$$W^{1,p}(\Omega) \subsetneq C^{0,\alpha}(\overline{\Omega}), \qquad \alpha = 1 - \frac{p}{N}.$$

Preuve. Pour $v \in W^{1,p}(\Omega)$, $\forall N < q < p$, on a

$$\underset{B(r)}{\operatorname{osc}}\ v \leqslant \frac{\alpha_N^{1-\frac{1}{q}}}{\alpha_{N-1}} |\nabla v|_{L^{q,1}(B(r))} \cdot r^{1-\frac{q}{N}}$$

$$\leqslant \frac{\alpha_N^{1-\frac{1}{q}} \alpha_N^{1-\frac{q(p-1)}{(p-1)q}}}{\alpha_{N-1}} |\nabla v|_{L^p(B(r))} r^{1-\frac{q}{N}} \cdot r^{(\frac{1}{q}-\frac{1}{p})N}$$

Quand $q \to p$, on déduit :

$$\underset{B(r)}{\operatorname{osc}}\ v \leqslant \frac{\alpha_N^{1-\frac{1}{p}}}{\alpha_{N-1}} |\nabla v|_{L^p(B(r))} \cdot r^{1-\frac{p}{N}}\ .$$

La régularité au bord $\partial\Omega$ découle de l'opérateur de prolongement continu $P : W^{1,p}(\Omega) \to W^{1,p}(\mathbb{R}^N)$. □

Théorème 4.5.2 (inclusion dans les espaces de Lorentz).
Si $1 \leqslant p < N$, $1 \leqslant q < +\infty$ alors

$$W^1(\Omega,\ |\cdot|_{p,q}) \subsetneq L^{p^*,q}(\Omega), \quad \frac{1}{p^*} = \frac{1}{p} - \frac{1}{N}\ .$$

De plus, on a pour $v \in W^1(\Omega,\ |\cdot|_{p,q})$:

1. *Si $\gamma_0 v = 0$ sur $\partial\Omega$ alors si $u = |v|$*

$$|v|_{p^*,q} \leqslant \frac{p^*}{N\alpha_N^{\frac{1}{N}}} \left||\nabla u|_{*u}\right|_{p,q} \leqslant \frac{p^*}{N\alpha_N^{\frac{1}{N}}} |\nabla v|_{p,q} \quad si\ 1 \leqslant q \leqslant p.$$

et

$$|v|_{(p^*,q)} \leqslant \frac{p^*}{N\alpha_N^{\frac{1}{N}}} \Big| |\nabla u|_{*u} \Big|_{(p,q)} + (p^*)^{\frac{1}{q}} |\Omega|^{\frac{1}{p^*}-1} |v|_1 \quad si\ p < q \leqslant +\infty.$$

2. *Si $\gamma_0 v \not\equiv 0$ sur $\partial\Omega$ alors il existe une constante $c_2 > 0$ ne dépendant que de p, q, Ω, N et Q t.q.*

$$\left|v - v_*\left(\frac{|\Omega|}{2}\right)\right|_{p^*,q} \leqslant c_2 \left|\left|\nabla v\right|_{*v}\right|_{p,q} \leqslant c_2 \left|\nabla v\right|_{p,q} \quad si\ 1 \leqslant q \leqslant p,$$

et

$$\left|v - v_*\left(\frac{|\Omega|}{2}\right)\right|_{(p^*,q)} \leqslant c_2 \left|\left|\nabla v\right|_{*v}\right|_{(p,q)} \leqslant c_2 \left|\nabla v\right|_{(p,q)} \quad si\ p < q \leqslant +\infty.$$

Preuve. Commençons par rappeler un lemme de Hardy dont la preuve est identique à celle donnée au début du chapitre : (voir exercice 10.1.29, chapitre 10)

Lemme 4.5.4 (de Hardy (2*eme* version)). *Soit* $f : [0,+\infty[\to [0,+\infty[$ *mesurable,* $r < 0$ *et* $q \geqslant 1$*, deux nombres réels. Alors,*

$$\int_0^{+\infty}\left(\int_x^{+\infty} f(t)dt\right)^q x^{-r-1}dx \leqslant \left(\frac{q}{|r|}\right)^q \int_0^{+\infty} f(t)^q t^{q-r-1}dt.$$

1*er* cas : $v \in W^1(\Omega, |\cdot|_{p,q})$ t.q. $v = 0$ sur $\partial\Omega$.
Posons $u = |v|$ (quitte à raisonner par densité on pourra supposer v bornée), on a :

$$|v|^q_{p^*,q} = \int_{\Omega_*}\left[t^{\frac{1}{p^*}}u_*(t)\right]^q \frac{dt}{t} = \int_{\Omega_*} t^{\frac{q}{p_*}-1}\left(\int_t^{|\Omega|}|u'_*(\sigma)|\,d\sigma\right)^q dt\ .$$

Quitte à prolonger u'_* par zéro, nous pouvons appliquer le lemme de Hardy précédent pour obtenir :

$$|v|^q_{p^*,q} \leqslant (p^*)^q \int_{\Omega_*}|u'_*(t)|^q\, t^{q+\frac{q}{p^*}-1}dt = (p^*)^q \int_{\Omega_*}\left[t^{\frac{1}{p}}\left(t^{1-\frac{1}{N}}\,|u'_*(t)|\right)\right]^q \frac{dt}{t}$$

Par l'inégalité ponctuelle de Poincaré-Sobolev :

$$t^{1-\frac{1}{N}}\,|u'_*(t)| \leqslant \frac{1}{N\alpha_N^{\frac{1}{N}}}\,|\nabla u|_{*u}(t) \quad pp.$$

D'où

$$|v|^q_{p^*,q} \leqslant \left(\frac{1}{N\alpha_N^{\frac{1}{N}}}\right)^q (p^*)^q \int_{\Omega_*}\left[t^{\frac{1}{p}}\,|\nabla u|_{*u}\right]^q \frac{dt}{t}\ .$$

Soit

• Si $1 \leqslant q \leqslant p$ en utilisant l'inégalité de Polyà-Szëgo (théorème 3.4.1), on a:

$$|v|_{p^*,q} \leqslant \frac{p^*}{N\alpha_N^{\frac{1}{N}}}\left|\left|\nabla u\right|_{*u}\right|_{p,q} \leqslant \frac{p^*}{N\alpha_N^{\frac{1}{N}}}\left|\nabla v\right|_{p,q}\ .$$

• Si $p < q < +\infty$ alors par intégration par partie, on a

$$\int_{\Omega_*} t^{\frac{q}{p^*}-1} u_{**}(t)^q dt = \frac{p^*}{q} |\Omega|^{\frac{q}{p^*}} u_{**}(|\Omega|)^q - p^* \int_{\Omega_*} t^{\frac{q}{p^*}} u_{**}^{q-1}(t) u'_{**}(t) dt.$$

A l'aide du théorème 4.1.2 i.e. $-u'_{**}(t) \leqslant \dfrac{t^{\frac{1}{N}-1}}{N\alpha_N^{\frac{1}{N}}}$ et l'inégalité de Hölder on déduit :

$$\int_{\Omega_*} t^{\frac{q}{p^*}-1} u_{**}(t)^q dt \leqslant \frac{p^*}{q} |\Omega|^{\frac{q}{p^*}} u_{**}(|\Omega|)^q$$

$$+\frac{p^*}{N\alpha_N^{\frac{1}{N}}} \left(\int_{\Omega_*} t^{\frac{q}{p^*}-1} u_{**}(t)^q dt\right)^{\frac{1}{q'}} \left(\int_{\Omega_*} t^{\frac{q}{p}-1} (|\nabla u|_{*u})^q_{**}(t) dt\right)^{\frac{1}{q}}.$$

En utilisant l'inégalité de Young suivante : $ab \leqslant \dfrac{1}{q} a^q + \dfrac{1}{q'} b^{q'}$, on déduit le résultat. □

<u>2eme cas $\gamma_0 v \not\equiv 0$ sur $\partial\Omega$.</u>
Ecrivons que

$$\left| v - v_* \left(\frac{|\Omega|}{2}\right)\right|^q_{p^*,q} = \int_0^{\frac{|\Omega|}{2}} \left[t^{\frac{1}{p^*}} \left| v_*(t) - v_*\left(\frac{|\Omega|}{2}\right)\right|\right]^q \frac{dt}{t}$$

$$+ \int_{\frac{|\Omega|}{2}}^{|\Omega|} \left[t^{\frac{1}{p^*}} \left| v_*(t) - v_*\left(\frac{|\Omega|}{2}\right)\right|\right]^q \frac{dt}{t} = I_1 + I_2 .$$

On traite la première intégrale comme le cas précédent. En appliquant l'inégalité de Hardy,

$$I_1 = \int_0^{\frac{|\Omega|}{2}} t^{\frac{q}{p^*}-1} \left(\int_t^{\frac{|\Omega|}{2}} |v'_*(\sigma)|\, d\sigma\right)^q dt \leqslant (p^*)^q \int_0^{\frac{|\Omega|}{2}} \left[t^{\frac{1}{p}} \left(t^{1-\frac{1}{N}} |v'_*(t)|\right)\right]^q \frac{dt}{t}.$$

Puisque $t^{1-\frac{1}{N}} |v'_*(t)| \leqslant Q \, |\nabla u|_{*u}(t)$ pour $t \leqslant \dfrac{|\Omega|}{2}$, on obtient alors

$$I_1 \leqslant Q^q (p^*)^q \, \| \nabla v|_{*v} |^q_{p,q} \leqslant Q^p (p^*)^q \, |\nabla v|^q_{(p,q)} \,. \tag{4.5}$$

Quant à l'inégalité I_2, nous introduisons
$\gamma = \dfrac{q-N}{(q-1)N}$, $\widetilde{b}(t) = \gamma^{1-q} \left[\left(\dfrac{|\Omega|}{2}\right)^\gamma - (|\Omega| - t)^\gamma \right]^{q-1}$ alors $\widetilde{b} \in L^1\left(\frac{|\Omega|}{2}, |\Omega|\right)$.
On écrit pour tout $t \in \left[\dfrac{|\Omega|}{2}, |\Omega|\right)$

$$\left| v_*(t) - v_*\left(\frac{|\Omega|}{2}\right)\right|^q = \left(\int_{\frac{|\Omega|}{2}}^t (|\Omega| - \sigma)^{-\frac{1}{N'}} (|\Omega| - \sigma)^{\frac{1}{N'}} |v'_*(\sigma)|\, d\sigma \right)^q$$

$$\leqslant Q^q \left(\int_{\frac{|\Omega|}{2}}^{t} (|\Omega| - \sigma)^{-\frac{1}{N'}} |\nabla v|_{*v} (\sigma) d\sigma \right)^q \leqslant Q^q \widetilde{b}(t) \int_{\frac{|\Omega|}{2}}^{|\Omega|} [|\nabla v|_{*v}]^q \, d\sigma$$

(ceci en utilisant la propriété PSR et l'inégalité de Hölder). Ainsi

$$I_2 \leqslant Q^q \frac{2^{1+\frac{p}{q}}}{|\Omega|^{\frac{1}{N}}} \left(\int_{\frac{|\Omega|}{2}}^{|\Omega|} \widetilde{b}(t) dt \right) \cdot ||\nabla v|_{*v}|_{p,q}^q \leqslant c_1 |\nabla v|_{(p,q)}^q$$

d'où

$$c_2 = Q\big[p^* + c_2'\big]^2, \; c_2' = \frac{c_1^{\frac{1}{q}}}{Q} \, .$$

Preuve identique à la partie 1 pour le cas $p < q < +\infty$. □

Voici une preuve fondée sur le théorème général 4.4.6 qui donne un résultat valable pour $q \leqslant +\infty$ mais plus faible si $q < +\infty$.

Théorème 4.5.3. *Soit* $1 \leqslant p < N$, $1 < q \leqslant +\infty$. *Alors, on a*

$$W^1(\Omega, |\cdot|_{p,q}) \subset L^{p^*,+\infty}(\Omega) \, .$$

De plus, on a

$$\left| u - u_* \left(\frac{|\Omega|}{2} \right) \right|_{p^*,+\infty} \leqslant 2^{\frac{1}{p^*}} Q \left(\int_1^{+\infty} (\theta - 1)^\gamma \theta^{-\nu} d\theta \right)^{1-\frac{1}{q}} ||\nabla u|_{*u}|_{(p,q)}$$

$\forall u \in W^1(\Omega, |\cdot|_{p,q})$, *où* $\gamma + 1 = \dfrac{q}{p} \cdot \dfrac{p-1}{q-1}$, $\nu = \dfrac{q}{N} \cdot \dfrac{N-1}{q-1}$ *et* Q *est la constante isopérimétrique associée à* Ω.

Preuve. Dans le théorème 4.4.6 d'estimation générale, on choisit alors $\rho_0 = |\cdot|_{p^*,+\infty}$ et $\rho(\cdot) = |\cdot|_{(p,q)}$. Ainsi, $\rho'(\cdot) \leqslant |\cdot|_{(p',q')}$ et comme $|\cdot|_{(p',q')} \leqslant p|\cdot|_{p',q'}$, il suffit d'estimer $\rho_0 \left(\left|\chi_{I(s)} K\right|_{p',q'} \right)$.

Pour des raisons de symétrie dans l'expression de $\left(\chi_{I(s)} K\right)_*$, il suffit d'estimer pour $s < \dfrac{|\Omega|}{2}$. Dans ce cas nous avons :

$$b(s) = \left|\chi_{I(s)} K\right|_{p',q'} = Q \left[\int_0^{\frac{|\Omega|}{2} - s} \sigma^{\frac{q'}{p'} - 1} (s + \sigma)^{-\frac{q'}{N'}} d\sigma \right]^{\frac{1}{q'}} \, .$$

Par changement de variables, la dernière intégrale s'écrit (en posant $\gamma + 1 = \dfrac{q'}{p'}$, $\nu = \dfrac{q'}{N'}$) :

$$\left[\int_0^{\frac{|\Omega|}{2}-s} \sigma^{\frac{q'}{p'}-1}(s+\sigma)^{-\frac{q'}{N'}}d\sigma\right]^{\frac{1}{q'}} = s^{\frac{\gamma+1-\nu}{q'}}\left(\int_1^{\frac{|\Omega|}{2s}} (\theta-1)^{\gamma}\theta^{-\nu}d\theta\right)^{\frac{1}{q'}}$$

or, $\dfrac{\gamma+1-\nu}{q'} = -\dfrac{1}{p^*}$ et $J = Q\left(\displaystyle\int_1^{+\infty}(\theta-1)^{\gamma}\theta^{-\nu}d\theta\right)^{\frac{1}{q'}} < +\infty$. D'où, en utilisant la symétrie :

$$b(s) \leqslant J\begin{cases} s^{-\frac{1}{p^*}} & si\ 0 < s \leqslant \dfrac{|\Omega|}{2}, \\ (|\Omega|-s)^{-\frac{1}{p^*}}, & si\ \dfrac{|\Omega|}{2} < s < |\Omega|. \end{cases}$$

On déduit

$$b_*(s) \leqslant 2^{\frac{1}{p^*}} J s^{-\frac{1}{p^*}} : |b|_{p^*,+\infty} \leqslant 2^{\frac{1}{p^*}} J .$$

On applique alors l'estimation générale

$$\left|u - u_*\left(\frac{|\Omega|}{2}\right)\right|_{p^*,+\infty} \leqslant |b|_{p^*,+\infty}\, \left||\nabla u|_{*u}\right|_{(p,q)} .$$

Sachant que $\left||\nabla u|_{*u}\right|_{(p,q)} \leqslant |\nabla u|_{(p,q)}$, on a :

$$\left|u - u_*\left(\frac{|\Omega|}{2}\right)\right|_{p^*,+\infty} \leqslant 2^{\frac{1}{p^*}} Q\left(\int_1^{+\infty}(\theta-1)^{\gamma}\theta^{-\nu}d\theta\right)^{1-\frac{1}{q}} |\nabla u|_{(p,q)} .$$

□

Corollaire 4.5.2 (du théorème 4.5.3). $\forall u \in W^1(\Omega, |\cdot|_{p,q})$

$$|u|_{p^*,+\infty} \leqslant 2^{\frac{1}{p^*}} J\, |\nabla u|_{(p,q)} + 2\,|\Omega|^{\frac{1}{p^*}-1}\, |u|_1 .$$

Remarque. Le cas $q = 1$ $p < N$ peut être abordé avec la même méthode en calculant $b(s) = \left|\chi_{I(s)} K\right|_{p',+\infty}$.

4.6 Inégalités d'interpolation pour un espace normé général

Les inégalités de Poincaré-Sobolev (PSR) peuvent aussi servir à obtenir des inégalités d'interpolation avec, en prime les estimations des constantes.
En voici quelques exemples :

Théorème 4.6.1 (interpolation du type Gagliardo-Nirenberg généralisée). *Soit ρ une norme non triviale sur $L^0(\Omega_*)$ et soit $u \in V^1_{0+}(\Omega,\rho) = \Big\{v \in W^{1,1}_{0+}(\Omega),\ \rho\big(|\nabla v|_{*v}\big) < +\infty\Big\}$.*

Pour $q \in]0,+\infty[$, on note $|\Omega_q| = \begin{cases} |\Omega| & si\ q \geqslant 1 \\ |u>0| & si\ 0<q<1 \end{cases}$.

Pour toute application ρ_0 homogène et monotone sur $L^0(\Omega_*)$, on a alors :

$$\rho_0(u_*) \leqslant \left(\frac{q}{N\alpha^{\frac{1}{N}}}\right)^{\frac{1}{q}} \rho\left(|\nabla u|_{*u}\right)^{\frac{1}{q}} \rho_0\left[\left(\rho'\left(k_1 u_*^{q-1}\chi_{[s,|\Omega|]}\right)\right)^{\frac{1}{q}}\right]$$

avec $k_1(t) = t^{\frac{1}{N}-1}$.

Corollaire 4.6.1. *On suppose que Ω est un ouvert borné de $\mathbb{R}^N$ (pour simplifier). Si $N' \leqslant p < +\infty$, alors $\forall\, u \in W_0^{1,N}(\Omega)$,*

$$|u|_p \leqslant \left(\frac{1}{aN\alpha_N^{\frac{1}{N}}}\right)^a \Big|\,|\nabla u|_{*|u|}\Big|_N^a |u|_{p-N'}^{1-a} \leqslant \left(\frac{1}{aN\alpha_N^{\frac{1}{N}}}\right)^a |\nabla u|_N^a |u|_{p-N'}^{1-a}$$

avec $a = \dfrac{N'}{p}$.

Preuve du théorème 4.6.1. Soit $u \in W_0^1(\Omega,\rho)$, d'après l'inégalité de Poincaré-Sobolev (PSR), on a :

$$-u_*'(s) \leqslant \frac{s^{\frac{1}{N}-1}}{N\alpha_N^{\frac{1}{N}}} |\nabla u|_{*u}(s) \quad p.p.$$

Comme $u \geqslant 0$, on déduit après multiplication par u_*^{q-1} que

$$-\frac{1}{q}\frac{d}{ds}u_*^q(s) \leqslant \frac{1}{N\alpha_N^{\frac{1}{N}}} |\nabla u|_{*u}(s) \cdot s^{\frac{1}{N}-1}u_*^{q-1}(s), \quad q \geqslant 0.$$

En intégrant entre s et $|\Omega_q|$ on déduit de cette inégalité que $\forall\, s \in \overline{\Omega}_*$

$$u_*^q(s) \leqslant \frac{q}{N\alpha_N^{\frac{1}{N}}} \int_{\Omega_*} |\nabla u|_{*u}(t) t^{\frac{1}{N}-1} u_*(t)^{q-1} \chi_{[s,|\Omega_q|]}(t)dt.$$

En utilisant ρ et ρ', on obtient, $\forall\, s \in \overline{\Omega}_*$

$$u_*^q(s) \leqslant \frac{q}{N\alpha_N^{\frac{1}{N}}} \rho\left(|\nabla u|_{*u}\right) \rho'\left(k_1 u_*^{q-1}\chi_{[s,|\Omega_q|]}\right)$$

où $k_1(t) = t^{\frac{1}{N}-1}$, $t \in \Omega_*$. Puisque ρ_0 est homogène et monotone sur $L^0(\Omega_*)$, on a alors :

$$\rho_0(u_*) \leqslant \left(\frac{q}{N\alpha_N^{\frac{1}{N}}}\right)^{\frac{1}{q}} \rho\left(|\nabla u|_{*u}\right)^{\frac{1}{q}} \rho_0\left(\left(\rho'\left(k_1 \chi_{[s,|\Omega_q|]} u_*^{q-1}\right)\right)^{\frac{1}{q}}\right).$$

□

Preuve du corollaire 4.6.1.

Il suffit de considérer $u \geqslant 0$. On choisit $\rho_0 = |\cdot|_p$, $\rho \doteq |\cdot|_N$ et $qN' = p$. Alors l'inégalité du théorème implique :

$$|u|_p \leqslant \left(\frac{q}{N\alpha_N^{\frac{1}{N}}}\right)^{\frac{1}{q}} \left||\nabla u|_{*u}\right|_N^{\frac{1}{q}} \left(\int_{\Omega_*}\left(\int_s^{|\Omega|} t^{-1} u_*^{p-N'}(t)dt\right) ds\right)^{\frac{1}{p}} \tag{4.6}$$

Posons $a = 1 - \frac{p-N'}{p} = \frac{N'}{p} = \frac{1}{q}$. En intégrant par partie la dernière intégrale (ou en utilisant le théorème de Fubini) :

$$\int_{\Omega_*}\left(\int_s^{|\Omega|} t^{-1} u_*^{p-N'}(t)dt\right) ds = \int_{\Omega_*} u_*^{p-N'}(t)dt. \tag{4.7}$$

En combinant (4.6) et (4.7), on a :

$$|u|_p \leqslant \left(\frac{1}{aN\alpha_N^{\frac{1}{N}}}\right)^a \left||\nabla u|_{*u}\right|_N^a |u|_{p-N'}^{1-a}$$

□

Remarques.

- Le corollaire précédent est souvent utilisé avec $N = 2,\ p = 4,\ p - N' = 2$ donc $a = \dfrac{1}{2}$

$$|u|_4 \leqslant \left(\frac{1}{\pi}\right)^{\frac{1}{4}} |\nabla u|_2^{\frac{1}{2}} |u|_2^{\frac{1}{2}}$$

- Le théorème 4.6.1 peut être énoncé pour des fonctions à trace non nulle i.e. $W^{1,1}(\Omega)$, il suffit d'appliquer l'inégalité (PSR) adéquate.

A partir de cette dernière interpolation, découlent d'autres interpolations. En voici un exemple

Corollaire 4.6.2 (du théorème 4.6.1).
Sous les mêmes conditions que le théorème précédent, si $\max(N', p-N') \leqslant r \leqslant p < +\infty$ *alors :*

$$|u|_p \leqslant c\,|\nabla u|_N^{\frac{r}{p}} |u|_r^{1-\frac{r}{p}}$$

$$\text{avec } c = \left(\frac{1}{aN\alpha_N^{\frac{1}{N}}}\right)^a C_r(N,\Omega)^{\frac{r}{p}-a} |\Omega|^{(1-a)(1-\frac{p-N'}{r})},$$

$$a = \frac{N'}{p},\ C_r(N,\Omega) = \frac{|\Omega|^{\frac{1}{r}}}{N\alpha_N^{\frac{1}{N}}}\left(\int_0^{+\infty}\sigma^{r(1-\frac{1}{N})}e^{-\sigma}d\sigma\right)^{\frac{1}{r}}.$$

Preuve. On a vu au théorème 4.4.2 que pour $u \not\equiv 0$:
$|u|_r \leqslant C_r(N,\Omega)\,|\nabla u|_N$ pour $W_{0+}^{1,N}(\Omega)$, on déduit que :

$$|\nabla u|_N^a = |\nabla u|_N^{a-\frac{r}{p}}\,|\nabla u|_N^{\frac{r}{p}} \leqslant C_r(N,\Omega)^{\frac{r}{p}-a}\,|u|_r^{a-\frac{r}{p}}\,|\nabla u|_N^{\frac{r}{p}} \tag{4.8}$$

et par l'inégalité de Hölder, on sait que :

$$|u|_{p-N'}^{1-a} \leqslant |\Omega|^{(1-a)(1-\frac{p-N'}{r})}\,|u|_r^{1-a}. \tag{4.9}$$

En combinant avec le théorème 4.6.1 précédent, on déduit le résultat. □

Notes pré-bibliographiques

Les résultats issus de ce chapitre sont en majorité dûs à l'auteur (voir références citées en fin d'ouvrage) sauf ceux des inclusions classiques de Sobolev. Néanmoins les preuves sont basées sur les résultats de l'auteur.

5

Formalisme d'estimations pour les problèmes aux limites

Les estimations ponctuelles utilisant les réarrangements monotones dans les équations aux dérivées partielles ont été initiées par G. Talenti [120] où il a comparé la solution de $-\Delta u = f \in L^2_+(\Omega)$, $u \in H^1_0(\Omega)$ à la solution radiale de $-\Delta U = \underset{\sim}{f}$, $U \in H^1_0(\underset{\sim}{\Omega})$ où $\underset{\sim}{f}$ est la fonction réarrangement sphérique de f et $\underset{\sim}{\Omega}$ est la boule de même mesure que Ω. Il a prouvé alors que $u_*(s) \leqslant U_*(s)$, $\forall\, s$. Comme U_* est connue explicitement, on déduit les régularités de u dans n'importe quel espace invariant par réarrangement. Des résultats analogues ont été prouvés par divers auteurs adoptant la méthode de Talenti. Dans ce chapitre, nous adoptons une méthode différente, nous allons essayer de développer systématiquement un mécanisme d'estimations a priori en utilisant les diverses propriétés du réarrangement monotone et relatif. Grosso modo, l'idée est la suivante : Considérons u, un élément d'un ensemble V, solution par exemple d'une équation variationnelle de la forme :

$$\big(A(u), \varphi\big) = \big\langle T, \varphi \big\rangle, \quad \forall\, \varphi \in W \ (V \subset W) \ et \ T \in W' \text{ (espace dual de } W).$$

Pour chaque $s \in \Omega_*$, on construit une fonction test $\varphi(s)$ de manière à transformer l'équation précédente en une inéquation ponctuelle en s. En général, puisqu'il faut estimer $v = |u|$, cette inéquation peut s'écrire : $\big[a\,(\nabla v)\big]_{*v}(s) \leqslant \varPhi\big(G(T)_{*v}\big)$, où $G(T)$ est une fonction de la donnée T uniquement, $\varPhi : I\!R \to I\!R$ est bien déterminée en général. Moyennant les hypothèses de croissance sur l'opérateur, si V vérifie la propriété PSR alors l'inégalité conduit à l'inéquation différentielle :

$$-v'_*(s) \leqslant K(s, \Omega, V)\varPhi\big(G(T)_{*v}\big)(s).$$

A partir de là, une analyse analogue à celle du chapitre 4 conduit à des estimations de v dans divers espaces normés $L(\Omega_*, \rho)$. Par exemple si ρ et ρ_0 sont deux normes distinctes t.q. $\rho\Big(\varPhi\big(G(T)_{*v}\big)\Big) < +\infty$ et si l'indice d'injection $\rho_0\big(\rho'(\chi_{I(s)}K)\big)$ (où ρ' est la norme associée de ρ) est fini alors $v_* \in L(\Omega_*, \rho_0)$ i.e. $\rho_0(v_*) < +\infty$.

5.1 Quelques lemmes préliminaires

Nous allons illustrer cette démarche à l'aide de quelques exemples, en faisant varier les conditions aux limites et nous terminerons par quelques conséquences directes de ces études.

Commençons par quelques lemmes généraux :

Lemme 5.1.1 (inégalité de Hölder pour le réarrangement relatif)**.** *Si* $1 < p < +\infty$, $p' = \dfrac{p}{p-1}$, *si* $F_1 \in L^p(\Omega)^N$ *et* $F_2 \in L^{p'}(\Omega)^N$ *alors* $\forall\, u \in L^1(\Omega)$, *on a p.p.* $s \in \Omega_*$

$$\left(F_1 \cdot F_2 \chi_{\Omega\backslash P(u)}\right)_{*u}(s) \leqslant \left[|F_1|^p\, \chi_{\Omega\backslash P(u)}\right]_{*u}^{\frac{1}{p}}(s)\, \left[|F_2|^{p'}\, \chi_{\Omega\backslash P(u)}\right]^{\frac{1}{p'}},$$

où $\chi_{\Omega\backslash P(u)}$ *désigne la fonction caractéristique de* $\Omega\backslash P(u)$, $P(u)$ *l'ensemble des paliers de* u, $F_1 \cdot F_2$ *est le produit scalaire dans* $\mathbb{R}^N$, $|F_i|$ *la norme euclidienne de* F_i, $i = 1, 2$.

Preuve. Par définition du réarrangement relatif, la fonction :

$s \longrightarrow \displaystyle\int_{\{u>u_*(s)\}} F_1 \cdot F_2 \chi_{\Omega\backslash P(u)} dx$ est dans $W^{1,1}(\Omega_*)$, donc elle est presque partout dérivable. Ainsi

$$\left(F_1 \cdot F_2 \chi_{\Omega\backslash P(u)}\right)_{*u}(s) = \lim_{h\searrow 0} \frac{1}{h} \int_{\{u_*(s+h)<u<u_*(s)\}} F_1 \cdot F_2 \chi_{\Omega\backslash P(u)} dx\,.$$

En appliquant l'inégalité de Hölder à cette dernière intégrale et en faisant tendre h vers zéro on déduit le lemme. □

Lemme 5.1.2. *Soit* $1 \leqslant p \leqslant +\infty$, *et soit* $v \in L^p(\Omega)$ *t.q.* $v_* \in W^{1,1}_{loc}(\Omega_*)$. *Alors* $\forall\, g \in L^{p'}(\Omega)$ *la fonction* $G(s) = \displaystyle\int_\Omega g\big(v - v_*(s)\big)_+ dx$ *est dans* $W^{1,1}_{loc}(\Omega_*)$. *De plus, on a pour presque tout* s

$$G'(s) = -\frac{dv_*}{ds}(s) \int_{\{v>v_*(s)\}} g(x)dx = -\frac{dv_*}{ds}(s) \int_0^s g_{*v}(\sigma)d\sigma.$$

Preuve. La fonction $H : \mathbb{R} \longrightarrow \mathbb{R}$ définie par $H(t) = \displaystyle\int_\Omega g(v-t)_+ dx$ est localement lipschitzienne car, $\forall\, t_1,\ t_2$

$$|H(t_1) - H(t_2)| \leqslant \left(\int_\Omega |g|\, dx\right) |t_1 - t_2|\,,\ |H(t)| \leqslant \int_\Omega |gv| + |t| \int_\Omega |g|\,.$$

Par suite, la fonction composée $G(s) = H\big(v_*(s)\big)$ est dans $W^{1,1}_{loc}(\Omega_*)$ dès que $v_* \in W^{1,1}_{loc}(\Omega_*)$ et obéit à la règle de dérivation de fonctions composées, c'est à dire $G'(s) = H'\big(v_*(s)\big)\dfrac{dv_*}{ds}(s)$ p.p. en s. Un calcul direct de $H'(t) = \lim\limits_{h\searrow 0} \dfrac{H(t+h) - H(t)}{h}$ conduit à l'expression $H'(t) = -\displaystyle\int_{\{v>t\}} g dx$.

5.2 Estimations ponctuelles pour des équations quasilinéaires

Dans ce paragraphe, nous allons considérer pour $p \in]1, +\infty[$, un opérateur communément appelé opérateur de Leray-Lions,

$$\widehat{a} : \Omega \times I\!R \times I\!R^N \to I\!R^N \text{ vérifiant :}$$

LL1 $\widehat{a}$ est de Carathéodory i.e. que pour presque tout x,

$(\sigma, \xi) \in I\!R \times I\!R^N \to \widehat{a}(x, \sigma, \xi) \in I\!R^N$ est continue
et $\forall (\sigma, \xi) \in I\!R \times I\!R^N$, $x \to \widehat{a}(x, \sigma, \xi) \in I\!R^N$ est mesurable.

LL2 (Coercivité), il existe un réel $\alpha > 0$ t.q. *p.p. en* $x \in \Omega$, $\forall (\sigma, \xi) \in I\!R \times I\!R^N$

$$\widehat{a}(x, \sigma, \xi) \cdot \xi \geqslant \alpha\, |\xi|^p .$$

LL3 Il existe un constante $c > 0$ t.q. *p.p. en* $x \in \Omega$, $\forall (\sigma, \xi) \in I\!R \times I\!R^N$ on a :

$$|\widehat{a}(x, \sigma, \xi)| \leqslant c\Big(|\xi|^{p-1} + |\sigma|^{p-1} + a_0(x)\Big) \text{ où } a_0 \in L^{p'}(\Omega).$$

Remarques.

1. Les hypothèses (LL1) et (LL3) ne seront pas directement utiles, elles assurent essentiellement que les opérations, que nous effectuerons, auront un sens. Par exemple, que $\forall\, u \in W^{1,p}(\Omega)$

$$\int_\Omega \widehat{a}\Big(x, u(x), \nabla u(x)\Big) \cdot \nabla\varphi(x) dx \text{ est finie, } \forall\, \varphi \in W^{1,p}(\Omega) .$$

2. On supposera l'existence de solutions tout le long du chapitre.

Pour $T \in W^{-1,p'}(\Omega) = \Big(W_0^{1,p}(\Omega)\Big)'$, on notera $|T|_{-1,p'}$ sa norme (duale) et on utilisera la décomposition $T = -\displaystyle\sum_{i=1}^N \frac{\partial f_i}{\partial x_i}$ avec $f_i \in L^{p'}(\Omega)$,

$$F(x) = \Big(f_1(x), \ldots, f_n(x)\Big),\ |F(x)| = \left[\sum_{i=1}^N f_i(x)^2\right]^{\frac{1}{2}} \text{ avec } |F|_{L^{p'}(\Omega)} = |T|_{-1,p'} .$$

5.2.1 Cas des problèmes de Dirichlet

Lemme 5.2.1 (equation ponctuelle sur Ω_*).
Sous les conditions précédentes, pour toute solution $u \in W_0^{1,p}(\Omega)$ *de* $-div\Big(\widehat{a}(x,u,\nabla u)\Big) = T$ *dans* $\mathcal{D}'(\Omega)$, *on a*

$$\Big[\widehat{a}(\nabla u)\cdot\nabla u\Big]_{*v}(s) = \Big[F\cdot\nabla u\Big]_{*v}(s) \text{ p.p. en } s \in \Omega_*$$

où on a posé $\widehat{a}(\nabla u)(x) = \widehat{a}\Big(x,u(x),\nabla u(x)\Big)$, $v = |u|$.

Preuve. Soit $u \in W_0^{1,p}(\Omega)$ solution de $-div\Big(\widehat{a}(x,u,\nabla u)\Big) = T$. Ce qui est équivalent à $\forall\,\varphi \in W_0^{1,p}(\Omega)$,

$$\int_\Omega \widehat{a}(\nabla u)\cdot\nabla\varphi dx = \int_\Omega F\cdot\nabla\varphi dx\ .$$

Pour $s \in \Omega_*$, considérons la fonction localement lipschitzienne

$\Phi_s : I\!R \to I\!R$ définie par, pour $\sigma \in I\!R$ $\quad \Phi_s(\sigma) = \Big(|\sigma| - v_*(s)\Big)_+ \operatorname{sign}(\sigma)\ .$

Cette fonction vérifie $\Phi_s'(\sigma) = \begin{cases} 1 & si\ \ |\sigma| > v_*(s), \\ 0 & sinon \end{cases}$. En choisissant $\varphi = \Phi_s(u)$

alors, on a $\forall\, s \in \Omega_*$ $\displaystyle\int_{\{v>v_*(s)\}} \widehat{a}(\nabla u)\cdot\nabla u\, dx = \int_{\{v>v_*(s)\}} F\cdot\nabla u\, dx$ ce qui est équivalent à

$\Big[\widehat{a}(\nabla u)\cdot\nabla u\Big]_{*v} = \Big[F\cdot\nabla u\Big]_{*v}$. □

Théorème 5.2.1. *Sous les mêmes hypothèses que le lemme 5.2.1, on a, pour toute solution* $u \in W_0^{1,p}(\Omega)$ *de* $-div\Big(\widehat{a}(x,u,\nabla u)\Big) = T$, *p.p. en s*

1. $|\nabla v|_{*v}(s) \leqslant \dfrac{1}{\alpha^{\frac{1}{p-1}}}\Big[|F|^{p'}\Big]_{*v}^{\frac{1}{p}}(s),$
2. $-v_*'(s) \leqslant \dfrac{s^{\frac{1}{N}-1}}{N\alpha_N^{\frac{1}{N}}\alpha^{\frac{1}{p-1}}}\Big[|F|^{p'}\Big]_{*v}^{\frac{1}{p}}(s),$

où $v = |u|$, $T = -div(F)$.

Preuve.
Rappelons que l'application $v \to v_{*u}$ est croissante, i.e. si $v_1 \leqslant v_2$ p.p. alors $v_{1*u} \leqslant v_{2*u}$ p.p. en s et $(\alpha v)_{*u} = \alpha v_{*u}$ si $\alpha > 0$.
Puisque $\Big(\widehat{a}(\nabla u)\cdot\nabla u\Big)(x) \geqslant \alpha\,|\nabla v|^p(x)$ p.p. dans Ω, alors le lemme 5.2.1 implique, pour presque tout s :

$$\alpha\Big(|\nabla v|^p\Big)_{*v}(s) \leqslant \Big[F\cdot\nabla u\Big]_{*v}(s) \leqslant \Big[|F|^{p'}\Big]_{*v}^{\frac{1}{p'}}(s)\Big[|\nabla v|^p\Big]_{*v}^{\frac{1}{p}}(s). \tag{5.1}$$

En effet, il suffit d'appliquer le lemme 5.1.1 (inégalité de Hölder) et le fait que $|\nabla u| = |\nabla v|$, $\nabla u(x) = 0$ p.p. sur $P(u)$.
En simplifiant l'inégalité (5.1), on déduit :

$$\Big[|\nabla v|^p\Big]_{*v}^{\frac{1}{p}}(s) \leqslant \frac{1}{\alpha^{\frac{p'}{p}}}\Big[|F|^{p'}\Big]_{*v}^{\frac{1}{p}}(s), \quad \textit{p.p. en } s. \tag{5.2}$$

L'inégalité de Hölder pour le réarrangement relatif conduit :

$$|\nabla v|_{*v}(s) \leqslant \Big[|\nabla v|^p\Big]_{*v}^{\frac{1}{p}}(s) \quad \textit{p.p. en } s. \tag{5.3}$$

Les relations (5.2) et (5.3) donnent l'énoncé (1) du théorème. Quant à la seconde relation, puisque $v \in W_0^{1,p}(\Omega)$ $v \geqslant 0$, on a d'après la propriété PSR associée à cette classe de fonctions (voir théorème 4.1.1) :

$$-v_*'(s) \leqslant \frac{s^{\frac{1}{N}-1}}{N\alpha_N^{\frac{1}{N}}}|\nabla v|_{*v}(s). \tag{5.4}$$

On combine cette dernière relation avec l'énoncé (1) pour obtenir la relation (2). □

Corollaire 5.2.1 (du théorème 5.2.1). *Soit ρ une norme sur $L^0(\Omega_*)$. On suppose que $\rho\Big(\big(|F|^{p'}\big)_{*v}^{\frac{1}{p}}\Big) < +\infty$ et si $k(\sigma) = \sigma^{\frac{1}{N}-1}$ on note $\overline{b}(s) = \rho'(k\chi_{[s,|\Omega|]})$. Soit ρ_0 est une application homogène et monotone. On suppose que l'indice d'injection $\rho_0(\overline{b}) < +\infty$. Alors, on a :*

$$\rho_0(v_*) \leqslant \frac{\rho_0(\overline{b})}{N\alpha_N^{\frac{1}{N}}\alpha^{\frac{1}{p-1}}}\rho\Big(\big(|F|^{p'}\big)_{*v}^{\frac{1}{p}}\Big) < +\infty\,.$$

Preuve. Puisque $v \in W_0^{1,p}(\Omega)$, $v \geqslant 0$ alors $v_*(|\Omega|) = 0$ et $v_* \in W^{1,p}\big(\varepsilon, |\Omega|\big)$, $\forall\, 0 < \varepsilon < |\Omega|$. Ainsi $\forall\, s \in \Omega_*$, en appliquant le théorème 5.2.1 :

$$v_*(s) = -\int_s^{|\Omega|} v_*'(\sigma)d\sigma \leqslant \int_{\Omega_*} \frac{k(\sigma)\Big[|F|^{p'}\Big]_{*v}^{\frac{1}{p}}(\sigma)}{N\alpha_N^{\frac{1}{N}}\alpha^{\frac{1}{p-1}}}\chi_{[s,|\Omega|]}(\sigma)d\sigma\,.$$

En utilisant successivement ρ et ρ' puis ρ_0, on déduit de cette dernière inégalité :

$$\rho_0(v_*) \leqslant \frac{\rho_0\Big(\rho'\big(k\chi_{[s,|\Omega|]}\big)\Big)}{N\alpha_N^{\frac{1}{N}}\alpha^{\frac{1}{p-1}}}\cdot\rho\Big(\Big[|F|^{p'}\Big]_{*v}^{\frac{1}{p}}\Big) < +\infty\,.$$

□

A partir de ce résultat, on retrouve la régularité L^∞ lorsque $F \in L^r(\Omega)^N$, et $r > \frac{N}{p-1}$.

Proposition 5.2.1.
Soit $T \in W^{-1,r}(\Omega)$ *avec* $r > \max\left(\dfrac{N}{p-1}, \dfrac{p}{p-1}\right)$ *alors toute solution* $u \in W_0^{1,p}(\Omega)$ *de* $-div\Big(\widehat{a}(x,u,\nabla u)\Big) = T$ *dans* $\mathcal{D}'(\Omega)$ *est bornée et* $|u|_\infty \leqslant \dfrac{\overline{b}(0)}{N\alpha_N^{\frac{1}{N}}\alpha^{\frac{1}{p-1}}}|F|_{L^r(\Omega)}^{\frac{1}{p-1}}$.

Preuve. On choisit $\rho_0(\cdot) = |\cdot|_\infty$, $\rho(\cdot) = |\cdot|_{(p-1)r}$ alors

$$\rho'\left(k\chi_{[s,|\Omega|]}\right) = \left[\int_s^{|\Omega|}\sigma^{(\frac{1}{N}-1)(\frac{(p-1)r}{(p-1)r-1}}\right]^{1-\frac{1}{(p-1)r}} = \overline{b}(s) .$$

Puisque $r > \dfrac{N}{p-1}$ alors $\overline{b}(0) < +\infty$, donc $\left|\overline{b}\right|_\infty = \overline{b}(0) < +\infty$. D'où en appliquant le corollaire 5.2.1 précédent,

$$|v|_\infty \leqslant \frac{\overline{b}(0)}{N\alpha_N^{\frac{1}{N}}\alpha^{\frac{1}{p-1}}}\left|\left(|F|^{p'}\right)_{*v}^{\frac{1}{p'}}\right|_{L^{(p-1)r}} \leqslant \frac{\overline{b}(0)}{N\alpha_N^{\frac{1}{N}}\alpha^{\frac{1}{p-1}}}|F|_{L^r(\Omega)}^{\frac{1}{p-1}} .$$

□

Pour obtenir un meilleur résultat analogue à celui de cette propriété, on peut introduire l'ensemble suivant :

$$W_{-1}^{\frac{N}{p},\frac{1}{p}}(\Omega) = \left\{T \in \mathcal{D}'(\Omega) : T = -div\, F,\ |F|^{p'} \in L^{\frac{N}{p},\frac{1}{p}}(\Omega)\right\}.$$

Proposition 5.2.2.
(i) $W_{-1}^{\frac{N}{p},\frac{1}{p}}(\Omega) \subset W^{-1,p'}(\Omega)$, $W^{-1,r}(\Omega) \subset W_{-1}^{\frac{N}{p},\frac{1}{p}}(\Omega)$, $r > \dfrac{N}{p-1}$.
(ii) Si $T \in W_{-1}^{\frac{N}{p},\frac{1}{p}}(\Omega)$, *alors* $u \in L^\infty(\Omega)$.
De plus $|u|_\infty \leqslant \dfrac{1}{N\alpha_N^{\frac{1}{N}}\alpha^{\frac{1}{p-1}}}\left||F|^{p'}\right|_{(\frac{N}{p},\frac{1}{p})}^{p}$.

Preuve de la proposition 5.2.2.

(i) Pour montrer que $W_{-1}^{\frac{N}{p},\frac{1}{p}}(\Omega) \subset W^{-1,p'}(\Omega)$, considérons $T = -div(F)$, $|F|^{p'} \in L^{\frac{N}{p},\frac{1}{p}}(\Omega)$. Comme, $\forall\, s \in \Omega_*$,

$$\frac{1}{|\Omega|}\int_\Omega |F|^{p'}dx \leqslant \frac{1}{s}\int_0^s |F|_*^{p'}(\sigma)d\sigma = \left(|F|^{p'}\right)_{**}(s) ,$$

on obtient

$$\left(\frac{1}{|\Omega|}\int_\Omega |F|^{p'}\,dx\right)^{\frac{1}{p}}\int_{\Omega_*} s^{\frac{1}{N}-1}ds \leqslant \int_{\Omega_*} s^{\frac{1}{N}}\left(|F|^{p'}\right)_{**}^{\frac{1}{p}}(s)\frac{ds}{s} < +\infty\,,$$

ce qui entraîne $|F|^{p'}_{L^{p'}} \leqslant c\left||F|^{p'}\right|_{(\frac{N}{p},\frac{1}{p})}$.

Pour prouver $W^{-1,r}(\Omega) \subset W_{-1}^{\frac{N}{p},\frac{1}{p}}(\Omega)$, $r > \max\left(\dfrac{N}{p-1},\dfrac{p}{p-1}\right)$ on applique l'inégalité de Hölder comme auparavant

$$\int_{\Omega_*} s^{\frac{1}{N}-1}\left(|F|^{p'}\right)_{**}^{\frac{1}{p}}(s)ds \leqslant \gamma\left|\left(|F|^{p'}\right)_{**}\right|^{\frac{1}{p}}_{L^{\frac{r}{p'}}}\,.$$

Par l'inégalité de Hardy, (voir lemme 1.4.2) on déduit alors :

$$\int_\Omega s^{\frac{1}{N}-1}\left(|F|^{p'}\right)_{**}^{\frac{1}{p}}(s)ds \leqslant c|F|^{\frac{1}{p-1}}_{L^r} < +\infty \ si\ T = -div(F) \in W^{-1,r}(\Omega).$$

(ii) Posons $G = |F|^{p'}$, $c_N = \dfrac{1}{N\alpha_N^{\frac{1}{N}}\alpha^{\frac{1}{p-1}}}$. Alors, par l'inégalité de Hardy-Littlewood, on a :

$$|u|_\infty \leqslant c_N\int_0^{|\Omega|}\sigma^{\frac{1}{N}-1}\Big(G_{*v}\Big)^{\frac{1}{p}}(\sigma)d\sigma \leqslant c_N\int_{\Omega_*}\sigma^{\frac{1}{N}-1}\Big(G_{*v}\Big)_*^{\frac{1}{p}}(\sigma)d\sigma\,.$$

Mais en tout point $\sigma \in \Omega_*$, on a (cf. corollaire 2.2.1) :

$$\Big(G_{*v}\Big)_*(\sigma) \leqslant \Big(G_{*v}\Big)_{**}(\sigma) \leqslant G_{**}(\sigma)\,.$$

Ainsi,

$$|u|_\infty \leqslant c_N\int_{\Omega_*}\sigma^{\frac{1}{N}-1}G_{**}(\sigma)^{\frac{1}{p}}d\sigma = c_N\left||F|^{p'}\right|^p_{(\frac{N}{p},\frac{1}{p})}\,.$$

□

On peut obtenir la régularité d'une solution radiale décroissante le long du rayon.

Théorème 5.2.2 (régularité du réarrangement sphérique).
Soit $\underset{\sim}{v}$ le réarrangement sphérique de $v = |u|$. Alors, $\forall\,\sigma \in \Omega_*$

$$|\nabla\underset{\sim}{v}|_*(\sigma) \leqslant \frac{1}{\alpha^{\frac{1}{p-1}}}G_{**}(\sigma)^{\frac{1}{p}}\ \ où\ G = |F|^{p'}\,.$$

<u>Preuve.</u> D'après le théorème 5.2.1, on a p.p. en $s \in \Omega_*$,

$$-N\alpha_N^{\frac{1}{N}}s^{1-\frac{1}{N}}v_*'(s) \leqslant \frac{1}{\alpha^{\frac{1}{p-1}}}\Big(G_{*v}\Big)^{\frac{1}{p}}(s)\,.$$

D'où, $\forall \sigma \in \Omega_*$ (via le lemme 3.4.1 et le corollaire 2.2.1),

$$|\nabla \underset{\sim}{v}|_*(\sigma) = \Big(- N\alpha_N^{\frac{1}{N}} s^{1-\frac{1}{N}} v'_* \Big)_*(\sigma) \leqslant \frac{1}{\alpha^{\frac{1}{p-1}}} \Big(G_{*v} \Big)_*^{\frac{1}{p}}(\sigma) \leqslant \frac{1}{\alpha^{\frac{1}{p-1}}} G_{**}(\sigma)^{\frac{1}{p}} .$$

□

Corollaire 5.2.2 (du théorème 5.2.2).
Si $1 \leqslant r \leqslant +\infty$ *et* $|F|^{p'} \in L^{\frac{r}{p},+\infty}(\Omega)$ *alors* $|\nabla \underset{\sim}{v}| \in L^{r,+\infty}(\Omega)$.

Preuve. Elle découle immédiatement du précédent théorème 5.2.2. □

Corollaire 5.2.3 (du théorème 5.2.2).
On suppose que $T \in L^r(\Omega)$, $r > N$.
Alors $\underset{\sim}{v}$ *est lipschitzienne (en particulier* $\nabla \underset{\sim}{v} \in L^\infty(\Omega)^N$*).*

Preuve.
Soit $w \in H_0^1(\Omega) : -\Delta w = T$. Alors, $w \in W^{2,r}(\Omega)$. Ainsi $|\nabla w| \in L^\infty(\Omega)$. Comme $T = -div(F)$, $F = \nabla w$ on déduit $\left|\nabla \underset{\sim}{v}\right|_*(\sigma) \leqslant \frac{|F|_\infty^{\frac{1}{p-1}}}{\alpha^{\frac{1}{p-1}}}$ $\forall \sigma \in \overline{\Omega}_*$. D'où le résultat, via la proposition 5.2.1, car

$$L^r(\Omega) \subset W^{-1,s} \text{ pour un } s > \max\left(\frac{N}{p-1}, \frac{p}{p-1}\right).$$

□

On peut montrer l'existence de solutions d'E.D.P. qui sont radiales et décroissantes le long du rayon. Voici un exemple,

Proposition 5.2.3. *Soit* $\Omega = B(R)$ *la boule de rayon* $R > 0$ *centrée à l'origine. Si* $f \in L^\infty(\Omega)$ *est telle que* $f(x) = \underset{\sim}{f}(x) \geqslant 0$, *alors il existe une et une seule solution* $u \in W^{1,\infty}(\Omega) \cap W_0^{1,p}(\Omega)$ *vérifiant*

$$-\Delta_p u = -div\left(|\nabla u|^{p-2} \nabla u\right) = f \text{ dans } \Omega .$$

Preuve. On sait qu'il existe $u \in W_0^{1,p}(\Omega)$ vérifiant :

$$J(u) = \frac{1}{p}\int_\Omega |\nabla u|^p dx - \int_\Omega fu = \inf\left\{\frac{1}{p}\int_\Omega |\nabla v|^p dx - \int_\Omega fv,\ v \in W_0^{1,p}(\Omega)\right\}.$$

De plus, $u = \underset{\sim}{u} \geqslant 0$. En effet, $u \in W_0^{1,p}(\Omega)$ vérifie $-\Delta_p u = f$. Par le principe du maximum $u \geqslant 0$. Par ailleurs, l'opérateur $-\Delta_p$ étant strictement monotone sur $W_0^{1,p}(\Omega)$, on déduit que u est l'unique solution de cette équation aux dérivées partielles. Le réarrangement sphérique $\underset{\sim}{u} \geqslant 0$, $\underset{\sim}{u}$ appartient à

$W_0^{1,p}(\Omega)$. De plus, par l'inégalité de Polyà-Szëgo et l'inégalité de Hardy-Littlewood, on a : $\int_\Omega |\nabla \underset{\sim}{u}|^p dx \leqslant \int_\Omega |\nabla u|^p \, dx$ et $\int_\Omega fu \leqslant \int_\Omega \underset{\sim}{f}\underset{\sim}{u} = \int_\Omega f\underset{\sim}{u}$. D'où $J(\underset{\sim}{u}) \leqslant J(u)$. Ainsi $J(\underset{\sim}{u}) = J(u) : u = \underset{\sim}{u}$. La régularité $W^{1,\infty}$ découle du corollaire 5.2.2 précédent. □

On peut montrer l'existence de solution radiale autrement (par exemple par un théorème de point fixe).

En combinant l'inégalité de Bliss avec le théorème 5.2.1, on a :

Théorème 5.2.3.

1. *Si* $T \in W^{-1,\frac{N}{p-1}}(\Omega)$ *alors toute solution* $u \in W_0^{1,p}(\Omega)$, $-div\Big(\widehat{a}(x,u,\nabla u)\Big) = T$ *dans* $\mathcal{D}'(\Omega)$ *vérifie :* $u \in L^q(\Omega)$ *pour tout* $q < +\infty$ *et* $|u|_q \leqslant B_0 \cdot |F|_{L^{\frac{N}{p-1}}}^{\frac{1}{p-1}}$.
2. *Si* $T \in W^{-1,r}(\Omega)$, $p' < r < \dfrac{N}{p-1}$ *alors* $u \in L^{m^*}(\Omega)$, *avec* $m^* = \dfrac{(p-1)rN}{N-(p-1)r}$ *et* $|u|_{m^*} \leqslant B_0 \, |F|_{L^r(\Omega)}^{\frac{1}{p-1}}$.

Preuve.

1. Soient $1 \leqslant q < +\infty$, $p < m < N$ t.q. $q < \dfrac{Nm}{n-m} = m^*$. Alors d'après l'inégalité de Bliss (voir lemme 4.4.1)

$$|u|_{L^q}^{m^*} \leqslant B \left[\int_{\Omega_*} \left| v_*'(t) t^{\frac{N-1}{N}} \right|^m dt \right]^{\frac{m^*}{m}}$$

en utilisant l'estimation $-v_*'(t)t^{1-\frac{1}{N}} \leqslant c_N \big(G_{*v}\big)^{\frac{1}{p}}(t)$, on déduit

$$|v|_q^{m^*} \leqslant B c_N^{m^*} \left[\int_{\Omega_*} (G_{*v})^{\frac{m}{p}} (t) dt \right]^{\frac{m^*}{m}}$$

$$|v|_q \leqslant B^{\frac{1}{m^*}} c_N \, |G_{*v}|_{L^{\frac{m}{p}}}^{\frac{1}{p}} \leqslant B^{\frac{1}{m^*}} c_N \, |F|_{L^{\frac{N}{p-1}}}^{\frac{1}{p-1}} < +\infty$$

pour $F \in L^{\frac{N}{p-1}}(\Omega)^N$, $m < N$.
2. La démonstration est identique à celle ci-dessus en prenant $m = (p-1)r$, ainsi $0 < m < N$. D'où $|v|_q \leqslant B^{\frac{1}{m^*}} c_N \, |F|_{L^r}^{\frac{1}{p-1}}$. □

5.2.2 Cas des problèmes Neumann-Dirichlet

Des résultats analogues peuvent être obtenus pour des problèmes de Neumann-Dirichlet.
Si le domaine est un ouvert borné connexe lipschitzien, et si on note Γ_0 une partie de mesure positive de $\partial\Omega$, $\Gamma_1 = \partial\Omega\backslash\Gamma_0$, alors on posera comme au chapitre 4, paragraphe 4.3, $\dfrac{1}{N\sigma_N^{\frac{1}{N}}}$ la constante isopérimétrique associée à Ω et à $W^{1,p}_{\Gamma_0}(\Omega) = \Big\{v \in W^{1,p}(\Omega) : v = 0 \; sur \; \Gamma_0\Big\}$. Alors $\dfrac{1}{N\sigma_N^{\frac{1}{N}}} = \sup\limits_{u\in W^{1,1}_{\Gamma_0}} \dfrac{|u|_{\frac{N}{N-1}}}{|\nabla u|_1}$.

En suivant la même démarche qu'au paragraphe précédent on a :

Théorème 5.2.4. *Soient* $T = -div(F) \in \Big(W^{1,p}_{\Gamma_0}(\Omega)\Big)'$ *et* $F \in L^{p'}(\Omega)^N$. *Alors pour toute solution* $u \in W^{1,p}_{\Gamma_0}(\Omega)$, *vérifiant*

$$\int_\Omega \widehat{a}(x,u,\nabla u)\cdot\nabla\varphi dx = \int_\Omega F\cdot\nabla\varphi, \quad \forall\,\varphi \in W^{1,p}_{\Gamma_0}(\Omega)$$

on a pour presque tout $s \in \Omega_*$:

1. $\big[\widehat{a}(\nabla u)\cdot\nabla u\big]_{*v}(s) = \big[F\cdot\nabla u\big]_{*v}(s)$
où $\widehat{a}(\nabla u) = \widehat{a}(x,u,\nabla u)$, $v = |u|$,
2. $|\nabla u|_{*v}(s) \leqslant \dfrac{(G_{*v})^{\frac{1}{p}}(s)}{\alpha^{\frac{1}{p-1}}}$ *où* $G = |F|^{p'}$,
3. $-v_*'(s) \leqslant \widehat{c}_N s^{\frac{1}{N}-1}(G_{*v})^{\frac{1}{p}}(s)$ *où* $\widehat{c}_N = \dfrac{1}{N\sigma_N^{\frac{1}{N}}\alpha^{\frac{1}{p-1}}}$.

De ce fait les corollaires de ce théorème sont identiques à ceux du paragraphe 5.2.1 du problème Dirichlet, il suffit de remplacer α_N par σ_N.

Corollaire 5.2.4 (du théorème 5.2.4). *Soit une solution* $u \in W^{1,p}_{\Gamma_0}(\Omega)$ *de* $\displaystyle\int_\Omega \widehat{a}(\nabla u)\cdot\nabla\varphi dx = \int_\Omega F\cdot\nabla\varphi$, $\forall\,\varphi \in W^{1,p}_{\Gamma_0}(\Omega)$. *Alors*

1. *si* $F \in L^r(\Omega)^N$, $r > \max\left(\dfrac{N}{p-1}, \dfrac{p}{p-1}\right)$ *alors* $u \in L^\infty(\Omega)$

$$|u|_\infty \leqslant \frac{\overline{b}(0)}{N\sigma_N^{\frac{1}{N}}\alpha^{\frac{1}{p-1}}}|F|^{\frac{1}{p-1}}_{L^r(\Omega)},$$

2. *si* $F \in L^{\frac{N}{p-1}}(\Omega)$, $p < N$ *alors* $u \in L^q(\Omega)$ $\forall\, q < +\infty$

$$|u|_q \leqslant c|F|^{\frac{1}{p-1}}_{L^{\frac{N}{p-1}}},$$

3. *si* $F \in L^r(\Omega)$, $p' < r < \dfrac{N}{p-1}$, $u \in L^{m^*}(\Omega)$, $m^* = \dfrac{N(p-1)r}{N-(p-1)r}$ *et*

$$|u|_{m^*} \leqslant c|F|_{L^r}^{\frac{1}{p-1}} .$$

En utilisant le α-réarrangement, on obtient alors :

Corollaire 5.2.5 (du théorème 5.2.4). *Soient* $T \in L^r(\Omega)$, $r > N$ *et* $u \in W^{1,p}_{\Gamma_0}(\Omega)$ *solution de* $\int_\Omega \widehat{a}(\nabla u)\cdot\nabla\varphi = \int_\Omega F\cdot\nabla\varphi$, *pour tout* $\varphi \in W^{1,p}_{\Gamma_0}(\Omega)$, $T = -div(F)$, *on suppose que* $u \geqslant 0$. *Alors* $\nabla C_\alpha(u) \in L^\infty(\Omega)^N$. *De plus, on a*

$$|\nabla C_\alpha(u)|_*(\sigma) \leqslant \frac{|F|_\infty^{\frac{1}{p-1}}}{\alpha^{\frac{1}{p-1}}}, \ \forall\sigma \in \overline{\Omega}_* .$$

Preuve. On suit exactement la même preuve que le corollaire 5.2.3. □

Remarque.

- Le problème de Neumann-Dirichlet est formellement équivalent à

$$\begin{cases} -div\big(\widehat{a}(x,u,\nabla u)\big) = T & dans\ \Omega, \\ \widehat{a}(\nabla u)\cdot\overrightarrow{n} = 0 & sur\ \Gamma_1 = \partial\Omega\backslash\Gamma_0, \\ u = 0 & sur\ \Gamma_0. \end{cases}$$

- Dans la suite, on écrira toujours $\widehat{a}(\nabla u) = \widehat{a}(x,u,\nabla u)$.

5.3 Cas des équations de Neumann homogènes

Considérons $f \in L^{p'}(\Omega)$ de moyenne nulle. Considérons le problème formel suivant :

$$(\mathcal{P}_N)\begin{cases} u \in W^{1,p}(\Omega), \\ -div\big(\widehat{a}(x,u,\nabla u)\big) = f & dans\ \Omega, \\ \widehat{a}(\nabla u)\cdot\overrightarrow{n} = 0 & sur\ \partial\Omega, \end{cases}$$

$\overrightarrow{n}(x)$ la normale unitaire extérieure à $\partial\Omega$ au point x, Ω est un ouvert connexe lipschitzien. Le problème variationnel correspondant étant

$$\int_\Omega \widehat{a}(\nabla u)\cdot\nabla\varphi dx = \int_\Omega f\varphi \quad \forall\varphi \in W^{1,p}(\Omega). \qquad (\mathcal{P}_{vN})$$

On a alors l'estimation ponctuelle suivante :

Théorème 5.3.1. *Toute solution variationnelle* $u \in W^{1,p}(\Omega)$ *de* $(\mathcal{P}_{vN})$ *vérifie pour presque tout* s

1. $\Big(\widehat{a}(\nabla u)\cdot\nabla u\Big)_{*v}(s) \leqslant -v_*'(s)\displaystyle\int_0^s |f|_{*v}(\sigma)d\sigma,$

2. $|\nabla v|_{*v}(s) \leqslant \left[\frac{Q}{\alpha} \max\left(s, |\Omega| - s\right)^{\frac{1}{N}-1}\right]^{\frac{1}{p-1}} \left(\int_0^s |f|_{*v}(\sigma) d\sigma\right)^{\frac{1}{p-1}}$,

3. $-v_*'(s) \leqslant \left[\frac{Q}{\alpha^{\frac{1}{p}}} \max\left(s, |\Omega| - s\right)^{\frac{1}{N}-1}\right]^{p'} \left(\int_0^s |f|_{*v}(\sigma) d\sigma\right)^{\frac{1}{p-1}}$

où $v = |u|$, Q la constante relative isopérimétrique associée à Ω.

Preuve. Soit la fonction $\varphi = \big(v - v_*(s)\big)_+ \operatorname{sign}(u) \in W^{1,p}(\Omega)$, en appliquant le lemme 5.1.2, on déduit de

$$\int_{v>v_*(s)} \widehat{a}(\nabla u) \cdot \nabla u \, dx = \int_\Omega f \operatorname{sign}(u)\big(v - v_*(s)\big)_+ dx$$

que

$$\Big[\widehat{a}(\nabla u) \cdot \nabla u\Big]_{*v}(s) = -v_*'(s) \int_0^s \big(f \operatorname{sign}(u)\big)_{*v}(\sigma) d\sigma \, .$$

Comme $f \operatorname{sign}(u) \leqslant |f|$ et que $-v_*' \geqslant 0$, d'où l'énoncé (1).
Quant à l'énoncé (2), on utilise la coercivité de $\widehat{a}$ pour déduire

$$\big[\widehat{a}(\nabla u) \cdot \nabla u\big]_{*v}(s) \geqslant \alpha\big[\,|\nabla v|^p\,\big]_{*v}(s),$$

ce qui donne en combinant avec l'énoncé (1) et la propriété PSR que

$$\big(\,|\nabla v|^p\,\big)_{*v}(s) \leqslant \frac{Q}{\alpha} \max\left(s, |\Omega| - s\right)^{\frac{1}{N}-1} |\nabla v|_{*v}(s) \left(\int_0^s |f|_{*v}(\sigma) d\sigma\right).$$

D'après l'inégalité de Hölder, on a :

$$\big(\,|\nabla v|^p\,\big)_{*v}(s) \geqslant \big(\,|\nabla v|_{*v}(s)\big)^p.$$

Ainsi les deux dernières inégalités conduisent à l'énoncé (2) i.e.

$$|\nabla v|_{*v}(s) \leqslant \left[\frac{Q}{\alpha} \max\left(s, |\Omega| - s\right)^{\frac{1}{N}-1}\right]^{\frac{1}{p-1}} \left(\int_0^s |f|_{*v}(\sigma) d\sigma\right)^{\frac{1}{p-1}} .$$

De nouveau, en utilisant l'inégalité PSR l'énoncé (2) conduit à (3). □

Corollaire 5.3.1 (du théorème 5.3.1).
On suppose que $f \in L^{\frac{N}{p}, \frac{1}{p-1}}(\Omega)$. Alors

$$u \in L^\infty(\Omega) \text{ et } |u|_\infty \leqslant \frac{2}{|\Omega|} |u|_1 + \left(\frac{Q}{\alpha^{\frac{1}{p}}}\right)^{p'} |f|^{\frac{1}{p-1}}_{(\frac{N}{p}, \frac{1}{p-1})} .$$

Preuve. On sait que $\int_0^s |f|_{*v}(\sigma)d\sigma \leqslant \int_0^s |f|_*(\sigma)d\sigma$. On a alors

$$v_*(0) - v_*\left(\frac{|\Omega|}{2}\right) \leqslant \int_0^{\frac{|\Omega|}{2}} \left[\frac{Q}{\alpha^{\frac{1}{p}}} \max\left(s, |\Omega| - s\right)^{\frac{1}{N}-1}\right]^{p'} \left(\int_0^s |f|_* d\sigma\right)^{\frac{1}{p-1}} ds$$

$$= \left(\frac{Q}{\alpha^{\frac{1}{p}}}\right)^{p'} \int_0^{\frac{|\Omega|}{2}} s^{(\frac{1}{N}-1)p'} \left(\int_0^s |f|_*(\sigma)d\sigma\right)^{\frac{1}{p-1}} ds\,.$$

Or on a pour cette dernière intégrale

$$\int_0^{\frac{|\Omega|}{2}} \left[s^{(\frac{1}{N}-1)p+1} |f|_{**}(s)\right]^{\frac{1}{p-1}} ds = \int_0^{\frac{|\Omega|}{2}} \left[s^{\frac{p}{N}} |f|_{**}(s)\right]^{\frac{1}{p-1}} \frac{ds}{s} \leqslant |f|^{\frac{1}{p-1}}_{(\frac{N}{p},\frac{1}{p-1})}\,.$$

En combinant ces dernières inégalités, on obtient :

$$|u|_\infty = v_*(0) \leqslant$$

$$\leqslant v_*\left(\frac{|\Omega|}{2}\right) + \left(\frac{Q}{\alpha^{\frac{1}{p}}}\right)^{p'} |f|^{\frac{1}{p-1}}_{(\frac{N}{p},\frac{1}{p-1})} \leqslant \frac{2}{|\Omega|}|u|_1 + \left(\frac{Q}{\alpha^{\frac{1}{p}}}\right)^{p'} |f|^{\frac{1}{p-1}}_{(\frac{N}{p},\frac{1}{p-1})}\,.$$

□

Remarque. Dans le cas du problème de Dirichlet homogène (ou Neumann-Dirichlet), on a le même type de résultat i.e. si $u \in W_0^{1,p}(\Omega)$ est une solution de $-div\big(\widehat{a}(\nabla u)\big) = f$ et si $f \in L^{\frac{N}{p},\frac{1}{p-1}}(\Omega)$ alors $u \in L^\infty(\Omega)$ et on a :

$$|u|_\infty \leqslant \left(\frac{1}{N\alpha_N^{\frac{1}{N}}\alpha^{\frac{1}{p}}}\right)^{p'} |f|^{\frac{1}{p-1}}_{(\frac{N}{p},\frac{1}{p-1})}\,.$$

Pour traiter le cas où $f \in L^{m,\frac{q}{p-1}}(\Omega)$, $1 \leqslant m < \dfrac{N}{p}$, commençons par l'observation suivante :

Proposition 5.3.1. *$\forall\, u \in L^1(\Omega)$, si $v = |u|$ alors on a : $\forall\, r > 0,\ q > 0$*

$$\left(\int_{\frac{|\Omega|}{2}}^{|\Omega|} \sigma^{\frac{q}{r}-1} v_*(\sigma)^q d\sigma\right)^{\frac{1}{q}} \leqslant 2\,|\Omega|^{\frac{1}{r}-1}\left(\frac{r}{q}\right)^{\frac{1}{q}} |u|_1 \left(1 - \left(\frac{1}{2}\right)^{\frac{q}{r}}\right)^{\frac{1}{q}}.$$

Preuve. Puisque v_* est décroissante, on a :

$$\int_{\frac{|\Omega|}{2}}^{|\Omega|} \sigma^{\frac{q}{r}-1} v_*(\sigma)^q d\sigma \leqslant v_* \left(\frac{|\Omega|}{2}\right)^q \left(\frac{r}{q}\right) |\Omega|^{\frac{q}{r}} \left(1 - \left(\frac{1}{2}\right)^{\frac{q}{r}}\right)$$

et

$$v_* \left(\frac{|\Omega|}{2}\right) \leqslant \frac{2}{|\Omega|} \int_0^{\frac{|\Omega|}{2}} v_*(\sigma) d\sigma \leqslant \frac{2}{|\Omega|} |u|_1 .$$

En combinant ces deux dernières inégalités, on obtient la proposition. □

On a maintenant le théorème de régularité, pour $u \in W^{1,p}(\Omega)$ solution de $-div\big(\widehat{a}(\nabla u)\big) = f$.

Théorème 5.3.2. *Soient* $m \in \left[1, \frac{N}{p}\right[$ *et* $f \in L^{m,\frac{q}{p-1}}(\Omega)$ *avec* $1 \leqslant q < +\infty$. *Alors toute solution* $u \in W^{1,p}(\Omega)$ *de*

$$\int_\Omega \widehat{a}(\nabla u) \cdot \nabla\varphi \, dx = \int_\Omega f\varphi \, dx, \quad \forall \varphi \in W^{1,p}(\Omega)$$

vérifie $u \in L^{r,q}(\Omega)$ *avec* $r = \dfrac{mN(p-1)}{N-p}$. *De plus,*

$$|u|_{r,q} \leqslant 4 |\Omega|^{\frac{1}{r}-1} \left(\frac{r}{q}\right)^{\frac{1}{q}} |u|_1 + \left(\frac{Q}{\alpha^{\frac{1}{p}}}\right)^{p'} r \, |f|_{(m,\frac{q}{p-1})}^{\frac{1}{p-1}} .$$

Preuve. On écrit $|u|_{r,q}^q = I_1 + I_2$ et $v = |u|$ où $I_1 = \displaystyle\int_0^{\frac{|\Omega|}{2}} \sigma^{\frac{q}{r}-1} v_*(\sigma)^q d\sigma$. Alors, l'estimation de $I_2^{\frac{1}{q}}$ découle de la proposition 5.3.1. Quant à I_1 on déduit de l'estimation ponctuelle de v_*' que :

$$v_*(s) - v_* \left(\frac{|\Omega|}{2}\right) \leqslant \left(\frac{Q}{\alpha^{\frac{1}{p}}}\right)^{p'} \int_s^{\frac{|\Omega|}{2}} t^{-\frac{p'}{N'}} \left(\int_0^t |f|_{*v}(\sigma) d\sigma\right)^{\frac{1}{p-1}}, \quad s < \frac{|\Omega|}{2} .$$

Comme $\int_0^t |f|_{*v}(\sigma) d\sigma \leqslant \int_0^t |f|_*(\sigma) d\sigma$, on déduit

$$I_3 = \int_0^{\frac{|\Omega|}{2}} \sigma^{\frac{q}{r}-1} \left[v_*(\sigma) - v_*\left(\frac{|\Omega|}{2}\right)\right]^q d\sigma$$

$$\leqslant \left(\frac{Q}{\alpha^{\frac{1}{p}}}\right)^{qp'} \int_0^{\frac{|\Omega|}{2}} \sigma^{\frac{q}{r}-1} \left[\int_0^{\frac{|\Omega|}{2}} t^{-\frac{p'}{N'}} \left(\int_0^t |f|_*(\sigma)d\sigma\right)^{\frac{1}{p-1}} dt\right]^q d\sigma\,.$$

On applique maintenant l'inégalité de Hardy à la seconde intégrale pour obtenir la majoration suivante

$$I_3 \leqslant \left(\frac{Q}{\alpha^{\frac{1}{p}}}\right)^{qp'} r^q \int_{\Omega *} \left[|f|_{**}(t)\right]^{\frac{q}{p-1}} t^{\frac{q}{p-1}+\frac{q}{r}+q-1-\frac{qp'}{N'}} dt.$$

Mais on a $\dfrac{q}{p-1} + \dfrac{q}{r} + q - \dfrac{qp'}{N'} = \dfrac{q}{p-1}\left[\dfrac{p}{N} + \dfrac{p}{r} - \dfrac{1}{r}\right] = \dfrac{q}{m(p-1)}$ avec $r = \dfrac{mN(p-1)}{N-p}$. D'où

$$I_3 \leqslant \left(\frac{Q}{\alpha^{\frac{1}{p}}}\right)^{qp'} r^q \int_{\Omega_*} \left[|f|_*(t)t^{\frac{1}{m}}\right]^{\frac{q}{p-1}} \frac{dt}{t} : I_3^{\frac{1}{q}} \leqslant \left(\frac{Q}{\alpha^{\frac{1}{p}}}\right)^{p'} r\, |f|_{(m,\frac{q}{p-1})}^{\frac{1}{p-1}}.$$

Ce qui implique (en comparant I_1 et I_2)

$$I_1^{\frac{1}{q}} \leqslant \left(\frac{Q}{\alpha^{\frac{1}{p}}}\right)^{p'} r\, |f|_{(m,\frac{q}{p-1})}^{\frac{1}{p-1}} + v_*\left(\frac{|\Omega|}{2}\right)\left(\frac{|\Omega|}{2}\right)^{\frac{1}{r}}\left(\frac{r}{q}\right)^{\frac{1}{q}}.$$

Comme $v_*\left(\dfrac{|\Omega|}{2}\right) \leqslant \dfrac{2}{|\Omega|}|u|_1$, on déduit l'estimation de $I_1^{\frac{1}{q}}$.

En notant en outre que $|u|_{r,q} \leqslant I_1^{\frac{1}{q}} + I_2^{\frac{1}{q}}$, on obtient l'estimation du théorème. □

Remarque. Si $m > p'$, $q < p^*$ alors $L^{r,q}(\Omega) \subsetneqq L^{p^*}(\Omega)$.

Si on considère $m = \dfrac{q}{p-1} = 1$ (donc $p \geqslant 2$), alors on trouve

$$u \in L^{\frac{N}{N-p}(p-1),1}(\Omega) \subset L^s(\Omega), \quad \forall\, s < \frac{N}{N-p}(p-1) \text{ pour } f \in L^1(\Omega).$$

Pour varier les systèmes à étudier, considérons dans ce qui suit un problème de valeurs propres non linéaires issu de la physique des plasmas.

5.4 Un problème de valeurs propres non linéaires en physique des plasmas

Soit Ω un ouvert borné connexe de classe C^∞ dans $\mathbb{R}^2$. On considère le sous-espace fermé de $H^1(\Omega)$ suivant :

$$V = \left\{v \in H^1(\Omega) : v = \text{constante sur } \partial\Omega\right\}.$$

Théorème 5.4.1. *Il existe une fonction $u \in H^2(\Omega) \cap V$ vérifiant pour $\lambda > 0$, I donné*

$$[T] \qquad \begin{cases} -\Delta u + \lambda u_- = 0 & \textit{dans } \Omega, \\ u = \gamma = (\textit{constante}) & \textit{sur } \partial\Omega, \\ \displaystyle\int_{\partial\Omega} \frac{\partial u}{\partial n} d\ell = I > 0. \end{cases}$$

(voir chapitre 10, problèmes des plasmas pour une démonstration due à M. Sermange).

Proposition 5.4.1.
Toute solution u du problème $[T]$ est deux fois continûment dérivable.

Théorème 5.4.2.
Soit u une solution du système $[T]$. Alors,

$$(a) \lambda > \lambda_1 \Longleftrightarrow u|_\Gamma > 0,$$
$$(b) \lambda = \lambda_1 \Longleftrightarrow u|_\Gamma = 0,$$
$$(c) \lambda < \lambda_1 \Longleftrightarrow u|_\Gamma < 0$$

où λ_1 est la première valeur propre sur Ω du problème de Dirichlet.

Preuve.
Notons tout d'abord que si $u|_\Gamma \leqslant 0$ alors d'après le principe du maximum strict (voir les inégalités de Harnack, par exemple dans le livre de Gilbarg-Trudinger [68]) on a $u < 0$. Si $u|_\Gamma > 0$ alors u est une fonction propre du Laplacien dans $\Omega_p = \Big\{u < 0\Big\}$ associée à la valeur propre λ. Puisque u ne s'annule pas dans Ω_p, λ est donc la première valeur dans Ω_p.

Comme la première valeur propre du problème de Dirichlet est une fonction décroissante du domaine, ceci ne peut avoir lieu que si $\lambda > \lambda_1$.

De même si $u|_\Gamma = 0$ alors $\Omega = \Omega_p$, et par conséquent $\lambda = \lambda_1$.

Nous avons ainsi prouvé que

$$\textit{Si } u|_\Gamma > 0 \textit{ alors } \lambda > \lambda_1 \textit{ et } u|_\Gamma = 0 \Longleftrightarrow \lambda = \lambda_1.$$

Montrons que si $\lambda > \lambda_1$ alors $u|_\Gamma > 0$. En effet, soit φ_1 la première fonction propre du Laplacien associée à λ_1, alors on peut choisir $\varphi_1 \geqslant 0$ (car $|\nabla\varphi_1| = |\nabla|\varphi_1||$).

En utilisant la formule de Green, nous avons

$$-u|_\Gamma \int_{\partial\Omega} \frac{\partial\varphi_1}{\partial n} d\ell = \int_\Omega \Big(\varphi_1 \Delta u - u\Delta\varphi_1\Big) dx = \int_\Omega \Big(\lambda\varphi_1 u_- + \lambda_1\varphi_1 u\Big) dx,$$

$$> \int_\Omega \lambda_1\varphi_1(u_- + u) dx(\textit{ car } \lambda > \lambda_1 \textit{ et } |u < 0| > 0) = \lambda_1 \int_\Omega \varphi_1 u_+ dx \geqslant 0.$$

Ainsi

$$u|_\Gamma \int_\Omega \lambda_1\varphi_1 = -u|_\Gamma \int_{\partial\Omega} \frac{\partial\varphi_1}{\partial n} d\ell > 0 : u|_\Gamma > 0.$$ □

Dans ce qui va suivre on suppose que $\lambda > \lambda_1$.

Lemme 5.4.1.
Soit φ_1 la première fonction propre du problème de Dirichlet suivant

$$\begin{cases} -\Delta\varphi_1 = \lambda_1\varphi_1, \\ \varphi_1 = 0 \ sur \ \partial\Omega \\ \displaystyle\int_\Omega \varphi_1 dx = \frac{1}{\lambda_1}. \end{cases}$$

Alors, pour toute solution u du problème $[T]$, on a

$$0 < u|_\Gamma \leqslant \frac{\lambda-\lambda_1}{\lambda} I \operatorname*{Max}_{\overline{\Omega}} \varphi_1 + \lambda_1 \int_\Omega \varphi_1 u_+ dx .$$

Preuve.

Nous avons vu qu'à partir de la formule de Green, on a

$$-u|_\Gamma \int_{\partial\Omega} \frac{\partial\varphi_1}{\partial n} d\ell = \int_\Omega \Big(\lambda\varphi_1 u_- + \lambda_1\varphi_1 u\Big) dx =$$
$$= (\lambda - \lambda_1) \int_\Omega \varphi_1 u_- dx + \lambda_1 \int_\Omega \varphi_1 u_+ dx.$$

Par la formule de Green et le choix de φ_1

$$-\int_{\partial\Omega} \frac{\partial\varphi_1}{\partial n} d\ell = -\int_\Omega \Delta\varphi_1 dx = \lambda_1 \int_O \varphi_1 dx = 1$$

d'où l'identité suivante :

$$u|_\Gamma - \lambda_1 \int_\Omega \varphi_1 u_+ dx = (\lambda - \lambda_1) \int_\Omega \varphi_1 u_- dx. \tag{5.5}$$

Comme $u \in K = \Big\{v \in V : \lambda \int_\Omega v_-(x) dx = I\Big\}$:

$$(\lambda - \lambda_1) \int_\Omega \varphi_1 u_- dx \leqslant \frac{\lambda-\lambda_1}{\lambda} I \operatorname*{Max}_{\overline{\Omega}} \varphi_1,$$

d'où le résultat. □

Comment estimer $\max_{\overline{\Omega}} \varphi_1$?

Lemme 5.4.2. *Sous les mêmes hypothèses que le lemme 5.4.1, on a :*

(*i*) $\operatorname*{Max}_{\overline{\Omega}} \varphi_1 \leqslant \dfrac{\lambda_1 |\Omega|^{\frac{1}{2}}}{2\pi} |\varphi_1|_{L^2(\Omega)}$,

(*ii*) $|\varphi_1|_{L^2(\Omega)} \leqslant \dfrac{1}{2\sqrt{\pi\lambda_1}}$.

Preuve.

Puisque $-\Delta\varphi_1 = \lambda_1\varphi_1$, $\varphi_1 \in H_0^1(\Omega)$ alors en utilisant le théorème 5.3.1 et l'inégalité de Cauchy-Schwarz :

$$\left[|\nabla\varphi_1|^2\right]_{*\varphi_1}(s) \leqslant \lambda_1 s^{\frac{1}{2}}\,|\varphi_1|_{L^2} \cdot \left(-\frac{d\varphi_{1*}}{ds}\right)(s).$$

Mais, d'après les inégalités ponctuelles pour le réarrangement relatif :

$$-\frac{d\varphi_{1*}}{ds}(s) \leqslant \frac{s^{-\frac{1}{2}}}{2\sqrt{\pi}}\left[|\nabla\varphi_1|^2\right]_{*\varphi_1}^{\frac{1}{2}}(s),$$

ainsi les deux dernières inégalités impliquent :

$$-\frac{d\varphi_{1*}}{ds}(s) \leqslant \frac{\lambda_1 s^{-\frac{1}{2}}}{4\pi}\,|\varphi_1|_{L^2(\Omega)}\,. \tag{5.6}$$

On intègre cette dernière inégalité pour obtenir :

$$\operatorname*{Max}_{\overline{\Omega}}\ \varphi_1 \leqslant \frac{\lambda_1}{2\pi}\,|\Omega|^{\frac{1}{2}}\,|\varphi_1|_{L^2(\Omega)}\,. \tag{5.7}$$

Pour obtenir la deuxième inégalité, en utilisant le même argument qu'au théorème 5.3.1, on a :

$$-s\frac{d\varphi_{1*}}{ds}(s) \leqslant \frac{\lambda_1}{4\pi}\left(\int_0^s \varphi_{1*}(t)dt\right). \tag{5.8}$$

On multiplie cette équation par φ_{1*}, d'où

$$-s\frac{d}{ds}\varphi_{1*}^2 \leqslant \frac{\lambda_1}{4\pi}\frac{d}{ds}\left\{\int_0^s \varphi_{1*}(t)dt\right\}^2. \tag{5.9}$$

En écrivant

$$-s\frac{d}{ds}\varphi_{1*}^2 = -\frac{d}{ds}(s\varphi_{1*}^2) + \varphi_{1*}^2, \tag{5.10}$$

on déduit après intégration que

$$\int_0^{|\Omega|} \varphi_{1*}^2(t)dt \leqslant \frac{\lambda_1}{4\pi}\left\{\int_0^{|\Omega|} \varphi_{1*}(t)dt\right\}^2 \tag{5.11}$$

soit par équimesurabilité

$$|\varphi_1|_{L^2} \leqslant \frac{1}{2\sqrt{\lambda_1\pi}}. \tag{5.12}$$

□

Corollaire 5.4.1 (du lemme 5.4.2).

$$\operatorname*{Max}_{\overline{\Omega}} \varphi_1 \leqslant \frac{1}{4\pi}\sqrt{\frac{\lambda_1}{\pi}}\,|\Omega|^{\frac{1}{2}}\,.$$

La méthode précédente peut être généralisée sous la forme :

Lemme 5.4.3.
Soit $u \geqslant 0$, $u \in H_0^1(\Omega)$ solution de $\Delta u + f(u) = 0$ avec $f : \mathbb{R}_+ \to \mathbb{R}_+$. Alors

$$8\pi \int_\Omega F(u)dx \leqslant \left\{\int_\Omega f(u)dx\right\}^2$$

avec $F(u) = \displaystyle\int_0^u f(t)\,dt$.

Preuve.
Comme $-\Delta u = f(u)$ alors, on a: $(f \geqslant 0)$

$$\left(|\nabla u|^2\right)_{*u} \leqslant \left(\int_0^s f(u_*)d\sigma\right)\left(-\frac{du_*}{ds}\right).$$

En utilisant l'inégalité de Poincaré-Sobolev ponctuelle, on déduit :

$$-\frac{du_*}{ds} \leqslant \frac{s^{-1}}{4\pi}\left\{\int_0^s f(u_*)d\sigma\right\} \tag{5.13}$$

puisque $f \geqslant 0$,

$$-sf(u_*)\frac{du_*}{ds} \leqslant \frac{1}{4\pi}f(u_*)\left\{\int_0^s f(u_*)d\sigma\right\} \tag{5.14}$$

soit

$$-s\frac{d}{ds}\int_0^{u_*(s)} f(t)dt \leqslant \frac{1}{8\pi}\frac{d}{ds}\left\{\int_0^s f(u_*)(t)dt\right\}^2 \tag{5.15}$$

$$\int_0^{u_*(s)} f(t)dt - \frac{d}{ds}\left\{s\int_0^{u_*(s)} f(t)(t)dt\right\} \leqslant \frac{1}{8\pi}\frac{d}{ds}\left\{\int_0^s f(u_*(t))dt\right\}^2 \tag{5.16}$$

En intégrant cette relation on obtient le résultat. □

Lemme 5.4.4. *Dans l'ouvert Ω_p, on a :*

1. $|u|_{L^2(\Omega_p)} \leqslant \dfrac{I}{2\sqrt{\lambda\pi}}$,
2. $\operatorname{Max}_{\Omega_p} |u| \leqslant \dfrac{I}{4\pi}\sqrt{\dfrac{\lambda}{\pi}}\,|\Omega_p|^{\frac{1}{2}}$.

Preuve.

La fonction $\varphi = |u|$ vérifie le problème analogue à celui de φ_1 suivant

$$-\Delta\varphi = \lambda\varphi \text{ dans } \Omega_p,\ \varphi = 0 \text{ sur } \partial\Omega_p \text{ et } \lambda \int_{\Omega_p} \varphi dx = I.$$

(L'équation est définie au sens variationnel).

En appliquant le lemme 5.4.3 ou en reprenant la preuve du lemme 5.4.2, on a

$$\int_{\Omega_p} \varphi^2 dx \leqslant \frac{1}{4\lambda\pi}\left\{\lambda\int_{\Omega}\varphi\, dx\right\}^2 = \frac{I^2}{4\lambda\pi},$$

d'où (1).

Quant à (2) on sait $\operatorname{Max}_{\Omega_p} |u| \leqslant \dfrac{\lambda}{2\pi}\,|\Omega_p|^{\frac{1}{2}}\,|u|_{L^2(\Omega_p)}$ (voir 5.7)

$\leqslant \dfrac{\lambda}{2\pi}\times \dfrac{I}{2\sqrt{\lambda\pi}}\,|\Omega_p|^{\frac{1}{2}} \leqslant \dfrac{I}{4\pi}\sqrt{\dfrac{\lambda}{\pi}}\,|\Omega_p|^{\frac{1}{2}}$. □

Lemme 5.4.5 (minoration de la taille du plasma).

$$2^{4/3}\frac{\pi}{\lambda} \leqslant |\Omega_p|.$$

Preuve.

$$\frac{1}{|\Omega_p|}\int_{\Omega_p} |u|\, dx = \frac{1}{|\Omega_p|}\int_{\Omega} u_- = \frac{I}{\lambda\,|\Omega_p|}$$

d'où

$$\frac{I}{\lambda\,|\Omega_p|} \leqslant \operatorname{Max}_{\Omega_p} |u| \leqslant \frac{I}{4\pi}\sqrt{\frac{\lambda}{\pi}}\,|\Omega_p|^{\frac{1}{2}}$$

$$4\frac{\pi^{3/2}}{\lambda^{3/2}} \leqslant |\Omega_p|^{3/2}.$$

□

5.5 Quelques remarques subsidiaires

Les conséquences des études précédentes sont nombreuses, en voici un exemple:

Théorème 5.5.1 (régularité sans poids). *Soient Ω un ouvert lipschitzien de $\mathbb{R}^2$, borné et* $V = \left\{v \in W^{1,2}(\Omega),\ \Delta v \in L^\infty(\Omega) \text{ et } \gamma_0 v \leqslant 0\right\}$. *Alors,*

$$\forall v \in V,\ v_{+*} \in W^{1,\infty}(\Omega_*),\ -v'_{+*}(s) \leqslant \frac{1}{4\pi}\, |\Delta v|_{**}(s)\ .$$

Preuve. Posons $w = v_+$ et écrivons pour tout $s \in \Omega_*$

$$\int_\Omega \Delta v \cdot \big(w - w_*(s)\big)_+ ds = \int_\Omega \Delta v\big(w - w_*(s)\big)_+ dx,\ w \in W_0^{1,2}(\Omega)\ .$$

D'où $-\displaystyle\int_{\{w>w_*(s)\}} |\nabla w|^2\, ds = \int_\Omega \Delta v\big(w - w_*(s)\big)_+ dx$, en dérivant en s on déduit :

$$\Big(|\nabla w|^2\Big)_{*w}(s) = +\frac{dw_*}{ds}(s)\int_0^s (\Delta v)_{*w}(\sigma)d\sigma\ .$$

Comme $w \in W_0^{1,2}(\Omega)$, $w \geqslant 0$ d'où, en utilisant l'inégalité (PSR) (proposition 4.1.1) $-w'_*(s) \leqslant \dfrac{s^{-\frac{1}{2}}}{2\sqrt{\pi}}\left[\big(|\nabla w|^2\big)_{*w}(s)\right]^{\frac{1}{2}}$. En combinant ces deux dernières relations, on déduit :

$$-w'_*(s) \leqslant \frac{1}{4\pi}\frac{1}{s}\int_0^s \left|(\Delta v)_{*w}\right|(\sigma)d\sigma \leqslant \frac{1}{4\pi}\frac{1}{s}\int_0^s |\Delta v|_*(\sigma)d\sigma\ .$$

□

Remarque. $\left|(\Delta v)_{*w}\right| \leqslant |\Delta v|_{*w}$ car

$$\left|\frac{1}{h}\int_{\{w_*(s+h)<w<w_*(s)\}} \Delta v\, dx\right| \leqslant \frac{1}{h}\int_{\{w_*(s+h)<w<w_*(s)\}} |\Delta v|\, dx\ ,$$

sur $\{w = w_*(s)\}$, $\Delta v = 0$ p.p. .

Notes pré-bibliographiques

Les preuves données dans ce chapitre sont dues à l'auteur et peuvent être trouvées dans les différents articles cités [97,99]. Pour les résultats eux-mêmes, ceux des paragraphes 5.1 et 5.2 sont de l'auteur et trouvent leur origine dans les articles parus en 1986–1987 voir [90,91,108].

Quant aux résultats du paragraphe 5.3 ils sont dus à différents auteurs sur les modèles de Grad-Mercier qui ont été introduits dans la littérature mathématiques par R. Temam [125, 126], voir aussi [18, 23, 87, 117]. Pour les propriétés qualitatives voir le livre de J. Mossino et les références citées dans ce livre.

Le théorème 5.5.1 est énoncé dans Dìaz-Padial-Rakotoson [49].

6

Continuité de l'application dérivée du réarrangement monotone : $u \longrightarrow u'_*$

Dans ce chapitre, nous allons étudier la continuité de l'application, $u \in W^{1,p}(\Omega) \to u'_* \in L^p(\Omega_*, k)$. Les motivations de cette question ont déjà été évoquées au chapitre 2, mais en plus les résultats de ce chapitre seront essentiels pour les prochains chapitres. La réponse à la question précédente a été apportée par Coron-Almgren-Lieb et est assez surprenante.

Si $N = 1$ (donc $k = 1$), elle est toujours continue.

Si $N \geqslant 2$, alors la mesure de Radon associée à la dérivée distribution de $t \to m_{o,u}(t) = mesure\Big\{x : u(x) > t, \nabla u(x) = 0\Big\}$ doit être totalement singulière (i.e. ne doit pas comporter de partie absolument continue par rapport à la mesure de Lebesgue) pour que l'application soit continue au point u. On dira dans ce cas que la fonction est co-aire régulière, c'est le cas des fonctions de $W^{N,p}_{loc}(\Omega)$, $p > 1$.

Le lien avec la dimension 1, est que toute fonction de $W^{1,1}_{loc}(\Omega)$ est co-aire régulière pour Ω un intervalle de $I\!R$.

Nous allons pour cela introduire quelques résultats généraux.

6.1 Quelques résultats généraux : convergence dans $W^{1,1}$ et longueur d'un arc de courbe d'une fonction monotone

On a le théorème suivant :

Théorème 6.1.1. *Soit $\{v,\ v_j\}$ une suite de fonctions décroissantes de $W^{1,1}(\Omega_*)$. On suppose qu'on a les convergences suivantes:*

1. $\lim\limits_j \displaystyle\int_{\Omega_*} |v_j(t) - v(t)|\, dt = 0,$

2. $\lim\limits_j \displaystyle\int_{\Omega_*} \sqrt{1 + v_j'(t)^2}\, dt = \int_{\Omega_*} \sqrt{1 + v'(t)^2}\, dt.$

Alors

$$\lim_j \int_{\Omega_*} \left|v_j'(t) - v'(t)\right| dt = 0$$

et pour tout $0 < \alpha < \beta < |\Omega|$,

$$\lim_j \int_\alpha^\beta \sqrt{1 + v_j'(t)^2}\, dt = \int_\alpha^\beta \sqrt{1 + v'(t)^2}\, dt \ .$$

Preuve du théorème.

1ère étape. Montrons que pour tout $\alpha \in]0,1[$, on a :

$$\int_{\Omega_*} \left|v_j' - v'\right|^\alpha (t) dt \underset{j}{\to} 0 \ .$$

Soit $n \in I\!\!N^*$, notons $\widetilde{v}_n'(x) = \begin{cases} v'(x) & si\ |v'(x)| \leqslant n \\ 0 & sinon \end{cases}$. D'après le théorème de Lusin, il existe $\varphi_n \in C(\overline{\Omega}_*)$ t.q.

$$0 \leqslant -\varphi_n \leqslant n, \ \left|\left\{x \in \Omega_* : \widetilde{v}_n'(x) \neq \varphi_n(x)\right\}\right| \leqslant \frac{1}{2^n}. \tag{6.1}$$

D'après l'inégalité suivante, si $a \geqslant 0, \ b \geqslant 0$ alors on a :

$$\sqrt{1+b^2} \geqslant \sqrt{1+a^2} + \frac{a}{\sqrt{1+a^2}}(b-a) + \frac{1}{2}\frac{(b-a)^2}{\left[1+\max(a,b)^2\right]^{\frac{3}{2}}} \ .$$

et puisque $-v_j' \geqslant 0, \ -\varphi_n \geqslant 0$, on déduit :

$$\int_{\Omega_*} \sqrt{1 + v_j'(t)^2}\, dt \geqslant \int_{\Omega_*} \sqrt{1 + \varphi_n^2(t)}\, dt$$

$$+ \int_{\Omega_*} \frac{\varphi_n(t)\big(v_j' - \varphi_n\big)(t)}{\sqrt{1+\varphi_n^2(t)}} dt + \frac{1}{2}\int_{\Omega_*} \frac{\big(v_j' - \varphi_n\big)^2 dt}{\left[1 + \max\big(v_j', \varphi_n\big)^2\right]^{\frac{3}{2}}}. \tag{6.2}$$

Puisque $\displaystyle\lim_{j \to +\infty} \int_{\Omega_*} \frac{\varphi_n}{\sqrt{1+\varphi_n^2}}\big(v_j' - v'\big)(t) dt = 0$ (d'après les hypothèses (1) et (2) et que l'on a :

$$|v' - \varphi_n|_1 \leqslant |v' - \widetilde{v}_n'|_1 + |\widetilde{v}_n' - \varphi_n|_1 \leqslant \int\limits_{|v'| \geqslant n} |v'|\, dt + \frac{n}{2^{n-1}} = o(1)_{n \to +\infty}$$

par conséquent,

$$\int_{\Omega_*} \frac{\varphi_n(t)(v'_j - \varphi_n)(t)}{\sqrt{1+\varphi_n^2(t)}} dt \leqslant \int_{|v'| \geqslant n} |v'| dt + \frac{n}{2^{n-1}} + o(1)_{j \to +\infty}.$$

Par ailleurs,

$$\int_{\Omega_*} \frac{\left(v'_j - \varphi_n\right)^2(t)dt}{\left[1+\max\left(v'_j, \varphi_n\right)^2\right]^{\frac{3}{2}}} \geqslant \int_{\Omega_*} \frac{\left(v'_j - v'\right)^2(t)dt}{\left[1+\max\left(v'_j, v'\right)^2\right]^{\frac{3}{2}}} - 4\left|\left\{ |v'| \geqslant n \right\}\right| - \frac{1}{2^{n-2}} \tag{6.3}$$

(en effet, $\Omega_* = \left\{ |v'| \leqslant n, v' = \varphi_n \right\} \cup \left\{ |v'| \leqslant n,\ \widetilde{v}'_n \neq \varphi_n \right\} \cup \left\{ |v'| \geqslant n \right\}$ et $\dfrac{(b-a)^2}{[1+\max(a,b)^2]^{\frac{3}{2}}} \leqslant 2$, pour $a \geqslant 0,\ b \geqslant 0$. D'où une simple décomposition des intégrales permet de déduire l'inégalité ci-dessus en tenant compte de la majoration (6.1)). En faisant tendre j vers l'infini dans la relation (6.2), on déduit, à partir de ces inégalités et de (2),

$$\limsup_j \frac{1}{2} \int_{\Omega_*} \frac{\left(v'_j - v'\right)^2(t)dt}{\left[1+\max\left(v'_j, v'\right)^2\right]^{\frac{3}{2}}} \leqslant 2\left|\left\{ |v'| \geqslant n \right\}\right| +$$

$$+\frac{1}{2^{n-1}} + \frac{n}{2^n} + \int_{\{|v'| \geqslant n\}} |v'|\, dt + \int_{\Omega_*} \left(\sqrt{1+v'^2(t)} - \sqrt{1+\varphi_n^2(t)}\right) dt. \tag{6.4}$$

Mais

$$\int_{\Omega_*} \left(\sqrt{1+v'^2(t)} - \sqrt{1+\varphi_n^2}\right) dt \leqslant \int_{\Omega_*} |v' - \varphi_n|\, dt \leqslant \int_{\{|v'| \geqslant n\}} |v'|\, dt + \frac{n}{2^{n-1}}. \tag{6.5}$$

En combinant (6.5) et (6.4) et en faisant tendre n vers l'infini on arrive à :

$$\lim_j \int_{\Omega_*} \frac{\left(v'_j - v'\right)^2(t)dt}{\left[1+\max(v'_j, v')^2\right]^{\frac{3}{2}}} = 0. \tag{6.6}$$

On déduit de cette relation (6.6) que $\forall\, \theta > 0$

$$\lim_j \int_{\Omega_*} \left|v'_j(t) - v(t)\right| \chi_{\{|(|v'_j) \leqslant \theta\}}(t) \chi_{\{|v'| \leqslant \theta\}}(t) dt = 0, \tag{6.7}$$

et comme $\int_{\Omega_*} |v'_j|\, dt \leqslant c$, c indépendante de j on déduit

$$\left|\left\{t \in \Omega_* : |v'_j(t)| > \theta\right\}\right| \leqslant \frac{c}{\theta} \ et \ \left|\{\, |v'| > \theta\}\right| \leqslant \frac{c}{\theta}. \tag{6.8}$$

Les relations (6.7) et (6.8) impliquent que $\lim_j \int_{\Omega_*} |v'_j - v'|^\alpha = 0$.

2ème étape. Montrons que

$$\lim_j \int_{\Omega_*} \left|\sqrt{1 + v'_j(t)^2} - \sqrt{1 + v'(t)^2}\right| dt = 0\ . \tag{6.9}$$

Posons $A_j = \int_{\Omega_*} \sqrt{1 + v'^2_j(t)} dt$, $f_j = \dfrac{\sqrt{1 + v'^2_j(t)}}{A_j}$, $A = \int_{\Omega_*} \sqrt{1 + v'^2(t)} dt$ et $f = \dfrac{\sqrt{1 + v'^2(t)}}{A}$.

Supposons que la convergence de (6.9) n'ait pas lieu, alors il existe $\eta > 0$ et une sous-suite notée (v'_j) telle que :

$$\int_{\Omega_*} \left|\sqrt{1 + v'_j(t)^2} - \sqrt{1 + v'^2(t)}\right| dt \geqslant \eta > 0 \qquad \forall j\ .$$

En utilisant la première étape, on peut extraire de cette sous-suite, une autre sous-suite (k_j) qui converge simplement (conséquence de la $1^{\text{ère}}$ étape).

Alors $f_{k_j}(t) \underset{j}{\to} \dfrac{\sqrt{1 + v'^2(t)}}{A} = f(t)$, $\int_{\Omega_*} f_{k_j}(t)\, dt = \int_{\Omega_*} f(t)\, dt = 1$. Montrons que $|f_{k_j} - f|_{L^1(\Omega_*)} \underset{j}{\to} 0$, En effet, soit $\varepsilon > 0$, $\exists\, \delta_\varepsilon > 0$ t.q. si $|E| \leqslant \delta_\varepsilon \qquad \int_E f(t)\, dt \leqslant \varepsilon$.

D'après le théorème d'Egoroff, il existe $A_\varepsilon \subset \Omega_*$ t.q. $|\Omega_* \backslash A_\varepsilon| \leqslant \delta_\varepsilon$ et $\sup_{x \in A_\varepsilon} |f_{k_j}(x) - f(x)| \xrightarrow[j \to +\infty]{} 0$. De ce fait, on a :

$$\limsup_j \int_{\Omega_* \backslash A_\varepsilon} f_{k_j}(t)\, dt \leqslant 1 - \lim_j \int_{A_\varepsilon} f_{k_j}(t)\, dt = \int_{\Omega_* \backslash A_\varepsilon} f(t)\, dt \leqslant \varepsilon.$$

Par suite

$$\limsup_j \int_{\Omega_*} |f_{k_j}(t) - f(t)|\ dt \leqslant 2\varepsilon\ :\ \lim_j \int_{\Omega_*} |f_{k_j}(t) - f(t)|\, dt = 0\ .$$

Ceci contredit notre hypothèse de départ. On déduit entre autre :
$\forall\, (\alpha, \beta) : 0 < \alpha < \beta < |\Omega|$

$$\lim_j \int_\alpha^\beta \sqrt{1+v_j'(t)^2}\,dt = \int_\alpha^\beta \sqrt{1+v'^2(t)}\,dt\ .$$

<u>3ème étape.</u> $\lim_j \int_{\Omega_*} \left|v_j' - v'\right| dt = 0.$

En utilisant l'inégalité suivante, pour $a \geqslant 0$, $b \geqslant 0$

$$0 \leqslant |a-b| \left(1 - \frac{2}{\sqrt{1+a^2}+\sqrt{1+b^2}}\right) \leqslant \left|\sqrt{1+a^2} - \sqrt{1+b^2}\right|$$

sachant que $-v' \geqslant 0$, $-v_j' \geqslant 0$, on déduit des relations (6.7), (6.8) et (6.9) que $\forall\,\theta > 0$

$$\limsup_j \int_{\Omega_*} \left|v_j' - v'\right| dt \leqslant \frac{c}{\theta} \xrightarrow[\theta\to+\infty]{} 0\ .$$

□

6.1.1 Les I-fonctions et régularité globale du réarrangement associé

Pour obtenir des fonctions dont le réarrangement monotone est absolument continu dans Ω_*, on a besoin de la définition :

Définition 6.1.1. *Soit $I = (\alpha,\beta)$, $\alpha \leqslant \beta$. Pour $f : \Omega \to \mathbb{R}$, on associe $f^I : \Omega \to \mathbb{R}_+$:*

$$f^I(x) = \begin{cases} 0 & si\ f(x) \leqslant \alpha, \\ f(x)-\alpha & si\ \alpha \leqslant f(x) \leqslant \beta, \\ \beta-\alpha & si\ f(x) \geqslant \beta, \end{cases}$$

<u>f^I</u> est appelée <u>I-fonction de f</u>.

On notera :

$$\mathfrak{I}_f = \Big\{ I = (\alpha,\beta) \in \mathbb{R}^2 : |f>\beta| > 0, \quad |f>\alpha| < |\Omega|, \quad \alpha \leqslant \beta \Big\}.$$

Propriété 6.1.1 (des I-fonctions).

1. *Si on introduit* $T_{\alpha,\beta}(\sigma) = \begin{cases} \beta & si\ \sigma \geqslant \beta, \\ \sigma & si\ \alpha \leqslant \sigma \leqslant \beta, \\ \alpha & si\ \sigma \leqslant \alpha, \end{cases}$
   alors $f^I = T_{\alpha,\beta}(f) - \alpha$, pour toute fonction $f : \Omega \to \mathbb{R}$.
2. $0 \leqslant f^I \leqslant \beta - \alpha$, $\left(f^I\right)_* = (f_*)^I$ *(qu'on notera f_*^I).*
3. *Si $I_j = (\alpha_j,\beta_j) \underset{j}{\to} I = (\alpha,\beta)$ dans $\mathbb{R}^2$, alors $f_j^{I_j} \to f^I$ dans $L^1(\Omega)$ si $f_j \to f$ dans $L^1(\Omega)$.*

Preuve. L'assertion (1) se vérifie immédiatement. Puisque l'application $\sigma \to T_{\alpha,\beta}(\sigma)$ est croissante, on déduit $\left(f^I\right)_* = T_{\alpha,\beta}(f_*) - \alpha = (f_*)^I$. Comme $T_{\alpha,\beta}(\sigma) \geqslant \alpha$, d'où $f^I \geqslant 0$. Comme $T_{\alpha,\beta}(f) \leqslant \beta$: $f^I \leqslant \beta - \alpha$. On a $\left|f_j^{I_j} - f^I\right|(x) \leqslant |f_j(x) - f(x)| + |\beta - \beta_j| + |\alpha - \alpha_j|$ d'où l'assertion (3). □

Lemme 6.1.1 (de régularité des réarrangements des I-fonctions).

1. *Soit* $f \geqslant 0$, $f \in W_0^{1,p}(\Omega)$, $1 \leqslant p \leqslant +\infty$.
Alors, $\forall I \in \mathfrak{I}_f$, $f_*^I \in W^{1,p}(\Omega_*)$. *De plus, on a :*

$$\left|\left(f_*^I\right)'\right|_p \leqslant c_I(f) \left| |\nabla f|_{*f} \right|_p \text{ avec } c_I(f) = \frac{\left(N\alpha_N^{\frac{1}{N}}\right)^{-1}}{|f > \beta|^{1-\frac{1}{N}}} .$$

2. *Si* Ω *est un ouvert connexe borné lipschitzien alors*

$$\forall I \in \mathfrak{I}_f,\ f_*^I \in W^{1,p}(\Omega_*) \text{ si } f \in W^{1,p}(\Omega) .$$

De plus

$$\left|\left(f_*^I\right)'\right|_p \leqslant c_I^1(f) \left| |\nabla f|_{*f} \right|_p ,$$

avec $c_I^1 = \dfrac{Q}{\min\left(|f > \beta|, |f \leqslant \alpha|\right)^{1-\frac{1}{N}}}$, *$Q$ la constante relative isopérimétrique* associée à Ω.

On notera $m(t) = |f > t|$.

Preuve. Puisque $T_{\alpha,\beta}$ est localement lipschitzienne avec $\left|T'_{\alpha,\beta}\right| \leqslant 1$, on déduit que $f_*^I \in W_{loc}^{1,p}(\Omega_*)$ dès que $f_* \in W_{loc}^{1,p}(\Omega_*)$.

Si $f \geqslant 0$, $f \in W_0^{1,p}(\Omega)$, on sait que $N\alpha_N^{\frac{1}{N}} \left|\sigma^{1-\frac{1}{N}} f'_*\right|_p \leqslant \left| |\nabla f|_{*f} \right|_p$, ainsi, pour $p < +\infty$:

$$\int_{\Omega_*} \left|\left(f_*^I\right)'\right|^p d\sigma = \int_{\alpha < f_* < \beta} |f'_*(\sigma)|^p \, d\sigma \leqslant \int_{m(\beta) \leqslant \sigma \leqslant m(\alpha)} \left(\frac{\sigma}{m(\beta)}\right)^{p-\frac{p}{N}} |f'_*(\sigma)|^p \, d\sigma .$$

D'où

$$\left|\left(f_*^I\right)'\right|_p \leqslant \frac{1}{N\alpha_N^{\frac{1}{N}} m(\beta)^{1-\frac{1}{N}}} N\alpha_N^{\frac{1}{N}} \left|\sigma^{1-\frac{1}{N}} f'_*\right|_p \leqslant \frac{\left| |\nabla f|_{*f} \right|_p}{N\alpha_N^{\frac{1}{N}} m(\beta)^{1-\frac{1}{N}}} .$$

Si $f \in W^{1,+\infty}(\Omega) \cap W_0^{1,1}(\Omega)$, $f \geqslant 0$ quand on fait tendre $p \to +\infty$ dans la relation précédente, on a :

$$\left|\left(f_*^I\right)'\right|_\infty \leqslant c_I(f) \left| |\nabla f|_{*f} \right|_\infty .$$

La relation (2) se démontre de la même manière en utilisant la relation $\frac{1}{Q}\left|\min(\sigma, |\Omega| - \sigma)^{1-\frac{1}{N}} f_*'\right|_p \leqslant |\,|\nabla f|_{*f}\,|_p$. □

Remarque. Rappelons que $||\nabla f|_{*f}|_p \leqslant |\nabla f|_p$.

Lemme 6.1.2 (convergence des I-fonctions). *Soit $\{f_j, f\}$ une suite de $W^{1,p}(\Omega)$ t.q. $f_j \underset{j}{\to} f$ dans $W^{1,p}(\Omega)$. Alors $\forall I \in \mathbb{R}^2$, on a $f_j^I \xrightarrow[j\to+\infty]{} f^I$ dans $W^{1,p}(\Omega)$. Ici, $1 \leqslant p < +\infty$.*

Preuve. Soit $I = (\alpha, \beta) \in \mathbb{R}^2$. Alors, p.p. $x \in \Omega$,

$$\left|f_j^I(x) - f^I(x)\right| = |T_{\alpha,\beta}(f_j)(x) - T_{\alpha,\beta}(f)(x)| \leqslant |f_j(x) - f(x)| \ .$$

Donc $f_j^I \to f^I$ dans $L^p(\Omega)$-fort.

Supposons qu'il existe $\varepsilon > 0$ et une sous-suite notée f_j t.q.

$$\int_\Omega |\nabla (T_{\alpha,\beta}(f_j) - T_{\alpha,\beta}(f))|^p \, dx \geqslant \varepsilon > 0, \qquad \forall j \ . \tag{6.10}$$

On peut trouver une fonction $h \in L^p(\Omega)$ et une sous-suite $f_{\sigma(j)}$ t.q.

$$\nabla f_{\sigma(j)}(x) \xrightarrow[j\to+\infty]{} \nabla f(x) \text{ p.p.}, \quad f_{\sigma(j)}(x) \xrightarrow[j\to+\infty]{} f(x) \text{ p.p.}$$

$$\left|\nabla f_{\sigma(j)}(x)\right| \leqslant h(x), \text{ p.p. } .$$

On déduit

$$\nabla T_{\alpha,\beta}\left(f_{\sigma(j)}(x)\right) \xrightarrow[j\to+\infty]{} \nabla T_{\alpha,\beta}\left(f(x)\right) \text{ p.p.}$$

$$\left|\nabla T_{\alpha,\beta}\left(f_{\sigma(j)}(x)\right)\right| \leqslant h(x) \text{ p.p. } .$$

Pour cette sous-suite on a : $\lim_j \int_\Omega \left|\nabla\left(T_{\alpha,\beta}\left(f_{\sigma(j)}\right) - T_{\alpha,\beta}(f)\right)\right|^p dx = 0$ ce qui contredit la relation (6.10). □

Voici le résultat qui lie la convergence des dérivées des réarrangements des I-fonctions et leurs fonctions associées.

Théorème 6.1.2. *Soit $\{f, f_j\}$ une suite de fonctions de $W^{1,1}(\Omega)$ t.q. $f_j \xrightarrow[j\to+\infty]{} f$ dans $W^{1,1}(\Omega)$. On suppose que $\forall I \in \mathfrak{I}_f$, $\forall I_j \in \mathfrak{I}_{f_j}$ t.q. $I_j \to I$ dans $\mathbb{R}^2$, $\left(f_{j*}^{I_j}\right)' \underset{j}{\to} (f_*^I)'$ dans $L^1(\Omega_*)$.*
Alors, $f_{j*} \underset{j}{\to} f_*$ dans $W_{loc}^{1,1}(\Omega_*)$-fort.

Preuve du théorème. Puisque $f_{j_*} \to f_*$ dans $L^1(\Omega_*)$, il suffit de montrer que $f'_{j_*} \to f'_*$ dans $L^1_{loc}(\Omega_*)$. Soit $0 < \varepsilon < \omega < |\Omega|$. Supposons qu'il existe une sous-suite notée (f_n) de (f_j) et un nombre $\eta > 0$:

$$\Delta_n = \int_\varepsilon^\omega \left|f'_{n_*}(t) - f'_*(t)\right| dt \geqslant \eta > 0, \qquad \forall n\,.$$

Quitte à extraire une sous-suite de f_n, on peut trouver

$$(\varepsilon_1, \omega_1) : 0 < \varepsilon_1 \leqslant \varepsilon < \omega \leqslant \omega_1 < |\Omega|$$

et

$$\alpha_n = f_{n_*}(\omega_1) \underset{n}{\to} f_*(\omega_1) = \alpha,\ \beta_n = f_{n_*}(\varepsilon_1) \to f_*(\varepsilon_1) = \beta.$$

Posons $I_n = (\alpha_n, \beta_n)$, $I = (\alpha, \beta)$. Notons que $\alpha_n \leqslant \beta_n$ et $\alpha \leqslant \beta$.

De plus, $|f_n > \alpha_n| < |\Omega|$ (resp. $|f > \alpha| < |\Omega|$) et $|f_n > \beta_n| > 0$ (resp. $|f > \beta| > 0$) de par le choix de $0 < \varepsilon_1 < \omega_1 < |\Omega|$.

Ainsi $I_n \in \mathfrak{I}_{f_n}$, $I \in \mathfrak{I}_f$ et $I_n \xrightarrow[n \to +\infty]{} I$. Par suite

$$\left|f^{I_n}_{n_*} - f^I_*\right|_{W^{1,1}(\Omega_*)} \xrightarrow[n \to +\infty]{} 0. \tag{6.11}$$

Par ailleurs, on a

$$\left\{t \in \Omega_* : \varepsilon < t < \omega\right\} \subset f^{-1}_{n_*}\left([\alpha_n, \beta_n]\right) \cap f^{-1}_*\left(([\alpha, \beta]\right) = F_n.$$

D'où

$$\int_\varepsilon^\omega \left|f'_{n_*}(t) - f'_*(t)\right| dt \leqslant \int_{F_n} \left|\left(f^{I_n}_{n_*}\right)(t) - \left(f^I_*\right)'(t)\right| dt \leqslant \left|f^{I_n}_{n_*} - f^I_*\right|_{W^{1,1}(\Omega_*)} \to 0.$$

(d'après la relation 6.11). D'où la contradiction. □

Si Ω est un ouvert borné connexe lipschitzien ou si les fonctions f et f_j sont à trace nulle, alors on peut préciser le théorème précédent :

Théorème 6.1.3. *Sous les mêmes conditions que le théorème 6.1.2, si on note, pour $\sigma \in \Omega_*$,*

$$k(\sigma) = \begin{cases} N\alpha_N^{\frac{1}{N}}\sigma^{1-\frac{1}{N}} & \text{si } f,\ f_j \text{ sont dans } W^{1,1}_{0_+}(\Omega), \\ \dfrac{1}{Q}\min\left(\sigma, |\Omega| - \sigma\right)^{1-\frac{1}{N}} & \text{si } \Omega \text{ est un ouvert connexe lipchitzien} \\ & \text{ou si } f,\ f_j \text{ sont non signées} \\ & \text{dans } W^{1,1}_0(\Omega) \text{ avec } Q = \left(N\alpha_N^{\frac{1}{N}}\right)^{-1}, \end{cases}$$

alors,

$$\left|k\left(f'_{j_*} - f'_*\right)\right|_{L^1(\Omega_*)} \xrightarrow[j \to +\infty]{} 0.$$

Preuve du théorème 6.1.3. Supposons qu'il existe $\eta > 0$ et une sous-suite encore notée (f_j) : $\left|k\left(f'_{j_*} - f'_*\right)\right|_1 \geqslant 2\eta > 0$.

Posons $m = \inf\limits_{\Omega} \text{ess } f$, $m_j = \inf\limits_{\Omega} \text{ess } f_j$, $M = \sup\limits_{\Omega} \text{ess } f$, $M_j = \sup\limits_{\Omega} \text{ess } f_j$ et considérons $\delta > 0$ t.q. $4\int_0^\delta |\nabla f|_* \, dt \leqslant \frac{\eta}{3}$ alors, il existe (α, β), (α_j, β_j) tel que

$$0 < |m < f \leqslant \alpha| \leqslant \delta, \quad 0 < |m_j < f_j \leqslant \alpha_j| \leqslant \delta,$$
$$0 < |M_j > f_j > \beta_j| \leqslant \delta, \quad 0 < |M > f > \beta| \leqslant \delta,$$

avec $\alpha \leqslant \beta$, $\alpha_j \leqslant \beta_j$, $\forall\, j$ et $\lim\limits_j \alpha_j = \alpha$, $\lim\limits_j \beta_j = \beta$.

Notons $I_j = (\alpha_j, \beta_j)$, $I = (\alpha, \beta)$. Alors, on a :
$\left|k\left(f'_{j_*} - f'_*\right)\right|_1 \leqslant$

$$\leqslant \left|k\left(f'_{j_*} - \left(f^{I_j}_{j_*}\right)'\right)\right|_1 + \left|k\left(\left(f^{I_j}_{j_*}\right)' - \left(f^{I}_*\right)'\right)\right|_1 + \left|k\left(\left(f^{I}_*\right)' - f'_*\right)\right|_1$$
$$= A_{1j} + A_{2j} + A_3$$

on a : $A_{1j} = \displaystyle\int_{\{f_{j*} \leqslant \alpha_j\} \cup \{f_{j*} > \beta_j\}} k(\sigma) \left|f'_{j_*}(\sigma)\right| d\sigma$, en introduisant les fonctions troncatures $f_j^{H_j}(x) = \min(f_j(x), \alpha_j)$, et $f_j^{Z_j}(x) = \max(f_j(x), \beta_j)$, on a alors : $f^{H_j}_{j_*} = (f_j)^{H_j}_*$, $f^{Z_j}_{j_*} = (f_j)^{H_j}_*$. Alors, on déduit :

$$A_{1j} \leqslant \left|k\left(f^{H_j}_{j_*}\right)'\right|_1 + \left|k\left(f^{Z_j}_{j_*}\right)'\right|_1 \leqslant \left|\nabla f_j^{H_j}\right|_1 + \left|\nabla f_j^{Z_j}\right|_1.$$

Puisque $\nabla f_j = 0$ presque partout sur $\left\{f_j = m_j\right\}$, en utilisant une simple décomposition et le théorème de Hardy-Littlewood:

$$\left|\nabla f_j^{H_j}\right|_1 \leqslant |\nabla(f_j - f)|_1 + \int_0^{|m_j < f_j \leqslant \alpha_j|} |\nabla f|_*(\sigma) d\sigma \leqslant |\nabla(f_1 - f)|_1 + \int_0^\delta |\nabla f|_*(t) dt.$$

De même on a :

$$\left|\nabla f_j^{Z_j}\right|_1 \leqslant |\nabla(f_j - f)|_1 + \int_0^\delta |\nabla f|_*(t) dt.$$

Par conséquent,

$$A_{1j} \leqslant 2\,|\nabla(f_j - f)|_1 + 2\int_0^\delta |\nabla f|_*(t) dt\,, \tag{6.12}$$

Par l'inégalité PSR et l'inégalité ponctuelle (voir corollaire 2.2.1) :

$$A_3 = \left|k\left(\left(f_*^I\right)' - f'_*\right)\right|_1 \leqslant 2\int_0^\delta |\nabla f|_*(t)dt\ , \tag{6.13}$$

enfin le terme

$$A_{2j} \leqslant \left(\operatorname*{Max}_{\overline{\Omega_*}} k\right)\left|\left(f_{j*}^{I_j}\right)' - \left(f_*^I\right)'\right|_1 \xrightarrow[j\to+\infty]{} 0.$$

Par le choix de $\delta > 0$ et pour $j \geqslant j_n$ on a :

$$2\left|\nabla\left(f_j - f\right)\right|_1 + 4\int_0^\delta |\nabla f|_*(t)dt + \left(\operatorname*{Max}_{\overline{\Omega_*}} k\right)\left|\left(f_{j*}^{I_j}\right)' - \left(f_*^I\right)'\right|_1 \leqslant 3\frac{\eta}{3} = \eta.$$

Dans ces conditions on a pour $j \geqslant j_n$

$$0 < 2\eta \leqslant \left|k\left(f'_{j*} - f'_*\right)\right|_1 \leqslant A_{1j} + A_{2j} + A_3 \leqslant \eta\ ,$$

d'où la contradiction. □

Voici les observations qui découlent des preuves de la régularité des I-fonctions.

Lemme 6.1.3. *Soient $f \in W^{1,1}(\Omega)$ t.q. $f_* \in W^{1,1}_{loc}(\Omega_*)$ et $|k(\cdot)f'_*(\cdot)|_1 \leqslant |\nabla f|_1$ où $k : \overline{\Omega_*} \to I\!R$ continue avec $k(0) = 0$. Si $|f = f_*(0)| > 0$ alors $f_* \in W^{1,1}(0,b)$ $\forall\, b < |\Omega|$. De plus, si on note :*
$0 < \gamma = \min\left\{k(\sigma),\ 0 < |f > f_*(0)| < \sigma < b\right\}$, alors

$$|f'_*|_{L^1(0,b)} \leqslant \frac{1}{\gamma}\,|\nabla f|_1\,.$$

Corollaire 6.1.1 (du corollaire du lemme 6.1.3)**.** *Sous les mêmes conditions que le lemme 6.1.3, si $|f = f_*(0)| > 0$ et $|f = f_*(|\Omega|)| > 0$ alors $f_* \in W^{1,1}(\Omega_*)$. Si on note*
$0 < \mu = \min\left\{k(\sigma) : 0 < |f > f_*(0)| < \sigma < |f > f_*(|\Omega|)| < |\Omega|\ \right\}$, alors

$$|f'_*|_{L^1(\Omega_*)} \leqslant \frac{1}{\mu}\,|\nabla f|_1\,.$$

On peut étendre le lemme 6.1.2, comme suit :

Lemme 6.1.4. *Sous les mêmes conditions que le lemme 6.1.2, si $I = (\alpha,\beta)$, $I_j = (\alpha_j,\beta_j)$ t.q. $I_j \underset{j}{\to} I$ dans $I\!R^2$, alors*

$$f_j^{I_j} \to f^I \text{ dans } W^{1,p}(\Omega)\text{-fort.}$$

Preuve. En effet, $\left|\nabla f_j^{I_j} - \nabla f^I\right|_p^p \leqslant$

$$\leqslant c \int_{\min(\alpha_j,\alpha)\leqslant f_j \leqslant \max(\alpha_j,\alpha)} |\nabla f_j|^p \, dx + c\left|\nabla f_j^I - \nabla f^I\right|_p^p + c \int_{\min(\beta_j,\beta)\leqslant f_j \leqslant \max(\beta_j,\beta)} |\nabla f_j|^p \, dx \xrightarrow[j\to+\infty]{} 0.$$

□

Pour compléter les théorèmes 6.1.2 et 6.1.3, nous devons montrer

Théorème 6.1.4. *Sous les mêmes conditions que le théorème 6.1.3, si $f_j \to f$ dans $W^{1,p}(\Omega)$, $1 \leqslant p < +\infty$, alors*

$$\left|k\left(f'_{j_*} - f'_*\right)\right|_p \xrightarrow[j\to+\infty]{} 0.$$

Preuve. Sous les mêmes conditions que le théorème 6.1.3, on peut appliquer l'inégalité de Poincaré-Sobolev ponctuelle, pour déduire $\forall\, E$ mesurable

$$E \subset \Omega_*, \quad \int_E \left(k\left|f'_{j_*}\right|\right)^p dt \leqslant \int_E \left(|\nabla f_j|_{*f_j}\right)^p (t)dt \leqslant \int_0^{|E|} |\nabla f_j|_*^p (t)dt.$$

D'où, $\forall\, E \subset \Omega_*$ mesurable

$$\left|k\left(f'_{j_*} - f'_*\right)\right|_{L^p(E)} \leqslant \left||\nabla f_j|_*\right|_{L^p(0,|E|)} + \left||\nabla f|_*\right|_{L^p(0,|E|)}. \tag{6.14}$$

Ainsi, si $f'_{j_*} \xrightarrow[j\to+\infty]{} f'_*(\sigma)$ p.p., alors en appliquant le théorème de Vitali (grâce à la relation (6.14)), on déduit $\left|k\left(f'_{j_*} - f'_*\right)\right|_p \xrightarrow[j]{} 0$.

Supposons alors qu'il existe $\eta > 0$ et une sous-suite notée (f'_{j_*}) telle que $\left|k\left(f'_{j_*} - f'_*\right)\right|_p \geqslant \eta > 0$, alors d'après le théorème 6.1.3, on peut extraire une sous-suite notée (f_{k_j}) : $f'_{k_{j*}}(\sigma) \to f'_*(\sigma)$ p.p., la remarque précédente implique $\left|k\left(f'_{k_{j*}} - f'_*\right)\right|_p \xrightarrow[j\to+\infty]{} 0$.

Ce qui contredit le fait $\left|k\left(f'_{k_{j*}} - f'_*\right)\right|_p \geqslant \eta > 0$. □

6.1.2 Longueur d'arc et propriétés inhérentes

Notre objectif est d'utiliser le théorème de convergence (voir théorème 6.1.1) avec $v_j = u_j^{I_j}$, $\forall\, I_j \in \mathfrak{I}_{u_j}$. Pour vérifier les hypothèses du théorème, on aura besoin de la notion de longueur d'un arc de courbe.

Définition 6.1.2 (d'un longueur d'un arc). *Soit $f : \mathbb{R} \to [0, +\infty[$ une fonction décroissante. Sa dérivée distribution est une mesure de Radon qui peut se décomposer $df = g\,dt - d\nu$ où $g \in L^1_{loc}(\mathbb{R})$ et $\nu \geqslant 0$ la partie singulière est une mesure localement bornée. On appelle la longueur de l'arc du graphe de f sur le compact $[a, b]$ le nombre :*

$$\ell_f(a,b) = \int_a^b \sqrt{1+g^2(t)}\,dt + \int_{[a,b]} d\nu\,.$$

Commençons alors par la proposition suivante :

Proposition 6.1.1. *Soit $\{h,\ h_j\}$ une suite de fonctions intégrables de Ω dans $[0, +\infty[$ t.q.*

(a) $\liminf\limits_j \int_\Omega h_j(x)dx \leqslant \int_\Omega h\,dx,$

(b) $\liminf\limits_j h_j(x) \geqslant h(x)$ *p.p. en Ω.*

Alors, il existe une sous-suite $j(1), j(2), \ldots$ t.q. $\lim\limits_{k\to+\infty} h_{j(k)}(x) = h(x)$. De plus, $\left|h_{j(k)} - h\right|_{L^1(\Omega)} \xrightarrow[k\to+\infty]{} 0$.

Preuve de la proposition. Posons $\varphi(x) = \liminf\limits_j h_j(x)$. On a d'après le théorème de Fatou et l'hypothèse (a) que :

$$\int_\Omega \varphi(x)\,dx \leqslant \liminf \int h_j dx \leqslant \int_\Omega h\,dx. \tag{6.15}$$

Par ailleurs l'hypothèse (b) implique que :

$$\varphi(x) \geqslant h(x) : \int_\Omega \varphi(x)\,dx \geqslant \int_\Omega h(x)\,dx. \tag{6.16}$$

D'où l'égalité de φ et h. En utilisant l'hypothèse (b), on déduit de cette égalité que $\lim\limits_j (h_j(x) - h(x))_- = 0$ p.p., en effet, nous avons

$$a_n(x) = \inf_{j\geqslant n} (h_j(x) - h(x)) \nearrow_{n\to+\infty} \liminf_n (h_n(x) - h(x)) = 0$$

et

$$b_n(x) = \sup_{j\geqslant n} (h_j(x) - h(x)) \searrow_{n\to+\infty} \limsup_n (h_n(x) - h(x)) \geqslant 0.$$

Comme $a_n(x) \leqslant h_k(x) - h(x) \leqslant b_n(x)$ si $k \geqslant n$ alors

$$b_{n-}(x) \leqslant (h_k - h)_-\,(x) \leqslant a_{n-}(x)$$

et $a_{n-} \xrightarrow[n\to+\infty]{} 0$ de même $b_{n-}(x) \xrightarrow[n\to+\infty]{} 0 : (h_k - h)_-\,(x) \xrightarrow[k\to+\infty]{} 0.$

Mais $0 \leqslant (h_j - h)_- (x) \leqslant h(x)$, d'où par le théorème de la convergence dominée, on a $\lim_j \int_\Omega (h_j - h)_- (x)dx = 0$. Par conséquent,

$$\liminf_j \int_\Omega (h_j - h)_+ (x) \leqslant \liminf_j \int_\Omega (h_j - h)\, dx \leqslant 0.$$

On déduit que $\liminf_j \int_\Omega (h_j - h)_+ (x)dx = 0$, par suite il existe une sous-suite $j(k) : \lim_{k\to+\infty} \int_\Omega \left(h_{j(k)} - h\right)_+ (x)\, dx = 0$ et $\left(h_{j(k)}(x) - h(x)\right)_+ \xrightarrow[k\to+\infty]{} 0$ *p.p.*

Comme $\left|h_{j(k)} - h\right| (x) = \left(h_{j(k)}(x) - h(x)\right)_+ + \left(h_{j(k)} - h(x)\right)_- \xrightarrow[k\to+\infty]{} 0$: $h_{j(k)}(x) \to h(x)$ p.p..

De même,

$$\lim_k \int_\Omega \left|h_{j(k)}(x) - h(x)\right| dx = \lim_k \int_\Omega \left(h_{j(k)} - h\right)_+ (x)\, dx + \lim_k \int_\Omega \left(h_{j(k)} - h\right)_- (x)\, dx = 0.$$

□

Voici un des théorèmes clés sur la convergence des longueurs d'arcs :

Théorème 6.1.5 (convergence des longueurs de courbes). *Soient ω_0, $\omega_2, \ldots$ une suite de fonctions croissantes de $I\!R$ dans $[0, +\infty[$ et considérons une décomposition de $d\omega_j$ suivante, pour $j \geqslant 0$*

$$d\omega_j = u_j\, dt + d\nu_j \quad \text{où } u_j \in L^1_{loc(I\!R)},\ d\nu_j \geqslant 0.$$

On suppose que pour presque tout $t \in I\!R$, $\liminf_j u_j(t) \geqslant u_0(t)$ et que $|\omega_j - \omega_0|_{L^1_{loc}(I\!R)} \xrightarrow[j\to+\infty]{} 0$. Alors, $\forall\, \varphi \in C_c(I\!R)$ on a

$$\lim_{j\to+\infty} \left(\int \varphi\sqrt{1 + u_j^2}\, dt + \int \varphi\, d\nu_j\right) = \int \varphi\sqrt{1 + u_0^2}\, dt + \int \varphi\, d\nu_0.$$

Preuve. La monotonicité des ω_j ainsi que la convergence dans $L^1_{loc}(I\!R)$ impliquent que $\omega_j(t) \xrightarrow[j\to+\infty]{} \omega_0(t)$ en tout point t de continuité de ω_0 donc en presque tout t.

Pour tout $\psi \in C_c^\infty(I\!R)$, on a :

$$\int \psi u_j\, dt + \int \psi\, d\nu_j = -\int \psi' \omega_j\, dt. \tag{6.17}$$

Comme $\omega_j \to \omega_0$ dans $L^1_{loc}(\mathbb{R})$ on a :

$$\lim_j \int \psi u_j \, dt + \int \psi \, d\nu_j = -\int \psi' \omega_0 \, dt = \int \psi u_0 \, dt + \int \psi \, d\nu_0. \tag{6.18}$$

Mais $d\omega_j$ est une mesure de Radon localement uniformément bornée (car ω_j est monotone, $\forall j \geqslant 0$). D'où puisque $C_c^\infty(\mathbb{R})$ est dense dans $C_c(\mathbb{R})$ on déduit que (6.18) est encore vraie pour $\psi \in C_c(\mathbb{R})$. Pour montrer le théorème, il suffit alors de prouver que $\forall \varphi \in C_c(\mathbb{R})$

$$\int \varphi G(u_0) \, dt = \lim_j \int \varphi G(u_j) \, dt \tag{6.19}$$

où $G(u) = \sqrt{1+u^2} - u \leqslant 1$. En effet il suffit de retrancher (6.18) et (6.19).

Soit alors I un intervalle contenant le support de φ. Comme ν_0 est singulière, il existe un ensemble mesurable A t.q. $\nu_0(A) = 0$ et $|A| = |I|$, et $A \subset I$. $\forall \varepsilon > 0$, il existe un compact $B_\varepsilon \subset A : |B_\varepsilon| \geqslant |I| - \varepsilon$.

En fait on a,

$$\liminf_j \int_{B_\varepsilon} u_j \, dt. \leqslant \int_{B_\varepsilon} u_0 \, dt. \tag{6.20}$$

Admettons (6.20) un instant, alors il existe une sous-suite notée $u_j : u_j(t) \underset{j}{\to} u(t)$ p.p. sur B_ε d'après la proposition précédente. Par le théorème de la convergence dominée,

$$\lim_j \int_{B_\varepsilon} \varphi G(u_j) = \int_{B_\varepsilon} \varphi G(u_0) \, dt.$$

Posons

$$a_j = \int_I \varphi G(u_j) \, dt - \int_I \varphi G(u_0) \, dt.$$

On a

$$a_j = \int_{A \setminus B_\varepsilon} \varphi\big(G(u_j) - G(u_0)\big) \, dt + \int_{B_\varepsilon} \varphi \left(G(u_j) - G(u_0)\right) \, dt.$$

D'où

$$|a_j| \leqslant \varepsilon \, |\varphi|_\infty + \left| \int_{B_\varepsilon} \varphi \left(G(u_j) - G(u_0)\right) \, dt \right| : \limsup_j |a_j| \leqslant \varepsilon \, |\varphi|_\infty \xrightarrow[\varepsilon \to 0]{} 0.$$

Ainsi

$$\lim_j \int \varphi G(u_j) = \int \varphi G(u_0).$$

Pour prouver (6.20), on considère $\varphi : \mathbb{R} \to [0,1]$ continue à support compact t.q. $\varphi(t) = 1$ pour tout $t \in B_\varepsilon$ et $0 \leqslant \varphi(t) < 1$ pour $t \notin B_\varepsilon$. Pour tout entier m, on a la relation (6.18) pour φ^m, d'où :

$$\liminf_j \int_{B_\varepsilon} u_j dt \leqslant \liminf_j \int \varphi^m u_j \, dt$$

$$\leqslant \liminf_j \left(\int \varphi^m u_j \, dt + \int \varphi^m \, d\nu_j \right) = \int \varphi^m u_0 \, dt + \int \varphi^m \, d\nu_0 .$$

Quand $m \to +\infty$, on déduit du théorème de la convergence que

$$\lim_m \int \varphi^m u_0 \, dt + \int \varphi^m \, d\nu_0 = \int_{B_\varepsilon} u_0 \, dt.$$

Ainsi, on a :

$$\liminf_j \int_{B_\varepsilon} u_j \, dt \leqslant \int_{B_\varepsilon} u_0 \, dt \ ,$$

d'où (6.20) (noter $\nu_0(B_\varepsilon) = 0$). En raisonnant par l'absurde, on voit que toute la suite vérifie (6.19). □

On va maintenant utiliser le résultat de convergence précédent pour donner le lien entre la longueur de la courbe fonction de distribution $f(t) = m_u^I(t) = \left|u^I > t\right|$ et son inverse généralisé $g(s) = u_*^I(s)$. Vu les propriétés des I-fonctions on supposera que f et g sont positives et bornées. La stratégie consiste d'abord à regarder pour les lignes polygonales i.e. soit (f_k) une approximation de f (bien choisie), f_k affine par morceaux et (g_k) celle de g obtenue avec le même procédé.

On écrira que les longueurs des arcs de f_k et g_k sont identiques soit ℓ_k. On montrera que ℓ_k est bornée, que $f_k'(x) \underset{k}{\to} f'(x)$, $g_k'(x) \underset{k}{\to} g'(x)$, $f_k(x) \underset{k}{\to} f(x)$, $g_k(x) \underset{k}{\to} g(x)$ p.p. On conclut avec le théorème précédent. □

Pour énoncer le théorème général, voici les hypothèses sur f et son inverse généralisé g :
On suppose $f,\ g : \mathbb{R} \to \mathbb{R}_+$ décroissantes vérifiant

(a) $f(x) = a > 0$ si $-\infty < x \leqslant 0$, $f(x) = 0$ si $0 < b \leqslant x < +\infty$,
$g(y) = b$ si $-\infty < y \leqslant 0$, $g(y) = 0$ si $a \leqslant y < +\infty$.

(b) f (resp. g) est continue à droite sur $[0, b]$ (resp. $[0, a]$).

(c) f et g sont reliées par les formules :

$$g(y) = \text{Min}\ \Big\{x : f(x) \leqslant y\Big\} = \sup\Big\{x : f(x) > y\Big\},\ y \in]0, a[,$$

$$f(x) = \text{Min}\ \Big\{x : g(y) \leqslant x\Big\} = \sup\Big\{x : g(y) > x\Big\},\ x \in]0, b[.$$

On voit que f et g auront des allures identiques :

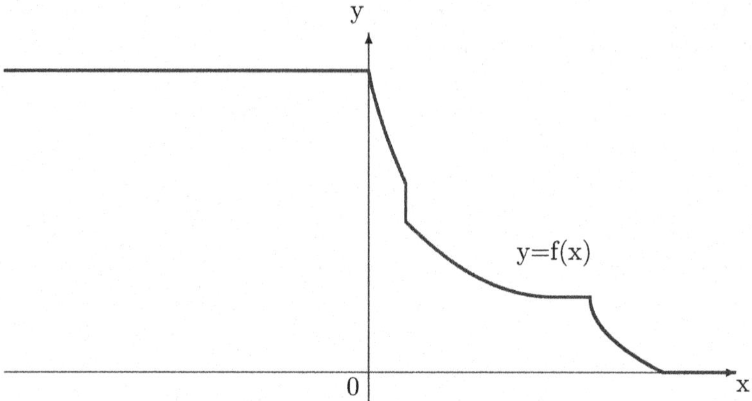

En fait, le graphe de f est l'image du graphe de g quand on permute x et y (i.e. par symétrie par rapport à la bissectrice). Plus précisément, on a :

Proposition 6.1.2. *Soit* $\rho : \mathbb{R}^2 \to \mathbb{R}^2$ *t.q.* $\rho(x,y) = (y,x)$*. Alors, le graphe de* f *dans* $[0,b] \times [0,a]$ *donné par :*

$$\Gamma = [0,b] \times [0,a] \cap \left\{(x,y) : \liminf_{t \to x} f(t) \leqslant y \leqslant \limsup_{t \to x} f(t)\right\}$$

coïncide avec l'image du graphe de g *dans* $[0,a] \times [0,b]$ *i.e*

$$\sum = [0,a] \times [0,b] \cap \left\{(y,x) : \liminf_{s \to y} g(s) \leqslant x \leqslant \limsup_{s \to y} g(s)\right\}$$

sous l'action de $\rho : \rho(\sum) = \Gamma$.

Preuve. Par raison de symétrie de f, g, il suffit de montrer que $\rho(\sum) \subset \Gamma$. Soit $0 < y < a$ et x t.q. $\liminf_{s \to y} g(s) \leqslant x \leqslant \limsup_{s \to y} g(s)$. Il s'agit de montrer que $0 \leqslant x \leqslant b$ et que $\liminf_{t \to x} f(t) \leqslant y \leqslant \limsup_{t \to x} f(t)$. Il est clair que $0 \leqslant x \leqslant b$. Supposons $y < \liminf_{t \to x} f(t)$, alors il existe une suite $t_n \to x$ telle que pour tout s (proche de y) vérifiant $y < s < \liminf_{t \to x} f(t)$ on a $f(t_n) > s$ pour tout n. Ainsi, $t_n \in \{\sigma : f(\sigma) > s\}$, ce qui entraîne par définition de g (voir ci-dessus) que $g(s) > t_n$. Ceci implique nécessairement que $\liminf_{s \to y} g(s) > \lim_n t_n = x$, ce qui contredit l'hypothèse de départ pour (x, y). □

Par ailleurs, on a l'observation suivante, compte tenu de la monotonicité de f. Si $0 \leqslant t < x \leqslant b$ et $0 \leqslant y < z \leqslant a$ alors l'un au plus des points (t, y) et (x, z) peut appartenir au graphe Γ de f. De plus, pour chaque $x : -a \leqslant x \leqslant b$ il y a exactement un point (x, y) de Γ t.q. $y = x - s$ (i.e. qui appartient à un axe parallèle à la première bissectrice.)

Grâce à cette observation, si on considère θ la rotation d'angle $\frac{\pi}{4} = 45^o$ dans le sens contraire d'une aiguille d'une montre, alors l'image Γ^* de Γ i.e. $\Gamma^* = \theta(\Gamma)$ peut être représentée par le graphe d'une courbe $h\colon \left[-\frac{a}{\sqrt{2}}, \frac{b}{\sqrt{2}}\right] \to \left[0, \frac{a+b}{2}\right]$ t.q. $|h'(\sigma)| \leqslant 1$, pour presque tout $\sigma \in \left[-\frac{a}{\sqrt{2}}, \frac{b}{\sqrt{2}}\right]$.

En effet, les paliers de f deviennent des segments parallèles à la première bissectrice et les "sauts" de f deviennent des segments parallèles à la deuxième bissectrice, la monotonicité implique le reste.

Pour obtenir l'application f_k affine par morceaux, approximation de f, dont la longueur d'arc sera bornée, on commence par discrétiser l'intervalle $\left[-\frac{a}{\sqrt{2}}, \frac{b}{\sqrt{2}}\right]$ en prenant un pas constant, pour $j = 0, \dots, 2^k$, k étant un entier donné, soit $s_j = -\frac{a}{\sqrt{2}} + \frac{j}{2^k} \cdot \frac{a+b}{\sqrt{2}}$.

Considérons alors les points de Γ^*, $p_j^* = (s_j, h(s_j))$, $j = 0, \dots, 2^k$ et notons Γ_k^* la réunion des segments $[p_{i-1}^*, p_i^*]$ qui joignent les points p_{i-1}^* et p_i^*. Puisque, $|h'(\sigma)| \leqslant 1$ p.p., la longueur de chaque segment ne dépasse pas $\frac{a+b}{2^k}$. Par suite la longueur totale de Γ_k^*, ℓ_k, n'excède pas $2^k \cdot \frac{a+b}{2^k} = a+b$. D'où $0 \leqslant \ell_k \leqslant a+b$.

Notons $\Gamma_k = \theta^{-1}(\Gamma_k^*)$, $(x_i, y_i) = p_i = \theta^{-1}(p_i^*)$, $i = 0, \dots, 2^k$, $K_k = \{x_0, x_1, \dots, x_{2k}\}$ (ces points peuvent être confondus). On déduit alors :

Proposition 6.1.3. *Pour chaque* $i = 0, 1, \dots, 2^k$ *on a* $\liminf_{t \to x_i} f(t) \leqslant y_i \leqslant \limsup_{t \to x_i} f(t)$ *(puisque* $(x_i, y_i) \in \Gamma$*). De plus, on a* $x_{i-1} \leqslant x_i$ *et* $x_i - x_{i-1} \leqslant \frac{a+b}{2^k}$, $y_{i-1} \geqslant y_i$ *et* $y_{i-1} - y_i \leqslant \frac{a+b}{2^k}$.

Pour chaque $x \in (0, b) \backslash K_k$, *il existe un indice unique* $i \in \{1, \dots, 2^k\}$ *t.q.* $x_{i-1} < x < x_i$.

On va choisir les x_i comme des nœuds de discrétisation.

On définit $f_k : \mathbb{R} \to \mathbb{R}$:

(d) $f_k(t) = f(t)$ si $t \notin [0, b]$, $(t, f_k(t)) \in \Gamma_k$ si $t \in [0, b]$, f_k continue à droite sur $]0, b[$,

(e) f_k est donnée pour chaque $i = 0, \dots, 2^k$ $x_{i-1} < x < x_i$ par $f_k(x) = y_{i-1} + \frac{y_i - y_{i-1}}{x_i - x_{i-1}}(x - x_{i-1})$.

On voit que f_k est décroissante.

De la même façon, on définit $g_k : I\!R \to I\!R$ en remplaçant f par g.
Si on note alors les différentes décompositions des mesures df, df_k, dg, dg_k par

$df = f'(t)\,dt - d\mu$, $df_k = f'_k(t)\,dt - d\mu_k$,

$dg = g'(t)\,dt - d\nu$, $dg_k = g'_k(t)\,dt - d\nu_k$,

par $\sum_k$ la ligne polygonale définie par le graphe de g_k sur $[0, a)$. Alors, on a

(f) $\sum_k = \rho(\Gamma_k)$, $\sum_k$ l'image de Γ_k par ρ .

(g) Puisque les longueurs d'arc sont préservées par les réflexions ρ on déduit que :

$$\ell_k = \int_{[0,b]} \sqrt{1 + f'_k(t)^2}\,dt + \int_{[0,b]} d\mu_k = \int_{[0,a]} \sqrt{1 + g'_k(t)^2}\,dt + \int_{[0,a]} d\nu_k \,.$$

Par ailleurs, puisque $K_k \subset K_{k+1}$ sont finis, alors $K = \bigcup_{k \geqslant 0} K_k \subset [0, b]$ est dénombrable.

Puisque f et g sont presque partout dérivables, on déduit que pour presque tout $x \in I\!R \backslash K$ on a :

(h) $\lim_{j \to +\infty} f_j(x) = f(x)$, $\lim_{j \to +\infty} f'_j(x) = f'(x)$,
$\lim_{j \to +\infty} g_j(x) = g(x)$, $\lim_{j \to +\infty} g'_j(x) = g'(x)$.

En fait, en tout point x de différentiabilité, $x_{i-1} < x < x_i$,

$$|f_k(x) - f(x)| \leqslant \text{Max}\, \Big\{ |f(t) - f(x)|\,,\ |t - x| \leqslant x_i - x_{i-1} \Big\} \xrightarrow[k \to +\infty]{} 0.$$

De plus, il existe une fonction $\varepsilon(\cdot)$: $\lim_{h \to 0} \varepsilon(h) = 0$ t.q.

$$|f'_k(x) - f'(x)| \leqslant 2\varepsilon \left(\frac{a + b}{2^k} \right) \xrightarrow[k \to +\infty]{} 0.$$

On en vient maintenant au théorème principal de ce paragraphe :

Théorème 6.1.6 (égalité des longueurs d'arc).
On suppose que $f, g : I\!R \to I\!R$ sont des fonctions décroissantes inverses l'une de l'autre satisfaisant (a), (b), (c). Alors, la longueur de f sur $[0, b]$ est égale à celle de g sur $[0, a]$ i.e.

$$\int_{[0,b]} \sqrt{1 + f'^2(t)}\,dt + \int_{[0,b]} d\mu = \int_{[0,a]} \sqrt{1 + g'^2(t)}\,dt + \int_{[0,a]} d\nu$$

$df = f'(t)\,dt - d\mu$, $dg = g'(t)\,dt - d\nu$.

Preuve. Puisque f_k (resp. g_k) sont des suites bornées qui convergent simplement vers f (resp. g), alors $f_k \to f$ (resp. $g_k \to g$) dans $L^1_{loc}(\mathbb{R})$.

Comme $f'_k(x) \underset{k}{\to} f'(x)$ (resp. $g'_k(x) \underset{k}{\to} g'(x)$) presque partout, on déduit que les conditions du théorème 6.1.5 sont réunies, on peut conclure $\forall \varphi \in C_c^\infty(\mathbb{R})$

$$\lim_k \int \varphi\sqrt{1+f'_k(t)^2}\,dt + \int \varphi\,d\mu_k = \int \varphi\sqrt{1+f'(t)^2}\,dt + \int \varphi\,d\mu. \quad (6.21)$$

(de même pour g_k, g). Par ailleurs, puisque $f_k(t) = f(t)$ $\forall t > a$, $\forall t < 0$, on

déduit : $\displaystyle\int_{\mathbb{R}\backslash[0,a]} \varphi\,df_k = \int_{\mathbb{R}\backslash[0,a]} \varphi\,df$ d'où $\displaystyle\int_{\mathbb{R}\backslash[0,a]} \varphi\,d\mu_k = \int_{\mathbb{R}\backslash[0,a]} \varphi\,d\mu = 0$.

Ainsi la relation (6.21) ci-dessus devient : $\forall \varphi \in C_c^\infty(\mathbb{R})$

$$\lim_k \left(\int_{\mathbb{R}} \varphi\sqrt{1+f_k'^2(t)}\,dt + \int_{[0,a]} \varphi\,d\mu_k \right) = \int_{\mathbb{R}} \varphi\sqrt{1+f'^2(t)}\,dt + \int_{[0,a]} \varphi\,d\mu. \quad (6.22)$$

Soit maintenant $\varphi \in C_c^\infty(\mathbb{R})$ t.q. $\varphi(x) = 1$ $\forall x \in [0,a]$, alors la relation (6.22) implique que, sachant que $\ell_k = \displaystyle\int_{[0,a]} \sqrt{1+f_k'^2}\,dt + \int_{[0,a]} d\mu_k$, $\displaystyle\lim_{k\to+\infty} \ell_k = \int_{[0,a]} \sqrt{1+f'^2(t)}\,dt + \int_{[0,a]} d\mu$. De même pour g_k et g, d'où le résultat. □

6.2 Fonctions co-aires régulières et continuité de $u \in W^{1,p}(\Omega)$ (resp. $W_0^{1,p}(\Omega)$) $\to u'_* \in L^p(\Omega_*, k)$

Notations. Dans ce paragraphe, nous désignerons par :
$k(\sigma) = N\alpha_N^{\frac{1}{N}}\sigma^{1-\frac{1}{N}}$ si on travaille avec des fonctions positives à trace nulle et par $k(\sigma) = \dfrac{1}{Q}\min(\sigma, |\Omega| - \sigma)^{1-\frac{1}{N}}$ sinon (conditions identiques au théorème 6.1.3).

$$L^p(\Omega_*, k) = \left\{ g \in L^1_{loc}(\Omega_*) : |kg|_{L^p(\Omega_*)} < +\infty \right\}.$$

Pour une fonction $u : \Omega \to \mathbb{R}$, $I = (\alpha, \beta) \in \mathbb{R}^2$ on notera :
u^I la I- fonction associée et la fonction de distribution de u^I est notée :

$$m_u^I(t) = \left| u^I > t \right|, \; t \in \mathbb{R}.$$

On va noter $V_p(\Omega) = \begin{cases} W_0^{1,p}(\Omega) \\ W^{1,p}(\Omega) \text{ si } \Omega \text{ est connexe lipschitzien borné.} \end{cases}$

Dans tout le paragraphe, on considérera une suite u, u_j de $V_p(\Omega)$ t.q. $u_j \xrightarrow[j\to+\infty]{} u$ dans $V_p(\Omega)$. Si $I_j \in \mathfrak{I}_{u_j}$, $I \in \mathfrak{I}_u$ t.q. $I_j \to I$, on notera :

$$f_j(t) = m_{u_j}^{I_j}(t), \qquad f(t) = m_u^I(t), \quad t \in I\!R$$

$$g_j(s) = \begin{cases} u_{j*}^{I_j}(s) & si\ s \in [0, |\Omega|], \\ 0 & si\ s \geqslant |\Omega|, \\ \beta_j - \alpha_j & si\ s \leqslant 0. \end{cases}$$

De même

$$g(s) = \begin{cases} u_*^I(s) & si\ 0 \leqslant s \leqslant |\Omega|, \\ 0 & si\ s \geqslant |\Omega|, \\ \beta - \alpha & si\ s \leqslant 0. \end{cases}$$

On a $g(|\Omega|) = 0$. En effet, si $I = (\alpha, \beta) \in \mathfrak{I}_u$, $\inf\operatorname{ess}_{\Omega} u \leqslant \alpha \leqslant \beta \leqslant \sup\operatorname{ess}_{\Omega} u$, alors, $g(s) = T_{\alpha,\beta}(u_*(s)) - \alpha = 0$, si $m(\alpha) < s \leqslant |\Omega|$. De même $g(0) = \beta - \alpha$, car $u_*(0) = \sup\operatorname{ess}_{\Omega} u \geqslant \beta$.

On notera $a = |\Omega|$, $b_j = \beta_j - \alpha_j$, $b = \beta - \alpha$, on voit que :

$$f_j(t) = \begin{cases} |\Omega| & si\ t \leqslant 0, \\ \text{décroissante, continue à droite} & sur\ [0, b_j[, \\ 0 & si\ t \geqslant b_j = \beta_j - \alpha_j. \end{cases}$$

De même pour f. Notons que $f_j(t) = f(t)$, si $t \leqslant 0$ ou $t \geqslant \max(b, b_j)$.

La proposition suivante découle alors des résultats concernant les I-fonctions données au premier et second paragraphe.

Proposition 6.2.1. *Sous les notations précédentes, on a :*

1. *g, g_j sont dans $W^{1,1}_{loc}(I\!R)$ donc dans $W^{1,1}(\Omega_*)$,*
2. *$|g_j - g|_{L^p(\Omega_*)} \xrightarrow[j\to+\infty]{} 0$,*
3. *$|f_j - f| \xrightarrow[j\to+\infty]{} 0$ dans $L^1_{loc}(I\!R)$,*
4. *Si on a $df_j = f_j'(t)\,dt - d\mu_j$, ($df = f'(t) - d\mu$) alors*

$$\int_{[0,b_j]} \sqrt{1 + f_j'^2(t)}\,dt + \int_{[0,b_j]} d\mu_j = \int_{\Omega_*} \sqrt{1 + g_j'(s)^2}\,ds$$

$$\int_{[0,b]} \sqrt{1 + f'^2(t)}\,dt + \int_{[0,b]} d\mu = \int_{\Omega_*} \sqrt{1 + g'(s)^2}\,ds.$$

Preuve. L'énoncé (1) découle du lemme 6.1.1. Pour l'énoncé (2) on utilise le lemme 6.1.4 et la propriété de contraction que

$$|g_j - g|_{L^p(\Omega_*)} = \left|u^{I_j}_{j_*} - u^I_*\right|_{L^p(\Omega_*)} \leqslant \left|u^{I_j}_j - u^I\right|_{L^p(\Omega)} \xrightarrow[j\to+\infty]{} 0.$$

Donc $g_j \to g$ dans $L^p_{loc}(\mathbb{R})$.
3. Pour tout t, on a :

$$f(t) \leqslant \liminf_j f_j(t) \leqslant \limsup_j f_j(t) \leqslant \left|u^I \geqslant t\right| ,$$

ainsi pour presque tout $t \in \mathbb{R}$, on a $f(t) = \left|u^I \geqslant t\right|$, d'où $\lim_j f_j(t) = f(t)$, comme $0 \leqslant f_j(t) \leqslant |\Omega|$, on déduit le résultat.

Pour l'énoncé (4), puisque g, g_j sont dans $W^{1,1}(\Omega_*)$ alors $dg_j = g_j'(s)\,ds$ (resp. $dg = g'\,ds$), par l'invariance des longueurs d'arcs (théorème 6.1.6) précédent, on a le résultat. □

On fait maintenant l'observation suivante, si :

$$|f'(t)| \leqslant \liminf_j \left|f_j'(t)\right| \ \textit{p.p. en } t \qquad \text{“inégalité principale”}$$

alors le théorème 6.1.5 est applicable i.e. $\forall\,\varphi \in C_c^\infty(\mathbb{R})$

$$\lim_j \left(\int_{\mathbb{R}} \varphi\sqrt{1 + f_j'^2(t)}\,dt + \int_{\mathbb{R}} \varphi\,d\mu_j \right) = \int_{\mathbb{R}} \varphi\sqrt{1 + f'^2(t)}\,dt + \int_{\mathbb{R}} \varphi\,d\mu.$$

En choisissant une fonction φ convenable ($\varphi = 1$ sur $[0, b+1]$) sachant que $b_j \to b$ on déduit à partir de la proposition 6.2.1 que

$$\lim_j \int_{\Omega_*} \sqrt{1 + g_j'^2(s)}\,ds = \int_{\Omega_*} \sqrt{1 + g'^2(s)}\,ds ,$$

à l'aide de l'assertion (2) et le théorème 6.1.1, on déduit $g_j' \to g'$ dans $L^1(\Omega_*)$. Maintenant on applique le théorème 6.1.3 pour avoir $\left|k\left(u'_{j_*} - u'_*\right)\right|_1 \xrightarrow[j\to+\infty]{} 0$. Enfin on conclut avec le théorème 6.1.4 :

$$\left|k\left(u'_{j_*} - u'_*\right)\right|_p \xrightarrow[j\to+\infty]{} 0.$$

Ainsi, il nous faut avoir l'inégalité principale : $|f'(t)| \leqslant \liminf_j \left|f_j'(t)\right|$. Cette hypothèse n'est vérifiée que pour une classe de fonctions appelées co-aire régulières dont la définition 6.2.1 est dans la section 6.2.2.

6.2.1 Décomposition d'une fonction de distribution et propriétés diverses

Soit donc $u \in W^{1,p}(\Omega)$, $1 \leqslant p < +\infty$. On considère les fonctions décroissantes associées suivantes, pour tout $t \in \mathbb{R}$:

$$m_u(t) = |u > t|\,,\ m_{o,u}(t) = \Big|\Big\{x \in \Omega : u(x) > t,\ \nabla u(x) = 0\Big\}\Big|$$

et

$$m_{1,u}(t) = m_u(t) - m_{o,u}(t) = \Big|\Big\{x \in \Omega : u(x) > t,\ \nabla u(x) \neq 0\Big\}\Big|\,.$$

Voici une proposition qui découle des formules de Federer :

Proposition 6.2.2. *$m_{1,u}$ est absolument continue sur $I\!R$.*

Preuve. En effet la formule de Federer s'écrit :

$$\int_\Omega g\,|\nabla u|\,dx =$$

$$= \int_{-\infty}^{+\infty} dt \int_{\{u=t\}} g(x)d\mathcal{L}^{N-1}(x)\,,\ (si\ N \geqslant 2),\ g : I\!R \to I\!R_+ \text{ mesurable.}$$

(Ici, $\mathcal{L}^{N-1} = H^{N-1}$).

D'où en choisissant $g(x) = \dfrac{1}{|\nabla u(x)|}\chi_{\{|\nabla u(x)| \neq 0\ ,t<u<t+h\}}(x),\quad h > 0$

on déduit $m_{1,u}(t+h) - m_{1,u}(t) = \displaystyle\int_t^{t+h} \int_{\{u=t,\ \nabla u \neq 0\}} \frac{d\mathcal{L}^{N-1}(x)}{|\nabla u(x)|}$, comme la fonction

$\theta \to \displaystyle\int_{\{u=\theta,\ \nabla u \neq 0\}} \frac{d\mathcal{L}^{N-1}(x)}{|\nabla u(x)|}$ est intégrable sur $I\!R$, on obtient le résultat. □

Preuve identique pour $N = 1$. □

Une autre conséquence de cette même formule de Federer qui peut être utile est la suivante :

Proposition 6.2.3. *Soit $B \subset I\!R$ t.q. $|B| = 0$. Alors, le gradient de u est presque partout nul sur $\Big\{x : u(x) \in B\Big\}$.*

Preuve. On choisit $g(x) = \chi_B\Big(u(x)\Big)$ dans la formule de Federer. D'où $\displaystyle\int_{\{x:u(x)\in B\}} |\nabla u|\,(x)dx = 0$, d'où le résultat. □

Voici une autre preuve de cette même proposition. Soit $U_1 \supset U_2 \supset \ldots$ une suite d'ouverts de $I\!R$ t.q. $B \subset \displaystyle\bigcap_{j=1}^{+\infty} U_j = V,\ |U_j| \xrightarrow[j\to+\infty]{} 0$. Posons $M_j(t) = \displaystyle\int_0^t \chi_{U_j}(s)ds$, on a $|M_j(t)| \leqslant |t|$ et $M_j(t) \xrightarrow[j\to+\infty]{} 0$. Montrons alors $\forall\,\varphi \in C_c^\infty(\Omega; I\!R^N)$, pour chaque j,

$$\int [u - M_j(u)]\, div(\varphi)dx = -\int \Big[1 - \chi_{\{u\in U_j\}}\Big] \nabla u \cdot \varphi dx. \tag{6.23}$$

Admettons un instant cette dernière formule. Puisque, $|M_j(u)| \leqslant |u|$, et que

$$M_j\big(u(x)\big) \xrightarrow[j\to+\infty]{} 0 \qquad \text{pour presque tout } x\ ,$$

le premier membre de l'égalité (6.23) tend vers $\displaystyle\int u\, div(\varphi)dx$. Quant au second, puisque $0 \leqslant 1 - \chi_{\{u\in U_j\}} \leqslant 1$ et que $\chi_{\{u\in U_j\}}(x) \to \chi_{\{u\in V\}}(x)$ p.p. on déduit qu'il converge vers $\displaystyle\int \left[1 - \chi_{\{u\in V\}}(x)\right] \nabla u \cdot \varphi dx$. D'où $\forall\, \varphi \in C_c^\infty$,

$$-\int (\nabla u \cdot \varphi)\, dx = -\int \left[1 - \chi_{\{u\in V\}}\right] \nabla u \cdot \varphi$$

ce qui entraîne alors $\nabla u = \left[1 - \chi_{\{u\in V\}}\right] \nabla u$ p.p.
Soit $\nabla u(x) = 0$ si $x \in u^{-1}(V) \supset u^{-1}(B)$.

La preuve de la formule (6.23) revient à montrer que pour tout ouvert U de $\mathbb{R}$, de mesure finie on a :

$$\int \Big[u - M(u)\Big] div(\varphi)dx = \int \Big[1 - \chi_{\{u\in U\}}\Big] \nabla u \cdot \varphi dx \tag{6.24}$$

où $M(t) = \displaystyle\int_0^t \chi_U(s)ds,\ t \in \mathbb{R}$.

Soit $1 \geqslant g_j \geqslant 0$ une suite de fonctions continues t.q.
$0 \leqslant g_1(t) \leqslant g_2(t) \ldots \leqslant g_j(t) \xrightarrow[j\to+\infty]{} \chi_U(t)$ partout. Alors pour j fixé, posons $N_j(t) = \displaystyle\int_0^t g_j(s)\, ds$, puisque $\nabla(N_j \circ u) = (g_j \circ u)(\nabla u)$ on déduit alors :

$$\int \Big[u - N_j(u)\Big] div\varphi\, dx = -\int \Big[1 - g_j(u)\Big] \nabla u \cdot \varphi\, dx. \tag{6.25}$$

Par le théorème de la convergence dominée, puisque $N_j(t) \to M(t)\ \forall\, t$, on a

$$\lim_j \int \Big[1 - N_j(u)\Big] div\varphi\, dx = \int \Big[1 - M(u)\Big] div\varphi\, dx$$

et

$$\lim_j \int \Big[1 - g_j(u)\Big] \nabla u \cdot \varphi\, dx = \int \Big[1 - \chi_{\{u\in U\}}\Big] \nabla u \cdot \varphi\, dx$$

on déduit alors (6.24) de (6.25). □

Puisque $m_{1,u}$ est absolument continue sur $\mathbb{R}$, on déduit alors :

Corollaire 6.2.1 (de la proposition 6.2.2). *Pour $A \subset \mathbb{R}$, mesurable*

$$m'_{1,u}(A) = \int_A dm_{1,u}(t) = -\int_\Omega \chi_{\{u\in A\}} \cdot \chi_{\{\nabla u \neq 0\}} dx.$$

Preuve. Soient a, b deux réels $]a,b[\subset I(u)$, on a

$$\int_{[a,b]} dm_{1,u}(t) = m_{1,u}(b) - m_{1,u}(a) = -\left|\left\{x : a < u(x) < b,\ \nabla u \neq 0\right\}\right|$$

$$= -\int_\Omega \chi_{\{u\in]a,b[\}} \cdot \chi_{\{\nabla u\neq 0\}} dx.$$

Donc la formule est vraie pour un ouvert donc vraie pour un G_δ (pour la définition, voir les livres de G. Choquet ou l'article [33]). De plus, si E est un ensemble de mesure nulle, on a : $\left|\left\{x : u(x) \in E : \nabla u(x) \neq 0\right\}\right| = 0$ d'après la proposition 6.2.3. Comme pour tout ensemble A mesurable, il existe V un G_δ t.q. $A \subset V$ et $|A| = |V|$, ainsi :

$$\left|\left\{x : u(x) \in A : \nabla u(x) \neq 0\right\}\right| = \left|\left\{x : u(x) \in V : \nabla u(x) \neq 0\right\}\right| + 0.$$

D'où

$$m'_{1,u}(A) = -\int_\Omega \chi_{\{u\in A\}} \cdot \chi_{\{\nabla u\neq 0\}} dx.$$

□

Remarque. Rappelons que d'après la formule de Fleming-Rishel (voir chapitre 7) l'application $t \to \int_\Omega \chi_{\{u>t\}}(x) \cdot |\nabla u|\, dx$ est absolument continue sur $\mathbb{R}$ car $\int_{\{u>t\}} |\nabla u|\, dx = \int_t^{+\infty} P_\Omega(\{u > \theta\}) d\theta$ pour $u \in W^{1,1}(\Omega)$.

Théorème 6.2.1 (convergence des troncatures de m_{1,u_j}).
Soit $\{u,\ u_1,\ u_2, \ldots\}$ une suite d'éléments de $W^{1,1}(\Omega)$ t.q. $u_j \xrightarrow[j\to+\infty]{} u$ dans $W^{1,1}(\Omega)$. On considère pour $\varepsilon > 0$, la fonction $\Phi_\varepsilon(\xi) = \dfrac{|\xi|^2}{\varepsilon^2 + |\xi|^2}$, pour $\xi \in \mathbb{R}^N$, $|\xi|$ étant la norme euclidienne de ξ. On définit pour $t \in \mathbb{R}$,

$$m^\varepsilon_{1,u_j}(t) = \int_\Omega \chi_{\{u_j>t\}} \cdot \Phi_\varepsilon(\nabla u_j) dx$$

(de même pour u).
Alors

1. *$t \in \mathbb{R} \to m^{\varepsilon}_{1,u}(t)$ (resp. $m^{\varepsilon}_{1,u_j}(t)$) est absolument continue. De plus, la suite $(m^{\varepsilon}_{1,u_j})_j$ est équi-absolument continue.*
2. *Pour A borélienne $\subset \mathbb{R}$ de mesure finie, les fonctions m^{ε}_{1,u_j} convergent en mesure vers $m^{\varepsilon}_{1,u}$ sur A quand $j \to +\infty$.*
En particulier, il existe une sous-suite $u_{j(k)}$ t.q. : $(m^{\varepsilon}_{1,u_{j(k)}})'(t) \to (m^{\varepsilon}_{1,u})'(t)$ p.p. en $t \in A$.

Preuve. Pour l'assertion (1), on a pour tout intervalle $]a,b[$, on a d'après la formule de Fleming-Rishel.

$$0 \leqslant m^{\varepsilon}_{1,u}(a) - m^{\varepsilon}_{1,u}(b) \leqslant \frac{1}{\varepsilon}\int_{a<u<b} |\nabla u|\, dx = \frac{1}{\varepsilon}\int_a^b P_\Omega(u>t)dt,$$

ce qui implique l'absolue continuité. Notons aussi $u_0 = u$.

L'équi-absolue continuité des m^{ε}_{1,u_j} découle de cette dernière formule car pour une suite d'intervalles $(]a_i,b_i[)_{i=1,\dots,m}$ deux à deux disjoints tels que $\sum_{i=1}^{m}(b_i-a_i) \leqslant \delta$, vérifie alors $\forall\, j$

$$0 \leqslant \sum_{i=1}^{m}\Big(m^{\varepsilon}_{1,u_j}(a_i) - m^{\varepsilon}_{1,u_j}(b_i)\Big) \leqslant \frac{1}{\varepsilon}\int_{\bigcup_{i=1}^m]a_i,b_i[} |\nabla u_j|\, dx \leqslant \frac{1}{\varepsilon}\int_0^\delta |\nabla u_j|_*(t)dt.$$

Puisque $u_j \to u$ dans $W^{1,1}(\Omega)$ alors :

$$\int_0^\delta |\nabla u_j|_*(t)dt \leqslant |\nabla(u_j-u)|_1 + \int_0^\delta |\nabla u|_*(t)dt \leqslant 2\int_0^\delta |\nabla u|_*(t)dt,\ j \geqslant j_\delta.$$

Pour la deuxième assertion considérons un ensemble borélien A de mesure finie, pour j fixé, et $\eta > 0$ on note :

$$A_j = A \cap \Big\{t : \Big(m^{\varepsilon}_{1,u_j}\Big)'(t) - \Big(m^{\varepsilon}_{1,u}\Big)'(t) > \eta\Big\} \tag{6.26}$$

(preuve identique pour le cas $< -\eta$). On veut montrer que $|A_j| \to 0$.

Supposons que cela ne soit pas vrai alors pour une sous-suite notée toujours (A_j), il existe $\alpha > 0 : |A_j| > 5\alpha > 0\ \forall\, j$. Puisque $(m^{\varepsilon}_{1,u_j})_{j\geqslant 0}$ est équi-absolue continue, il existe $\delta > 0$ t.q. $B \subset \mathbb{R}$ alors :

$$|B| \leqslant \delta \textit{ alors } \int_B \left|dm^{\varepsilon}_{1,u_j}(t)\right| \leqslant \alpha\eta. \tag{6.27}$$

D'après le théorème de Lusin, pour chaque j il existe une fonction continue $L_j : \mathbb{R} \to [0,1]$ *t.q.* $B_j = \Big\{t \in \mathbb{R} : L_j(t) \neq \chi_{A_j}(t)\Big\}$ est de mesure plus petite que δ. Alors, pour $j \geqslant 1$, $k \in \mathbb{N}$:

$$\int \left|L_j - \chi_{A_j}\right|(t)\left|dm^\varepsilon_{1,u_k}(t)\right| \leqslant \int_{B_j} \left|\left(m^\varepsilon_{1,u_k}\right)'(t)\right| dt \leqslant \eta\alpha. \tag{6.28}$$

Par ailleurs, du fait que $|A_j| > 5\alpha > 0$ et par définition de A_j, on a :

$$\int \chi_{A_j}\left[\left(m^\varepsilon_{1,u_j}\right)'(t) - \left(m^\varepsilon_{1,u}\right)'(t)\right] dt > \eta\,|A_j| > 5\alpha\eta. \tag{6.29}$$

Par ailleurs, à l'aide de la formule de Federer (ou une simple extension du corollaire 6.2.1 de la proposition 6.2.2), on a :

$$\int \chi_{A_j}\left(m^\varepsilon_{1,u_j}\right)'(t)dt = -\int_\Omega \chi_{A_j}(u_j)\Phi_\varepsilon(\nabla u_j)dx. \tag{6.30}$$

On combine les relations (6.28) à (6.30) pour obtenir :

$$I_j = \int \left[L_j(u)\Phi_\varepsilon(\nabla u) - L_j(u_j)\Phi_\varepsilon(\nabla u_j)\right] dx > 3\eta\alpha. \tag{6.31}$$

En effet, par la formule de Federer, on a :

$$\int L_j(u)\Phi_\varepsilon(\nabla u)dx = -\int L_j(t)\left(m^\varepsilon_{1,u}\right)'(t)dt.$$

De même pour u_j.
D'où

$$I_j = \int \left(L_j - \chi_{A_j}\right)\left(m^\varepsilon_{1,u_j}\right)'(t) - \int \left(L_j - \chi_{A_j}\right)\left(m^\varepsilon_{1,u}\right)'(t)dt$$

$$+ \int \chi_{A_j}\left[\left(m^\varepsilon_{1,u_j}\right)'(t) - \left(m^\varepsilon_{1,u}\right)'(t)\right] dt > -\eta\alpha - \eta\alpha + 5\eta\alpha = 3\eta\alpha.$$

Posons pour j fixé, $t \in I\!R$, $M_j(t) = \int_0^t L_j(s)ds$, $\rho_j = M_j \circ u_j$, $\varphi_j = M_j \circ u$, alors $\nabla\rho_j = L_j(u_j)\nabla u_j$ et $\nabla\varphi_j = L_j(u)\nabla u$. Si on définit alors le champ de vecteurs $U_j = \dfrac{\nabla u_j}{\varepsilon^2 + |\nabla u_j|^2}$, alors chaque I_j peut s'écrire :

$$I_j = \int \left[U \cdot \nabla\varphi_j - U_j \cdot \nabla\rho_j\right] dx = \int U \cdot \left(\nabla\varphi_j - \nabla\rho_j\right) dx + \int \left(U - U_j\right) \cdot \nabla\rho_j dx.$$

Puisque $\nabla u_j \to \nabla u$ dans $L^1(\Omega)^N$, il existe alors une sous-suite qui converge simplement et une fonction $G \in L^1(\Omega)$ t.q. $|\nabla u_j(x)| \leqslant G(x)$.

Comme $0 \leqslant M'_j = L_j \leqslant 1$: $|\nabla\varphi_j| \leqslant G$, $|\nabla\rho_j| \leqslant G$. Comme $U_j \to U$ p.p., et que $|U_j| \leqslant \dfrac{1}{\varepsilon}$ d'où $\int (U - U_j) \cdot \nabla\rho_j \xrightarrow[j\to+\infty]{} 0$ (par le théorème de la convergence dominée). Ainsi puisque $I_j > 3\eta\alpha$, pour j assez grand on a $\int U \cdot (\nabla \varphi_j - \nabla \rho_j)\, dx > 2\eta\alpha$. Puisque $U \in L^\infty(\Omega)^N$, alors il existe une fonction $W \in C_c^\infty(\Omega)^N$ t.q. $|U|_\infty \leqslant |W|_\infty$

$$2 \int |U - W|\, G\, dx < \eta\alpha.$$

Ceci implique alors $\int (U - W) \cdot (\nabla \varphi_j - \nabla \rho_j)\, dx < \eta\alpha$, avec l'inégalité $\int U \cdot (\nabla \varphi_j - \nabla \rho_j)\, dx > 2\eta\alpha$, on déduit que

$$- \int (\varphi_j - \rho_j)\, div\, W\, dx = \int (\nabla \varphi_j - \nabla \rho_j) \cdot W\, dx > \eta\alpha. \tag{6.32}$$

Puisque $|M_j(a) - M_j(b)| \leqslant |L_j|_\infty |b - a| \leqslant |b - a|$ et que $u_j \to u$ p.p., on déduit $|\rho_j - \varphi_j| \to 0$ p.p. et par le théorème de la convergence dominée, on obtient une contradiction avec (6.32). D'où le théorème. □

A partir du résultat précédent, on a alors :

Théorème 6.2.2 (convergence de m_{1,u_j}). *Soit $\{u, u_1, u_2, \ldots\}$, une suite de $W^{1,1}(\Omega)$ t.q. $u_j \to u$ dans $W^{1,1}(\Omega)$. Alors il existe une sous-suite $j(1), j(2), \ldots$ t.q. p.p. $t \in \mathbb{R}$,*

$$\limsup_k m'_{1,u_{j(k)}}(t) \leqslant m'_{1,u}(t)$$

ou de façon équivalente que

$$\liminf_k \left| m'_{1,u_{j(k)}}(t) \right| \geqslant \left| m'_{1,u}(t) \right|.$$

Preuve. Dans le but d'utiliser le procédé diagonal de Cantor, on choisira dans le cadre du théorème précédent $\varepsilon = \frac{1}{2}, \frac{1}{3}, \frac{1}{4}, \ldots$. On notera toujours Φ_ε, $m^\varepsilon_{1,u_j}, m^\varepsilon_{1,u}$. Pour chaque ε et chaque borélien A (de mesure finie ou non), on a une sous-suite $j(k)$: $\left(m^\varepsilon_{1,u_{j(k)}}\right)'(t) \to \left(m^\varepsilon_{1,u}\right)'(t)$ p.p. sur A.

Par le procédé diagonal de Cantor, il existe une sous-suite $j(l)$:

$$\left(m^\varepsilon_{1,u_{j(l)}}\right)'(t) \xrightarrow[l \to +\infty]{} \left(m^\varepsilon_{1,u}\right)'(t),$$

pour presque tout t dans A, chaque $\varepsilon = \frac{1}{2}, \frac{1}{3}, \frac{1}{4}, \ldots$.

On note $\mathcal{B}$ l'ensemble des points t vérifiant cette convergence pour tout $\varepsilon = \frac{1}{2}, \frac{1}{3}, \frac{1}{4}, \ldots$, $\mathcal{B} \subset A$. On sait par ailleurs que :

1. $m_{1,u}$, m_{1,u_j} sont absolument continues sur $\mathbb{R}$ (voir proposition 6.2.2).
2. Si $m_{j\varepsilon}(t) = m^{\varepsilon}_{1,u_{j(l)}}(t)$, $m_\varepsilon(t) = m^{\varepsilon}_{1,u}(t)$ alors

$$\lim_j m'_{j\varepsilon}(t) = m'_\varepsilon(t), \ \forall t \in \mathcal{B}, \ \forall \varepsilon.$$

Puisque Φ'_ε est borné, on déduit :

$$\lim_j m_{j\varepsilon}(t) = m_\varepsilon(t) \qquad \forall t \in \mathcal{B}.$$

De plus, puisque $\varepsilon \to \dfrac{|\xi|^2}{\varepsilon^2 + |\xi|^2}$ est décroissante, on a dès que $\varepsilon < \delta$:

$$m'_{1,u_j}(t) \leqslant m'_{j\varepsilon}(t) \leqslant m'_{j\delta}(t)$$

et

$$m'_{1,u}(t) \leqslant m'_\varepsilon(t) \leqslant m'_\delta(t).$$

Montrons maintenant que $\lim\limits_{\varepsilon \to 0} m'_{j\varepsilon}(t) = m'_{1,u_j}(t)$ (respectivement, $m'_{1,u}(t) = \lim\limits_{\varepsilon \to 0} m'_\varepsilon(t)$). On a, pour tout t

$$-\int_t^{+\infty} m'_{1,u_j}(s)ds = m_{1,u_j}(t) = \lim_{\varepsilon \to 0} m_{j\varepsilon}(t) = -\lim_{\varepsilon \to 0} \int_t^{+\infty} m'_{j\varepsilon}(s)ds.$$

Du fait de la monotonie précédente, cette dernière limite vérifie donc :

$$-\int_t^{+\infty} \lim_{\varepsilon \to +\infty} m'_{j\varepsilon}(s)ds = -\int_t^{+\infty} m'_{1,u_j}(s)ds, \text{ comme } m'_{1,u_j}(s) \leqslant \lim_{\varepsilon \to 0} m'_{j\varepsilon}(s)$$

on a

$$m'_{1,u_j}(s) = \lim_{\varepsilon \to 0} m'_{j\varepsilon}(s) \ p.p. \ en \ s.$$

Du fait de la dénombrabilité de $\left\{m_{1,u_j}, m_{1,u}\right\}_{j \geqslant 1}$ on déduit qu'il existe $\mathcal{B}_0 \subset \mathcal{B} \subset A : |\mathcal{B}_0| = |A|$ et $\forall t \in \mathcal{B}_0$, $\forall j$

$$m'_{1,u_j}(t) = \lim_{\varepsilon \to 0} m'_{j\varepsilon}(t), \ m'_{1,u}(t) = \lim_{\varepsilon \to 0} \left(m^{\varepsilon}_{1,u}\right)'(t).$$

Ainsi, on a : $\forall t \in \mathcal{B}_0$

$$m'_{1,u}(t) = \lim_{\varepsilon \to 0} m'_\varepsilon(t) = \lim_{\varepsilon \to 0} \lim_{j \to +\infty} m'_{j\varepsilon}(t) \ ,$$

mais,

$$m'_{j\varepsilon}(t) \geqslant m'_{1,u_j}(t) : \lim_{j \to +\infty} m'_{j\varepsilon} \geqslant \limsup_{j \to +\infty} m'_{1,u_j}(t).$$

D'où

$$m'_{1,u}(t) \geqslant \limsup_{j \to +\infty} m'_{1,u_j}(t).$$

D'où le résultat. □

Remarque. Dans la preuve précédente, on a en fait utilisé trois propriétés importantes :

Propriété 6.2.1. *1.* $\lim_{j\to+\infty} m'_{j\varepsilon}(t) = m'_\varepsilon(t)$.

2. si $\varepsilon < \delta$: $m'_{1,u_j}(t) \leqslant m'_{j\varepsilon}(t) \leqslant m'_{j\delta}(t)$ $\forall j$, *et presque tout* t *ce qui implique* $m'_{1,u}(t) \leqslant m'_\varepsilon(t) \leqslant m'_\delta(t)$.

3. A l'aide de 2) et du fait que $\lim_{\varepsilon\to 0} m^\varepsilon_{1,u}(t) = m_{1,u}(t)$ *on a :* $m'_{1,u}(t) = \lim_{\varepsilon\to 0} m'_\varepsilon(t)$.

A partir de 3) et 1) : $m'_{1,u}(t) = \lim_{\varepsilon\to 0}\lim_{j\to+\infty} m'_{j\varepsilon}(t)$
et à partir de 2) $\lim_{j\to+\infty} m'_{j\varepsilon}(t) \geqslant \limsup_j m'_{1,u_j}(t)$. *D'où*

$$m'_{1,u}(t) \geqslant \limsup_j m'_{1,u_j}(t).$$

Mais il nous faut caractériser les fonctions u t.q. $m'_u(t) \geqslant \limsup_j m'_{u_j}(t)$, ceci n'est vrai que pour des u co-aire régulières.

6.2.2 Définition d'une fonction co-aire et continuité

Définition 6.2.1. *[d'une fonction de co-aire régulière].*
Soit $u \in W^{1,1}_{loc}(\Omega)$. *On dira que* u est dite co-aire régulière *si la mesure dérivée distribution de la fonction* $m_{o,u}(t) = \left|\left\{x \in \Omega : u(x) > t,\ \nabla u(x) = 0\right\}\right|$ *est totalement singulière (i.e. la partie absolument continue de* $dm_{o,u}$ *est nulle) :* $dm_{o,u}(t) = -d\nu, \quad \nu \geqslant 0$.

Théorème 6.2.3. *Soit* $u \in W^{1,1}(\Omega)$ *co-aire régulière et soit* u_j *une suite de* $W^{1,1}(\Omega)$ *t.q.* $u_j \to u$ *dans* $W^{1,1}(\Omega)$. *Alors,*

$$\liminf_j \left|m'_{u_j}(t)\right| \geqslant |m'_u(t)| \quad p.p..$$

Preuve. Puisque $m_u(t) = |u > t| = m_{1,u}(t) + m_{o,u}(t)$ alors pour u co-aire régulière, on a $dm_u(t) = m'_{1,u}(t)dt - (d\mu + d\nu)$. D'où, en utilisant le résultat précédent :

$$|m'_u(t)| = \left|m'_{1,u}(t)\right| \leqslant \liminf_j \left|m'_{1,u_j}(t)\right|$$

mais,

$$\liminf_j \left|m'_{1,u_j}(t)\right| \leqslant \liminf_j \left|m'_{u_j}(t)\right|$$

d'où le résultat. □

Proposition 6.2.4. *Si u est co-aire régulière alors $\forall I = (\alpha, \beta) \in \mathbb{R}^2$ la I-fonction u^I est co-aire régulière aussi.*

Preuve. En effet, posons :

$$m^I_{o,u}(t) = \left|\left\{x \in \Omega : u^I(x) > t, \quad \nabla u^I(x) = 0\right\}\right|.$$

Sachant que $0 \leqslant u^I \leqslant \beta - \alpha$,
si $t \leqslant 0$

$$m^I_{o,u}(t) = \left|\left\{x \in \Omega : \nabla u^I(x) = 0\right\}\right| = \text{constante},$$

si $t \geqslant \beta - \alpha$

$$m^I_{o,u}(t) = 0,$$

si $0 < t < \beta - \alpha$, alors

$$m^I_{o,u}(t) = \left|\left\{u > \beta\right\}\right| + \left|\left\{x \in \Omega : \alpha \leqslant u(x) \leqslant \beta,\ u(x) > t + \alpha,\ \nabla u(x) = 0\right\}\right|.$$

Comme $m'_{0,u}(t) = 0$ p.p. $t \in \mathbb{R}$, on déduit que la partie absolument continue de $m^I_{0,u}$ vérifie

$$\left(m^I_{o,u}\right)'(t) = 0.$$

(Noter que $0 \leqslant m^I_{0,u}(t) - m^I_{0,u}(t+h) \leqslant m_{0,u}(t+\alpha) - m_{0,u}(t+\alpha+h)$, pour $h > 0$, $0 < t < \beta - \alpha$) □

Le théorème principal de convergence est

Théorème 6.2.4 (continuité au point co-aire régulier). *Soit $\{u,\ u_j\}$ une suite d'éléments de $W^{1,p}(\Omega)$, $1 \leqslant p < +\infty$. On suppose que $u_j \underset{j}{\to} u$ dans $W^{1,p}(\Omega)$. Si u est co-aire régulière alors :*

$$\left|k\left(u'_{j*} - u'_*\right)\right|_p \xrightarrow[j \to +\infty]{} 0$$

$$\text{où } k(\sigma) = \begin{cases} N\alpha_N^{\frac{1}{N}}\sigma^{1-\frac{1}{N}} \text{ si } u,\ u_j \geqslant 0 \quad \text{à trace nulle,} \\ \dfrac{1}{Q}\min\left(\sigma, |\Omega| - \sigma\right)^{1-\frac{1}{N}} \text{ si } \Omega \text{ est borné, connexe, lipchitzien} \\ \qquad \text{ou si } u,\ u_j \text{ sont non signées dans} \\ \qquad W_0^{1,p}(\Omega), \text{ avec dans ce cas} \\ \qquad Q = \left(N\alpha_N^{\frac{1}{N}}\right)^{-1}. \end{cases}$$

Preuve. Soient $I = (\alpha, \beta)$, $I_j = (\alpha_j, \beta_j)$ t.q. $I_j \to I$, I (resp I_j) dans $\mathfrak{I}_u$ (resp. $\mathfrak{I}_{u_j}$). Alors, on sait que $u_j^{I_j} \to u^I$ dans $W^{1,p}(\Omega)$. En adoptant les mêmes notations que précédemment, on a :

$$f_j(t) = \begin{cases} 0 & si\ t \geqslant \beta_j - \alpha_j, \\ \left| u_j^{I_j} > t \right| & si\ 0 \leqslant t \leqslant \beta_j - \alpha_j, \\ |\Omega| & si\ t \leqslant 0, \end{cases} \quad \text{(idem pour } f(t)\text{)},$$

$$g_j(s) = \begin{cases} \beta_j - \alpha_j & si\ s \leqslant 0, \\ u_{j*}^{I_j}(s) & si\ 0 \leqslant s \leqslant |\Omega|, \\ 0 & si\ s > |\Omega|, \end{cases} \quad \text{(idem pour } g(s)\text{)}.$$

Alors, puisque u^I est co-aire régulière, on déduit du théorème 6.2.3 que :

$$|f'(t)| \leqslant \liminf_j |f_j'(t)|.$$

De plus $|f_j - f|_{L^1_{loc}(I\!R)} \underset{j}{\rightarrow} 0$, alors d'après le théorème 6.1.5

$$\lim_j \int_{[0,\beta_j-\alpha_j]} \sqrt{1+f_j'^2}\,dt + \int_{[0,\beta_j-\alpha_j]} d\mu_j = \int_{[0,\beta-\alpha]} \sqrt{1+f'^2}\,dt + \int_{[0,\beta-\alpha]} d\mu$$

si $df_j = f_j'dt - d\mu_j$, $df = f'(t)dt - d\mu$. D'où en utilisant la proposition 6.2.1, on déduit que :

$$\lim_j \int_{\Omega_*} \sqrt{1+g_j'(s)^2}\,ds = \int_{\Omega_*} \sqrt{1+g'(s)^2}\,ds.$$

Comme

$$|g_j - g|_{L^1(\Omega_*)} \xrightarrow[j\to+\infty]{} 0\,,$$

on déduit du théorème 6.1.1 $\lim_j \left|g_j' - g'\right|_{L^1(\Omega_*)} = 0$. On conclut avec les théorèmes 6.1.3 et 6.1.4 que

$$\left|k\left(u_{j_*}' - u_*'\right)\right|_p \xrightarrow[j\to+\infty]{} 0.$$

□

La question naturelle est de savoir quelles sont les fonctions qui sont co-aires régulières. Le théorème suivant donne une réponse :

Théorème 6.2.5 (fonctions co-aires régulières).

1. *Si $u \in W^{N,p}_{loc}(\Omega)$, $p > 1$ alors u est co-aire régulière.*
2. *Si $\left\{x : \nabla u(x) = 0\right\}$ est de mesure nulle, $u \in W^{1,1}_{loc}(\Omega)$ alors u est co-aire régulière.*
3. *Si $u \in W^{1,1}_{loc}(I\!R)$ alors u est co-aire régulière.*

Preuve. L'assertion (2) découle de la définition. Pour montrer l'assertion (1), commençons par le cas où $u \in C^N(\Omega)$. Par le théorème de Morse-Sard-Federer on a pour $B = \Big\{x : \nabla u(x) = 0\Big\}, |u(B)| = 0$. Alors pour tout $U \subset I\!R$, on a :

$$m'_{o,u}(U) = -\int \chi_{\{u\in U\}} \cdot \chi_{\{\nabla u=0\}} dx = -\int \chi_{\{u\in U\}} \cdot \chi_{\{u\in u(B)\}} \cdot \chi_{\{\nabla u=0\}} dx$$

$\Big($où on note $\Big\{u \in U\Big\} = \Big\{x : u(x) \in U\Big\}, \Big\{u \in u(B)\Big\} = \Big\{x : u(x) \in u(B)\Big\}\Big)$.
Puisque $|u(B)| = 0$ donc le support de $dm_{o,u}$ est de mesure nulle donc elle est singulière.

Si $u \in W^{N,p}_{loc}(\Omega)$, alors d'après un théorème de type Lusin, on peut modifier u en une fonction de classe C^N sauf sur un ensemble de mesure arbitrairement petite. On déduit que nécessairement le support de $dm_{o,u}$ est nulle donc elle ne peut être que singulière.

Pour le cas (3.), si $u \in W^{1,p}_{loc}(\Omega)$, $p > 1$, on la déduit de l'assertion (2.). Le cas où $p = 1$ se fait de façon directe. □

Pour clôre ce chapitre, nous aurons besoin du théorème suivant :

Théorème 6.2.6. *Soit* $\{u_j,\ u\}$ *une suite de* $W^{1,p}(\Omega)$, *avec* $1 \leqslant p < +\infty$. *On suppose que* u_j *tend vers* u *dans* $W^{1,p}(\Omega)$ *et presque partout dans* Ω *et que* u *est co-aire régulière. Alors,*

$$(ku'_{j*})\big(|u_j > u_j(\cdot)|\big) \to (ku'_*)\big(|u > u(\cdot)|\big) \text{ dans } L^p(\Omega)\text{-fort.}$$

Ici

$$k(\sigma) = \begin{cases} \sigma^{1-\frac{1}{N}} & \text{si } u,\ u_j \in W^{1,p}_{0+}(\Omega) \\ \min(\sigma, |\Omega| - \sigma)^{1-\frac{1}{N}} & \text{sinon.} \end{cases}$$

L'ouvert Ω *étant comme au théorème 6.2.4.*

Preuve. Posons $K_j = (ku'_{j*})\big(|u_j > u_j(\cdot)|\big)$, $K = (ku'_*)\big(|u > u(\cdot)|\big)$.
Par équimesurabilité et du fait du théorème 6.1.4,
on sait que $ku'_{j*} \to ku'_*$ dans $L^p(\Omega_*)$-fort, on déduit que :

$$\lim_j |K_j|_{L^p(\Omega)} = \lim_j \big|ku'_{j*}\big|_{L^p(\Omega_*)} = |ku'_*|_p = |K|_p .$$

Il nous suffit alors de montrer que $K_j \rightharpoonup K$ dans $L^p(\Omega)$-faible si $1 < p < +\infty$. Soit $\varphi \in L^{p'}(\Omega)$ et posons $\theta = \chi_{\Omega_* \backslash P(u_*)}$. Alors par la formule des opérateurs moyennes, on a :

$$\int_\Omega \varphi K_j dx = \int_{\Omega_*} \varphi_{*u_j} \cdot ku'_{j*} dt = \int_{\Omega_*} \theta \varphi_{*u_j} \left(ku'_{j*}\right) dt + \int_{\Omega_*} (1-\theta)\varphi_{*u_j} \left(ku'_{j*}\right) dt.$$

Par l'inégalité de Hölder, on a :

$$\int_{\Omega_*} \left|(1-\theta)\varphi_{*u_j}\left(ku'_{j*}\right)\right| dt \leqslant |\varphi|_{p'} \left|(1-\theta)\left(ku'_{j*}\right)\right|_p \xrightarrow[j]{} 0$$

(car $|(1-\theta)(ku'_*)|_p = 0$).

Par ailleurs, le théorème 2.6.1 implique $\theta\varphi_{*u_j} \rightharpoonup \theta\varphi_{*u}$ dans $L^{p'}(\Omega_*)$-faible. Par suite,

$$\lim_j \int_\Omega \varphi K_j dx = \int_{\Omega_*} \theta\varphi_{*u}\left(ku'_*\right) dt = \int_{\Omega_*} \varphi_{*u}\left(ku'_*\right) dt = \int_\Omega \varphi K\, dx.$$

Les faits que $K_j \rightharpoonup K$ dans $L^p(\Omega)$-faible et $\lim |K_j|_p = |K|_p$ impliquent $K_j \to K$ dans $L^p(\Omega)$-fort si $1 < p < +\infty$.

Pour le cas $p = 1$, il nous faut des résultats supplémentaires.

Tout d'abord, considérons la troncature au niveau $\alpha > 0$ i.e. $T_\alpha(t) = \min(|t|, \alpha)\,\text{sign}\,(t)$. Posons alors,

$$K_{j,\alpha}(x) = T_\alpha(ku'_{j*})\left(|u_j > u_j(x)|\right),\; K_{,\alpha}(x) = T_\alpha(ku'_*)\left(|u > u(x)|\right).$$

Alors $|K_{j,\alpha}|_\infty \leqslant \alpha$, $|K_{,\alpha}|_\infty \leqslant \alpha$. En raisonnant de la même façon que précédemment on a :

Proposition 6.2.5. *Pour tout $r \in]1, +\infty[$, on a :*

(a) $K_{j,\alpha} \rightharpoonup K_{,\alpha}$ *dans L^r-faible,*
(b) $\lim_j |K_{j,\alpha}|_{L^r(\Omega)} = |K_{,\alpha}|_{L^r(\Omega)}$ *,*
(c) $\lim_j |K_{j,\alpha} - K_{,\alpha}|_{L^1(\Omega)} = 0.$

Par ailleurs, on a :

$$|K_j - K|_{L^1(\Omega)} \leqslant |K_j - K_{j,\alpha}|_{L^1(\Omega)} + |K_{j,\alpha} - K_{,\alpha}|_{L^1(\Omega)} + |K_{,\alpha} - K|_{L^1(\Omega)}\,.$$

Par équimesurabilité on a :

$$|K_j - K_{j,\alpha}|_{L^1(\Omega)} = \left|T_\alpha(ku'_{j*}) - ku'_{j*}\right|_{L^1(\Omega_*)} \xrightarrow[j]{} |K_{,\alpha} - K|_{L^1(\Omega)}$$

et

$$|K_{,\alpha} - K|_{L^1(\Omega)} = |T_\alpha(ku'_*) - ku'_*|_{L^1(\Omega_*)} \xrightarrow[\alpha \to +\infty]{} 0.$$

A partir de l'énoncé de la proposition 6.2.5, on a alors

$$\limsup_j |K_j - K|_{L^1(\Omega)} \leqslant 2\,|K_{,\alpha} - K|_{L^1(\Omega)} \xrightarrow[\alpha \to +\infty]{} 0.$$

□

Voici des exemples de convergence dans $L^1(\Omega_*)$ pour la dérivée du réarrangement monotone.

Théorème 6.2.7. *Soit Ω un ouvert borné connexe lipschitzien de $\mathbb{R}^N$ et soit $W^1(\Omega, |\cdot|_{N,1}) = \left\{v \in L^1(\Omega) : |\nabla v| \in L^{N,1}(\Omega)\right\}$. Alors, si $\{u_j\ u\}$ est une suite de $W^1(\Omega, |\cdot|_{N,1})$ t.q. $u_j \to u$ dans $W^1(\Omega, |\cdot|_{N,1})$, u co-aire régulière, alors,*

(i) $u'_{j*} \to u'_*$ dans $L^1(\Omega_*)$-fort,
(ii) $u'_{j*}(|u_j > u_j(\cdot)|) \to u'_*(|u > u(\cdot)|)$ dans $L^1(\Omega)$-fort.

Preuve. Notons d'abord que $(u'_{j*})_j$ reste dans un borné de $L^1(E_*)$ $\forall\, E \subset \Omega_*$, $E_* = (0, |E|)$. En effet, d'après la propriété PSR

$$-u'_{j*}(t) \leqslant Q \max(t, |\Omega| - t)^{\frac{1}{N}-1} |\nabla u_j|_{*u_j}(t).$$

Ainsi, en appliquant l'inégalité de Hardy-Littlewood, on obtient

$$\int_E |u'_{j*}|\, dt \leqslant Q \int_E \max(t, |\Omega| - t)^{\frac{1}{N}-1} |\nabla u_j|_{*u_j}(t) dt$$
$$\leqslant Q 2^{1-\frac{1}{N}} \int_{E^*} t^{\frac{1}{N}-1} \left(|\nabla u_j|_{*u_j}\right)_*(t) dt.$$

Mais, $\left(|\nabla u_j|_{*u_j}\right)_* \leqslant |\nabla u_j|_{**}$, ainsi la dernière relation conduit alors à

$$\int_E |u'_{j*}|\, dt \leqslant Q 2^{1-\frac{1}{N}} |\nabla u_j|_{L^{(N,1)}(E_*)} \leqslant \tag{6.33}$$
$$\leqslant Q 2^{1-\frac{1}{N}} |\nabla (u - u_j)|_{L^{(N,1)}(\Omega_*)} + Q 2^{1-\frac{1}{N}} |\nabla u|_{L^{(N,1)}(E)}$$

(où $|f|_{L^{(N,1)}(E_*)} = \displaystyle\int_{E_*} t^{\frac{1}{N}} |f|_{**}(t) \frac{dt}{t}$.)

Puisque $k(u'_{j*} - u'_*) \xrightarrow[j \to +\infty]{} 0$ dans $L^1(\Omega_*)$ avec $k(\sigma) = \min(\sigma, |\Omega| - \sigma)^{1-\frac{1}{N}}$, alors à l'aide de la relation (6.33), $\forall\, \alpha \in]0, |\Omega|\,[$, on a :

$$|u'_{j*} - u'_*|_{L^1(\Omega_*)} \leqslant \int_0^\alpha |u'_{j*}|\, dt + \int_0^\alpha |u'_*|\, dt + \tag{6.34}$$
$$+ \mathrm{Max}\,(\alpha, |\Omega| - \alpha)^{\frac{1}{N}-1} \left|k(u'_{j*} - u'_*)\right|_1 + \int_{|\Omega|-\alpha}^{|\Omega|} |u'_{j*}|\, dt + \int_{|\Omega|-\alpha}^{|\Omega|} |u'_*|\, dt\,.$$

$$\limsup_j |u'_{j*} - u'_*|_{L^1(\Omega_*)} \leqslant 2 \left(\int_0^\alpha |u'_*|_*\, dt + Q 2^{1-\frac{1}{N}} \int_0^\alpha t^{\frac{1}{N}} |\nabla u|_{**}(t) \frac{dt}{t} \right). \tag{6.35}$$

Quand $\alpha \to 0$ le second membre de cette inégalité tend vers zéro, ce qui entraîne alors :

$$\lim_j \left|u'_{j*} - u'_*\right|_{L^1(\Omega_*)} = 0.$$

La partie (ii) découle de (i) en suivant la même preuve que le théorème 6.2.7 précédent en remplaçant le poids k par 1.

On a un résultat analogue pour les fonctions à trace nulle sauf que l'ouvert Ω n'est plus nécessairement connexe et régulier.

Théorème 6.2.8. *Soit Ω un ouvert borné de $\mathbb{R}^N$ et soit $W_0^1(\Omega, |\cdot|_{N,1}) = \left\{v \in W_0^{1,1}(\Omega),\ |\nabla v| \in L^{N,1}(\Omega)\right\}$. Alors, si $u_j \to u$ dans $W_0^1(\Omega, |\cdot|_{N,1})$, u co-aire régulière alors :*

(i) $u'_{j*} \to u'_*$ dans $L^1(\Omega_*)$-fort,
(ii) $u'_{j*}(|u_j > u_j(\cdot)|) \to u'_*(|u > u(\cdot)|)$ dans $L^1(\Omega)$-fort.

Notes pré-bibliographiques

La totalité des résultats donnés dans ce chapitre est tirée de l'article de Almgrem et Lieb [2] et aussi de Rakotoson [100].

Le théorème de Lusin utilisé pour les fonctions de $W_{loc}^{N,p}(\Omega)$ se trouve dans le livre de Ziemer [129].

7

Continuité forte de l'application réarrangement relatif : $u \longrightarrow b_{*u}$ et conséquences

Nous avons signalé au chapitre 2 que l'équation d'équilibre d'un plasma confiné dans une machine "Stellarator" peut s'écrire sous la forme :
$-\Delta u = G(x, u_*, u'_*, b_{*u})$. Il en est de même dans une machine Tokomak, l'équation d'équilibre peut s'écrire sous la forme d'un point fixe : trouver u tel que $u = T(u - g(u)) + \varphi_0$ et la fonction g dépend de u, des ensembles de niveau de u et de ses réarrangements (relatif et monotone). La résolution de ces équations passe par la méthode de Galerkin ou l'usage de degrés topologiques, dans tous les cas, il faut étudier les continuités des applications $u \rightarrow G(\cdot, u_*, u'_*, b_{*u})$ ou de $u \rightarrow g(u)$.

Dans ce chapitre, nous allons donner des éléments de réponse sur la continuité de l'application $(u, b) \rightarrow b_{*u}$. Comme l'application $b \rightarrow b_{*u}$ est une contraction, l'étude revient à celle de la continuité de $u \rightarrow b_{*u}$, et pour des fonctions b dans un espace dense de $L^1(\Omega)$ par exemple les fonctions bornées.

Nous allons nous appuyer en grande partie sur le résultat du chapitre précédent, puisque la quantité b_{*u} est étroitement liée à la dérivée du réarrangement de u c'est à dire u'_*.

Dans un premier temps, nous allons montrer que si $u \in W^{1,1}(\Omega)$ et $b \in L^\infty_+(\Omega) \cap W^{1,1}(\Omega)$ alors on a la formule :

$$\big[b\,|\nabla u|\,\big]_{*u}(s) = -u'_*(s) P_{\Omega,b}\Big(\Big\{u > u_*(s)\Big\}\Big)$$

où $P_{\Omega,b}(E) = \sup\Big\{\displaystyle\int_E div(\Phi \cdot b)dx,\ |\Phi|_\infty \leqslant 1,\ \Phi \in C^1_c(\Omega)^N\Big\}$ pour E mesurable dans Ω, $u_* \in W^{1,1}_{loc}(\Omega_*)$.

Cette formule va nous conduire à la conclusion suivante :
Soit $b \in L^\infty(\Omega)$, et soit u_n une suite convergeant fortement vers u dans $W^{1,1}(\Omega)$. Si u est co-aire régulière alors :

$$\big[b\,|\nabla u|\,\big]_{*u_n} \rightarrow \big[b\,|\nabla u|\,\big]_{*u} \text{ dans } L^1(\Omega_*)\text{-fort}.$$

Cette convergence nous amènera au théorème principal de ce chapitre :

Théorème (continuité forte du réarrangement relatif restreint à $W^{1,1}$)
Soient u, et u_n une suite de $W^{1,1}(\Omega)$, avec Ω un ouvert borné lipschitzien connexe si $\gamma_0 u \not\equiv 0$, et Ω quelconque sinon. On suppose que $u_n \to u$ dans $W^{1,1}(\Omega)$ et que u est co-aire régulière. Alors, pour $b \in L^p(\Omega)$, $1 \leqslant p < +\infty$, on a :

$$\left(b\chi_{\{\nabla u\neq 0\}}\right)_{*u_n} \xrightarrow[n\to+\infty]{} \left(b\chi_{\{\nabla u\neq 0\}}\right)_{*u} \text{ dans } L^p(\Omega_*)\text{-fort} .$$

Voici deux exemples de conséquence de ce théorème :

Corollaire
Soient u, u_n une suite de $W^{1,1}(\Omega)$, avec Ω un ouvert borné lipschitzien si $\gamma_0 u \not\equiv 0$, et Ω quelconque sinon.
On suppose que $\text{mes}\Big\{x : \nabla u(x) = 0\Big\} = 0$.
Si $u_n \to u$ dans $W^{1,1}(\Omega)$ et que $b \in L^p(\Omega)$, $1 \leqslant p < +\infty$, alors

1. *$b_{*u_n} \to b_{*u}$ dans $L^p(\Omega_*)$-fort,*
2. *$b_{*u_n}\big(|u_n > u_n(\cdot)|\big) \to b_{*u}\big(|u > u(\cdot)|\big)$ dans $L^p(\Omega)$-fort si* $\text{mes}\Big(P(u_n)\Big)=0$.

On montrera que pour toute fonction constante a, il existe une suite de $C^\infty(\overline{\Omega})$, $u_n : \Big|\big\{\nabla u_n = 0\big\}\Big| = 0$, $u_n \to a$ et b_{*u_n} ne tend pas vers $b_{*a} = b_*$. Cela laisse suppposer que notre condition précédente est utile.

Le deuxième corollaire est :

Corollaire
Soit $(\lambda_k, \varphi_k)_{k\geqslant 1}$ une suite de valeurs et fonctions propres du Laplacien avec des conditions de Dirichlet et notons V_m le sous-espace engendré par les m premières fonctions propres : $\big\{\varphi_1, \dots, \varphi_m\big\}$. Alors pour $1 \leqslant p < +\infty$, les applications suivantes sont continues :

1. *$u \in V_m \backslash \Big\{0\Big\} \to b_{*u} \in L^p(\Omega_*)$-fort,*
2. *$u \in V_m \backslash \Big\{0\Big\} \to b_{*u}\Big(\,|u > u(\cdot)|\,\Big) \in L^p(\Omega)$-fort*

pourvu que $b \in L^p(\Omega)$.

7.1 Quelques formules auxiliaires

Le long de ce chapitre, Ω sera un ouvert.

Définition 7.1.1.
Soit $b \in L^\infty_+(\Omega) \cap W^{1,1}(\Omega)$. Pour $E \subset \Omega$ mesurable, on définit :

$$P_{\Omega,b}(E) = \sup\left\{ \int_E div\,(b\Phi)\,dx,\ |\Phi|_\infty \leqslant 1,\ \Phi \in C^1_c(\Omega)^N \right\}$$

qu'on appellera le périmètre de E dans Ω relativement à b.

Ce périmètre a les mêmes propriétés que le périmètre usuel obtenu avec $b = 1$. En particulier,

Propriété 7.1.1.
1. *Si $\{E,\ E_n\}$ est une suite d'ensembles mesurables de Ω et si $\chi_{E_n}(x) \to \chi_E(x)$ p.p. alors $\liminf_n P_{\Omega,b}(E_n) \geqslant P_{\Omega,b}(E)$,*
2. *Si $\{b,\ b_j\}$ est une suite $L^\infty_+(\Omega) \cap W^{1,1}(\Omega)$ t.q. $b_j \to b$ dans $W^{1,1}(\Omega)$, alors, pour tout E mesurable de Ω*

$$\liminf_j P_{\Omega,b_j}(E) \geqslant P_{\Omega,b}(E)\ ,$$

3. *$P_{\Omega,b}(\Omega) = P_{\Omega,b}(E) = 0$ si $|E| = 0$.*

Preuve.
Notons $div\,(b\Phi) = \nabla b \cdot \Phi + b\,div(\Phi)$ si $\Phi \in C^1_c(\Omega)^N$ donc $div(b\Phi) \in L^1(\Omega)$. Par conséquent $\chi_{E_n} div(b\Phi) \to \chi_E div(b\Phi)$ p.p. et par le théorème de la convergence dominée, on a :

$$\int_E div(b\Phi))dx = \lim_n \int_{E_n} div(b\Phi)dx \leqslant \liminf P_{\Omega,b}(E_n)$$

d'où 1.

Si $b_j \underset{j}{\to} b$ dans $W^{1,1}(\Omega)$ alors $div\,(b_j\Phi) \to div\,(b\Phi)$ dans $L^1(\Omega)$.
D'où $\forall\, E \subset \Omega$, mesurable,

$$\int_E div\,(b\Phi)\,dx = \lim_j \int_E div\,(b_j\Phi)\,dx \leqslant \liminf_j P_{\Omega,b_j}(E)\ .$$

D'où (2).
Quant à (3.) on la déduit de la définition.

La formule de Fleming-Rishel-Federer est alors vraie :

Lemme 7.1.1 (formule de Fleming-Rishel-Federer).
Soit $b \in L^\infty_+(\Omega) \cap W^{1,1}(\Omega)$. Pour $u \in W^{1,1}(\Omega)$, on a :

$$\int_\Omega |\nabla u|\,b\,dx = \int_{\mathbb{R}} P_{\Omega,b}\left(\{u > t\}\right)dt\ .$$

Preuve. Tout d'abord, on a toujours :

$$\int_\Omega |\nabla u|\, b\, dx \leqslant \int_{I\!R} P_{\Omega,b}\left(\{u > t\}\right) dt \,. \tag{7.1}$$

En considérant $\Phi_j \in C_c^\infty(\Omega)^N$ t.q. $|\Phi_j| \leqslant 1,\ \Phi_j(x) \to \begin{cases} \dfrac{\nabla u}{|\nabla u|} & si\ \nabla u(x) \neq 0, \\ 0 & sinon \end{cases}$

presque partout en x.

Par intégration par parties et par définition de $P_{\Omega,b}$, on a :

$$\int_\Omega \nabla u \cdot \Phi_j \cdot b\, dx = -\int_{I\!R} \int_{u>t} div\,(\Phi_j b)\, dx \leqslant \int_{I\!R} P_{\Omega,b}\left(\{u > t\}\right) dt \,.$$

Par le théorème de la convergence dominée, on sait que

$$\lim_j \int_\Omega \nabla u \cdot \Phi_j b\, dx = \int_\Omega |\nabla u|\, b\, dx \,.$$

Ces deux dernières relations conduisent à (7.1).

Quant à l'inégalité inverse, on considère d'abord $b \in C^\infty(\Omega) \cap L^\infty(\Omega)$, $b > 0,\ u \in C^\infty(\Omega) \cap W^{1,1}(\Omega)$. Alors, comme dans le cas du périmètre de De Giorgi, on a :

Lemme 7.1.2. *Si $u \in C^\infty(\Omega)$, alors pour presque tout t*

$$P_{\Omega,b}\left(\{u > t\}\right) = \int_{u^{-1}(t)} b\, dH_{N-1} \quad si\ N \geqslant 2$$

et

$$P_{\Omega,b}\left(\{u > t\}\right) = \sum_{x \in u^{-1}(t)} b(x) \quad si\ N = 1.$$

(Plus généralement, si $E \subset \Omega$ t.q. $\partial E \cap \Omega$ soit de classe C^2 alors $P_{\Omega,b}(E) = \int_{\partial E \cap \Omega} b\, dH_{N-1}$.)

D'où en combinant avec la formule de Federer, on déduit de ce lemme :

Lemme 7.1.3. *Sous les conditions du lemme 7.1.2, si $u \in W^{1,1}(\Omega)$ alors*

$$\int_{I\!R} P_{\Omega,b}\left(\{u > t\}\right) dt = \int_\Omega b\, |\nabla u|\, dx \,.$$

En effet, par le théorème de Federer, $\int_\Omega b\,|\nabla u|\,dx = \int_{I\!R}\int_{u^{-1}(t)} b\,dH_{n-1} =$

$\int_{I\!R} P_{\Omega,b}\big(\{u>t\}\big)\,dt$ si $N \geqslant 2$, il en est de même pour $N=1$.

Si $b \in W^{1,1}(\Omega)\cap L^\infty_+(\Omega)$, alors il existe une suite $b_j \in C^\infty(\Omega)\cap L^\infty(\Omega)$, $b_j > 0$: $b_j \to b$ dans $W^{1,1}(\Omega)$, $|b_j|_\infty \leqslant |b|_\infty + 1$, $b_j(x) \to b(x)$ p.p. Alors, par l'énoncé 2. de la propriété 7.1.1, le lemme de Fatou et le théorème de la convergence dominée, on a:

$$\int_{I\!R} P_{\Omega,b}\big(\{u>t\}\big)\,dt \leqslant \int_{I\!R} \liminf_j P_{\Omega,b_j}\big(\{u>t\}\big)\,dt$$

$$\leqslant \liminf_j \int_{I\!R} P_{\Omega,b_j}\big(\{u>t\}\big)\,dt = \lim_j \int_\Omega b_j\,|\nabla u|\,dx = \int_\Omega b\,|\nabla u|\,.$$

Maintenant si on considère $u_n \in C^\infty(\Omega)\cap W^{1,1}(\Omega)$: $u_n \to u$ dans $W^{1,1}(\Omega)$ alors le même argument conduit, à partir de cette dernière inégalité, à :

$$\int_{I\!R} P_{\Omega,b}\big(\{u>t\}\big)\,dt \leqslant \liminf_n \int_{I\!R} P_{\Omega,b}\big(\{u_n>t\}\big)\,dt = \int_\Omega b\,|\nabla u|\,dx \qquad (7.2)$$

pour $u \in W^{1,1}(\Omega)$, $b \in L^\infty_+(\Omega)\cap W^{1,1}(\Omega)$.

Les inégalités (7.1) et (7.2) donnent le lemme.

Comme conséquence de ce lemme, on a :

Théorème 7.1.1.
Soit $b \in W^{1,1}(\Omega)\cap L^\infty_+(\Omega)$ et soit $u \in W^{1,1}(\Omega_*)$ t.q. $u_* \in W^{1,1}_{loc}(\Omega)$. Alors, pour presque tout $s \in \Omega_*$,

$$\big[b\,|\nabla u|\,\big]_{*u}(s) = -u_*'(s)P_{\Omega,b}\Big(\big\{u > u_*(s)\big\}\Big)\,.$$

Preuve. Comme $\big(u - u_*(s)\big)_+ \in W^{1,1}(\Omega)$ alors la formule de Fleming-Rishel-Federer conduit à, $\forall\, s \in \Omega_*$

$$\int_{u>u_*(s)} b\,|\nabla u|\,dx = \int_{u_*(s)}^{+\infty} P_{\Omega,b}\big(\{u>t\}\big)\,dt\,.$$

En dérivant par rapport à s, sachant que $u_*\in W^{1,1}_{loc}(\Omega_*)$ et $b\,|\nabla u|\in L^1(\Omega)$, on déduit la formule à l'aide de la définition du réarrangement relatif. □

Théorème 7.1.2 (continuité forte du réarrangement relatif restreint à $W^{1,1}$).
Soit $u \in W^{1,1}(\Omega)$ avec Ω un ouvert borné lipschitzien connexe, si $\gamma_0 u \not\equiv 0$ et Ω quelconque sinon. On suppose que u est co-aire régulière. Si u_n est une suite qui converge vers u dans $W^{1,1}(\Omega)$ (pour simplifier, on supposera que $\gamma_0 u_n = 0$ si $\gamma_0 u = 0$) et b un élément de $W^{1,1}(\Omega) \cap L^\infty_+(\Omega)$ alors,

1. *il existe une sous-suite notée $n(j)$ t.q.*

$$\liminf_j \Big[b\,|\nabla u_{n(j)}|\,\Big]_{*u_{n(j)}}(s) \geqslant \Big[b\,|\nabla u|\,\Big]_{*u}(s) \text{ p.p. en } s \in \Omega_* \,.$$

2. *Toute la suite $\Big[b\,|\nabla u_n|\,\Big]_{*u_n}$ converge vers $\Big[b\,|\nabla u|\,\Big]_{*u}$ dans $L^1(\Omega_*)$-fort.*
3. *La suite $\Big[b\,|\nabla u|\,\Big]_{*u_n}$ converge vers $\Big[b\,|\nabla u|\,\Big]_{*u}$ dans $L^1(\Omega_*)$.*

Preuve.
Puisque u est co-aire régulière et que $u_n \to u$ dans $W^{1,1}(\Omega)$ alors il existe une sous-suite $\big(u_{n(j)}\big)_{j\geqslant 0}$:

(a) $u_{n(j)}(x) \to u(x)$ p.p. dans Ω,
(b) $u_{n(j)_*}(s) \to u_*(s)$ p.p. en s,
$u'_{n(j)_*}(s) \to u'_*(s)$ p.p. en s.

Soit $s \in \Omega_*$ vérifiant (b). Si $s \in P(u_*)$ alors $u'_*(s) = 0$. Ainsi à l'aide de la formule du théorème 7.1.1, on conclut que, p.p. sur $P(u_*)$

$$0 = \Big[b\,|\nabla u|\,\Big]_{*u}(s) \leqslant \liminf_j \Big[b\,\big|\nabla u_{n(j)}\big|\,\Big]_{*u_{n(j)}}(s).$$

Si $s \in \Omega_* \backslash P(u_*)$, s vérifiant (b) alors,
si on note $v_j(x) = u_{n(j)}(x) - u_{n(j)_*}(s)$, $v(x) = u(x) - u_*(s)$, on a :

$$\lim_j \chi_{\{v_j>0\}}(x) = \chi_{\{v>0\}}(x) \text{ p.p. dans } \Omega$$

ce qui entraîne que $\liminf_j P_{\Omega,b}(v_j > 0) \geqslant P_{\Omega,b}(v > 0)$. Sachant que $u'_{n(j)_*}(s) \to u'_*(s)$, on conclut :

$$\liminf_j \Big[- u'_{n(j)_*}(s) P_{\Omega,b}\left(u_{n(j)} > u_{n(j)_*}(s)\right) \Big] \geqslant -u'_*(s) P_{\Omega,b}\left(u > u_*(s)\right).$$

On conclut à l'aide du théorème 7.1.1 pour obtenir (1). □

Posons $h_j(\sigma) = \Big[b\,\big|\nabla u_{n(j)}\big|\,\Big]_{*u_{n(j)}}(\sigma)$, $h(\sigma) = \Big[b\,|\nabla u|\,\Big]_{*u}(\sigma)$ pour $\sigma \in \Omega_*$, montrons alors:

Lemme 7.1.4.

$$\lim_j |h_j - h|_1 = 0 \,.$$

Pour montrer ce lemme on va s'appuyer sur une variante de la proposition 6.1.1

Proposition 7.1.1.
Soit $\{h,\ h_j\}$ *une suite de fonctions intégrables à valeurs dans* $\left[0,+\infty\right[$ *vérifiant*

(i) $\lim_j \int_\Omega h_j(x)dx = \int_\Omega h(x)dx,$
(ii) $\liminf_j h_j(x) \geqslant h(x)$ *p.p. en* $x \in \Omega$.

Alors
$$\lim_j |h_j - h|_1 = 0\ .$$

Preuve. La preuve de la proposition 6.1.1 indique
$$\lim_j \int_\Omega (h_j - h)_-(x)dx = 0\ .$$

On déduit alors,
$$\limsup_j \int_\Omega (h_j - h)_+\, dx \leqslant \lim_j \int_\Omega (h_j - h)\, dx = 0\ .$$

D'où $\lim_j \int_\Omega (h_j - h)_+\, dx = 0$ ce qui entraîne :
$$\lim_j \int_\Omega |h_j - h|\,(x)dx = \lim_j \int_\Omega (h_j - h)_+\, dx + \lim_j \int_\Omega (h_j - h)_-\, dx = 0\ .$$

□

On applique alors ce lemme à la suite $\{h_j,\ h\}$ en remplaçant Ω par Ω_*. La condition (ii) de cette proposition 7.1.1 est satisfaite grâce à la première assertion (1) du théorème 7.1.2. Pour vérifier (i), on écrit
$$\int_{\Omega_*} h_j(\sigma)d\sigma = \int_\Omega b\Big[\left|\nabla u_{u(j)}\right| - |\nabla u|\Big]dx + \int_\Omega b\,|\nabla u|\,dx \underset{j}{\rightarrow} \int_\Omega b\,|\nabla u| = \int_{\Omega_*} h$$
on déduit alors $h_j \to h$ dans $L^1(\Omega_*)$.

L'assertion (2) du théorème 7.1.2 en découle, puisque s'il existe une sous-suite qui ne converge pas dans $L^1(\Omega_*)$ vers cette limite h alors, on peut en extraire une autre sous-suite qui vérifie l'assertion (1) et de ce fait l'usage de la proposition 7.1.1 à cette nouvelle sous-suite conduirait à une contraction car elle convergerait vers $h(\sigma) = \Big[b\,|\nabla u|\Big]_{*u}(\sigma),\ \sigma \in \Omega_*$.

Quant à la dernière assertion, elle découle de 2. en utilisant la propriété de contraction qui s'écrit :

$$\left|\Big[b\,|\nabla u_n|\Big]_{*u_n} - \Big[b\,|\nabla u|\Big]_{*u_n}\right|_1 \leqslant |b|_\infty \,|\nabla\,(u_n - u)|_1 \xrightarrow[n\to+\infty]{} 0\,.$$

□

On a le corollaire suivant :

Corollaire 7.1.1.
Sous les mêmes conditions que le théorème 7.1.2, si b est seulement dans $L^\infty(\Omega)$ alors on a encore

$$\Big[b\,|\nabla u|\Big]_{*u_n} \to \Big[b\,|\nabla u|\Big]_{*u} \quad \textit{dans } L^1(\Omega_*)\textit{-fort}\,.$$

Preuve. Commençons par le cas où $b \geqslant 0$, $b \in L^\infty(\Omega)$. Alors il existe une suite $b_j \in C_c^\infty(\Omega)$ t.q. $b_j(x) \to b(x)$ p.p. $b_j \geqslant 0$ et $|b_j|_\infty \leqslant |b|_\infty$. Ainsi, $(b_j - b)\,|\nabla u| \xrightarrow[j\to+\infty]{} 0$ dans $L^1(\Omega)$-fort.
Alors, par la propriété de contraction, on a :

$$\left|\big[b\,|\nabla u|\,\big]_{*u_n} - \big[b\,|\nabla u|\,\big]_{*u}\right|_1 \leqslant 2\Big|\,(b_j - b)\,|\nabla u|\,\Big|_1 + \left|\big[b_j\,|\nabla u|\,\big]_{*u_n} - \big[b_j\,|\nabla u|\,\big]_{*u}\right|_1 .$$

D'où

$$\limsup_n \left|\big[b\,|\nabla u|\,\big]_{*u_n} - \big[b\,|\nabla u|\,\big]_{*u}\right|_1 \leqslant 2\Big|\,(b_j - b)\,|\nabla u|\,\Big|_1 \xrightarrow[j\to+\infty]{} 0.$$

Si $b \in L^\infty(\Omega)$ alors on écrit que $b = b_+ - b_-$

$$\big[b\,|\nabla u|\,\big]_{*u_n} = \big[b_+\,|\nabla u|\,\big]_{*u_n} - \big[b_-\,|\nabla u|\,\big]_{*u_n} \xrightarrow[n\to+\infty]{} \big[b\,|\nabla u|\,\big]_{*u}$$

dans $L^1(\Omega_*)$-fort . □

Théorème 7.1.3. *Soit $u \in W^{1,1}(\Omega)$ avec Ω un ouvert borné connexe lipschitzien si $\gamma_0 u \not\equiv 0$ et Ω quelconque sinon. On suppose que u est co-aire régulière alors, pour toute suite u_n qui converge vers u dans $W^{1,1}(\Omega)$, (on suppose que $\gamma_0 u_n = 0$ si $\gamma_0 u = 0$) pour tout $b \in L^p(\Omega)$, $1 \leqslant p < +\infty$, et $\varepsilon > 0$ on a :*

(i) $$\left[\frac{b\,|\nabla u|}{\varepsilon + |\nabla u|}\right]_{*u_n} \xrightarrow[n\to+\infty]{} \left[\frac{b\,|\nabla u|}{\varepsilon + |\nabla u|}\right]_{*u} \quad \textit{dans } L^p(\Omega_*)\textit{-fort.}$$

(ii) $\big(b\chi_{\{\nabla u\neq 0\}}\big)_{*u_n} \to \big(b\chi_{\{\nabla u\neq 0\}}\big)_{*u}$ *dans $L^p(\Omega_*)$-fort.*

Preuve. Commençons par le cas où $b \in L^\infty(\Omega)$. Si $p = 1$ alors la partie (i) découle du corollaire 7.1.1 avec b remplacée par $\dfrac{b}{\varepsilon + |\nabla u|}$. Si $1 < p < +\infty$, posons $B^\varepsilon = \dfrac{b\,|\nabla u|}{\varepsilon + |\nabla u|} \in L^\infty(\Omega)$, on a alors :

$$\left|B^\varepsilon_{*u_n} - B^\varepsilon_{*u}\right|_p \leqslant |2b|_\infty^{1-\frac{1}{p}} \left|B^\varepsilon_{*u_n} - B^\varepsilon_{*u}\right|_1^{\frac{1}{p}} \xrightarrow[n\to+\infty]{} 0$$

($|B^\varepsilon_{*u_n}|$ (et $|B^\varepsilon_{*u}|$) est plus petit que $|B|^\varepsilon_\infty \leqslant |b|_\infty$).
Si $b \in L^p(\Omega)$, $1 \leqslant p < +\infty$ alors on approche b dans $L^p(\Omega)$ par une suite $b_j \in L^\infty(\Omega)$, puisque $\dfrac{|\nabla u|}{\varepsilon + |\nabla u|} \leqslant 1$, alors on a :

$$\left|B^\varepsilon_{*u_n} - B^\varepsilon_{*u}\right|_p \leqslant 2\,|b - b_j|_p + \left|B^\varepsilon_{j*u_n} - B^\varepsilon_{j*u}\right|_p$$

où $B^\varepsilon_j = \dfrac{b_j\,|\nabla u|}{\varepsilon + |\nabla u|}$, on déduit de cette inégalité et du premier cas, que :

$$\limsup_n \left|B^\varepsilon_{*u_n} - B^\varepsilon_{*u}\right|_p \leqslant 2\,|b - b_j|_p \xrightarrow[j\to+\infty]{} 0\,.$$

Quant à (ii), on constate que $B^\varepsilon \to b\chi_{\{\nabla u \neq 0\}}$ dans $L^p(\Omega)$-fort quand $\varepsilon \to 0$. Puisque

$$\left|\left(b\chi_{\{\nabla u\neq 0\}}\right)_{*u_n} - \left(b\chi_{\{\nabla u\neq 0\}}\right)_{*u}\right|_p \leqslant 2\left|B^\varepsilon - b\chi_{\{\nabla u\neq 0\}}\right|_p + \left|B^\varepsilon_{*u_n} - B^\varepsilon_{*u}\right|_p,$$

on conclut que

$$\limsup_n \left|\left(b\chi_{\{\nabla u\neq 0\}}\right)_{*u_n} - \left(b\chi_{\{\nabla u\neq 0\}}\right)_{*u}\right|_p \leqslant o(1)_{\varepsilon\to 0},$$

le résultat s'en suit. □

Corollaire 7.1.2.
Sous les mêmes conditions que le théorème 7.1.3, on suppose que $\mathrm{mes}\Big\{x \in \Omega : \nabla u(x) = 0\Big\} = 0$.
Alors, pour $b \in L^p(\Omega)$, $1 \leqslant p < +\infty$,

(i) $b_{*u_n} \to b_{*u}$ *dans* $L^p(\Omega_*)$,
(ii) $b_{*u_n}\Big(|u_n > u_n(\cdot)|\Big) \xrightarrow[n\to+\infty]{} b_{*u}\left(|u > u(\cdot)|\right)$ *dans* $L^p(\Omega)$*-fort, si* $\mathrm{mes}\big(P(u_n)\big) = 0$.

Preuve.
La partie (i) découle du théorème 7.1.3 partie (ii) puisque $b\chi_{\{\nabla u\neq 0\}} = b$.
Quant à (ii), commençons par le cas $1 < p < +\infty$, on a

$$b_{*u_n}\big(\,|u_n > u_n(\cdot)|\,\big) = M_{u_n}(b_{*u_n}) \rightharpoonup b_{*u}\big(|u > u(\cdot)|\big) \text{ dans } L^p(\Omega)\text{-faible.}$$

En effet si $\varphi \in L^{p'}(\Omega)$, alors d'après les propriétés des opérateurs moyennes :

$$\int_\Omega M_{u_n}(b_{*u_n})\varphi\, dx = \int_{\Omega*} b_{*u_n} \cdot \varphi_{*u_n} \,.$$

D'après (i) $\varphi_{*u_n} \to \varphi_{*u}$ dans $L^{p'}(\Omega_*)$ et $b_{*u_n} \to b_{*u}$ dans $L^p(\Omega_*)$, par suite on a :

$$\lim_n \int_\Omega M_{u_n}(b_{*u_n})\,\varphi\, dx = \int_{\Omega_*} b_{*u}\cdot\varphi_{*u} = \int_{\Omega_*} \varphi(x) b_{*u}\big(|u > u(x)|\big)\, dx.$$

Par ailleurs, $|M_{u_n}(b_{*u_n})|^p \leqslant M_{u_n}(|b_{*u_n}|^p)$ d'où

$$|M_{u_n}(b_{*u_n})|_p \leqslant |b_{*u_n}|_p \Longrightarrow \limsup_n |M_{u_n}(b_{*u_n})|_p \leqslant |b_{*u}|_p \,.$$

Mais $|b_{*u}|_{L^p(\Omega_*)} = |b_{*u}(|u > u(\cdot)|)|_{L^p(\Omega)}$ (par équimesurabilité), puisque $L^p(\Omega)$ est uniformément convexe, on déduit que

$$M_{u_n}(b_{*u_n}) \to b_{*u}(|u > u(\cdot)|) \text{ dans } L^p(\Omega)\text{-fort.}$$

Si $p = 1$, on considère $b_j \in L^\infty(\Omega)$ t.q. $b_j \to b$ dans $L^1(\Omega)$, comme l'application "opérateur moyenne" est linéaire continue de norme 1, et que l'application $b \to b_{*u}$ est contractante, on a alors :

$$|M_{u_n}(b_{*u_n}) - M_u(b_{*u})|_1 \leqslant 2\,|b - b_j| + |M_{u_n}(b_{j*u_n}) - M_u(b_{j*u})|_1$$

$(M_u(b_{*u})(x) = b_{*u}(|u > u(\cdot)|))$. Puisque, on a

$$\lim_n |M_{u_n}(b_{j*u_n}) - M_u(b_{j*u})|_1 = 0,$$

on conclut

$$\limsup_n |M_{u_n}(b_{*u_n}) - M_u(b_{*u})|_1 = 0.$$

D'où le résultat. □

D'autres variantes des théorèmes peuvent être données, on a :

Théorème 7.1.4. *Soit $\Phi : I\!R^N \to I\!R$ avec $\Phi(0) = 0$ et soit $\{u_n,\, u\}$ une suite de $W^{1,1}(\Omega)$ t.q. $\Phi(\nabla u_n) \xrightarrow[n\to+\infty]{} \Phi(\nabla u)$ dans $L^p(\Omega)$, $u_n \to u$ dans $W^{1,1}(\Omega)$, l'ouvert borné Ω étant comme au théorème 7.1.3. Si $b \in L^{p'}(\Omega)$, $\frac{1}{p} + \frac{1}{p'} = 1$ et que u est co-aire régulière alors,*

$$\Big[b\Phi(\nabla u_n)\Big]_{*u_n} \to \Big[b\Phi(\nabla u)\Big]_{*u} \text{ dans } L^1(\Omega_*)\text{-fort.}$$

Voici un corollaire du théorème 7.1.4 précédent :

Corollaire 7.1.3. *Soient* $1 < p < +\infty$, $b \in L^p(\Omega)$, $\Phi : \mathbb{R}^N \to \mathbb{R}$ *continue avec* $|\Phi(\xi)| \leqslant c_p |\xi|^p$, $1 = \dfrac{1}{p} + \dfrac{1}{p'}$, $\forall \xi \in \mathbb{R}^N$.
Soit $\{u, u_n\}$ *une suite de* $W^{1,1}(\Omega)$ *t.q.* $u_n \to u$ *dans* $W^{1,p'}(\Omega)$ *(alors* $b\Phi(\nabla u_n) \to b\Phi(\nabla u)$ *dans* $L^1(\Omega)$*-fort). On suppose que* u *est co-aire-régulière. Alors,*

$$\big[b\Phi(\nabla u_n)\big]_{*u_n}\big(|u_n > u_n(\cdot)|\big) \text{ tend vers } \big[b\Phi(\nabla u)\big]_{*u}\big(|u > u(\cdot)|\big)$$

dans L^1*-fort.*

Preuve du corollaire. Puisque $\Phi(0) = 0$ alors $b\Phi(\nabla u_n) = 0$ sur $P(u_n)$. Par suite,
si $\sigma \in P(u_{n*})$ on a $\big[b\Phi(\nabla u_n)\big]_{*u_n}(\sigma) = 0$ (en particulier, ceci est vrai pour $\sigma = |u_n > u_n(x)|$, $x \in P(u_n)$). Par conséquent, on a pour tout φ mesurable

$$M_{u_n,\varphi}\Big(\big[b\Phi(\nabla u_n)\big]_{*u_n}\Big) = \big[b\Phi(\nabla u_n)\big]_{*u_n}\big(|u_n > u_n(\cdot)|\big). \tag{7.3}$$

Posons, par commodité d'écriture, $K_n^b(x) = \big[b\Phi(\nabla u_n)\big]_{*u_n}\big(|u_n > u_n(x)|\big)$ et $K^b(x) = \big[b\Phi(\nabla u)\big]_{*u}\big(|u > u(x)|\big)$.

Montrons que $K_n^b \to K^b$ dans $L^1(\Omega)$-fort. Commençons par le cas où $b \in L^\infty(\Omega)$. Alors, dans ce cas $b\Phi(\nabla u_n) \to b\Phi(\nabla u)$ dans $L^{p'}(\Omega)$ et par le théorème 7.1.4 on déduit $\big[b\Phi(\nabla u_n)\big]_{*u_n} \to \big[b\Phi(\nabla u)\big]_{*u}$ dans $L^{p'}(\Omega_*)$- fort.

D'après la relation précédente, on a par équimesurabilité :

$$\big|K_n^b\big|_{L^{p'}(\Omega)} = \Big|\big[b\Phi(\nabla u_n)\big]_{*u}\Big|_{L^{p'}(\Omega_*)}. \tag{7.4}$$

D'où,

$$\lim_n \big|K_n^b\big|_{L^{p'}(\Omega)} = \Big|\big[b\Phi(\nabla u)\big]_{*u}\Big|_{L^{p'}(\Omega_*)} = \big|K^b\big|_{L^{p'}(\Omega_*)}.$$

Si $\varphi \in L^\infty(\Omega)$ d'après (7.3), on déduit

$$\int_\Omega \varphi K_n^b dx = \int_{\Omega_*} \varphi_{*u_n} \cdot \big[b\Phi(\nabla u_{n)}\big]_{*u_n} d\sigma. \tag{7.5}$$

Si $\theta = \chi_{\Omega_*\backslash P(u_*)}$ alors $\theta\varphi_{*u_n} \rightharpoonup \theta\varphi_{*u}$ dans $L^\infty(\Omega_*)$-faible-étoile (voir théorème 2.6.1). Par suite,

$$\int_{\Omega_*} \theta\varphi_{*u_n}\big[b\Phi(\nabla u_n)\big]_{*u_n} d\sigma \underset{n}{\to} \int_{\Omega_*} \theta\varphi_{*u}\big[b\Phi(\nabla u)\big]_{*u} d\sigma =$$

$$= \int_{\Omega_*} \varphi_{*u}\big[b\Phi(\nabla u)\big]_{*u} d\sigma$$

et

$$\left|\int_{\Omega_*}(1-\theta)\varphi_{*u_n}\left[b\Phi(\nabla u_n)\right]_{*u_n}d\sigma\right| \leqslant |\varphi|_\infty \int_{P(u_*)}\left[b\Phi(\nabla u_n)\right]_{*u_n} \to 0.$$

Ces deux dernières relations avec la relation (7.5) impliquent

$$\lim_n \int_\Omega \varphi K_n^b dx = \int_{\Omega_*}\varphi_{*u}\left[b\Phi(\nabla u)\right]_{*u}d\sigma = \int_\Omega \varphi K^b. \tag{7.6}$$

Par densité, on conclut que
$K_n^b \rightharpoonup K^b$ dans $L^{p'}$-faible et $\lim_n \left|K_n^b\right|_{L^{p'}(\Omega)} = \left|K^b\right|_{L^{p'}(\Omega)}$, on déduit que $K_n^b \to K^b$ dans $L^{p'}(\Omega)$-fort.

Si $b \in L^p(\Omega)$ alors pour $b_j \in L^\infty(\Omega)$ t.q. $b_j \to b$ dans $L^p(\Omega)$, la relation (7.3) conduit à

$$\left|K_n^{b_j} - K_n^b\right|_1 \leqslant |b_j - b|_p \left|\Phi(\nabla u_n)\right|_{p'} \leqslant c\,|b_j - b|_p \underset{j}{\to} 0$$

et de même,

$$\left|K^{b_j} - K^b\right|_1 \leqslant c\,|b_j - b|_p \underset{j}{\to} 0.$$

Ainsi,

$$\limsup_n \left|K_n^b - K^b\right|_1 \leqslant c\,|b_j - b|_p + \limsup_n \left|K_n^{b_j} - K_n^{b_j}\right|_1$$

ce qui implique

$$\lim_n \left|K_n^b - K^b\right|_1 = 0.$$

□

La condition que $\left\{\nabla u = 0\right\}$ est de mesure nulle semble être irréductible comme le montre le contre exemple suivant donné en dimension 1.

Soit $\Omega =]-2,2[$, b une fonction intégrable et impaire. Soit $\{u, u_n\}$ une suite de fonctions lipschitziennes et paires définies sur $[-2,0]$ par :

$$u(x) = \begin{cases} 2 & si\ -1 \leqslant x \leqslant 0, \\ 2(x+2) & si\ -2 \leqslant x \leqslant -1, \end{cases}$$

$$u_n(x) = \begin{cases} 2 + \dfrac{1}{n}(1-x^2) & si\ -1 \leqslant x \leqslant 0, \\ 2(x+2) & si\ -2 \leqslant x \leqslant -1. \end{cases}$$

Proposition 7.1.2.
Pour presque tout $s \in [0,4]$, on a

$$b_{*u}(s) = \begin{cases} 0 & si\ 2 \leqslant s \leqslant 4, \\ \left(b|_{\{u=2\}}\right)_*(s) & si\ 0 \leqslant s < 2, \end{cases}$$

$$b_{*u_n}(s) = 0.$$

De plus, on a :

$$u_n \to u \ dans\ W^{1,1}(-2,2)\ fort,\ et\ |u' = 0| = 2,\ |u_n' = 0| = 0\ .$$

La preuve découle de la définition du réarrangement relatif.

Il suffit de choisir b t.q. $b|_{\{u=2\}} = b|_{[-1,1]} \neq 0$ pour déduire que b_{*u_n} ne tend pas vers b_{*u} même faiblement.

7.2 Approximation spéciale de b_{*u} pour $u \in L^1(\Omega)$

Le paragraphe précédent nous fournit des approximations de b_{*u} lorsque $\text{mes}\left\{x : \nabla u(x) = 0\right\} = 0$, nous allons maintenant donner des approximations spéciales pour n'importe quelle fonction u de $L^1(\Omega)$ en utilisant des fonctions étagées u_n qui convergent vers u dans $L^1(\Omega)$. On a :

Théorème 7.2.1.
Soient $b \in L^p(\Omega)$, $p \in [1,+\infty]$ et soit $u \in L^1(\Omega)$. Alors, il existe une suite u_n, de fonctions étagées, convergeant vers u p.p. et dans $L^1(\Omega)$ t.q. :

(i) $b_{*u_n} \rightharpoonup b_{*u}$ *dans $L^p(\Omega)$-faible si $1 \leqslant p < +\infty$, $L^\infty(\Omega_*)$-faible-*.*
(ii) $(b_{*u_n})_* = b_*$.

Le premier lemme concerne le réarrangement relatif des fonctions en escalier.

Lemme 7.2.1. *Soit $u : \Omega \to \mathbb{R}$ une fonction étagée. Alors pour tout $b \in L^1(\Omega)$, on a :*

$$(b_{*u})_* = b_*.$$

Preuve. Puisque l'application $b \to (b_*, (b_{*u})_*)$ est lipschitzienne, il suffit de considérer $b \in L^\infty(\Omega)$. Soit $Im(u) = \left\{a_1, \dots, a_m\right\}$ t.q. $a_1 \geqslant \dots \geqslant a_m$. Posons

$$c_k = \sum_{j=1}^{k} |u = a_j|\,,\ c_0 = 0.$$

Alors $u_*(s) = a_k$ si $s \in [c_{k-1}, c_k[$, $k = 1, \dots, m$.
D'où $|u > u_*(s)| = c_{k-1}$. Par définition du réarrangement relatif :

$$b_{*u}(s) = \left(b|_{\{u=u_*(s)\}}\right)_*(s - c_{k-1}),\ s \in [c_{k-1}, c_k[\ .$$

Ainsi, pour tout polynôme P, et par équimesurabilité :

$$\int_{\Omega_*} P(b_{*u}) = \sum_{k=1}^{m} \int_{c_{k-1}}^{c_k} P\left(\left(b|_{\{u=u_*(s)\}}\right)_* (s - c_{k-1})\right) ds$$

$$= \sum_{k=1}^{m} \int_{\{u=a_k\}} P(b)\, dx = \int_{\Omega} P(b) dx : b_* = (b_{*u})_* .$$

□

A partir de ce lemme, on a en partie le théorème, comme le montre le corollaire suivant :

Corollaire 7.2.1.
Soit $u \in L^1(\Omega)$ sans palier. Pour toute suite u_n de fonctions étagées, on a pour $b \in L^1(\Omega)$:

(i) $(b_{*u_n})_* = b_*$.
(ii) $b_{*u_n} \rightharpoonup b_*$ *dans $L^1(\Omega_*)$-faible si u_n tend vers u p.p.* .

Preuve. L'assertion (i) découle du lemme tandis que l'assertion (ii) découle de la proposition 2.6.1.

Pour le cas général, afin d'obtenir la convergence faible lorsque u a des paliers, on va modifier u_n.

Preuve du théorème.
Soit $u \in L^1(\Omega)$. Notons $P_t(u) = \Big\{u = t\Big\}$ un palier de u,
$P(u) = \bigcup_{t \in D_u} P_t(u)$, D_u est au plus dénombrable. Si D_u est dénombrable alors nous poserons $D_u = \Big\{t_0, t_1, \ldots, t_k, \ldots\Big\}, \quad t_i \neq t_j$
et $D_u^m = \Big\{t_k,\ k \leqslant m\Big\}$. Comme le cas où D_u est vide a été abordé au corollaire précédent, on ne considérera désormais que le cas où $D_u \neq \emptyset$.
On va commencer par montrer le lemme suivant :

Lemme 7.2.2. *Soit $u \in L^1(\Omega)$. Il existe une suite (u_n) de fonctions étagées t.q. :*

(i) $u_n(x) \xrightarrow[n \to +\infty]{} u(x)$ *p.p.*
(ii) Il existe une suite (m_n) avec $m_n \nearrow +\infty$ si D_u est dénombrable, $D_u^{m_n} = D_u$ si D_u est fini et n grand :

$$\forall t \in D_u^{m_n} : \Big\{u_n > t\Big\} = \Big\{u > t\Big\},\ \Big\{u_n = t\Big\} = \Big\{u = t\Big\} .$$

Preuve du lemme. Il suffit de considérer le cas où $u \geqslant 0$, pour le cas général on décomposera en $u = u_+ - u_-$ et on appliquera la même méthode séparément à u_+ et u_-.

Soit alors n un entier $\geqslant \max(1, t_0)$. Considérons un entier m_n t.q. $\max\left\{t_k,\ k \leqslant m_n\right\} \leqslant n$. Désignons par $t_{\sigma(0)} < t_{\sigma(1)} < \ldots < t_{\sigma(m_n)}$ un réarrangement de $D_u^{m_n}$. Soit $\delta_n = \min\left\{t_{\sigma(j+1)} - t_{\sigma(j)},\ j = 0, \ldots, m_n\right\}$ et remplaçons $D_u^{m_n}$ par :

$$D(u,n) = \Big\{t'_{\sigma(i)} \in I\!R - (D_u \cup \mathbb{Q}),\ i = 0, \ldots, m_n$$

$$0 < t'_{\sigma(i)} - t_{\sigma(i)} < \min\left(\frac{1}{2^{n+1}}, \delta_n\right) \ et\ i \to t'_{\sigma(i)} \text{ est strictement croissante}\Big\}$$

$\mathbb{Q}$ désignant l'ensemble des rationnels.

Considérons l'ensemble suivant :

$$\widehat{D}(u,n) = D(u,n) \cup \left(\left\{\frac{i}{2^n},\ i = 0, \ldots, n2^n\right\} - D_u^{m_n}\right)$$

réarrangeons les éléments de $\widehat{D}(u,n)$:

$$0 \leqslant \alpha_{n,0} < \alpha_{n,1} < \ldots < \alpha_{n,q},\ q \leqslant m_n + n2^n + 1,\ \alpha_{n,j} \in \widehat{D}(u,n)\ .$$

Notons que l'inégalité y est stricte par le choix de $D(u,n)$ et $\alpha_{n,j+1} - \alpha_{n,j} \leqslant \dfrac{1}{2^n}$ et $\alpha_{n,q} \geqslant n$.

On associe à $(\alpha_{n,j})_j$ les ensembles suivants :

$$E_{n,j} = \left\{x : \alpha_{n,j-1} \leqslant u(x) < \alpha_{n,j}\right\},\ j = 1, \ldots, q$$

$$F_n = \left\{x : u(x) \geqslant \alpha_{n,q}\right\}.$$

Pour j fixé dans $\left\{0, \ldots, m_n\right\}$, il existe un seul indice $q(j) \in \left\{1, \ldots, q\right\}$ t.q. $\alpha_{n,q(j)-1} \leqslant t_j < \alpha_{n,q(j)}$. Notons alors $Z_u = \left\{q(j),\ j = 0, \ldots, m_n\right\}$. Pour $k = q(j) \in Z_u$ on écrira :

$$E_{n,q(j)} = E^1_{n,q(j)} \cup E^2_{n,q(j)}$$

où $E^2_{n,q(j)} = \left\{t_j < u(x) < \alpha_{n,q(j)}\right\}$. Définissons alors la fonction étagée suivante :

$$\overline{u}_n(x) = \sum_{i=0,\ i \notin Z_u}^{q} \alpha_{n,i-1}\chi_{E_{n,i}}(x) + \sum_{k \in Z_u} \alpha_{n,k-1}\chi_{E^1_{n,k}}(x) + \sum_{k \in Z_u} \alpha_{n,k}\chi_{E^2_{n,k}} + \alpha_{n,q}\chi_{F_n}(x).$$

$$\textit{Pour } x \in \Omega, \textit{ on a } |\overline{u}_n(x) - u(x)| \leqslant \frac{1}{2^n}, \textit{ pour } n \textit{ grand.} \tag{7.7}$$

De plus, pour $t_j \in D_u^{m_n}$, on a :

$$\Big\{\overline{u}_n > t_j\Big\} = \Big\{\overline{u}_n > \alpha_{n,q(j)}\Big\} \cup \Big\{t_j < \overline{u}_n \leqslant \alpha_{n,q(j)}\Big\} = \Big\{u \geqslant \alpha_{n,q(j)}\Big\} \cup E^2_{n,q(j)}$$

$$= \Big\{u > t_j\Big\}.$$

Enfin définissons u_n de la façon suivante :

$$u_n(x) = \begin{cases} \overline{u}_n|_{\Omega\backslash P(u)}(x) & \textit{si } x \in \Omega\backslash P(u), \\ u(x) & \textit{si } x \in P(u). \end{cases}$$

D'après (7.7) on déduit (i). Par construction $\Big\{\overline{u}_n = t\Big\} = \emptyset$ si $t \in D_u^{m_n}$, d'où :

$$\Big\{u_n = t\Big\} = \Big\{u = t\Big\} \textit{ pour } t \in D_u^{m_n}\ .$$

D'après ce qui précède, on a, pour $t \in D_u^{m_n}$,

$$\Big\{u_n > t\Big\} = \Big\{\overline{u}_n|_{\Omega\backslash P(u)} > t\Big\} \cup \Big\{x \in P(u) : u_n(x) > t\Big\}$$

$$= \Big\{u|_{\Omega\backslash P(u)}(\cdot) > t\Big\} \cup \Big\{x \in P(u) : u(x) > t\Big\} = \Big\{u > t\Big\}\ .$$

Dans le cas où u est sans signe, on décompose $u = u_+ - u_-$, on applique la méthode précédente à u_+ et à u_- si on note, u_n^+ la suite associée à u_+ et u_n^- celle de u_-, alors la suite $u_n = u_n^+ - u_n^-$ convient. Notons, *support*$(u_n^+) \subset \Big\{u \geqslant 0\Big\}$ et *support*$(u_n^-) \subset \Big\{u \leqslant 0\Big\}$.

Revenons à la preuve du théorème et considérons la suite $(u_n)_{n\geqslant 0}$ construite au lemme 7.2.2, d'après le lemme 7.2.1, on sait que $(b_{*u_n})_* = b_*$. De ce fait b_{*u_n} appartient à un borné de $L^p(\Omega_*)$ dès que $b \in L^p(\Omega)$. De plus, par le lemme de Hardy-Littlewood, on a pour tout $E \subset \Omega_*$ mesurable

$$\int_E |b_{*u_n}| \leqslant \int_0^{|E|} |b_{*u_n}|_*(t)dt \leqslant \int_0^{|E|} |b|_*(t)dt\,,$$

(voir chapitre 1 pour cette propriété du réarrangement relatif). On déduit que la suite $(b_{*u_n})_n$ est faiblement compacte dans $L^p(\Omega_*)$, $1 \leqslant p < +\infty$ et dans $L^\infty(\Omega_*)$-faible-étoile sinon. Il suffit alors de montrer $\forall\, \varphi \in C(\overline{\Omega}_*)$,

$$\lim_n \int_{\Omega_*} (\varphi b_{*u_n})(t)dt = \int_{\Omega_*} (\varphi b_{*u})(t)dt.$$

Puisque pour tout $t \in D_u^{m_n}$, on a :

$$\Big\{u_n = t\Big\} = \Big\{u = t\Big\}, \quad |u_n > t| = |u > t| \ ,$$

alors pour presque tout $x \in P^{m_n}(u) = \bigcup_{t \in D_u^{m_n}} P_t(u)$,

$$M_{u_n,b}(\varphi)(x) = M_{u,b}(\varphi)(x). \tag{7.8}$$

Par ailleurs, puisque $u_n(x) \xrightarrow[n\to+\infty]{} u(x)$, p.p. alors pour presque tout $x \in \Omega \backslash P(u)$, on a

$$\lim_n M_{u_n,b}(\varphi)(x) = M_{u,b}(\varphi)(x). \tag{7.9}$$

Si D_u est fini alors pour n grand, on a $P^{m_n}(u) = P(u)$ alors d'après (7.8), (7.9) et la formule de la moyenne :

$$\lim_n \int_{\Omega_*} \varphi b_{*u_n} dt = \lim_n \int_{\Omega\backslash P(u)} M_{u_n,b}(\varphi) b\, dx + \int_{P(u)} M_{u,b}(\varphi) b(x) dx = \int_{\Omega_*} \varphi b_{*u}. \tag{7.10}$$

Si D_u est dénombrable alors comme m_n est croissante en n, on a $P^{m_n}(u) \subset P^{m_{n+1}}(u)$, on déduit alors que :

$$\int_{P(u)} M_{u,b}(\varphi) b\, dx = \lim_n \int_{P^{m_n}(u)} M_{u_n,b}(\varphi) b\, dx\,. \tag{7.11}$$

Ainsi à l'aide de (7.8), (7.9), la relation (7.11) conduit à la même conclusion que (7.10). □

Théorème 7.2.2. *Soient u, v dans $L^1(\Omega)$ et $\Phi : I\!R \to I\!R$ convexe croissante t.q. $\Phi(v) \in L^p(\Omega)$, $1 \leqslant p \leqslant +\infty$, et l'application $v \to \Phi(v)$ est continue sur $L^1(\Omega_*)$.*
Alors pour tout $\varphi \in L^{p'}(\Omega)$, $\dfrac{1}{p} + \dfrac{1}{p'} = 1$, $\varphi \geqslant 0$, on a

$$\int_{\Omega_*} \Phi(v_{*u}) \varphi\, d\sigma \leqslant \int_{\Omega} \Phi(v_*) \cdot \varphi_* d\sigma.$$

Preuve. Soit $(u_n)_{n\geqslant 0}$ une suite de fonctions étagées t.q. :

1. $u_n \to u$ dans $L^1(\Omega)$,
2. $v_{*u_n} \rightharpoonup v_{*u}$ dans $L^p(\Omega_*)$-faible (ou faible-* si $p = +\infty$),
3. $\big(v_{*u_n}\big)_* = v_*$.

Une telle suite existe d'après le théorème 7.2.1. D'après le lemme de Mazur, il existe une suite $(\lambda_j)_{j=1,\dots,m_n}$ t.q. $\sum_{j=1}^{m_n} \lambda_j v_{*u_j} \xrightarrow[n\to+\infty]{} v_{*u}$ presque partout et dans $L^1(\Omega_*)$-fort avec $\sum_{j=1}^{m_n} \lambda_j = 1,\ \lambda_j \geqslant 0$. Par convexité de Φ et l'inégalité de Hardy-Littlewood, on déduit pour φ bornée :

$$\int_{\Omega_*} \Phi(v_{*u})\varphi\, d\sigma = \lim_n \int_{\Omega_*} \Phi\left(\sum_{j=1}^{m_n} \lambda_j v_{*u_j}\right) \varphi \leqslant \lim_n \sum_{j=1}^{m_n} \lambda_j \int_{\Omega_*} \Phi(v_{*u_j})_* \varphi_* d\sigma \tag{7.12}$$

mais $\Phi(v_{*u_j})_* = \Phi(v_*)$ (car Φ est croissante), l'inégalité (7.12) entraîne alors le résultat (en complétant par densité).

Remarque. Si $v \geqslant 0$ il suffit que $\Phi : \mathbb{R}_+ \to \mathbb{R}$ soit convexe et croissante.

7.3 Convergence forte de la dérivée directionnelle $u \longrightarrow u_*$

Une des questions intéressantes pour l'approximation du réarrangement relatif est de savoir quand est-ce que le quotient différentiel $\dfrac{(u+tv)_* - u_*}{t}$ converge fortement vers v_{*u} dans $L^p(\Omega_*)$, $1 \leqslant p < +\infty$ quand $t \searrow 0$?

L'étude de la continuité forte de l'application $u \to v_{*u}$ va nous conduire à des réponses à cette question.

Nous allons montrer le théorème suivant (et ses variantes).

Théorème 7.3.1.
Soit $u \in W^{1,1}(\Omega)$ t.q. $\text{mesure}\Big\{\mathrm{x} : \nabla \mathrm{u}(\mathrm{x}) = 0\Big\} = 0$. *On suppose que Ω est connexe lipschitzien si $\gamma_0 u \neq 0$ et Ω est quelconque sinon. Soit $v \in L^p(\Omega)$, $1 \leqslant p < +\infty$. Alors*

$$\left| \frac{(u+\lambda v)_* - u_*}{\lambda} - v_{*u} \right|_p \xrightarrow[\lambda\to 0]{} 0.$$

Le lemme clé pour montrer cette convergence forte est la formule intégrale suivante :

Lemme 7.3.1. *Soit $u \in L^1(\Omega)$ et soit $v \in L^\infty(\Omega)$. Alors, $\forall\, \lambda \in \mathbb{R}$ et pour presque tout $s \in \Omega_*$, on a :*

$$(u+\lambda v)_*(s) - u_*(s) = \int_0^\lambda v_{*(u+tv)}(s)dt.$$

Preuve du lemme.
Posons pour $(t,s) \in I\!R \times \Omega_*$, $G(t,s) = (u+tv)_*(s)$. $\forall\, s \in \overline{\Omega_*}$ (fixé), $t \in I\!R \to G(t,s)$ est lipschitzienne car d'après la propriété de contraction, on a ; $\forall t,\ t'$ de $I\!R$,

$$|G(t,s) - G(t',s)| \leqslant |v|_\infty\, |t-t'|\,, \quad \forall\, s \in \overline{\Omega}_*.$$

En particulier, on déduit $\forall\, \lambda \in I\!R$, $\forall\, s \in \overline{\Omega_*}$,

$$(u+\lambda v)_*(s) - u_*(s) = \int_0^\lambda \frac{\partial G}{\partial t}(t,s)dt. \tag{7.13}$$

Pour calculer $\dfrac{\partial G}{\partial t}$, considérons $H(t,s) = \displaystyle\int_0^s (u+tv)_*(\sigma)d\sigma$, alors on a $H \in W^{1,1}_{loc}(I\!R \times \Omega_*)$. En effet, $\forall\, s \in \overline{\Omega_*}$, $t \to \displaystyle\int_0^s (u+tv)_*(\sigma)d\sigma$ est lipschitzienne, $\forall t \in I\!R$, $s \to \displaystyle\int_0^s (u+tv)_*(\sigma)d\sigma$ est absolument continue et

$$\frac{\partial H}{\partial s} = (u+tv)_* \in L^1_{loc}(I\!R \times \Omega_*), \qquad \left|\frac{\partial H}{\partial t}\right|_\infty \leqslant |\Omega|\,|v|_\infty\,.$$

En particulier, pour presque tout (t,s) :

$$\begin{aligned}
\frac{\partial H}{\partial t}(t,s) &= \lim_{\delta t \to 0\ \delta t>0} \frac{H(t+\delta t,s) - H(t,s)}{\delta t}\\
&= \lim_{\delta t \to 0\ \delta t>0} \int_0^s \frac{(u+tv+(\delta t)v)_*(\sigma) - (u+tv)_*(\sigma)}{\delta t}d\sigma\\
&= \int_0^s v_{*(u+tv)}(\sigma)d\sigma,
\end{aligned}$$

(par le théorème 2.1.1 de la dérivée directionnelle). On déduit qu'au sens des distributions $\dfrac{\partial^2 H}{\partial s \partial t} = v_{*(u+tv)}$, mais au sens des distributions on a aussi $\dfrac{\partial^2 H}{\partial s \partial t} = \dfrac{\partial^2 H}{\partial t \partial s} = \dfrac{\partial G}{\partial t}$ d'où

$$\frac{\partial G}{\partial t} = v_{*(u+tv)}. \tag{7.14}$$

Les relations (7.13) et (7.14) donnent le résultat. □

Preuve du théorème 7.3.1.
Commençons par le cas où $v \in W^{1,\infty}(\Omega)$. Puisque u est co-aire régulière alors d'après le corollaire 7.1.2, on déduit que

$$v_{*(u+tv)} \xrightarrow[t\to 0]{} v_{*u} \text{ dans } L^p(\Omega_*).$$

Ainsi,

$$\lim_{\lambda\to 0} \frac{1}{\lambda}\int_0^\lambda \left|v_{*(u+tv)} - v_{*u}\right|_p dt = 0.$$

En utilisant le lemme 7.3.1, on déduit que :

$$\lim_{\lambda\to 0} \left|\frac{(u+\lambda v)_* - u_*}{\lambda} - v_{*u}\right|_p = 0.$$

Cas où $v \in L^p(\Omega)$. Alors on considère une suite $v_n \in C_c^\infty(\Omega)$ t.q. $v_n \to v$ dans $L^p(\Omega)$-fort. Puisque l'application $v \to v_{*u}$ est une contraction sur L^p alors on déduit :

$$\left|\frac{(u+\lambda v)_* - u_*}{\lambda} - v_{*u}\right|_p \leqslant 2\left|v - v_n\right|_p + \left|\frac{(u+\lambda v_n)_* - u_*}{\lambda} - (v_n)_{*u}\right|_p .$$

D'où le résultat. □

Si on enlève la condition $\text{mes}\{\nabla \text{u} = 0\} = 0$ alors on peut supposer que $u \in W^{2,1}(\Omega)$, co-aire régulière pour obtenir le même type de résultat.

Théorème 7.3.2. *Soient $u \in W^{2,1}(\Omega)$, co-aire régulière, $v \in L^p(\Omega)$, $1 \leqslant p < +\infty$. On suppose que Ω est connexe lipschitzien si $\gamma_0 u \neq 0$ et Ω quelconque sinon. Alors,*

$$\left|\frac{(u+\lambda v\chi_{\{\nabla u\neq 0\}})_* - u_*}{\lambda} - (v\chi_{\{\nabla u\neq 0\}})_{*u}\right|_p \xrightarrow[\lambda\to 0]{} 0.$$

C'est une conséquence du théorème 7.3.3 suivant.

Théorème 7.3.3. *Soit $\Phi : \mathbb{R}^N \to \mathbb{R}$ lipschitzienne avec $\Phi(0) = 0$. Soit $u \in W^{2,1}(\Omega)$, co-aire régulière, $v \in L^p(\Omega)$, $1 \leqslant p < +\infty$. On suppose que Ω est connexe lipschitzien si $\gamma_0 u \neq 0$ et Ω quelconque sinon. Alors*

$$\left|\frac{\big(u+\lambda v\Phi(\nabla u)\big)_* - u_*}{\lambda} - \big[v\Phi(u)\big]_{*u}\right|_p \xrightarrow[\lambda\to 0]{} 0.$$

Ce dernier théorème se démontre comme au théorème 7.3.1. En voici les grandes lignes. Pour Φ bornée :
Si $v \in C_c^\infty(\Omega)$ alors $u + \lambda v\Phi(\nabla u) \xrightarrow[\lambda\to 0]{} u$ dans $W^{1,1}(\Omega)$-fort.
Ainsi, $\big[v\Phi(\nabla u)\big]_{*(u+\lambda v\Phi(\nabla u))} \xrightarrow[\lambda\to 0]{} \big[v\Phi(\nabla u)\big]_{*u}$ dans $L^p(\Omega_*)$-fort. Puisque

$$\frac{\big(u+\lambda v\Phi(\nabla u)\big)_* - u_*(s)}{\lambda} = \frac{1}{\lambda}\int_0^\lambda \big[v\Phi(\nabla u)\big]_{*(u+tv\Phi(\nabla u))}(s)dt,$$

on déduit le résultat. On conclut par densité pour le cas $v \in L^p(\Omega)$ et Φ non bornée.

Quant à la preuve du théorème 7.3.2, on considère pour $0 < \varepsilon < 1$,

$$\psi_\varepsilon(t) = \begin{cases} 1 & si\ t \geqslant \varepsilon, \\ 0 & si\ t \leqslant 0, \\ \text{affine continue} & \text{sur } [0, \varepsilon]. \end{cases}$$

Alors $\psi_\varepsilon \in W^{1,\infty}(I\!R)$ et $\psi_\varepsilon(t) \xrightarrow[\varepsilon \to 0]{} \chi_{]0,+\infty[}(t)\ \forall t$. Ainsi la fonction $\Phi_\varepsilon(\xi) = \psi_\varepsilon(|\xi|)$, $\xi \in I\!R^N$ est lipschitzienne et $\Phi_\varepsilon(\nabla u) \xrightarrow[\varepsilon \to 0]{} \chi_{\{\nabla u \neq 0\}}$p.p, $v\Phi_\varepsilon(\nabla u) \to v\chi_{\{\nabla u \neq 0\}}$ dans $L^p(\Omega)$-fort. On conclut en utilisant les propriétés de contraction et le théorème 7.3.3 précédent. □

On a le théorème suivant :

Théorème 7.3.4.
Soit u une fonction étagée sur Ω.

(i) Si v est étagée, alors $\dfrac{(u+\lambda v)_* - u_*}{\lambda}(s) = v_{*u}(s)$, *pour* $0 < \lambda < \overline{\lambda}(u, v)$, $\forall\, s \in \Omega_*$.

(ii) Si $v \in L^p(\Omega)$, $1 \leqslant p < +\infty$, alors $\dfrac{(u+\lambda v)_* - u_*}{\lambda} \xrightarrow[\lambda \to 0]{} v_{*u}$ *dans $L^p(\Omega_*)$-fort.*

Preuve. Soit $u = \sum_{j=1}^{j=m} a_j \chi_{E_j}$ avec $a_1 > \cdots > a_m$, les E_j sont deux à deux disjoints. Soit v une fonction étagée sur Ω, pour chaque $j \in \{1, \cdots m\}$, on écrit la restriction à E_j de la fonction v par : $v|_{E_j} = \sum_{k=1}^{k=m} v_{kj}\chi_{F_{kj}}$ avec les F_{kj} deux à deux disjoints pour $k \in \{1, \cdots m\}$, $E_j = \bigcup_{k=1}^{k=m} F_{kj}$, et, $v_{1j} \geqslant \cdots \geqslant v_{mj}$

Ainsi, on a pour $\lambda \geqslant 0$:

$$(u + \lambda v) = \sum_{j=1}^{j=m} \sum_{k=1}^{k=m} (a_j + \lambda v_{kj})\chi_{F_{kj}}$$

On réindexe cette double somme en introduisant une bijection notée n de

$$\{1, \cdots, m^2\} \text{ dans } \{1, \cdots, m\} \times \{1, \cdots, m\}$$

en posant

$$\begin{cases} n(1) = (1,1), \cdots, & \cdots, n(m) = (m,1), \\ n(m+1) = (1,2), \cdots, & \cdots, n(2m) = (m,2), \\ \cdots = \cdots & \\ n((m-1)m+1) = (1,m), \cdots, & \cdots, n(m^2) = (m,m). \end{cases}$$

On pose pour $1 \leqslant j \leqslant m$, et $1 + (j-1)m \leqslant i \leqslant jm$, $c^\lambda_{n(i)} = a_j + \lambda v_{kj}$ avec $k = i - (j-1)m$. On choisit $0 \leqslant \lambda < \overline{\lambda}(u,v) = \dfrac{\inf\limits_{j\neq k} |a_j - a_k|}{2|v|_\infty}$, on a alors $c^\lambda_{n(i)} \geqslant c^\lambda_{n(i+1)}$ pour $1 \leqslant i \leqslant m^2 - 1$. Comme on a $(u+\lambda v)_* = \sum\limits_{i=1}^{i=m^2} c^\lambda_{n(i)} \chi_{[b_{i-1}, b_i)}$ avec $b_i = \sum\limits_{k=1}^{k=i} |F_{n(k)}|, b_0 = 0$ pour $\lambda \geqslant 0$,
on déduit alors pour $0 < \lambda < \overline{\lambda}(u,v)$

$$\frac{(u+\lambda v)_\star - u_\star}{\lambda} = \sum_{i=1}^{i=m^2} \frac{c^\lambda_{n(i)} - c^0_{n(i)}}{\lambda} \chi_{[b_{i-1},b_i)}$$

$$= \sum_{j=1}^{j=m} \sum_{i=1+(j-1)m}^{i=jm} v_{(i-(j-1)m)j} \chi_{[b_{i-1},b_i)}.$$

On déduit en particulier que pour tout s: $\dfrac{(u+\lambda v)_\star - u_\star}{\lambda}(s) = v_{\star u}(s)$.
Par densité des fonctions étagées, on obtient le théorème, c'est à dire la convergence forte dans $L^p(\Omega_\star)$ de : $\dfrac{(u+\lambda v)_\star - u_\star}{\lambda}$ vers $v_{\star u}$. ◇

Notes pré-bibliographiques

La majorité des preuves et résultats de ce chapitre est due à l'auteur et/ou collaborateurs, voir Rakotoson [100], Rakotoson-Seoane [102], B. Simon [119], Rakotoson-Simon [104–106].

Le théorème 7.2.1 est inspiré d'un résultat d'Alvino et Trombetti [10].

Quant aux équations en physique des plasmas associés aux machines Tokomak, on peut consulter les articles de R. Temam [125, 126] ou le livre de B. Saramito [113]. Une résolution par la méthode de degré topologique et la méthode de Galerkin d'un modèle de Grad-Shaframov est donné dans Ferone-Jalal-Rakotoson-Volpicelli [55, 56].

8

Quelques problèmes liés au réarrangement relatif

Dans ce chapitre, nous allons résoudre quelques problèmes faisant intervenir directement le réarrangement monotone ou/et relatif. Ces problèmes serviront à illustrer l'usage des résultats des chapitres précédents.

Nous avons choisi pour cela deux théorèmes abstraits qui nous semblent significatifs et généraux.

Le premier concerne les équations d'Euler pour des problèmes d'optimisation multicontrainte.

Le second concerne la résolution de problèmes semi-linéaires de la forme : $Au + G(u) = 0$, u appartenant à un espace vectoriel linéaire V et G n'est continue que sur un sous-ensemble de V. Dans les applications de ce théorème, on verra des fonctions $G(u)$ dépendant de b_{*u}, u'_* et l'opérateur $Au = -\Delta u$ ou tout autre opérateur du second ordre à coefficients réguliers. La motivation d'une telle considération relève essentiellement des modèles en physique des plasmas.

8.1 Optimisation multicontrainte

Nous allons nous intéresser à la recherche d'équations d'Euler des problèmes du type

$$\text{Min}\left\{J(v),\ S_0 v \in K\right\}$$

où J est une fonction coercive différentiable sur un espace vectoriel X, S_0 une application de X dans un espace Y et K un cône de Y.

L'exemple que nous traiterons entièrement sera le cas où

$$J(v) = \frac{1}{2}\int_\Omega |\nabla v|^2\,dx - \int_\Omega fv\,dx,\ f \in L^\infty(\Omega)\ ,$$

$$X = H_0^1(\Omega), \quad S_0 v(t) = \Big(\int_0^t h_*(s)ds - \int_0^t v_*(s)ds; \int_\Omega v\,dx - \int_\Omega h(x)dx \Big)$$

$$K = K_1 \times I\!R_+, \quad K_1 = \Big\{ \varphi \in L^\infty(\Omega_*) : \varphi(t) \geqslant 0 \ p.p. \Big\}$$

et Y est l'espace produit $L^\infty(\Omega) \times I\!R$. Pour ce faire, nous aurons besoin de quelques notions préliminaires.

8.1.1 Un théorème abstrait d'existence de multiplicateurs de Lagrange

On considérera X et Y deux espaces normés.

Définition 8.1.1 (cône convexe). *Un sous-ensemble K de Y est appelé cône convexe si :*

(a) Si $x,\ y \in K,\ \alpha \geqslant 0, \beta \geqslant 0$ alors $\alpha x + \beta y \in K$,
(b) Si $x \in K$ et $-x \in K$ alors $x = 0$.

Définition 8.1.2 (cône tangent). *Soit K une cône convexe. On appelle cône tangent en un point $y \in K$, l'ensemble défini par*

$$T_K(y) = Adhérence \left[\bigcup_{h>0} \frac{1}{h}(K - y) \right].$$

Proposition 8.1.1.
Soit K un cône convexe. Alors :

(i) $K - I\!R_+ y \subset T_K(y), \quad I\!R_+ = [0, +\infty[$,
(ii) $T_K(y) = \Big\{ x \in Y : x = \lim_{t_n \to 0\ t_n > 0} \frac{x_n - y}{t_n},\ x_n \in K \Big\}$,
(iii) $T_K(y)$ est aussi un cône convexe.

Preuve.

(i) Si $v \in K$ et $h \in I\!R_+$ alors pour $\alpha > 0$ t.q. $\alpha h < 1$ on a : $\alpha v + (1 - \alpha h)y \in K : v - hy \in \frac{1}{\alpha}(K - y)$. D'où $K - I\!R_+ y \subset T_K(y)$.

(ii) Posons $A = \Big\{ x \in Y : x = \lim_{t_n > 0\ t_n \to 0} \frac{x_n - y}{t_n},\ x_n \in K \Big\}$. Puisque $\frac{x_n - y}{t_n} \in \frac{1}{t_n}(K - y)$ d'où $A \subset T_K(y)$.

Réciproquement si $x \in T_K(y)$ alors il existe une suite $h_n > 0$, $x_n \in Y$ t.q. $x_n h_n + y \in K$ et $x_n \xrightarrow[n\to+\infty]{} x$. Soit t_n une suite t.q. $0 < t_n < h_n$ et $t_n \to 0$ alors : $\frac{t_n}{h_n}(x_n h_n + y) + \left(1 - \frac{t_n}{h_n}\right) y \in K$ soit $t_n x_n + y \in K$ et $\frac{t_n x_n + y - y}{t_n} = x_n \to x$. Ce qui prouve que $x \in A$.

(iii) Cette assertion découle de (ii).

□

Définition 8.1.3. *Soit K un sous-ensemble de Y. On appelle* <u>*cône dual*</u> *ou* <u>*cône polaire*</u> *de K l'ensemble*

$$K^* = \left\{\ell^* \in Y^*,\ \forall x \in K,\ <\ell^*, x> \geqslant 0\right\}$$

où Y^* est le dual de Y et $<\cdot,\cdot>$ désigne la dualité entre Y^* et Y.

On notera désormais $<\cdot,\cdot> = (\cdot,\cdot)$.

Soient X et Y deux espaces vectoriels normés de duals (topologiques) respectifs X^* et Y^*. Dans Y, on se donne un cône convexe fermé d'intérieur non vide noté K. On s'intéresse alors à la solution optimale u_0 du problème :

$$(\mathcal{P}_a) \qquad J(u_0) = \inf\left\{J(u) : u \in X \quad Su \in -K\right\}$$

où J est une application de X dans $\mathbb{R}$ et S une application de X dans Y. On suppose que J et S satisfont à :

(H1) $\forall v \in X$, il existe une dérivée directionnelle $J'(u_0; v)$ dans $\mathbb{R}$ i.e.

$$\lim_{t\to 0,\ t>0} \frac{J(u_0 + tv) - J(u_0)}{t} = J'(u_0; v),$$

et l'application $X \ni v \mapsto J'(u_0; v)$ est convexe.

(H2) $\forall v \in X$, il existe un élément $S'(u_0; v) \in Y$ tel que :

$$\lim_{t\to 0\ t>0} \frac{S(u_0 + tv) - Su_0}{t} = S'(u_0; v).$$

De plus, l'application $X \ni v \mapsto S'(u_0; v) \in Y$ est convexe au sens que $\forall t \in [0,1]$, $\forall v_1 \in X$, $\forall v_2 \in X$,

$$S'\big(u_0; tv_1 + (1-t)v_2\big) - tS'(u_0; v_1) - (1-t)S'(u_0; v_2) \in -K\ .$$

On a alors le théorème principal de cette section :

Théorème 8.1.1 (existence de multiplicateurs de Lagrange pour les problèmes multicontraintes).
On suppose (H1) et (H2). Alors il existe un réel positif ou nul c_0 et un élément λ^* appartenant au cône polaire K^* tel que : $\forall v \in X$.

$$c_0 J'(u_0; v) + \big(\lambda^*, S'(u_0; v)\big) \geqslant 0 \tag{8.1}$$

avec $(c_0, \lambda^*) \neq (0,0)$. De plus, on a la relation d'orthogonalité suivante :

$$(\lambda^*, S u_0) = 0. \tag{8.2}$$

Preuve. Considérons le cône tangent à K au point $-Su_0$ i.e.

$$T_K(-Su_0) = \mathrm{Adh}\left[\bigcup_{h>0} \frac{1}{h}(K + Su_0)\right]$$

(Adh désigne l'adhérence de l'ensemble) et définissons dans $\mathbb{R} \times Y$:

$$B(u_0) = \Big\{\Big(J'(u_0; v) + \alpha,\ S'(u_0; v) + k\Big) : \alpha \geqslant 0,\ v \in X \textit{ et } k \in T_K(-Su_0)\Big\}$$

et l'ouvert connexe $A =]-\infty, 0[\times(-\overset{\circ}{K})$. On a $A \neq \emptyset$ car $\overset{\circ}{K} \neq \emptyset$. □

Lemme 8.1.1. *$B(u_0)$ est un convexe non vide.*

Preuve. Soit $b_i = \big(J'(u_0; v_i) + \alpha_i,\ S'(u_0; v_i) + k_i\big)$ avec $i = 0, 1$ deux éléments de $B(u_0)$. La convexité de $J'(u_0; \cdot)$ et de $S'(u_0; \cdot)$ assurent que pour tout $t \in [0,1]$:

$$\alpha_2 = tJ'(u_0; v_0) + (1-t)J'(u_0; v_1) - J'\big(u_0; tv_0 + (1-t)v_1\big) \geqslant 0\ ,$$

$$k_2 = tS'(u_0; v_0) + (1-t)S'(u_0; v_1) - S'\big(u_0; tv_0 + (1-t)v_1\big) \in K\ .$$

En posant $k_3 = k_2 + tk_0 + (1-t)k_1$ on a que k_3 appartient à $T_K(-Su_0)$ et $\alpha_3 = \alpha_2 + t\alpha_0 + (1-t)\alpha_1 \geqslant 0$. De ce fait, nous avons que

$$tb_0 + (1-t)b_1 = \Big(J'\big(u_0; tv_0 + (1-t)v_1\big) + \alpha_3,\ S'\big(u_0; tv_0 + (1-t)v_1\big) + k_3\Big)$$

appartient à $B(u_0)$. □

Lemme 8.1.2. *Les deux convexes non vides A et $B(u_0)$ sont disjoints.*

Preuve. Supposons que $A \cap B(u_0) \neq \emptyset$. Alors, par définition, il existe $\alpha \geqslant 0$, $v \in X$, $k_0 \in T_K(-Su_0)$, $\beta > 0$ et $k_1 \in \overset{\circ}{K}$ tel que :

$$\Big(J'(u_0; v) + \alpha,\ S'(u_0; v) + k_0\Big) = (-\beta,\ -k_1).$$

Soit

$$J'(u_0;v) = -\beta - \alpha < 0, \tag{8.3}$$

$$S'(u_0;v) = -k_1 - \frac{k_0^n + Su_0}{t_n} + o(1) \tag{8.4}$$

où $k_0^n \in K$ et $\lim\limits_{t_n \to 0} \dfrac{k_0^n + Su_0}{t_n} = k_0$.

Par définition de $S'(u_0;v)$, nous avons aussi :

$$S'(u_0;v) = \frac{S(u_0 + t_n v) - Su_0}{t_n} + o(1). \tag{8.5}$$

Les relations (8.4) et (8.5) entraînent alors que :

$$S(u_0 + t_n v) = -k_0^n - t_n\big(k_1 + o(1)\big). \tag{8.6}$$

Puisque $k_1 \in \overset{\circ}{K}$, il existe alors $\tau > 0$ tel que pour $0 < t_n < \tau$ on ait $k_1 + o(1) \in \overset{\circ}{K}$, du fait que K est un cône, on déduit de (8.6) que

$$S(u_0 + t_n v) \in -K. \tag{8.7}$$

Par ailleurs la relation (8.3) entraîne qu'il existe $\tau_1 < \tau$ tel que si $0 < t_n < \tau_1$ on ait :

$$J(u_0 + t_n v) - J(u_0) = t_n\big(J'(u_0;v) + o(1)\big) < 0. \tag{8.8}$$

Ainsi, des relations (8.7) et (8.8) précédentes nous obtenons pour $0 < t_n < \tau_1$:

$$\begin{cases} S(u_0 + t_n v) \in -K, \\ J(u_0 + t_n v) < J(u_0). \end{cases}$$

Ceci contredit l'optimalité de u_0.
Le lemme 8.1.2 permet alors d'appliquer le théorème de Hahn-Banach, c'est à dire qu'il existe un réel c_0 et un élément λ^* de Y^* tel que $\forall\, \alpha \geqslant 0$, $\forall\, k \in T_K(-Su_0)$, $\forall\, v \in X$, $\forall\, k' \in \overline{\overset{\circ}{K}} = K$ (puisque K est convexe fermé) et $\forall\, \beta \geqslant 0$ on a :

$$-c_0\beta - (\lambda^*, k') \leqslant c_0\big(J'(u_0;v) + \alpha\big) + \big(\lambda^*, S'(u_0;v) + k\big). \tag{8.9}$$

Cette relation implique nécessairement que $c_0 \geqslant 0$ et alors la relation (8.9) se réduit à : $\forall\, k \in T_K(-Su_0)$, $\forall\, v \in X$

$$-(\lambda^*, k) \leqslant c_0 J'(u_0;v) + \big(\lambda^*, S'(u_0;v)\big)\ . \tag{8.10}$$

Puisque $T_K(-Su_0)$ est un cône, la relation (8.10) entraîne que :

$$(\lambda^*, k) \geqslant 0\ \forall\, k \in T_K(-Su_0)\ , \tag{8.11}$$

ce qui implique en particulier que $\lambda^* \in K^*$. En remplaçant k par $k + tSu_0$, $t > 0$, la relation (8.11) implique que $(\lambda^*, Su_0) = 0$. Ainsi, nous obtenons :

$$\begin{cases} c_0 J'(u_0; v) + \big(\lambda^*, S'(u_0; v)\big) \geqslant 0 \ \forall v \in X, \\ (\lambda^*, Su_0) = 0, \\ \lambda^* \in K^*, \quad c_0 \geqslant 0 \end{cases} \tag{8.12}$$

□

8.1.2 Une application concrète

Soient $f \in L^\infty(\Omega)$ et $h \in L^1(\Omega)$. On considère l'unique solution optimale u_0 de :

$$(\mathcal{P}) \qquad J(u_0) = \inf\Big\{J(u) : u \in \mathcal{K}(h)\Big\}$$

où $J(u) = \dfrac{1}{2}\displaystyle\int_\Omega |\nabla u|^2\, dx - \int_\Omega f u\, dx$ et

$$\mathcal{K}(h) = \Big\{v \in H_0^1(\Omega) : \int_\Omega \varphi(v) dx \leqslant \int_\Omega \varphi(h) dx$$
$$\forall\, \varphi(\text{convexe lipschitzienne}) : \mathbb{R} \to \mathbb{R}\Big\}\,.$$

On veut obtenir des informations sur la régularité de u_0. Nous avons alors :

Théorème 8.1.2. *Sous les hypothèses précédentes, la solution optimale u_0 appartient à $W^{2,p}(\Omega)$ pour tout $p \in [1, +\infty[$. Plus précisément, il existe une constante $c_h \geqslant 0$ et une mesure de Radon positive λ^* appartement au dual de $L^\infty(0, |\Omega|)$ tel que si on définit les éléments de $L^\infty(\Omega)$ suivants :*

$$\psi_1(x) = \int_{|u_0 \geqslant u_0(x)|}^{|\Omega|} d\lambda^*(\sigma) - c_h\,,\ \ \psi_2(x) = \psi_1(x) + \chi_{P(u_0)}(x)\int_{P(u_{0*})} d\lambda^*(\sigma)\,,$$

on a au sens des distributions :

$$-\Delta u_0 - f \in [-\psi_2; -\psi_1] \tag{8.13}$$

et de plus λ^* satisfait à :

$$\int_0^{|\Omega|} \left[\int_0^\sigma h_*(\tau)d\tau - \int_0^\sigma u_{0*}(\tau)d\tau\right] d\lambda^*(\sigma) = 0\,. \tag{8.14}$$

En particulier

$$\textit{support}\,\lambda^* \subset \Big\{\sigma \in \big[0, |\Omega|\big] : \int_0^\sigma h_*(\tau)d\tau = \int_0^\sigma u_{0*}(\tau)d\tau\Big\}.$$

Par commodité d'écriture, on va supposer le long de ce paragraphe que $|\Omega| = 1$.
Le passage du problème $(\mathcal{P})$ au problème abstrait $(\mathcal{P}_a)$ en vue d'appliquer le théorème 8.1.1 nécessite le corollaire 1.2.3 de la proposition 1.2.1 que nous rappelons.

Lemme 8.1.3. *Soit $v \in L^1(\Omega)$; nous avons l'équivalence suivante :*

$$\begin{cases} \forall \varphi \text{ convexe et lipschitzienne } \mathbb{R} \to \mathbb{R} \\ \displaystyle\int_\Omega \varphi(v)(x)dx \leqslant \int_\Omega \varphi(h)(x)dx \end{cases} \iff \begin{cases} \forall t \in [0,1] \\ \displaystyle\int_0^t v_*(\sigma)d\sigma \leqslant \int_0^t h_*(\sigma)d\sigma \\ \text{et} \displaystyle\int_\Omega v(x)dx = \int_\Omega h(x)dx. \end{cases}$$

On considère les cônes convexes fermés suivants :

$$K_1 = \Big\{\ell \in L^\infty(0,1) : \ell(t) \geqslant 0 \ p.p.\ t \in [0,1]\Big\}$$

$K = K_1 \times [0, +\infty[$ ainsi $\overset{\circ}{\mathrm{K}} \neq \emptyset$. Pour $v \in H_0^1(\Omega)$, on définit :

$$(S_1 v)(t) = \int_0^t v_*(\sigma)d\sigma - \int_0^t h_*(\sigma)d\sigma, \ t \in [0,1], \ S_2 v = \int_\Omega h(x)dx - \int_\Omega v(x)dx.$$

On note S l'application de $H_0^1(\Omega)$ dans $L^\infty(\Omega_*) \times \mathbb{R}$ définie par $Sv = (S_1 v, S_2 v)$. Puisque le réarrangement conserve l'intégrale, le lemme 8.1.3 et la définition de S entraînent :

Lemme 8.1.4.

$$Sv \in -K \iff \begin{cases} \forall \varphi \text{ convexe, lipschitzienne} \\ \displaystyle\int_\Omega \varphi(v)dx \leqslant \int_\Omega \varphi(h)dx. \end{cases}$$

En particulier, le problème $(\mathcal{P})$ est équivalent à :

$$J(u_0) = \inf \Big\{J(u) : u \in H_0^1(\Omega) \ t.q.\ Su \in -K\Big\}.$$

Lemme 8.1.5. *Pour u, v dans $L^1(\Omega)$ et $\sigma \in [0,1]$ on note par commodité $w(u;v)(\sigma)$ la fonction :*

$$w(u;v)(\sigma) = \begin{cases} \displaystyle\int_{u > u_*(\sigma)} v(x)dx & si \ |u = u_*(\sigma)| = 0 \\ \displaystyle\int_{u > u_*(\sigma)} v(x)dx + \int_0^{\sigma - |u > u_*(\sigma)|} \big(v|_{P(\sigma)}\big)_*(\tau)d\tau & sinon \end{cases} \quad avec$$

$P(\sigma) = \{x \in \Omega : u(x) = u_*(\sigma)\}$, $v|_{P(\sigma)}$ *est la restriction de* v *à* $P(\sigma)$. *Alors :*

(i) $w(u;v) \in C[0,1]$,

(ii) $\lim_{t\to 0, t>0} \left\| \frac{S_1(u+tv) - S_1 u}{t} - w(u,v) \right\|_\infty = 0;$

(iii) Pour v_1, v_2 *dans* $L^1(\Omega)$, $\alpha \geqslant 0$, $\beta \geqslant 0$ *on a :*

$$w(u; \alpha v_1 + \beta v_2) - \alpha w(u, v_1) - \beta w(u, v_2) \in -K_1 .$$

Preuve.
Les parties (i) et (ii) découlent du théorème 2.1.1 et de son corollaire 2.1.1 sachant que

$$\frac{S_1(u+tv)(\sigma) - S_1 u(\sigma)}{t} = \frac{1}{t}\left[\int_0^\sigma \left[(u+tv)_*(\tau) - u_*(\tau)\right] d\tau\right] .$$

La preuve de (iii) découle directement de la propriété de Hardy-Littlewood suivante : pour $g \in L^1(\Omega)$ et pour tout $\sigma \in [0,1]$

$$\int_0^\sigma g_*(\tau) d\tau = \mathrm{Max}\left\{\int_E g(x)dx : |E| = \sigma\right\}.$$

□

Le lemme 8.1.5 précédent assure alors que l'opérateur $S'(u_0; \cdot)$ est donné par

$$S'(u_0; v) = \left(w(u_0; v); -\int_\Omega v(x)dx\right);$$

de plus, c'est un opérateur convexe au sens du théorème 8.1.2.

Théorème 8.1.3 (condition d'optimalité pour u_0). *Soit* u_0 *la solution optimale* ($\mathcal{P}$) *qui soit non identiquement nulle. Alors il existe une mesure de Radon positive ou nulle* $\lambda^* \in K_1^*$ *(cône dual de* K_1*) et un réel* $c_h \geqslant 0$ *tel que pour tout* $v \in H_0^1(\Omega)$ *:*

$$\int_\Omega \nabla u_0 \nabla v dx - \int_\Omega f v\, dx + \int_0^1 w(u_0; v)(\sigma) d\lambda^*(\sigma) - c_h \int_\Omega v(x)dx \geqslant 0.$$

Remarque. Si u_0 est identiquement nulle ($u_0 = 0$) alors le théorème 8.1.2 est trivial. Dans ce théorème 8.1.3, cette hypothèse a été mise pour des raisons de commodité de la preuve qui suit.

Preuve. On applique le théorème 8.1.1 avec
$X = H_0^1(\Omega)$, $Y = L^\infty(0,1) \times I\!\!R$, $K = K_1 \times [0, +\infty[$ et J et S définies comme ci-dessus. Il existe alors deux réels $c_0 \geqslant 0$, $c_1 \geqslant 0$ et une mesure positive $\lambda_1^* \in K_1^*$ tel que $(c_0, c_1, \lambda_1^*) \neq (0,0,0)$ satisfaisant, pour tout $v \in H_0^1(\Omega)$, à :

$$c_0 J'(u_0) \cdot v + \big(\lambda_1^*, w(u_0; v)\big) - c_1 \int_\Omega v(x)dx \geqslant 0 \,. \tag{8.15}$$

Lemme 8.1.6 (fondamental).

$$c_0 \neq 0.$$

Preuve. Si $c_0 = 0$ la relation (8.15) implique que pour tout $v \in L^1(\Omega)$:

$$\int_0^1 w(u_0, v)(\sigma) d\lambda_1^*(\sigma) - c_1 \int_\Omega v(x)dx \geqslant 0. \tag{8.16}$$

(En effet, l'application $L^1(\Omega) \ni v \mapsto w(u_0; v)$ est 1-lipschitzienne.) En particulier, si F est borélienne avec $F(u_0) \in L^1(\Omega)$, la relation (8.16) donne :

$$\int_0^1 d\lambda_1^*(\sigma) \left(\int_0^\sigma F(u_{0*})(\tau) d\tau \right) = c_1 \int_0^1 F(u_{0*}) d\tau \tag{8.17}$$

d'où

$$\int_0^1 \sigma d\lambda_1^*(\sigma) = c_1. \tag{8.18}$$

1*er* cas Si $s_m = |u_0 = \text{sup ess } u_0| > 0$ alors sup ess $u_0 \in \mathbb{R}$.

Notons que, puisque $u_0 \neq 0$ alors $s_m < 1$. En remplaçant F par $\chi_{\{\text{sup ess } u_0\}}(\sigma)$, les équations (8.17) et (8.18) donnent :

$$\int_0^1 \inf(\sigma, s_m) d\lambda_1^*(\sigma) = c_1 \int_0^{s_m} d\tau = \int_0^1 s_m \sigma \, d\lambda_1^*(\sigma) \tag{8.19}$$

(car $F(u_{0*})(\tau) = \chi_{\{\text{sup ess } u_0\}}(u_{0*})(\tau) = \begin{cases} 1 & si\ 0 \leqslant \tau \leqslant s_m \\ 0 & sinon. \end{cases}$).

Ainsi, si on pose $\psi(\sigma) = \inf(\sigma, s_m) - \sigma s_m \geqslant 0$, la relation (8.19) entraîne :

$$\int_0^1 \psi(\sigma) d\lambda_1^*(\sigma) = 0 \,. \tag{8.20}$$

Comme λ_1^* est une mesure positive, la relation infère que :

$$\textit{support}\, \lambda_1^* \subset \Big\{ \sigma \in [0,1] : s_m \sigma = \inf(\sigma, s_m) \Big\} = A_0.$$

Etudions ce dernier ensemble. Soit $\sigma \in A_0$. Si $0 \leqslant \sigma \leqslant s_m$ alors nécessairement $\sigma = 0$ (car $s_m < 1$). Si $1 \geqslant \sigma > s_m$ alors $\sigma = 1$.

Ainsi *support* $\lambda_1^* \subset \{0,1\}$, et par conséquent λ_1^* ne peut pas être un élément du dual de $L^\infty(0,1)$ à moins que $\lambda_1^* = 0$; mais dans ce cas $c_1 = 0$ et cela contredirait le fait que $(c_0, c_1, \lambda_1^*) \neq (0,0,0)$.

2ème cas $|u_0 = \text{sup ess } u_0| = 0$.
Comme $u_{0*}(0) = \text{sup ess } u_0$ alors $0 \notin P(u_{0*})$. Par ailleurs, pour $v \in L^1(\Omega)$, si on définit $\overline{v}(x)$ par $\overline{v}(x) = \chi_{\Omega \setminus P(u_0)}(x) \cdot v(x)$ alors

$$w(u_0; \overline{v})(\sigma) = \int_{u_0 > u_{0*}(\sigma)} \overline{v}(x)dx \qquad \forall\, \sigma \in [0,1].$$

Dans ce cas on voit que l'application $v \mapsto w(u_0; \overline{v})$ est linéaire; de ce fait la relation (8.16) devient : $\forall\, v \in L^1(\Omega)$

$$c_1 \int_\Omega \overline{v}(x)dx = \int_0^1 w(u_0; \overline{v})d\lambda_1^*(\sigma) = \int_\Omega v(x)\chi_{\Omega \setminus P(u_0)}(x) \int_{|u_0 \geqslant u_0(x)|}^{1} d\lambda_1^*(\sigma) \tag{8.21}$$

(ceci par l'intermédiaire du théorème Fubini) ainsi pour presque tout $x \in \Omega$

$$c_1 \chi_{\Omega \setminus P(u_0)}(x) = \chi_{\Omega \setminus P(u_0)}(x) \int_{|u_0 \geqslant u_0(x)|}^{1} d\lambda_1^*(\sigma) \ . \tag{8.22}$$

Par équimesurabilité la relation (8.22) devient : pour tout $s \in \overline{\Omega}_* \setminus P(u_{0*})$

$$\begin{cases} c_1 = \displaystyle\int_s^1 d\lambda_1^*(\sigma) \\ 0 \in \overline{\Omega}_* \setminus P(u_{0*}) \end{cases} \Longrightarrow c_1 = \int_0^1 d\lambda_1^*(\sigma) \ . \tag{8.23}$$

Les relations (8.18) et (8.23) donnent alors $\displaystyle\int_0^1 (1-\sigma)d\lambda_1^*(\sigma) = 0$, ce qui entraîne que soit $\lambda_1^* = 0$ donc $c_1 = 0$ (contradiction), soit λ_1^* est un Dirac au point $\sigma = 1$, contredisant le fait que $\lambda_1^* \in L^\infty(0,1)^*$.

Dans tous les cas on a une contradiction donc $c_0 \neq 0$. □

On pose $\lambda^* = \dfrac{\lambda_1^*}{c_0}$ et $c_h = \dfrac{c_1}{c_0}$, d'où le théorème 8.1.3. □

Preuve du théorème 8.1.2. Il reste à interpréter le théorème 8.1.3 au sens des distributions : soit $v \in \mathcal{D}(\Omega)$, $v \leqslant 0$, comme à la relation (8.21) nous avons

$$\int_0^1 w(u_0; v)(\sigma)d\lambda^*(\sigma) \leqslant \int_0^1 d\lambda^*(\sigma) \int_\Omega v(x)\chi_{u_0 > u_{0*}(\sigma)}(x)dx \tag{8.24}$$

$$= \int_\Omega v(x) \left(\int\limits_{|u_0 \geqslant u_0(x)|}^{1} d\lambda^*(\sigma) \right) dx.$$

L'inéquation du théorème 8.1.3 et la relation (8.24) nous fournissent l'inéquation

$$\int_\Omega \nabla u_0 \cdot \nabla v \, dx - \int_\Omega f v \, dx + \int_\Omega v(x)\psi_1(x) dx \geqslant 0 \tag{8.25}$$

pour tout $v \in \mathcal{D}(\Omega)$, $v \leqslant 0$, où

$$\psi_1(x) = \int\limits_{|u_0 \geqslant u_0(x)|}^{1} d\lambda^*(\sigma) \; - c_h$$

d'où, dans $\mathcal{D}'(\Omega)$:

$$-\Delta u_0 - f + \psi_1 \leqslant 0. \tag{8.26}$$

De même si $v \in \mathcal{D}(\Omega)$, $v \geqslant 0$ alors

$$\int_0^1 w(u_0; v)(\sigma) d\lambda_*(\sigma) \leqslant \int_\Omega v(x)\psi_1(x) dx$$
$$+ \int_\Omega v(x)\chi_{P(u_0)}(x) \left(\int\limits_{P(u_{0*})} d\lambda^*(x) \right) dx + c_h \int_\Omega v(x) dx$$

ce qui, combinée avec le théorème 8.1.3, donne dans $\mathcal{D}'(\Omega)$:

$$-\Delta u_0 - f + \psi_1 + \chi_{P(u_0)} \int\limits_{P(u_{0*})} d\lambda^*(\sigma) \geqslant 0. \tag{8.27}$$

Quant à la relation d'orthogonalité, elle se traduit par :

$$\int_0^1 \left[\int_0^\sigma h_*(\tau) d\tau - \int_0^\sigma u_{0*}(\tau) d\tau \right] d\lambda^*(\sigma) = \tag{8.28}$$
$$= c_h \left[\int_\Omega h(x) dx - \int_\Omega u_0(x) dx \right] = 0.$$

Puisque $\displaystyle\int_0^\sigma h_*(\tau) d\tau \geqslant \int_0^\sigma u_{0*}(\tau) d\tau \quad \sigma \in [0,1]$, la relation (8.28) implique que le support de λ^* est contenu dans l'ensemble

$$\left\{\sigma \in [0,1] : \int_0^\sigma h_*(\tau)d\tau = \int_0^\sigma u_{0*}(\tau)d\tau\right\}.$$

Puisque ψ_1 et ψ_2 sont dans $L^\infty(\Omega)$, on déduit que $-\Delta u_0 - f \in L^\infty(\Omega)$ d'où $u_0 \in W^{2,p}(\Omega)$ $\forall p \in [1,+\infty[$. □

8.2 Sur un problème semilinéaire abstrait et ses applications aux problèmes nonlocaux

Diverses équations d'équilibre dans les problèmes issus de la physique peuvent s'écrire sous la forme $-\Delta u = F(u)$. C'est le cas, par exemple, des problèmes de confinement d'un plasma dans une machine Tokamak ou une machine Stellarator. Dans l'un ou l'autre de ces modèles la fonction $F(u)$ peut être une fonction non locale de u dépendant par exemple du réarrangement relatif de u par rapport à une donnée b : b_{*u} ou encore des dérivées du réarrangement monotone u'_*, u''_*.... Comme nous l'avons vu aux chapitres 6 et 7, dans ce cas la fonction $u \to F(u)$ ne sera continue que sur un petit sous-ensemble non nécessairement linéaire. Nous allons commencer par donner une méthode de résolution pour ce type de problèmes.

8.2.1 Théorèmes abstraits pour des problèmes nonlocaux

Considérons un espace de Hilbert $(V, \|\cdot\|)$ et un espace de Banach $(H, |\cdot|)$ séparable. On suppose

(H1) $V \hookrightarrow H$, injection compacte (ainsi $\inf_{|v|=1} \|v\| > 0$).
(H2) Il existe une famille d'éléments finis $V_h \subset V$ et une famille d'opérateurs linéaires Π_h t.q.

$$\lim_{h \to 0} \|v - \Pi_h v\| = 0, \quad \forall v \in V .$$

Soit G un opérateur de V dans le dual $(H', |\cdot|_*)$ de H satisfaisant :
(H3) G est continu de V-fort dans H'-faible-* (i.e. muni de la topologie $* - \sigma(H', H)$).

Théorème 8.2.1. *On suppose (H1) à (H3) et soit $B : V \times V \to \mathbb{R}$ une forme bilinéaire coercive (i.e. $\alpha = \inf_{\|v\|=1} B(v,v) > 0$) continue (i.e. $\sup_{\|u\|=\|v\|=1} B(u,v) = M < +\infty$). On suppose de plus que G vérifie la croissance suivante :*

(H4) Il existe $(\lambda_0, \lambda_1) \in]0, +\infty[\times]0, +\infty[$ *t.q.*

$$0 < \lambda_0 < \alpha \inf_{|v|=1} \|v\|, \ |G(v)|_* \leqslant \lambda_0 \|v\| + \lambda_1 \ \forall v \in V .$$

Alors,

(i) Il existe $u_h \in V_h$ *t.q. :*

$$B(u_h, v_h) =< G(u_h), \ v_h >, \quad \forall v_h \in V_h,$$

(ii) Il existe $u \in V$ *(une sous-suite)* $u_h \in V$ *t.q.* $u_h \to u$ *dans* V*-fort et*

$$B(u, v) =< G(u), \ v >, \quad \forall v \in V .$$

Preuve du théorème.
Soit $m = \dim V_h$ et $\{\varphi_1, \ldots, \varphi_m\}$ une base de V_h. Définissons le produit scalaire suivant sur V_h:

$$si \ v = \sum_{j=1}^{m} v_j \varphi_j, \quad w = \sum_{j=1}^{m} w_j \varphi_j, \ alors \ [v, w] = \sum_{j=1}^{m} v_j w_j.$$

On introduit alors l'opérateur $T_m : V_h \to V_h$ défini par

$$T_m v = \sum_{j=1}^{m} [B(v, \varphi_j) - < G(v), \varphi_j >] \varphi_j .$$

On a pour tout $v \in V_h$:

$$[T_m v, v] = B(v, v) - < G(v), v > \geqslant \alpha \|v\|^2 - \lambda_0 \|v\| |v| - \lambda_1 |v| \geqslant \tag{8.29}$$

$$\geqslant \left(\alpha \inf_{|z|=1} \|z\| - \lambda_0\right) \|v\| |v| - \lambda_1 |v| .$$

On déduit alors, $[T_m v, v] \to +\infty$ si $[v, v] \to +\infty$. De plus, T_m est continu du fait de la continuité de B et G. On conclut avec le théorème de point fixe de Brouwer, pour l'existence de $u_h \in V_h$ t.q. $T_m u_h = 0$ d'où l'assertion (i). De plus, à l'aide de l'estimation (8.29), on déduit

$$\|u\|_h \leqslant constante = \frac{\lambda_1}{\alpha \inf_{|z|=1} \|z\| - \lambda_0} = c_1. \tag{8.30}$$

Considérons alors, $u \in V$, $\ell_u \in H'$ et une sous-suite encore notée $u_h \in V_h$ t.q. :

(a) $u_h \rightharpoonup u$ dans V-faible
(b) $u_h \to u$ dans H-fort
(c) $G(u_h) \rightharpoonup \ell_u$ dans H'-faible-étoile

Soit $v \in V$. Alors, on a :

$$B\left(u_h, \Pi_h v\right) = < G(u_h),\ \Pi_h v >, \tag{8.31}$$

$$\left|B\left(u_h, \Pi_h v\right) - B\left(u_h, v\right)\right| \leqslant c_1 M \left\|v - \ \Pi_h v\right\|, \tag{8.32}$$

et

$$|< G(u_h),\ \Pi_h v > - < G(u_h),\ v >| \leqslant c_0 \left\|v - \Pi_h v\right\|. \tag{8.33}$$

A partir des relations (8.31)–(8.33), on déduit :

$$B(u,v) = \lim_{h\to 0} B(u_h,\ \Pi_h v) = \lim_{h\to 0} < G(u_h),\ v > = < \ell_u,\ v > .$$

Montrons maintenant que $\lim_{h\to 0} \|u_h - u\| = 0$.
Puisque $B(u_h - u, u_h - u) \geqslant \alpha \left\|u_h - u\right\|^2$, il suffit de montrer que $\lim_{h\to 0} B(u_h, u_h) = B(u,u)$. Or, puisque $|u_h - u| \xrightarrow[h\to 0]{} 0$, on a :

$$\lim_{h\to 0} B(u_h, u_h) = \lim_{h\to 0} < G(u_h), u_h > = < \ell_u, u > = B(u,u).$$

Par continuité de G, on déduit que $\ell_u = G(u)$. □

Notons que l'énoncé (i) n'utilise que les hypothèses (H1), (H2) et (H4).

Pour tenir compte que la fonction G peut être continue uniquement sur un sous-ensemble $\mathcal{V}$ de V, nous modifions l'hypothèse (H3) et pour ce faire, considérons A l'opérateur linéaire continu de V dans V' défini par $< Av, w > = B(v,w)$, pour tout $v,\ w$ de V et notons
$D(A) = \left\{v \in V,\ Av \in H\right\}$ le domaine de A.

On suppose à la place de (H3) l'hypothèse suivante :

(H5) On suppose que $H = H'$ et que G restreint à $\mathcal{V} = D(A) \cup \left(\bigcup_{h>0} V_h\right)$ est continue de $(\mathcal{V}, \|\cdot\|)$-fort dans H-faible.

Théorème 8.2.2. *On suppose (H1), (H2), (H4) et (H5). Si B est la même forme bilinéaire qu'au théorème 8.2.1 précédent, alors on a les mêmes conclusions que le théorème 8.2.1. De plus, $u \in D(A)$.*

Preuve. La preuve de l'énoncé (i) est la même que ci-dessus. Quant à la preuve du second énoncé (ii), comme la fonction $u = \lim_h u_h$ dans V-fort, et que $B(u,v) = < \ell_u, v > \ \forall v \in V$ est équivalente à $Au = \ell_u \in H$ donc $u \in D(A)$, on peut alors appliquer l'hypothèse (H5) pour dire que $G(u_h) \rightharpoonup G(u)$ dans H-faible ce qui implique que $\ell_u = G(u)$. □

Les fonctions co-aire régulières ne forment pas un espace vectoriel. Ainsi, pour tenir compte d'autres cas d'applications où $D(A) \not\subset \mathcal{V}$, nous donnons ici une variante du précédent théorème en remplaçant (H5) par l'hypothèse suivante :

(H6) On suppose toujours que $H = H' \subset V'$.
Soit $\mathcal{V}$ t.q. $W = vect\left(\bigcup_{h>0} V_h\right)$ = ensemble des combinaisons linéaires finies de $\bigcup_{h>0} V_h$ soit contenu dans $\mathcal{V}$. Soit $G : \mathcal{V} \to H$ continue de $(\mathcal{V}, \|\cdot\|)$ dans H-faible. On suppose que l'adhérence de $G(W)$ dans H-faible, notée $\overline{G(W)}^{\sigma(H)}$, vérifie

$$A^{-1}\left(\overline{G(W)}^{\sigma(H)}\right) \subset \mathcal{V}\,.$$

Théorème 8.2.3. *On suppose (H1), (H2), (H4) et H6.). On a alors les mêmes conclusions qu'au théorème 8.2.1. De plus, $u \in \mathcal{V}$.*

Preuve.
Puisque $u_h \in W$ et $G(u_h) \rightharpoonup \ell_u$ dans H-faible, on déduit $\ell_u \in \overline{G(W)}^{\sigma(H)}$. Comme A est un isomorphisme de V dans V', on conclut $u = A^{-1}\ell_u \in \mathcal{V}$ (par (H6)).

8.2.2 Applications à quelques problèmes nonlocaux

(H1) Considérons Ω un ouvert borné de $\mathbb{R}^N$ de bord C^1, pour $j = 1,\ 2$ $\Phi_j : \mathbb{R}^N \to \mathbb{R}$ continue t.q. il existe $c_1 > 0$ t.q.

$$|\Phi_j(\xi)| \leqslant c_1 |\xi|^2, \quad \forall \xi \in \mathbb{R}^N,\ j = 1,\ 2.$$

(H2) Soit $F : \Omega \times L^1(\Omega)^2 \times L^1(\Omega_*)^2 \to]\varepsilon, +\infty[$, $\varepsilon > 0$ bornée et de Carathéodory au sens que :

(i) Pour x fixé, si $X_n = (v_{1n}, v_{2n}, w_{1n}, w_{2n})$ est une suite de $L^1(\Omega)^2 \times L^1(\Omega_*)^2$ qui converge vers X dans $L^1(\Omega)^2 \times L^1(\Omega_*)^2$ alors $F(x, X_n) \to F(x, X)$ dans $\mathbb{R}$.
(ii) $\forall X \in L^1(\Omega)^2 \times L^1(\Omega_*)$, l'application $x \in \Omega \to F(x, X)$ est mesurable.

Théorème 8.2.4. *Soient b_1 et b_2 deux éléments de $L^\infty(\Omega)$. Alors, il existe $u \in H_0^1(\Omega) \cap W^{2,p}(\Omega)$, $\forall p \in [1, +\infty[$ t.q.*

$$-\Delta u = F\Big(x; [b_1\Phi_1(\nabla u)]_{*v}(|u > u(\cdot)|),\ u'_*(|u > u(\cdot)|),\ u'_*, [b_2\Phi_2(\nabla u)]_{*u}\Big)$$

Preuve. Posons
$X(v) = \Big([b_1\Phi_1(\nabla v)]_{*v}(|v > v(\cdot)|),\ v'_*(|v > v(\cdot)|), v'_*, [b_2\Phi_2(\nabla v)]_{*v} \Big)$ pour $v \in H_0^1(\Omega) \cap W^1(\Omega, |\cdot|_{N,1})$, on a $X(v) \in L^1(\Omega)^2 \times L^1(\Omega_*)^2$. Pour appliquer le dernier théorème précédent, considérons alors, $V = H_0^1(\Omega)$, $H = L^2(\Omega)$ et $\mathcal{V} = \Big\{v \in V \cap W^1(\Omega, |\cdot|_{N,1}) : v \text{ soit co-aire régulière}\Big\}$. Considérons la suite de fonctions propres $(\varphi_j)_{j\geqslant 1}$ associée au problème de Dirichlet suivant :

$$-\Delta\varphi_j = \lambda_j\varphi_j,\ \varphi_j \in H_0^1(\Omega) \cap H^2(\Omega) \cap C^\infty(\Omega)\ .$$

Pour $h = \dfrac{1}{m}$, $m \in \mathbb{N}^*$, on note

$$V_h \equiv V_m = vect\Big\{\varphi_1, \ldots, \varphi_m\Big\} \subset \mathcal{V},\ V_m \subset V_{m+1}\ .$$

On définit alors une fonction $G : \mathcal{V} \to H$ par

$$\big(G(v), \varphi\big) = \int_\Omega \varphi(x)F\big(x; X(v)\big)dx,\ \textit{pour } v \in \mathcal{V},\ \forall\varphi \in H\ .$$

Si on introduit le convexe fermé $C_\varepsilon = \Big\{f \in L^2(\Omega) : f \geqslant \varepsilon\Big\}$, du fait de l'hypothèse sur F, on a $G(v) \in C_\varepsilon$.

Proposition 8.2.1.
Si $\{v,\ v_n\}$ est une suite de $\mathcal{V}$ t.q. $v_n \to v$ dans $H_0^1(\Omega)$-fort, alors :

(i) $X(v_n) \to X(v)$ dans $L^1(\Omega)^2 \times L^1(\Omega_*)^2$-fort,
(ii) $G(v_n) \to G(v)$ dans $L^2(\Omega)$-fort.

Preuve. D'après les théorèmes 6.2.8, 7.1.4 et le corollaire 7.1.3, on déduit $X(v_n) \to X(v)$ dans $L^1(\Omega)^2 \times L^1(\Omega_*)^2$-fort, par hypothèse $F\big(x, X(v_n)\big) \to F\big(x, X(v)\big)$ dans $\mathbb{R}$ pour presque que tout x et par le théorème de la convergence dominée on a : $F\big(\cdot; X(v_n)\big) \to F\big(\cdot; X(v)\big)$ dans $L^2(\Omega)$-fort, en particulier $G(v_n) \to G(v)$ dans $L^2(\Omega)$-fort.
Considérons $(-\Delta)^{-1} : L^2(\Omega) \to H^2(\Omega) \cap H_0^1(\Omega)$ défini par

$$\begin{cases} (-\Delta)^{-1}f = u \\ f \in L^2(\Omega) \end{cases} \iff \begin{cases} u \in H^2(\Omega) \cap H_0^1(\Omega) \\ \displaystyle\int_\Omega \nabla u \cdot \nabla\varphi = \int_\Omega f\varphi,\ \forall\varphi \in H_0^1(\Omega)\ . \end{cases}$$

Si $f \in C_\varepsilon$ alors $-\Delta\Big((-\Delta)^{-1}f\Big) = f \geqslant \varepsilon$.
Par suite l'ensemble $\Omega_f = \Big\{x \in \Omega : \nabla\big((-\Delta)^{-1}f\big) = 0\Big\}$ est de mesure nulle (sinon $-\Delta\big((-\Delta)^{-1}f\big) = 0 \geqslant \varepsilon$ p.p. sur Ω_f).
Ceci montre $(-\Delta)^{-1}(C_\varepsilon) \subset \mathcal{V}$.
Mais comme, $G(\mathcal{V}) \subset C_\varepsilon$ et $W = vect\Big(\bigcup_{m\geqslant 1} V_m\Big) \subset \mathcal{V}$, on déduit que

$$\overline{G(W)}^{\sigma(H)} \text{ (adhérence dans } L^2(\Omega)\text{-faible)} \subset C_\varepsilon$$

(C_ε est faiblement fermé dans $L^2(\Omega)$). D'où

$$(-\Delta)^{-1}\Big(\overline{G(W)}^{\sigma(H)}\Big) \subset (-\Delta)^{-1}(C_\varepsilon) \subset \mathcal{V}$$

les hypothèses du dernier théorème 8.2.3 sont satisfaites.
On conclut qu'il existe $u \in \mathcal{V}$ t.q. $-\Delta u - G(u) = 0$ i.e. le théorème 8.2.3. La régularité résulte des théorèmes standards de Agmon-Douglas-Nirenberg. □

Les prochaines applications nécessiteront les lemmes suivants :

Lemme 8.2.1. *Soient $v \in L^1_{loc}(\Omega)$ et $\theta = \chi_{\Omega_*\backslash P(v_*)}$ la fonction caractéristique de $\Omega_*\backslash P(v_*)$. Soit v_n une suite de $L^1_{loc}(\Omega)$ qui converge vers v presque partout. Pour $x \in \Omega$, on note $I(v_n)(x)$ (resp $I(v)(x)$ pour v) l'intervalle $\Big[m_{v_n}\big(v_{n+}(x)\big), m_{v_n}(0)\Big]$ où m_{v_n} est la fonction de distribution de v_n.*
Alors, pour tout $\sigma \in \Omega_*$ $\sigma \neq |v>0|$, $\sigma \neq |v > v_+(x)|$, on a :

$$\lim_{n\to+\infty} \theta(\sigma)\chi_{I(v_n)(x)}(\sigma) = \theta(\sigma)\chi_{I(v)(x)}(\sigma) . \tag{8.34}$$

Preuve. Notons pour tout réel t, et une suite $t_n \to t$, on a :

$$|v>t| \leqslant \liminf_n |v_n > t_n| \leqslant \limsup_n |v_n > t_n| \leqslant |v \geqslant t| .$$

Soit alors $\sigma \in \Omega_*$, $\sigma \neq |v>0|$, $\sigma \neq |v > v_+(x)|$. Si $\sigma < |v>0|$ ou $\sigma > |v \geqslant v_+(x)|$ alors pour n assez grand, on a $\chi_{I(v_n)(x)}(\sigma) = \chi_{I(v)(\sigma)}(x) = 0$ donc on a (8.34).

Si $\sigma \in \big]\, |v \geqslant 0|\, ,\ |v > v_+(x)|\, \big[$ alors pour n assez grand $\chi_{I(v_n(x))}(\sigma) = \chi_{I(v)(x)}(\sigma) = 1$ et donc on a (8.34).

Si $\sigma \in \big]\, |v>0|\, ,\ |v \geqslant 0|\, \big[$ et $|v{=}0|{>}0$ ou $\sigma \in \big]\, |v{>}v_+(x)|\, , |v{\geqslant}v_+(x)|\, \big[$ et $|v = v_+(x)| > 0$ alors $\theta(\sigma) = 0$ et on a (8.34). □

Lemme 8.2.2. *Sous les mêmes conditions que le lemme 8.2.1, si v et v_n sont dans un borné de $W^{1,q}(\Omega)$, $q > N$ et telles que $v_n \to v$ dans $W^1(\Omega, |\cdot|_{N,1})$-fort alors pour tout $b \in L^\infty(\Omega)$, $p \in C^1(I\!R)$ avec $|p'(t)| \leqslant c_3 |t| + c_4$, $\forall t \in I\!R$, pour presque tout $x \in \Omega$:*

$$\lim_n \int_{\Omega_*} \left(\theta\chi_{I(v_n)(x)} \left[p(v_{n*})\right]' b_{*v_n}\right)(\sigma)d\sigma = \int_{\Omega_*} \left(\theta\chi_{I(v)(x)} \left[p(v_*)\right]' b_{*v}\right)(\sigma)d\sigma.$$

Preuve. Puisque $p' \in C(I\!R)$ et $|p'(t)| \leqslant c_3 |t| + c_4$ (c_i constante > 0), alors on déduit du théorème 6.2.7 que

$$\left[p(v_{n*})\right]' \to \left[p(v_*)\right]' \textit{ dans } L^1(\Omega_*)\text{-fort}$$

(En effet $v'_{n*} \to v'_*$ dans $L^1(\Omega_*)$ et par suite $v_{n*} \to v_*$ dans $C(\overline{\Omega}_*)$-fort.)
Mais puisque v, v_n sont dans un borné de $W^{1,q}(\Omega)$, $q > N$, il existe alors $r' \in]1, +\infty[$ t.q. $[p(v_{n*})]' \to [p(v_*)]'$ dans $L^{r'}(\Omega_*)$-fort. De plus, par le lemme 8.2.1, on déduit que pour presque tout x, on a :

$$\theta\chi_{I(v_n)(x)} \to \theta\chi_{I(v)(x)} \textit{ dans } L^r(\Omega_*), \quad (r \text{ conjugué de } r').$$

De ces deux dernières convergences, on conclut

$$\theta\chi_{I(v_n)(x)}[p(v_{n*})]' \to \theta\chi_{I(v)(x)}[p(v_*)]' \textit{ dans } L^1(\Omega_*)\text{-fort.} \tag{8.35}$$

Puisque $b \in L^\infty(\Omega)$, on sait d'après 2.6.1 que $\theta b_{*u_n} \rightharpoonup \theta b_{*u}$ dans $L^\infty(\Omega_*)$-faible-*. Cette converge faible et la convergence forte de (8.35) entraînent le résultat. □

Comme conséquence des deux derniers lemmes, on a

Corollaire 8.2.1.
Soient $a \in L^\infty(\Omega)$ et $q > N$. Sous les mêmes conditions que le lemme 8.2.2 si on note pour $x \in \Omega$, $v \in W^{1,q}(\Omega)$

$$F(v)(x) = a(x)\left[F_0^2 - \int_{m_v(0)}^{m_v(v_+(x))} \left([p(v_*)]' b_{*v}\right)(\sigma)d\sigma\right]_+^{\frac{1}{2}}.$$

Alors l'application $v \in W^{1,q}(\Omega) \to F(v) \in L^q(\Omega)$ est continue pour les topologies fortes.

Preuve. Soit $\theta = \chi_{\Omega_* \backslash P(v_*)}$, $v_n \in W^{1,q}(\Omega)$. On a, pour x fixé,

$$J_n = \int_{m_{v_n}(0)}^{m_{v_n}(v_{n+}(x))} [p(v_{n*}]' b_{*v_n} d\sigma = J_{n,1}(x) + J_{n,2}(x)$$

avec

$$J_{n,1}(x) = \int_{\Omega_*} (1-\theta)\chi_{I(v_n)(x)}[p(v_{n*}]' b_{*v_n} d\sigma \ .$$

Si $v_n \to v$ dans $W^{1,q}(\Omega)$ alors on sait $v'_{n_*} \to v'_*$ dans $L^1(\Omega_*)$ et $v_{n_*} \to v_*$

dans $C(\overline{\Omega}_*)$, par suite $\lim_n \int_{\Omega_*} (1-\theta) \left|v'_{n_*}\right| (\sigma) d\sigma = \int_{P(v_*)} |v'_*| (\sigma) d\sigma = 0.$

Comme

$$|J_{n,1}(x)| \leqslant |b|_\infty \left(c_3 |v_{n_*}|_\infty + c_4\right) \int_{\Omega_*} (1-\theta) \left|v'_{n_*}\right| d\sigma \xrightarrow[n\to+\infty]{} 0 \tag{8.36}$$

D'après le lemme 8.2.2, le terme $J_{n,2}(x)$ vérifie

$$\lim_n J_{n,2}(x) = \int_{\Omega_*} \left(\theta\chi_{I(v)(x)}[p(v_*)]' b_{*v}\right)(\sigma) d\sigma. \tag{8.37}$$

A l'aide de deux dernières relations (8.36) et (8.37), on a

$$\lim_n F(v_n)(x) = F(v)(x) \ p.p. \ . \tag{8.38}$$

Puisqu'on a :

$$|F(v_n)(x)| \leqslant |a|_\infty \left[F_0^2 + |b|_\infty \left(\int_{\Omega_*} |v'_{n*}| \, dt\right)\left(c_3 |v_{n*}|_\infty + c_4\right)\right]^{\frac{1}{2}}. \tag{8.39}$$

On déduit qu'il existe $c_5 > 0$ t.q. $|F(v_n)(x)| \leqslant c_5$ p.p. on conclut alors avec le théorème de la convergence dominée. □

Théorème 8.2.5.
On suppose que $N = 2$. *Soit* $\Phi_\varepsilon(\xi) = \dfrac{|\xi|}{\varepsilon + |\xi|}$, $\varepsilon > 0$, $\xi \in I\!R^2$. *Sous les mêmes conditions que le corollaire 8.2.1 précédent, si* $b \geqslant 0$, $p' \geqslant 0$ *et* $0 < c_3 < \inf\left\{\int_\Omega |\nabla\varphi|^2 dx, \ |\varphi|_2 = 1, \ \varphi \in H_0^1(\Omega)\right\}$ *alors il existe une fonction* $u \in W^{2,p}(\Omega) \cap H_0^1(\Omega), \forall\, p \in]1, +\infty[$, *vérifiant*

$$-\Delta u(x) = F(u)(x) + p'(u)(x)\Big[b(x) - \big[b\Phi_\varepsilon(\nabla u)\big]_{*u}\big(\,|u > u(x)|\,\big)\Big].$$

Preuve. Soit $(\varphi_j)_{j\geqslant 0}$ la suite de fonctions propres du Laplacien, $V_m = vect\{\varphi_1, \ldots, \varphi_m\}$.
On a :

$$D(-\Delta) = H^2(\Omega) \cap H_0^1(\Omega), \quad V = H_0^1(\Omega), \quad H = L^2(\Omega),$$

$$vect\left(\bigcup_{m\geqslant 0} V_m\right) \subset D(-\Delta) = \mathcal{V}.$$

On définit $G : \mathcal{V} \to L^2(\Omega) = H$ par

$$(G(v),\varphi) = \int_\Omega \varphi(x)\Big[F(v)(x) + K_\varepsilon(v)(x)\Big]dx, \quad \forall\,\varphi \in L^2(\Omega)$$

où $K_\varepsilon(v)(x) = p'(v)(x)\Big[b(x) - \big(b\Phi_\varepsilon(\nabla v)\big)_{*v}\big(\,|v > v(x)|\,\big)\Big]$.
D'après le théorème 6.2.5 les éléments de $\mathcal{V}$ sont co-aire réguliers.
D'après le corollaire 8.2.1 des lemmes 8.2.1 et 8.2.2 précédents, si v_n, v restent dans un borné de $D(-\Delta)$ et $v_n \to v$ dans $H_0^1(\Omega)$ alors, $v_n \to v$ dans $W^{1,q}(\Omega)$, pour tout $q > 2$, par suite $F(v_n) \to F(v)$ dans $L^2(\Omega)$-fort. D'après le corollaire 7.1.3, on déduit $K_\varepsilon(v_n) \to K_\varepsilon(v)$ dans $L^2(\Omega)$-fort. Par conséquent, $G(v_n) \to G(v)$ dans $L^2(\Omega)$-fort. D'une simple modification du théorème 8.2.1 on déduit qu'il existe $u \in D(-\Delta)$ t.q. $-\Delta u(x) = F(u)(x) + K_\varepsilon(u)(x)$. La régularité est celle de Agmon-Douglas-Nirenberg. □

Cette dernière application concerne les équations de la physique des plasmas lorsque l'on a un plasma confiné dans une machine appelée Stellarator. Le modèle stationnaire obtenu à partir des équations de la magnétohydrodynamique est le suivant :

Pour $\Omega \subset \mathbb{R}^2$, ouvert borné connexe de classe C^1, $\gamma \in]-\infty, 0[$, on cherche $u \in H_0^1(\Omega) \cap W^{2,p}(\Omega)$, $p < +\infty$

$$\begin{cases} -\Delta u = F(u) + K(u), \\ u = \gamma \ sur\ \partial\Omega, \end{cases}$$

$K(u)(x) = p'(u)\Big[b(x) - b_{*u}\big(\,|u > u(x)|\,\big)\Big]$, $\quad p'(t) = \lambda t_+$.
On peut résoudre ce dernier problème en utilisant le problème approché précédent i.e. remplacer K par K_ε. On ne fera pas cette preuve (cela peut se faire en exercice avec les mêmes arguments qu'ici).

Notes pré-bibliographiques

Les résultats deu paragraphe 8.1 sont dus à Rakotoson-Serre [103], et ceux du paragraphe 8.2 relèvent essentiellement des travaux de Rakotoson-Seoane [101, 102]. Les méthodes utilisées dans le théorème 8.2.4 trouvent leur origine dans Rakotoson [95, 96], Dìaz-Padial-Rakotoson [49].

9

Réarrangement relatif d'une famille de fonctions et problèmes d'évolution

Le réarrangement monotone comme le réarrangement relatif trouve ses applications dans les problèmes d'évolution. En effet, des résultats de théorème de comparaison analogues à ceux de G. Talenti ont été prouvés par Catherine Bandle pour les équations linéaires régies par un Laplacien. Elle a comparé la solution régulière de $\frac{\partial u}{\partial t} - \Delta u = f \in L^2_+(Q)$ dans un cylindre quelconque $Q =]0, T[\times \Omega$ (avec des conditions aux limites de Dirichlet) avec la solution régulière U de $\frac{\partial U}{\partial t} - \Delta U = \underset{\sim}{f}$ dans le cylindre "régulier" de même mesure $\widetilde{Q} =]0, T[\times \widetilde{\Omega}$ avec des données initiales comparables, en montrant que $\int_0^s u_*(t, \sigma) d\sigma \leqslant \int_0^s U_*(t, \sigma) d\sigma$, $\forall t \in [0, T[$, $\forall s \in \Omega_*$. Plus tard, J. Mossino et J.M. Rakotoson [83] ont été amenés à étudier le cas où l'opérateur Δ est remplacé par un opérateur linéaire à coefficients discontinus. Ce qui a conduit à l'étude de la régularité de $\partial_t u_*$. Notamment, nous verrons que le réarrangement relatif intervient dans l'étude de la dérivée du réarrangement monotone, en montrant les formules suivantes :

si $u : Q =]0, T[\times \Omega \to I\!R$, $u \in W^{1,r}\Big(0, T; L^p(\Omega)\Big)$ ($u \geqslant 0$ si Ω est non borné) alors

1. $u_* \in W^{1,r}\Big(0, T; L^p(\Omega_*)\Big)$ avec $u_*(t, s) = u(t)_*(s)$, $t \in]0, T[$ $s \in \Omega_*$,
2. $\frac{\partial u_*}{\partial t}(t, s) = \left(\frac{\partial u}{\partial t}(t)\right)_{*u(t)}(s) \doteq \left(\frac{\partial u}{\partial t}\right)_{*u}(t, s)$.

On déduira de ces formules par exemple l'étude de la continuité de $u \to \frac{\partial u_*}{\partial t}$.

Comme au chapitre 5, nous utiliserons ces régularités et propriétés du réarrangement monotone pour obtenir des estimations a priori pour les équations paraboliques quasilinéaires. On présentera aussi des théorèmes de comparaison de solutions qui conduiront, dans le cas du système en Chemotaxis, à l'étude du comportement en temps du système.

9.1 Réarrangement relatif d'une famille de fonctions

Par souci de simplicité, nous supposerons que Ω est un ouvert borné de $\mathbb{R}^N$. Pour une fonction $u :]0,T[\times\Omega = Q \to \mathbb{R}$ mesurable, on définit, pour t fixé dans $]0,T[$, $u(t) : \Omega \to \mathbb{R}$ par $u(t)(x) = u(t,x)$ pour $x \in \Omega$. A cette fonction $u(t)$ on peut appliquer toute la théorie des chapitres précédents, notamment le réarrangement monotone $u(t)_*$. D'où la définition suivante :

Définition 9.1.1 (symétrisation d'une famille de fonctions). *Pour $u : Q =]0,T[\times\Omega \to \mathbb{R}$, mesurable, on définit $u_* : Q_* =]0,T[\times\Omega_* \to \mathbb{R}$ par*

$$u_*(t,s) = u(t)_*(s), \qquad (t,s) \in Q_*.$$

Définition 9.1.2 (réarrangement relatif d'une famille de fonctions). *Soient u, b deux fonctions intégrables de $L^1(Q)$. On définit $b_{*u} : Q_* \to \mathbb{R}$ par :*

$$b_{*u}(t,s) = b(t)_{*u(t)}(s), \qquad (t,s) \in \Omega_*.$$

Propriété 9.1.1.
Soient u et b dans $L^r\Big(0,T;L^p(\Omega)\Big)$, avec $1 \leqslant r \leqslant +\infty$, $1 \leqslant p \leqslant +\infty$. Alors les fonctions mesurables u_*, b_{*u} vérifient

1. *u_* et b_{*u} sont dans $L^r\big(0,T;L^p(\Omega_*)\big)$.*
2. *$|u_*|_{L^r\left(0,T;L^p(\Omega_*)\right)} = |u|_{L^r\left(0,T;L^p(\Omega)\right)}$*
   et $|b_{*u}|_{L^r\left(0,T;L^p(\Omega_*)\right)} \leqslant |b|_{L^r\left(0,T;L^p(\Omega)\right)}$.

Remarque.
$L^r\big(0,T;L^p(\Omega)\big) = \Big\{u : Q \to \mathbb{R}\,\text{mesurable}\; \|u\|^r = \displaystyle\int_0^T |u(t)|^r_{L^p(\Omega)}\,dt < +\infty\Big\}$ si r est fini.
$L^\infty\big(0,T;L^p(\Omega)\big) = \Big\{u : Q \to \mathbb{R}\,\text{mesurable}\; \sup\limits_{[0,T]}\text{ess}\,|u(t)|_{L^p(\Omega)} = \|u\| < +\infty\Big\}$.
Ils sont munis des normes usuelles i.e.

$$|u|_{L^r\left(0,T;L^p(\Omega)\right)} = \|u\|.$$

Comme nous avons évoqué le réarrangement relatif, rappelons qu'il est obtenu en calculant la limite suivante :

$$\lim_{h\to 0\ h>0} \int_0^s \frac{\big(u(t)+hb(t)\big)_* - u(t)_*}{h}\,d\sigma = \int_0^s b_{*u}(t,\sigma)\,d\sigma.$$

Ainsi, toutes les propriétés obtenues dans les chapitres précédents sont valables en fixant juste le paramètre t. Notamment, les inégalités ponctuelles de Polyà-Szëgo ou de Poincaré-Sobolev. Exemple, on a :

Théorème 9.1.1. *Soit $u \in L^1\big(0,T;W_0^{1,1}(\Omega)\big)$, $u \geqslant 0$. Alors, $\forall s \in \overline{\Omega}_*$, p.p. t*

1. $\displaystyle\int_0^s \left|\nabla \underset{\sim}{u}\right|_* (t,\sigma)d\sigma \leqslant \int_0^s |\nabla u|_{*u}(t,\sigma)d\sigma \leqslant \int_0^s |\nabla u|_*(t,\sigma)d\sigma,$
2. *Si ρ est une norme de Fatou, invariante par réarrangement sur $L_+^0(\Omega_*)$, alors :*
$$\rho\Big(\left|\nabla \underset{\sim}{u}\right|_*(t)\Big) \leqslant \rho\big(|\nabla u|_{*u}(t)\big) \leqslant \rho\big(|\nabla u|_*(t)\big).$$

Ici $\underset{\sim}{u}$ est le réarrangement sphérique défini par $\underset{\sim}{u}(t,x) = u_*(t,\alpha_N |x|^N)$, α_N =mesure de la boule unité et x dans la boule de même mesure que Ω centrée à l'origine.

Nous n'allons pas reporter toutes les propriétés , nous passons directement à l'application, à la régularité de $\dfrac{\partial u_*}{\partial t}$.

9.2 Régularité en temps du réarrangement $u_*(t,s)$

Théorème 9.2.1.
Soit $u \in W^{1,q}\big(0,T;L^p(\Omega)\big)$, avec $1 \leqslant q \leqslant +\infty$ $1 \leqslant p \leqslant +\infty$. Alors

(i) $u_* \in W^{1,q}\big(0,T;L^p(\Omega_*)\big)$,

(ii) $\dfrac{\partial u_*}{\partial t} = \dfrac{\partial w}{\partial s}$ *dans $\mathcal{D}'(Q_*)$ où $w : Q_* \to I\!R$ définie par*

$$w(t,s) = \int_{\{u(t)>u(t)_*(s)\}} \frac{\partial u}{\partial t}(t,x)dx \; + \int_0^{s-|u(t)>u(t)_*(s)|} \left(\frac{\partial u}{\partial t}(t)|_{\{u(t)=u(t)_*(s)\}}\right)_*(\sigma)d\sigma\,.$$

La preuve de ce théorème nécessite le lemme suivant :

Lemme 9.2.1. *Soit $u \in W^{1,q}\big(0,T;L^p(\Omega)\big)$, $1 \leqslant q \leqslant +\infty$, $1 \leqslant p \leqslant +\infty$. Pour $h>0$, on note $g_h(t,x) = \dfrac{u(t+h)-u(t)}{h}(x)$, $x \in \Omega$. Alors, g_h converge vers $\dfrac{\partial u}{\partial t}$ dans $L^\alpha_{loc}\Big([0,T),L^\alpha(\Omega)\Big)$*
$$\text{avec } \alpha = \begin{cases} \min(p,q) & \text{si } p \text{ ou } q \text{ est } fini \\ \alpha < +\infty & \text{si } p = q = +\infty. \end{cases}$$

Preuve. Soit α défini comme dans le lemme,
alors $\dfrac{\partial u}{\partial t} \in L^\alpha(Q)$ dès que $u \in W^{1,q}\big(0,T;L^p(\Omega)\big)$. De ce fait, on déduit pour $0<h<\delta<T$, on a :

$$\left(\int_0^{T-\delta}\!\!\int_\Omega |g_h(t,x)|^\alpha\,dxdt\right)^{\frac{1}{\alpha}} \leqslant \left(\int_0^{T-\delta+h}\!\!\int_\Omega \left|\frac{\partial u}{\partial t}(t,x)\right|^\alpha dxdt\right)^{\frac{1}{\alpha}} \leqslant \left|\frac{\partial u}{\partial t}\right|_{L^\alpha(Q)}.$$

Par suite, si on note $Q_\delta =]0,T-\delta[\times\Omega$, on a

$$\limsup_{h\to 0} |g_h|_{L^\alpha(Q_\delta)} \leqslant \left|\frac{\partial u}{\partial t}\right|_{L^\alpha(Q_\delta)}. \tag{9.1}$$

Ainsi pour $\alpha > 1$, puisque g_h converge faiblement vers $\dfrac{\partial u}{\partial t}$ dans $L^\alpha(Q_\delta)$, on déduit du fait que $L^\alpha(Q_\delta)$ est uniformément convexe que $g_h \to \dfrac{\partial u}{\partial t}$ dans $L^\alpha(Q_\delta)$.
Si $\alpha = 1$, on approche u par une suite d'éléments u_n par exemple de $W^{1,2}\big(0,T;L^2(\Omega)\big)$, et qui converge dans $W^{1,1}\big(0,T;L^1(\Omega)\big)$.
En posant,

$$\varepsilon^n(h)(t) = \frac{u_n(t+h)-u_n(t)}{h} - \frac{\partial u_n}{\partial t}(t)$$

alors $\varepsilon^n(h) \xrightarrow[h\to 0]{} 0$ dans $L^1(Q_\delta)$.
Si on pose

$$\varepsilon(h)(t) = \frac{u(t+h)-u(t)}{h} - \frac{\partial u}{\partial t}(t)$$

alors on a :

$$|\varepsilon(h)|_{L^1(Q_\delta)} \leqslant |\varepsilon^n(h)|_{L^1(Q_\delta)} + |\varepsilon^n(h)-\varepsilon(h)|_{L^1(Q_\delta)}$$

et

$$|\varepsilon^n(h)-\varepsilon(h)|_{L^1(Q_\delta)} \leqslant 2\left|\frac{\partial}{\partial t}(u_n-u)\right|_{L^1 Q_\delta)} \xrightarrow[n\to+\infty]{} 0.$$

Ainsi, ces relations combinées ensemble conduisent à

$$\limsup_{h\to 0} |\varepsilon(h)|_{L^1(Q_\delta)} \leqslant 2\left|\frac{\partial}{\partial t}(u_n-u)\right|_{L^1(Q_\delta)} : \lim_{h\to 0} |\varepsilon(h)|_{L^1(Q_\delta)} = 0.$$

□

Preuve du théorème.
Montrons d'abord (ii) c'est à dire que $\forall \varphi \in \mathcal{D}(Q_*)$, on a :

$$-\int_0^T \int_{\Omega_*} u_*(t,\sigma)\frac{\partial \varphi}{\partial t}(t,\sigma)dtd\sigma = \int_0^T \int_{\Omega_*} \frac{\partial w}{\partial s}(t,\sigma)\varphi(t,\sigma)dtd\sigma. \tag{9.2}$$

Pour cela, pour $h > 0$ considérons l'intégrale

$$I(h) = \int_0^T \int_{\Omega_*} \frac{u(t+h)_*(\sigma) - u(t)_*(\sigma)}{h}\varphi(t,\sigma)dtd\sigma$$

et introduisons les quantités suivantes :

$$\varepsilon(h) : Q \to I\!R \text{ t.q. } u(t+h) = u(t) + h\frac{\partial u}{\partial t}(t) + h\varepsilon(h)(t),$$

$$I_1\big(\varepsilon(h)\big) = \int_{Q_*} \frac{u(t+h)_* - \big(u(t) + h\frac{\partial u}{\partial t}(t)\big)_*}{h}(\sigma)\varphi(t,\sigma)dtd\sigma,$$

$$I_2(h,t) = \int_{\Omega_*} \frac{\big(u(t) + h\frac{\partial u}{\partial t}(t)\big)_*(\sigma) - u(t)_*(\sigma)}{h}\varphi(t,\sigma)d\sigma,$$

$$I_2(h) = \int_0^T I_2(h,t)dt.$$

On a bien entendu $I(h) = I_1\big(\varepsilon(h)\big) + I_2(h)$.

Etude $I_1\big(\varepsilon(h)\big)$: Soit $\delta > 0$ t.q. *support* $\varphi \subset]0, T-\delta[\times \Omega_* = Q_{*\delta}$. La propriété de contraction du réarrangement conduit à:

$$\left|I_1\big(\varepsilon(h)\big)\right| \leqslant |\varphi|_{L^\infty(0,T-\delta)\times\Omega_*)} \cdot |\varepsilon(h)|_{L^1(Q_\delta)}.$$

En appliquant à cette dernière inégalité le lemme 9.2.1, on déduit :

$$\lim_{h\to 0} I_1\big(\varepsilon(h)\big) = 0.$$

Quant au terme $I_2(h,t)$, le théorème de la dérivée directionnelle du chapitre 2 conduit à :

$$\lim_{h\to 0} I_2(h,t) = \int_{\Omega_*} \left(\frac{\partial u}{\partial t}\right)_{*u} (t,\sigma)\varphi(t,\sigma)d\sigma \tag{9.3}$$

pour presque tout t.

Par la propriété de contraction du réarrangement monotone, on déduit :

$$|I_2(h,t)| \leqslant |\varphi|_{L^\infty(Q)} \cdot \left|\frac{\partial u}{\partial t}(t)\right|_{L^1(\Omega)}. \tag{9.4}$$

Les relations (9.3) et (9.4) permettent d'appliquer le théorème de la convergence dominée. D'où

$$\lim_{h\to 0}\int_0^T I_2(h,t)dt = \int_0^T\int_{\Omega_*}\left(\frac{\partial u}{\partial t}\right)_{*u}(t,\sigma)\varphi(t,\sigma)dtd\sigma \tag{9.5}$$

Par suite, on a (par changement de variables)

$$\lim_{h\to 0}\int_0^T I_2(h,t)dt = \lim_{h\to 0} I(h) = -\int_0^T\int_{\Omega_*} u_*(t,\sigma)\frac{\partial\varphi}{\partial t}(t,\sigma)dtd\sigma. \tag{9.6}$$

Ce qui prouve que $\dfrac{\partial u_*}{\partial t} = \left(\dfrac{\partial u}{\partial t}\right)_{*u}$. Puisque $\left(\dfrac{\partial u}{\partial t}\right)_{*u} \in L^q\big(0,T;L^p(\Omega_*)\big)$, on déduit alors que $\dfrac{\partial u_*}{\partial t} \in L^q\big(0,T;L^p(\Omega_*)\big)$. □

Une première conséquence du théorème est :

Théorème 9.2.2. *Soit $u \in W^{1,1}\big(0,T;L^1(\Omega)\big)$. Alors pour presque tout $t \in (0,T)$, $\dfrac{\partial u}{\partial t}(t,\cdot)$ est constant (presque partout) sur tout palier de $u(t)$ i.e. où $u(t,\cdot)$ est constant (presque partout).*

Preuve. Dans la preuve du théorème précédent considérons $h < 0$ dans $I_2(h,t)$. Alors

$$I_2(h,t) = -\int_{\Omega_*}\frac{\left(u(t) - h\left(-\frac{\partial u}{\partial t}\right)\right)_*(\sigma) - u(t)_*(\sigma)}{-h}\varphi(t,\sigma)d\sigma$$

qui converge vers $-\displaystyle\int_{\Omega_*}\left(-\frac{\partial u}{\partial t}\right)_*(t,\sigma)\varphi(t,\sigma)d\sigma$. Par suite, on a dans $\mathcal{D}'(Q_*)$

$$\frac{\partial u_*}{\partial t} = \left(\frac{\partial u}{\partial t}\right)_{*u} = -\left(-\frac{\partial u}{\partial t}\right)_{*u}.$$

En reprenant la fonction w, on a :
$\left(\dfrac{\partial u}{\partial t}\right)_{*u} = \dfrac{\partial w}{\partial s}$ et $-\left(-\dfrac{\partial u}{\partial t}\right)_{*u} = \dfrac{\partial w'}{\partial s}$ où w' est donnée par

$$w'(t,s) = \begin{cases} \displaystyle\int_{\{u(t)>u_*(t,s)\}}\frac{\partial u}{\partial t}dx & si\ \ |u(t) = u_*(t,s)| = 0,\\[2em] \displaystyle\int_{\{u(t)>u_*(t,s)\}}\frac{\partial u}{\partial t}dx + \int_0^{s-|\{u(t)>u_*(t,s)\}|} -\left(-\frac{\partial u}{\partial t}|_{\{u(t)=u_*(t,s)\}}\right)_*(\sigma)d\sigma & sinon.\end{cases}$$

Par suite on a :

$$\int_0^{s-|\{u(t)>u_*(t,s)\}|} \left(\frac{\partial u}{\partial t}|_{\{u(t)=u_*(t,s)\}}\right)_*(\sigma)d\sigma = -\int_0^{s-|\{u(t)>u_*(t,s)\}|} \left(-\frac{\partial u}{\partial t}|_{\{u(t)=u_*(t,s)\}}\right)_*(\sigma)d\sigma\,. \quad (9.7)$$

Fixons alors $t \in (0,T)$ et un plateau de $u(t)$ i.e. $P_\theta(t) = \Big\{u(t) = \theta\Big\}$ de mesure non nulle. Posons $s_\theta = |u(t) > \theta|\,,\ s'_\theta = |u(t) \geqslant \theta|$. Comme $w(t,0) = 0 = w'(t,0)$, on a :

$$w(t,s) = w'(t,s) \qquad \forall s \in \overline{\Omega}_*.$$

Par suite, pour tout $s \in [s_\theta, s'_\theta]$, on a d'après (9.7)

$$\frac{\partial w}{\partial s}(t,s) = \left(\frac{\partial u}{\partial t}|_{P_\theta(t)}\right)_*(s-s_\theta) = -\left(-\frac{\partial u}{\partial t}|_{P_\theta(t)}\right)_*(s-s_\theta).$$

En particulier

$$\left(\frac{\partial u}{\partial t}|_{P_\theta(t)}\right)_*(0) = \operatorname*{sup\,ess}_{P_\theta(t)} \frac{\partial u}{\partial t} = -\left(-\frac{\partial u}{\partial t}|_{P_\theta(t)}\right)_*(0) = \operatorname*{inf\,ess}_{P_\theta(t)} \frac{\partial u}{\partial t}.$$

□

Corollaire 9.2.1. *Soit B un ensemble borélien de $\mathbb{R}$ et soit $u \in W^{1,1}(0,T;L^1(\Omega))$. Alors, pour presque tout $t \in (0,T)$*

$$\int_{\Omega_*} \frac{\partial u_*}{\partial t}(t,\sigma)\chi_B\big(u_*(t,\sigma)\big)d\sigma = \int_\Omega \frac{\partial u}{\partial t}(t,x)\chi_B\big(u(t,x)\big)dx.$$

C'est une conséquence de l'équimesurabilité, mais voici une autre preuve :

Preuve. Puisque $\dfrac{\partial u_*}{\partial t} = \left(\dfrac{\partial u}{\partial t}\right)_{*u}$, alors la formule de la moyenne conduit à :

$$\int_{\Omega_*} \frac{\partial u_*}{\partial t}(t,\sigma)\cdot\chi_B\big(u_*(t,\sigma)\big)d\sigma = \int_\Omega \frac{\partial u}{\partial t}(t,x)M_{u(t),\frac{\partial u}{\partial t}(t)}\Big(\chi_B\big(u_*(t,\cdot)\big)\Big)dx =$$

$$= \int_{\Omega\setminus P(u(t))} \frac{\partial u}{\partial t}(t,x)\cdot\chi_B\big(u(t,x)\big)dx + \sum_{i\in D}\int_{P_i(u(t))} M_{\frac{\partial u}{\partial t}(t)|_{P_i(u(t))}}\Big(\chi_B\big(u(t)_*\big)\Big)\cdot\frac{\partial u}{\partial t}(t,x)dx\,.$$

(9.8)

D'après le théorème 9.2.2, on a

$$\frac{\partial u}{\partial t}(t,\cdot) = \text{constante} = c_i, \ si \ \Big\{u(t)=\theta_i\Big\} = P_i\big(u(t)\big).$$

D'où

$$\int\limits_{\{u(t)=\theta_i\}} M_{\frac{\partial u}{\partial t}(t)|_{\{u(t)=\theta_i\}}}\Big(\chi_B\big(u(t)_*\big)\Big)\cdot\frac{\partial u}{\partial t}(t,x)dx = c_i\chi_B(\theta_i)\,|u(t)=\theta_i| =$$

$$= \int\limits_{\{u(t)=\theta_i\}} \frac{\partial u}{\partial t}(t,x)\chi_B\big(u(t,x)\big)dx\,.$$

Par suite,

$$\int\limits_{P_i\big(u(t)\big)} M_{\frac{\partial u}{\partial t}(t)|_{P_i\big(u(t)\big)}}\Big(\chi_B\big(u(t)_*\big)\Big)\cdot\frac{\partial u}{\partial t}(t,x)dx = \int\limits_{\{u(t)=\theta_i\}} \frac{\partial u}{\partial t}(t,x)\chi_B\big(u(t,x)\big)dx\,. \tag{9.9}$$

D'où la formule en combinant les relations (9.8) et (9.9). □

En combinant les théorèmes précédents avec le théorème 7.2.2 on a :

Théorème 9.2.3. *Soient $u \in W^{1,1}\big(0,T;L^1(\Omega)\big)$ et $\Phi : I\!R \to I\!R$ convexe croissante, $B \subset I\!R$ un ensemble borélien de $I\!R$.*
Alors, pour presque tout t

$$\int_{\Omega_*}\Phi\left(\frac{\partial u_*}{\partial t}(t,\sigma)\right)\chi_B\big(u_*(t,\sigma)\big)d\sigma \leqslant \int_{\Omega_*}\Phi\left(\left(\frac{\partial u}{\partial t}\right)_*\right)\Big(\chi_B(u)\Big)_*(t,\sigma)d\sigma.$$

Preuve. D'après le théorème 7.2.2, on a

$$\int_{\Omega}\Phi\left(\left(\frac{\partial u}{\partial t}\right)_{*u}\right)\Big(\chi_B(u_*)\Big)(t,\sigma)d\sigma \leqslant \int_{\Omega_*}\Phi\left(\left(\frac{\partial u}{\partial t}\right)_*\right)\Big(\chi_B(u_*)\Big)_*(t,\sigma)d\sigma$$

mais $\Big(\chi_B(u_*)\Big)_* = \Big(\chi_B(u)\Big)_*$ d'où le résultat. □

On va maintenant s'intéresser aux problèmes de convergence de $\dfrac{\partial u_{n*}}{\partial t}$ vers $\dfrac{\partial u_*}{\partial t}$ pour une suite u_n convergeant vers u.

9.3 Convergence et continuité pour $u \to \dfrac{\partial u_*}{\partial t}$

Lemme 9.3.1. *Soit $\{u,\ u_n\}$ une suite de $W^{1,1}(0,T;L^1(\Omega))$ t.q. $u_n \to u$ dans $W^{1,1}(0,T;L^1(\Omega))$. Pour $t \in (0,T)$, $s \in \Omega_*$ on note :*
$\theta(t,s) = \chi_{\Omega_* \setminus P(u_*(t))}(s)$, $\theta(t)(s) = \theta(t,s)$.
Alors il existe une sous-suite encore notée $(u_n)_n$, t.q. on a pour presque tout t

$$\theta(t) \cdot \frac{\partial u_{n*}}{\partial t}(t) \rightharpoonup \theta(t) \cdot \frac{\partial u_*}{\partial t}(t) \text{ dans } L^1(\Omega_*)\text{-faible.}$$

Preuve. Puisque $u_n \to u$ dans $W^{1,1}(0,T;L^1(\Omega))$, alors il existe une sous-suite notée u_n t.q. $\frac{\partial u_n}{\partial t}(t) \to \frac{\partial u}{\partial t}(t)$ dans $L^1(\Omega)$-fort, $u_n(t) \to u(t)$ dans $L^1(\Omega)$, pour presque tout t. Par ailleurs, d'après le théorème 2.6.1, on sait que

$$\theta(t) \cdot \left(\frac{\partial u}{\partial t}(t)\right)_{*u_n(t)} \rightharpoonup \theta(t) \cdot \left(\frac{\partial u}{\partial t}(t)\right)_{*u(t)} \tag{9.10}$$

dans $L^1(\Omega_*)$-faible.

On a d'après la contraction du réarrangement relatif,

$$\left| \frac{\partial u_{n_*}}{\partial t}(t) - \left(\frac{\partial u}{\partial t}(t)\right)_{*u_n(t)} \right|_{L^1(\Omega_*)} \leqslant \left| \frac{\partial}{\partial t}(u_n - u)(t) \right|_{L^1(\Omega)} \to 0. \tag{9.11}$$

Par suite, puisqu'on a

$$\theta(t) \frac{\partial u_{n_*}}{\partial t}(t) = \theta(t) \left[\frac{\partial u_{n*}}{\partial t}(t) - \left(\frac{\partial u}{\partial t}(t)\right)_{*u_n(t)} \right] + \theta(t) \left(\frac{\partial u}{\partial t}(t)\right)_{*u_n(t)}$$

les relations (9.10) et (9.11) conduisent au résultat. □

Théorème 9.3.1. *Soit $\{u,\ u_n\}$ une suite t.q.*

$$\left(\frac{\partial u_n}{\partial t}(t), \nabla_x u_n(t)\right) \to \left(\frac{\partial u}{\partial t}(t), \nabla_x u(t)\right) \text{ dans } L^1(\Omega)^{N+1}\ \forall t \in \mathcal{T}_0 \subset [0,T].$$

Alors, si $u(t)$ est co-aire régulière, $t \in \mathcal{T}_0$ alors on a

$$\left(\frac{\partial u_n}{\partial t} \chi_{\{\nabla u(t) \neq 0\}}\right)_{*u_n(t)} \to \left(\frac{\partial u}{\partial t}(t) \chi_{\{\nabla u(t) \neq 0\}}\right)_{*u(t)}$$

dans $L^1(\Omega_*)$-fort.

Preuve. Posons

$$K_n(t,\sigma) = \left(\frac{\partial u_n}{\partial t}\chi_{\{\nabla u(t)\neq 0\}}\right)_{*u_n(t)}(\sigma)$$

$$K(t,\sigma) = \left(\frac{\partial u}{\partial t}\chi_{\{\nabla u(t)\neq 0\}}\right)_{*u(t)}(\sigma)$$

$$K_{n,1}(t,\sigma) = \left(\frac{\partial u}{\partial t}\chi_{\{\nabla u(t)\neq 0\}}\right)_{*u_n(t)}(\sigma)$$

pour $t \in (0,T)$, $\sigma \in \Omega_*$.

On a $|K_n(t) - K_{n,1}(t)|_{L^1(\Omega_*)} \leqslant \left|\frac{\partial}{\partial t}(u_n - u)(t)\right|_{L^1(\Omega)} \xrightarrow[n\to+\infty]{} 0$. Puisque $u_n(t) \to u(t)$ dans $W^{1,1}(\Omega)$ et $u(t)$ est co-aire régulière, on déduit que

$$K_{n,1}(t) \to K(t) \text{ dans } L^1(\Omega_*)\text{-fort.}$$

9.4 Applications aux estimations *a priori* et à la régularité

Ce paragraphe se base sur des principes analogues à ceux du chapitre 5 pour obtenir des estimations du gradient ou de la solution. La première étape consiste à estimer $|\nabla v|_{*v}(t,s)$ et ensuite à appliquer les inégalités ponctuelles de Poincaré-Sobolev pour obtenir des informations sur $v = |u|$.

Illustrons ceci, en prenant un opérateur modèle qui est le p-Laplacien. Néanmoins, nous pouvons considérer les mêmes types d'opérateurs que nous avons utilisés au chapitre 5, c'est à dire $Au = -div(a(x,u,\nabla u))$. Nous pouvons aussi étudier des équations d'évolution faisant intervenir $b_{*u}(t,\cdot)$ ou $u'_*(t,\cdot)$. Cela correspond à certains modèles de régimes transitoires en physique des plasmas. Ces équations peuvent s'écrire :

$$\frac{\partial}{\partial t}H(u) - \Delta u = G(t,x,u'_*(t,\cdot),b_{*u}(t,\cdot))$$

où H est fonction monotone (voir [45]) dont les solutions stationnaires correspondent à celles citées à l'introduction du chapitre 2.

Auparavant, voici un théorème abstrait qui va nous assurer que la dérivée en temps $\dfrac{\partial u}{\partial t}$ peut être dans $L^1(Q)$, ce qui nous permettra d'appliquer le théorème sur $\dfrac{\partial u_*}{\partial t}$.

9.4.1 Un théorème abstrait d'existence et de régularité

Soient $(V, \|\cdot\|)$ un espace de Banach réflexif de dual V' et $(H, |\cdot|)$ un espace de Hilbert, $V \subset H$, V dense dans H avec une injection continue. De ce fait, on a $V \subset H \subset V'$.

Définition 9.4.1. *Soit A un opérateur de V dans V′, A est dit hemi-continu si l'application* $\lambda \to < A(u+\lambda v), w >$ *est continue de* $\mathbb{R}$ *dans* $\mathbb{R}$ *pour tout u, v, w de V.*
Ici, le crochet $< \cdot, \cdot >$ *désigne le crochet de dualité entre V et V′.*
On dira que A est monotone si $\forall (u,v) \in V^2 < A(u) - A(v), u - v > \geqslant 0$.
On dira que A dérive d'un potentiel, s'il existe une fonction $J : V \to \mathbb{R}$ *Gâteaux différentiable t.q.* $J'(u) = A(u) \quad \forall u \in V$.
On appellera domaine de A l'ensemble $D(A) = \Big\{ v \in V,\ A(v) \in H \Big\}$

Théorème 9.4.1. *On considère* $(V, \|\cdot\|)$ *et* $(H, |\cdot|)$ *vérifiant les conditions précédentes et soit A un opérateur hemi-continu, monotone dérivant d'un potentiel J. On suppose de plus que A et J vérifient les conditions de croissance suivantes :* $\forall v \in V$

$$\Big\langle A(v), v \Big\rangle \geqslant \alpha \|v\|^p,\ \alpha > 0,\ 2 \leqslant p < +\infty,$$

$$|A(v)|_{V'} \text{ (norme dans } V') \leqslant c_1 \|v\|^{p-1},$$

$$c_2 \|v\|^p - c_3 \leqslant J(v) \leqslant c_4 \|v\|^p + c_5.$$

Alors $\forall u_0 \in D(A)$, $\forall f \in H$, *il existe une solution unique*

$$u \in L^\infty(0,T;V),\ T > 0 \text{ de } u' + Au = f,\ u(0) = u_0.$$

De plus, u' *et* $Au \in L^\infty(0,T;H)$.

L'exemple modèle que nous choisirons sera

$$Au = -div\Big(|\nabla u|^{p-2} \nabla u \Big) = -\Delta_p u,\ V = W_0^{1,p}(\Omega)$$

$H = L^2(\Omega)$. Dans ce cas, on a :

$$J(v) = \frac{1}{p} \int_\Omega |\nabla v|^p \, dx,\ v \in V, \quad p \geqslant 2.$$

Plus généralement, en se donnant des hypothèses convenables sur a_i on peut considérer les opérateurs dits de Leray-Lions suivants :

$$Au = -\sum_{i=1}^n \frac{\partial}{\partial x_i} a_i(x, \nabla u).$$

Ce théorème assure si, $f \in L^2(\Omega)$, $u_0 \in W_0^{1,p}(\Omega)$, $2 \leqslant p < +\infty$ t.q. $-\Delta_p u_0 \in L^2(\Omega)$ alors l'unique solution de

$$\begin{cases} \dfrac{\partial u}{\partial t} - \Delta_p u = f & \text{dans } (0,T)\times\Omega, \\ u = 0 & \text{sur } (0,T)\times\partial\Omega, \\ u(0) = u_0, \end{cases}$$

vérifie $u \in L^\infty\big(0,T;W_0^{1,p}(\Omega)\big)$ et $\dfrac{\partial u}{\partial t} \in L^\infty\big(0,T;L^2(\Omega)\big)$.

9.4.2 Cas des équations quasilinéaires paraboliques

Dans ce qui va suivre, nous supposerons toujours que $u \in W^{1,1}\big(0,T;L^1(\Omega)\big)$. L'équation sera prise au sens variationnel suivant :

$$\int_\Omega \frac{\partial u}{\partial t}(t,x)\psi(x)dx + \int_\Omega |\nabla u|^{p-2}\,\nabla u\cdot\nabla\psi\,dx = \int_\Omega f(t,x)\psi(x)dx \quad \forall\psi\in W_0^{1,p}(\Omega),$$

dans $\mathcal{D}'(0,T)$ et p.p. en t.

Théorème 9.4.2. *Soient $f \in L^1(Q)$, u une solution de $\dfrac{\partial u}{\partial t} - \Delta_p u = f$ t.q. $u(t) \in W_0^{1,p}(\Omega)$ pour presque tout t.*
Alors, on a pour $s \in \Omega_*$, $t \in (0,T)$ et $v = |u|$,

$$\Big(|\nabla v|^p\Big)_{*v}(t,s) \leqslant \frac{s^{-\frac{p(N-1)}{N(p-1)}}}{\Big(N\alpha_N^{\frac{1}{N}}\Big)^{\frac{p}{(p-1)}}}\left[\int_0^s |f|_*(t,\sigma)d\sigma - \int_0^s \frac{\partial v_*}{\partial t}(t,\sigma)d\sigma\right]^{\frac{p}{p-1}}$$

où $\Omega_s(t) = \Big\{x\in\Omega : v(t,s) > v_*(t,s)\Big\}$.

En particulier, on a

(i) $\displaystyle\int_0^s |f|_*(t,\sigma) - \int_0^s \frac{\partial v_*}{\partial t}(t,\sigma)d\sigma \geqslant 0, \qquad \forall s\in\overline{\Omega}_*,$

(ii) $\forall\varphi\geqslant 0,\quad \varphi\in L^\infty(\Omega_*)$,

$$\int_{\Omega_*}\varphi^*(s)\,|\nabla v|_*^{p-1}(s)ds \leqslant$$

$$\leqslant \frac{1}{N\alpha_N^{\frac{1}{N}}}\int_{\Omega_*}\frac{\varphi(s)}{s^{1-\frac{1}{N}}}\left[\int_0^s |f|_*(t,\sigma)d\sigma - \int_0^s\frac{\partial v_*}{\partial t}(t,\sigma)d\sigma\right]ds$$

où $\varphi^*(s) = -(-\varphi)_*(s)$, $s\in\Omega_*$.

Preuve du théorème. Pour $s \in \Omega_*$, $t \in (0,T)$, considérons,

$$\psi(t) = \Big(v(t) - v_*(t,s)\Big)_+ \text{sign}\,\big(u(t)\big) \in W_0^{1,p}(\Omega).$$

En utilisant ψ comme fonction test et en dérivant par rapport à s, on a :

$$\Big[|\nabla v|^p\Big]_{*v}(t,s) = \left[\int_{\Omega_s(t)} f\,\text{sign}\,u\,dx - \int_{\Omega_s(t)} \frac{\partial u}{\partial t}dx\right]\left(-\frac{\partial v_*}{\partial s}(t,s)\right).$$

Puisque $\dfrac{\partial v_*}{\partial t} = \left(\dfrac{\partial v}{\partial t}\right)_{*v}$, on déduit de cette dernière relation que :

$$\Big[|\nabla v|^p\Big]_{*v}(t,s) = \left[\int_{\Omega_s(t)} f\,\text{sign}\,(u)dx - \int_0^s \frac{\partial v_*}{\partial t}(t,\sigma)d\sigma\right]\left(-\frac{\partial v_*}{\partial s}(t,s)\right) \tag{9.12}$$

En fait, on a en général le lemme suivant :

Lemme 9.4.1. *Soit $v \in W^{1,1}\big(0,T;L^1(\Omega)\big)$. Pour $t \in (0,T)$, on note $\mu(t,\theta) = |v(t) > \theta|$, $\theta \in I\!R$. Alors, $\forall\theta \in I\!R$*

$$\int_0^{\mu(t,\theta)} \frac{\partial v_*}{\partial t}(t,\sigma)d\sigma = \int_{\{v(t)>\theta\}} \frac{\partial v}{\partial t}(t,x)dx\,.$$

Preuve du lemme. Si $|v(t) = \theta| = 0$, alors cette relation découle de l'identité

$$\int_0^{\mu(t,\theta)} \frac{\partial v_*}{\partial t}(t,\sigma)d\sigma = \int_0^{\mu(t,\theta)} \left(\frac{\partial v}{\partial t}\right)_{*v}(t,\sigma)d\sigma = \int_{\{v(t)>\theta\}} \frac{\partial v}{\partial t}(t,x)dx\;.$$

Puisque l'ensemble des θ t.q. $|v(t) = \theta| \neq 0$ est au plus dénombrable et que les applications $\theta \to \displaystyle\int_0^{\mu(t,\theta)} \frac{\partial v_*}{\partial t}(t,\sigma)d\sigma$, $\theta \to \displaystyle\int_{\{v(t)>\theta\}} \frac{\partial v}{\partial t}(t,x)dx$ sont continues à droite, on conclut qu'on a l'égalité pour tout θ. □

Comme conséquence de ce lemme, on a :

Lemme 9.4.2. *Pour presque tout t, tout $\theta \in I\!R_+ = [0,+\infty[$, on a*

$$\int_{\{v(t)>\theta\}} f\,\text{sign}\,u\,dx - \int_0^{\mu(t,\theta)} \frac{\partial v_*}{\partial t}(t,\sigma)d\sigma \geqslant 0.$$

Preuve du lemme 9.4.2.
En considérant comme fonction test, $\psi_0 = (v-\theta)_+ \operatorname{sign} u$ pour $\theta \geqslant 0$, on déduit en dérivant par rapport à θ

$$0 \leqslant -\frac{d}{d\theta}\int_{v(t)>\theta} |\nabla v|^p (t,x)dx = \left[\int_{\{v(t)>\theta\}} f \operatorname{sign}(u)dx - \int_0^{\mu(t,\theta)} \frac{\partial v_*}{\partial t}(t,\sigma)d\sigma\right].$$

Cette inégalité est vraie pour presque tout θ et par continuité à droite (évoquée ci-dessus), l'inégalité du lemme 9.4.2 est vraie pour tout $\theta \geqslant 0$. □

Par l'inégalité de Hardy-Littlewood, on déduit du lemme 9.4.2 que :

$$\int_0^{\mu(t,\theta)} |f|_*(t,\sigma)d\sigma - \int_0^{\mu(t,\theta)} \frac{\partial v_*}{\partial t}(t,\sigma)d\sigma \geqslant 0, \qquad \forall\theta \geqslant 0. \tag{9.13}$$

Si on note $\overline{\mu}(t,\theta) = \left|\left\{v(t) \geqslant \theta\right\}\right|$, on déduit de cette dernière inégalité que $\forall\theta > 0$,

$$\int_0^{\overline{\mu}(t,\theta)} |f|_*(t,\sigma)d\sigma - \int_0^{\overline{\mu}(t,\theta)} \frac{\partial v_*}{\partial t}(t,\sigma)d\sigma \geqslant 0. \tag{9.14}$$

Montrons alors que $\forall s \in \overline{\Omega}_*$

$$\chi(s) = \int_0^s |f|_*(t,\sigma) - \int_0^s \frac{\partial v_*}{\partial t}(t,\sigma)d\sigma \geqslant 0.$$

Si $|v(t) = v_*(t,s)| = 0$ alors $\mu\big(t, v_*(t,s)\big) = s$, la relation découle de (9.13). Si $v_*(t,s) \neq 0$ et $|v(t) = v_*(t,s)| \neq 0$, alors posons $s' = |v(t) > v_*(t,s)|$ et $s" = |v(t) \geqslant v_*(t,s)|$.
D'après les relations (9.13) et (9.14), on a :

$$\chi(s') \geqslant 0, \qquad \chi(s") \geqslant 0.$$

De plus d'après le théorème 9.2.2, on sait :

$$\frac{\partial v_*}{\partial t}(t,\sigma) = c(t) = \text{constante si } \sigma \in (s', s").$$

Comme $\dfrac{d}{ds}\chi(s) = |f|_*(t,s) - c(t)$ est décroissante, on déduit que $\chi(s)$ est concave d'où :

$$\chi(s) \geqslant \min\Big(\chi(s'), \chi(s")\Big) \geqslant 0.$$

Si $v_*(t,s) = 0$ et $|v(t) = 0| \neq 0$, on a toujours $\chi(s') \geqslant 0$, $s' = |v(t) > 0|$, $s" = |\Omega|$. De nouveau, on a deux cas à considérer:

Si $\text{mes}\Big\{(\tau,x) \in Q : v(\tau,x) = 0\Big\} = 0$, alors pour presque tout τ, $|v(\tau) = 0| = 0$, (d'après le théorème de Fubini) alors on peut négliger les t t.q. $|v(t) = 0| \neq 0$.

Si $\text{mes}\Big\{(t,x) \in Q : v(t,x) = 0\Big\} > 0$, alors (en utilisant le théorème de Fubini) pour presque tout t, $\dfrac{\partial v}{\partial t}(t) = 0$ p.p.. sur $\Big\{v(t) = 0\Big\}$. Alors, on a : $\dfrac{\partial v_*}{\partial t}(t,\sigma) = \left(\dfrac{\partial v}{\partial t}\right)_{*v}(t,\sigma) = 0$, $\sigma \in \Big(s', |\Omega|\Big)$ p.p. tout t.

Dans ce cas, on a pour $s \in \Big(s', |\Omega|\Big)$

$$\chi(s) = \chi(s') + \int_{s'}^{s} \frac{\partial v_*}{\partial t}(t,\sigma)d\sigma = \chi(s') \geqslant 0.$$

On a ainsi montré que

Lemme 9.4.3. *Soit $v \in W^{1,1}\big(0,T;L^1(\Omega)\big)$, $v \geqslant 0$. Si $\forall\theta \geqslant 0$ alors on a :*

$$0 \leqslant \chi\big(\mu(t,\theta)\big) = \int_0^{\mu(t,\theta)} |f|_*(t,\sigma)d\sigma - \int_0^{\mu(t,\theta)} \frac{\partial v_*}{\partial t}(t,\sigma)d\sigma, \ \text{p.p. en } t.$$

Alors,

$$\chi(s) \geqslant 0 \qquad \forall s \in \overline{\Omega}_*.$$

Fin de la preuve du théorème 9.4.2 A partir de ce lemme et de la relation (9.12) on déduit :

$$\Big[|\nabla v|^p\Big]_{*v}(t,s) \leqslant \left[\int_0^s |f|_*(t,\sigma)d\sigma - \int_0^s \frac{\partial v_*}{\partial t}(t,\sigma)d\sigma\right]\left(-\frac{\partial v_*}{\partial s}(t,s)\right).$$

En utilisant l'inégalité de Poincaré-Sobolev, on sait que

$$-\frac{\partial v_*}{\partial s}(t,s) \leqslant \frac{s^{\frac{1}{N}-1}}{N\alpha_N^{\frac{1}{N}}}|\nabla v|_{*v}(t,s) \qquad \text{et} \qquad (|\nabla v|_{*v})^p \leqslant (|\nabla v|^p)_{*v},$$

on déduit, après simplification, l'estimation sur $(|\nabla v|^p)_{*v}$.
A partir du théorème 7.2.2, on déduit aussi que $\forall\varphi \geqslant 0$ $\varphi \in L^\infty(\Omega_*)$

$$\int_{\Omega_*} \varphi^*(\sigma)\Phi\left(|\nabla v|_*\right)d\sigma \leqslant \int_{\Omega_*} \varphi\,\Phi\left(|\nabla v|_{*v}\right)d\sigma$$

si $\Phi : \mathbb{R}_+ \to \mathbb{R}$ concave croissante.

Comme l'application $t \to t^{1-\frac{1}{p}}$ est croissante de $\mathbb{R}_+$ dans lui-même et concave, par suite

$$\int_{\Omega_*} \varphi^*(\sigma) \left(|\nabla v|_*^p\right)^{1-\frac{1}{p}} d\sigma \leqslant$$

$$\leqslant \frac{1}{N\alpha_N^{\frac{1}{N}}} \int_{\Omega_*} \frac{\varphi(s)}{s^{1-\frac{1}{N}}} \left[\int_0^s |f|_* (t,\sigma) d\sigma - \int_0^s \frac{\partial v_*}{\partial t}(t,\sigma) d\sigma\right] ds$$

et

$$\left(|\nabla v|^p\right)_*^{1-\frac{1}{p}} = |\nabla v|_*^{p-1},$$

d'où le résultat. □

Pour avoir une estimation ne dépendant que de la donnée initiale, on intègre la dernière relation (iii) par rapport à t pour avoir :

Théorème 9.4.3. *Sous les mêmes conditions que le théorèmes 9.4.2, on a si $u(0) = u_0 \in L^1(\Omega)$ alors, $\forall \varphi \geqslant 0$ $\varphi \in L^\infty(\Omega_*)$,*

$$\int_{\Omega_*} \varphi^*(\sigma) d\sigma \int_0^t |\nabla u|_*^{p-1} (\tau,\sigma) d\tau + \frac{1}{N\alpha_N^{\frac{1}{N}}} \int_{\Omega_*} \frac{\varphi(\sigma)}{\sigma^{1-\frac{1}{N}}} d\sigma \int_0^\sigma |u|_* (t,s) ds \leqslant$$

$$\leqslant \frac{1}{N\alpha_N^{\frac{1}{N}}} \int_{\Omega_*} \frac{\varphi(\sigma)}{\sigma^{1-\frac{1}{N}}} \left[\int_0^\sigma \left(|u_0|_*(s) + \int_0^t |f|_* (\tau,s) d\tau\right) ds\right] d\sigma.$$

Voici un exemple de conséquence des estimations précédentes

Théorème 9.4.4. *Si $\int_0^t |f|_* (\tau,\cdot) d\tau \in L^{p,q}(\Omega)$, $(\forall t)$ et $u_0 \in L^{p,q}(\Omega)$ alors*

(a) $u(t) \in L^{p,q}(\Omega)$ pour presque tout t,
(b) $\forall s \in \overline{\Omega}_*$, on a

$$s\, |\nabla u|_*^{p-1} (t,s) \leqslant \frac{2}{N\alpha_N^{\frac{1}{N}}} \int_{\frac{s}{2}}^{|\Omega|} \frac{d\sigma}{\sigma^{1-\frac{1}{N}}} \left[\int_0^\sigma \left[|f|_* (t,y) + \left|\frac{\partial u}{\partial t}\right|_* (t,y)\right] dy\right].$$

Preuve.

- Du théorème 9.4.2, on déduit que $\forall \sigma \in \overline{\Omega}_*$

$$\int_0^\sigma |u|_* (t,s) ds \leqslant \int_0^\sigma \left(|u_0|_*(s) + \int_0^t |f|_* (\tau,s) d\tau\right) ds \text{ p.p. tout t,}$$

  d'où l'énoncé (a).
- Quant à l'énoncé (b), on choisit $\varphi(\sigma) = \chi_{[\frac{s}{2},|\Omega|]}(\sigma)$ si $s > 0$ alors $\varphi(\sigma) = \varphi^*(\sigma)$, la relation (iii) du théorème 9.4.2 implique :

$$\int_{\frac{s}{2}}^{s} |\nabla v|_*^{p-1}(t,\sigma)d\sigma \leqslant \int_{\Omega_*} \varphi^*(\sigma)\,|\nabla v|_*^{p-1}(t,\sigma)d\sigma$$

et

$$\int_{\Omega_*} \varphi^*(\sigma)\,|\nabla v|_*^{p-1}(t,\sigma)d\sigma \leqslant$$

$$\leqslant \frac{1}{N\alpha_N^{\frac{1}{N}}} \int_{\frac{s}{2}}^{|\Omega|} \frac{d\sigma}{\sigma^{1-\frac{1}{N}}} \left[\int_0^s |f|_*(t,y)dy + \int_0^s \left|\frac{\partial v_*}{\partial t}\right|(t,y)dy\right] .$$

Comme

$$\int_0^s \left|\frac{\partial v_*}{\partial t}\right|(t,y)dy \leqslant \int_0^s \left|\left(\frac{\partial v}{\partial t}\right)_{*v}\right|_*(t,y)dy \leqslant \int_0^s \left|\frac{\partial v}{\partial t}\right|_*(t,y)dy,$$

on déduit le résultat du fait $\left|\dfrac{\partial v}{\partial t}\right| = \left|\dfrac{\partial u}{\partial t}\right|$, $\quad |\nabla u| = |\nabla v|$ et que

$$\int_{\frac{s}{2}}^{s} |\nabla v|_*^{p-1}(t,\sigma)d\sigma \geqslant |\nabla v|_*^{p-1}(t,s)\frac{s}{2}.$$

Voici un exemple d'estimation ponctuelle de $\displaystyle\int_0^s \left|\frac{\partial u}{\partial t}\right|_*(t,y)dy$ (donc de régularité pour $\dfrac{\partial u}{\partial t}$).

9.4.3 Cas particulier des équations linéaires : estimations ponctuelles de $\int_0^s \left|\frac{\partial u}{\partial t}\right|_*(t,\sigma)d\sigma$ et $\int_0^s |u|_*(t,\sigma)$

Théorème 9.4.5.
Soient $f \in W^{1,2}(0,T;L^2(\Omega))$, $u_0 \in H_0^1(\Omega) \cap H^2(\Omega)$.
On suppose que Ω est un ouvert borné de classe C^∞. Alors l'unique solution u de

$$\begin{cases} \dfrac{\partial u}{\partial t} - \Delta u = f, & \text{dans } \mathcal{D}'(Q), \\ u \in L^2(0,T;H_0^1(\Omega) \cap H^2(\Omega)), \\ u(0) = u_0, \end{cases}$$

vérifie l'estimation ponctuelle suivante : $\forall s \in \Omega_*$, $\forall t$, on a :

$$\int_0^s \left|\frac{\partial u}{\partial t}\right|_*(t,\sigma)d\sigma \leqslant \int_0^s |f(0) + \Delta u_0|_*\, d\sigma + \int_0^s d\sigma \int_0^t \left|\frac{\partial f}{\partial t}\right|_*(\tau,\sigma)d\tau.$$

Preuve. Soit φ_k une suite de fonctions propres associées au Laplacien avec des conditions de Dirichlet

$$-\Delta\varphi_k = \lambda_k\varphi_k, \qquad \varphi_k \in H_0^1(\Omega) \cap C^\infty(\overline{\Omega}).$$

Si $V_m = vect\Big\{\varphi_1, \dots, \varphi_m\Big\}$, alors la méthode de Galerkin usuelle conduit à

$$\begin{cases} \dfrac{\partial u_m}{\partial t} - \Delta u_m = P_m f(t) = \displaystyle\sum_{j=1}^{m} \Big(f(t), \varphi_j\Big)\varphi_j, \\ u_m \in W^{1,2}(0,T;V_m), \\ u_m(0) = u_{0m} \to u_0 \text{ dans } H^2(\Omega)\text{-fort, } u_{0m} \in V_m. \end{cases}$$

Ici $(\cdot,\cdot)$ désigne le produit scalaire de $L^2(\Omega)$. Posons $\overline{u_m} = \dfrac{\partial u_m}{\partial t}$, alors on déduit que $\overline{u_m}$ satisfait à :

$$\begin{cases} \dfrac{\partial}{\partial t}\overline{u_m} - \Delta\overline{u_m} = P_m f'(t), \\ \overline{u_m}(0) = \Delta u_{0m} + P_m f(0), \\ \overline{u_m}(t) \in V_m. \end{cases}$$

On applique le théorème 9.4.2 relation (i) à $\overline{u_m}$ on déduit :

$$\int_0^s \frac{\partial}{\partial t} |\overline{u_m}|\,(t,\sigma)d\sigma \leqslant \int_0^s |P_m f'(t)|_*\,(\sigma)d\sigma.$$

On intègre cette dernière relation en temps pour conclure que :

$$\int_0^s \left|\frac{\partial u_m}{\partial t}\right|_* (t,\sigma)d\sigma \leqslant$$

$$\leqslant \int_0^s |P_m f(0) + \Delta u_{0m}|_*\,(\sigma)d\sigma + \int_0^s d\sigma \int_0^t |P_m f'(\tau)|_*\,(\sigma)d\sigma. \tag{9.15}$$

Puisque $P_m(f) \to f$ dans $W^{1,2}\big(0,T;L^2(\Omega)\big)$-fort et que $\Delta u_{0m} \to \Delta u_0$ dans $L^2(\Omega)$-fort il s'ensuit que $\dfrac{\partial u_m}{\partial t} \to \dfrac{\partial u}{\partial t}$ dans $L^2(Q)$-fort. En passant à la limite dans (9.15), on déduit :

$$\int_0^s \left|\frac{\partial u}{\partial t}\right|_* (t,\sigma)d\sigma \leqslant \int_0^s |f(0) + \Delta u_0|_*\,(\sigma)d\sigma + \int_0^s d\sigma \int_0^t \left|\frac{\partial f}{\partial t}\right|_* (\tau,\sigma)d\tau.$$

□

Autres conséquences des résultats précédents sont les théorèmes de comparaison, on va se contenter pour illustrer ceci des équations linéaires i.e. $p = 2$.

Théorème 9.4.6.
Soient $f \in L^2_+(Q)$, $u_0 \in L^2_+(\Omega)$. Alors l'unique solution u de

$$\begin{cases} \dfrac{\partial u}{\partial t} - \Delta u = f, \\ u \in L^2(0,T;H^1_0(\Omega)) \cap C\Big([0,T], L^2(\Omega)\Big), \\ u(0) = u_0, \end{cases}$$

vérifie, pour presque tout t, $\forall s \in \Omega_*$

$$\begin{cases} \dfrac{\partial k}{\partial t} - N^2 \alpha_N^{\frac{2}{N}} s^{2-\frac{2}{N}} \dfrac{\partial^2 k}{\partial s^2} \leqslant F \text{ dans } Q_* = \big(0,T\big) \times \Omega_*, \\ k(t,0) = 0, \quad \dfrac{\partial k}{\partial s}(t,|\Omega|) = 0 \quad \forall t \in [0,T], \\ k(0,s) = \displaystyle\int_0^s u_{0*}(\sigma) d\sigma = k_0(s), \end{cases}$$

où $k(t,s) = \displaystyle\int_0^s u_*(t,\sigma)d\sigma$, $F(t,s) = \displaystyle\int_0^s f_*(t,\sigma)d\sigma$.

Preuve. Puisque $f \geqslant 0$, $u_0 \geqslant 0$ par le principe du maximum, on a $u \geqslant 0$. D'après le théorème 9.4.2 précédent on a

$$\left[\Big(|\nabla u|^2_{*u}\Big)\right]^{\frac{1}{2}} \leqslant \frac{s^{\frac{1}{N}-1}}{N\alpha_N^{\frac{1}{N}}} \left[\int_0^s f_*(t,\sigma)d\sigma - \int_0^s \frac{\partial u_*}{\partial t}(t,\sigma)d\sigma\right]. \tag{9.16}$$

Par l'inégalité de Poincaré-Sobolev ponctuelle (PSR), on a :

$$-\frac{\partial u_*}{\partial s}(t,s) \leqslant \frac{s^{\frac{1}{N}-1}}{N\alpha_N^{\frac{1}{N}}} \left[\Big(|\nabla u|^2\Big)_{*u}\right]^{\frac{1}{2}}(t,s). \tag{9.17}$$

Ces deux dernières inégalités conduisent à :

$$-\frac{\partial u_*}{\partial s}(t,s) \leqslant \frac{s^{\frac{2}{N}-2}}{\Big(N\alpha_N^{\frac{1}{N}}\Big)^2} \left[\int_0^s f_*(t,\sigma)d\sigma - \int_0^s \frac{\partial u_*}{\partial t}(t,\sigma)d\sigma\right]. \tag{9.18}$$

En introduisant, $k(t,\sigma) = \displaystyle\int_0^s u_*(t,\sigma)d\sigma$, la relation (9.18) s'écrit alors :

$$\frac{\partial k}{\partial t}(t,s) - \Big(N\alpha_N^{\frac{1}{N}}\Big)^2 s^{2-\frac{2}{N}} \frac{\partial^2 k}{\partial s^2} \leqslant F(t,s) = \int_0^s f_*(t,\sigma)d\sigma.$$

D'où le théorème. □

Si on introduit la fonction U radiale solution de

$$\begin{cases} \dfrac{\partial U}{\partial t} - \Delta U = \underset{\sim}{f}, \\ U \in L^2(0,T;H_0^1(\underset{\sim}{\Omega})) \cap C\Big([0,T],L^2(\underset{\sim}{\Omega})\Big), \\ U(0) = \underset{\sim}{u_0}, \end{cases}$$

où $\underset{\sim}{f}(t,x) = f_*(t,\alpha_N |x|^N)$, $x \in \underset{\sim}{\Omega}$ (boule de même mesure que Ω), un calcul direct conduit à :

Proposition 9.4.1.
La fonction $K(t,s) = \int_0^s U_*(t,\sigma)d\sigma$ *vérifie*

$$\frac{\partial K}{\partial t}(t,s) - \left(N\alpha_N^{\frac{1}{N}}\right)^2 s^{2-\frac{2}{N}} \frac{\partial^2 K}{\partial s^2}(t,s) = \int_0^s f_*(t,\sigma)d\sigma$$

De plus, on a $k(t,s) \leqslant K(t,s)$, $\forall t \in [0,T]$ *et* $\forall s \in \overline{\Omega}_*$.

(Pour cette proposition voir exercice 10.1.18). A l'aide du lemme 9.5.3 ci dessous, on a $k \leqslant K$.

9.5 Comportement, pour un temps long, d'un système d'équations en Chemotaxis

Soit Ω un ouvert borné de $\mathbb{R}^N$ de classe $C^{0,1}$, on va s'intéresser au comportement asymptotique du système elliptique-parabolique suivant :

$$(Ch)\begin{cases} \dfrac{\partial u}{\partial t} = div\,(\nabla u - \overline{\chi} u \nabla v) & \text{dans } Q_T = (0,T)\times\Omega, \\ 0 = \Delta v - \gamma v + \alpha u & \text{dans } Q_T, \\ u(0) = u_0 & \text{dans } \Omega, \end{cases}$$

où $\overline{\chi}$, γ, α sont des nombres strictement positifs,
$u_0 \geqslant 0$, $u_0 \in W_0^{1,p}(\Omega)$, $p > N$. Un tel système apparaît dans les modèles dit de Chemotaxis.

Théorème 9.5.1. *Pour toute donnée* $u_0 \geqslant 0$ *de* $W_0^{1,p}(\Omega)$, *il existe un temps* $T_{max} > 0$ *et une solution unique* (u,v) *de* (Ch) *vérifiant*

1. $u > 0$, $v > 0$ *dans* $(0,T_{max}) \times \Omega$,
2. $u \in C\big([0,T_{max});W_0^{1,p}(\Omega)\big) \cap C^1\big([0,T_{max});L^p(\Omega)\big)$,
   $u(t) \in W^{2,p}(\Omega)$ *pour* $0 < t < T_{max}$
   et $v \in C\big((0,T_{max});W^{2,p}(\Omega) \cap W_0^{1,p}(\Omega)\big)$.

Nous ne montrerons pas ce théorème mais nous allons nous intéresser à savoir si $T_{max} = +\infty$ ou non, en utilisant le réarrangement.

Lemme 9.5.1. *Soit (u, v) la solution de (Ch).*
Posons $k(t,s) = \int_0^s u_*(t,\sigma)d\sigma$, pour $t \in (0, T_{max})$, $s \in \Omega_*$. Alors,

$$\begin{cases} \dfrac{\partial k}{\partial t} - \left(N\alpha_N^{\frac{1}{N}}\right)^2 s^{2-\frac{2}{N}} \dfrac{\partial^2 k}{\partial s^2} - \alpha\overline{\chi} k \dfrac{\partial k}{\partial s} \leqslant 0 \text{ p.p. dans } Q_{T_{max}*} = (0, T_{max}) \times \Omega_*, \\ k(t, 0) = 0, \qquad \dfrac{\partial k}{\partial s}(t, |\Omega|) = 0, \qquad \forall t \in [0, T_{max}], \\ k(0, s) = \displaystyle\int_0^s u_{0*}(\sigma)d\sigma, \ \forall s \in \Omega_*. \end{cases}$$

Preuve du lemme. Notons que $\dfrac{\partial u}{\partial t}(t) \in L^p(\Omega)$. En multipliant la première équation par $\Big(u(t) - u_*(t,s)\Big)_+$ pour $s \in \Omega_*$ fixé, $t \in (0, T_{max})$ et en intégrant

$$\int_{u(t)>u_*(t,s)} |\nabla u|^2 (t,x)dx = \overline{\chi} \int_{u(t)>u_*(t,s)} u\nabla v \cdot \nabla u - \int_\Omega \frac{\partial u}{\partial t}(t)\big(u(t) - u_*(t,s)\big)_+ dx. \quad (9.19)$$

Sachant que $\Big\{u(t) > u_*(t,s)\Big\} = \Big\{u(t)^2 > u_*^2(t,s)\Big\}$ (du fait que $u(t) \geqslant 0$) on écrit :

$$\int_{u(t)>u_*(t,s)} u\nabla v \cdot \nabla u = \frac{1}{2} \int_{u(t)^2>u_*^2(t,s)} \nabla v \cdot \nabla(u^2)dx = \frac{1}{2} \int_\Omega \nabla v \cdot \nabla \left(u(t)^2 - u_*^2(t,s)\right)_+ dx. \quad (9.20)$$

On multiplie la deuxième équation de (Ch) par $\left(u(t)^2 - u_*^2(t,s)\right)_+$ d'où

$$\int_\Omega \nabla v \cdot \nabla \left(u(t)^2 - u_*^2(t,s)\right)_+ dx = \int_\Omega (\alpha u - \gamma v)\left(u(t)^2 - u_*^2(t,s)\right)_+ dx \,. \quad (9.21)$$

En combinant ces dernières relations, en dérivant par rapport à s, on a sachant $\Big\{u(t) > u_*(t,s)\Big\} = \Big\{u(t)^2 > u_*^2(t,s)\Big\} = \Omega_s(t)$

$$\left(|\nabla u|^2\right)_{*u}(t,s) = \left[\overline{\chi} u_*(t,s) \int_{\Omega_s(t)} (\alpha u - \gamma v)dx - \int_{\Omega_s(t)} \frac{\partial u}{\partial t}(t,s)dx\right]\left(-\frac{\partial u_*}{\partial s}\right)(t,s). \quad (9.22)$$

Par définition du réarrangement relatif et le théorème de régularité sur $\dfrac{\partial u_*}{\partial t}$, on déduit de cette relation (9.22) que :

$$|\nabla u|^2_{*u}(t,s) = \left[\overline{\chi} u_*(t,s)\int_0^s (\alpha u_* - \gamma v_{*u})(t,\sigma)d\sigma - \int_0^s \frac{\partial u_*}{\partial t}(t,\sigma)d\sigma\right]\left(-\frac{\partial u_*}{\partial s}\right)(t,s). \tag{9.23}$$

Comme au lemme 9.4.3, on a :

Lemme 9.5.2. *Soient* $\mu(t,\theta) = |u(t) > \theta|$, $\theta > 0$. *Alors,* $\forall \theta > 0$

$$\overline{\chi}\alpha\theta \int_0^{\mu(t,\theta)} u_*(t,\sigma)d\sigma - \int_0^{\mu(t,\theta)} \frac{\partial u_*}{\partial t}(t,\sigma)d\sigma \geqslant 0.$$

En conséquence $\forall s \in \Omega_*$, *on a :*

$$\overline{\chi}\alpha u_*(t,s) \int_0^s u_*(t,\sigma)d\sigma - \int_0^s \frac{\partial u_*}{\partial t}(t,\sigma)d\sigma \geqslant 0.$$

Preuve. Soit $\theta > 0$, en prenant comme fonction test $\big(u(t)-\theta\big)_+$ on déduit comme ci-dessus que

$$\int_{u(t)>\theta} |\nabla u|^2(t,x)dx = \frac{\overline{\chi}}{2}\int_\Omega \nabla v \cdot \nabla\big(u(t)^2-\theta^2\big)_+ - \int_\Omega \frac{\partial u}{\partial t}\big(u(t)-\theta\big)_+ dx =$$

(en utilisant la deuxième équations de (Ch))

$$= \frac{\overline{\chi}}{2}\int_\Omega (\alpha u - \gamma v)(t,x)\big(u(t)^2-\theta^2\big)_+ - \int_\Omega \frac{\partial u}{\partial t}\big(u(t)-\theta\big)_+ dx.$$

Ainsi, par la règle de dérivation vue au chapitre 5,

$$0 \leqslant -\frac{d}{d\theta}\int_{u(t)>\theta} |\nabla u|^2 dx = \overline{\chi}\alpha\theta\int_{u(t)>\theta} u(t,s)dx - \int_{u(t)>\theta} \frac{\partial u}{\partial t}(t,x)dx - \overline{\chi}\gamma\int_{u(t)>\theta} v(t,x)dx\,.$$

Par l'inégalité de Hardy-Littlewood et le lemme 9.4.1 sachant que $v \geqslant 0$, on a :

$$0 \leqslant \overline{\chi}\alpha\theta \int_0^{\mu(t,\theta)} u_*(t,\sigma)d\sigma - \int_0^{\mu(t,\theta)} \frac{\partial u_*}{\partial t}(t,\sigma)d\sigma\,,$$

on conclut comme au lemme 9.4.3. □

A partir de la relation 9.22, sachant que $v \geqslant 0$ (donc $v_{*u} \geqslant 0$), on a :

$$\left(|\nabla u|^2\right)_{*u}(t,s) \leqslant \left[\overline{\chi}\alpha u_*(t,s)\int_0^s u_*(t,s)d\sigma - \int_0^s \frac{\partial u_*}{\partial t}(t,\sigma)d\sigma\right]\left(-\frac{\partial u_*}{\partial s}\right)(t,s). \tag{9.24}$$

on applique l'inégalité de Poincaré-Sobolev ponctuelle pour obtenir :

$$(N\alpha_N^{\frac{1}{N}})^2 s^{2-\frac{2}{N}} \left(-\frac{\partial u_*}{\partial s}(t,s)\right)^2 \leqslant \left(|\nabla u|^2\right)_{*u}(t,s).$$

De ce fait, la relation (9.24) conduit à :

$$(N\alpha_N^{\frac{1}{N}})^2 s^{2-\frac{2}{N}} \left(-\frac{\partial u_*}{\partial s}(t,s)\right) \leqslant \left[\overline{\chi}\alpha u_*(t,s) \int_0^s u_*(t,\sigma)d\sigma - \int_0^s \frac{\partial u_*}{\partial t}(t,\sigma)d\sigma\right] \tag{9.25}$$

(compte tenu du lemme 9.5.2).

En introduisant $k(t,s) = \displaystyle\int_0^s u_*(t,\sigma)d\sigma$, on a donc

$$\frac{\partial k}{\partial t}(t,s) = \int_0^s \frac{\partial u_*}{\partial t}(t,\sigma)d\sigma, \qquad \frac{\partial^2 k}{\partial s^2}(t,s) = \frac{\partial u_*}{\partial s}(t,s),$$

ces inégalités combinées à la relation (9.25) donnent

$$\frac{\partial k}{\partial t}(t,s) - (N\alpha_N^{\frac{1}{N}})^2 s^{2-\frac{2}{N}} \frac{\partial^2 k}{\partial s^2} - \alpha\overline{\chi}\left(k\frac{\partial k}{\partial s}\right)(t,s) \leqslant 0.$$

□

On va montrer à partir de ce lemme, le théorème suivant :

Théorème 9.5.2. *On a $T_{max} = +\infty$ dans les conditions suivantes :*

(C1) Pour $N = 1$ pas de condition,
(C2) Pour $N = 2$ si u_0 vérifie $\alpha\overline{\chi}\,|u_0|_1 < 8\pi$,
(C3) Pour $N \geqslant 3$ si u_0 vérifie $\alpha\overline{\chi}\,|u_0|_{L^N} < N\alpha_N^{\frac{2}{N}}\,|\Omega|^{-\frac{1}{N}}$.

La preuve du théorème se base sur le lemme de comparaison suivant :

Lemme 9.5.3 (de comparaison)**.** *Soient f, g deux fonctions définies sur $\overline{Q}_{T*} = [0,T] \times \overline{\Omega}_*$ et vérifiant*

(i) f, g sont dans
$$L^\infty(Q_{T_*}) \cap H^1(0,T;L^2(\Omega_*)) \cap \bigcap_{\delta>0} L^2(0,T;W^{2,2}(\delta,|\Omega|)),$$

(ii) $\left|\dfrac{\partial f}{\partial s}(t,s)\right| \leqslant c(t)$ et $\left|\dfrac{\partial g}{\partial s}\right|(t,s) \leqslant c(t)\max(s^{-\ell},1)$ où ℓ est une constante vérifiant $0 \leqslant \ell < 1$, $c \in L^2(0,T)$.

Si f et g satisfont le système :

$$\begin{cases} \dfrac{\partial f}{\partial t} - \left(N\alpha_N^{\frac{1}{N}}\right)^2 s^{2-\frac{2}{N}} \dfrac{\partial^2 f}{\partial s^2} - \alpha\overline{\chi} f \dfrac{\partial f}{\partial s} \leqslant \\ \qquad \leqslant \dfrac{\partial g}{\partial t} - \left(N\alpha_N^{\frac{1}{N}}\right)^2 s^{2-\frac{2}{N}} \dfrac{\partial^2 g}{\partial s^2} - \alpha\overline{\chi} g \dfrac{\partial g}{\partial s} \ \textit{dans } Q_{T_*}, \\ 0 = f(t,0) \leqslant g(t,0), \qquad \dfrac{\partial f(t,|\Omega|)}{\partial s} \leqslant \dfrac{\partial g(t,|\Omega|)}{\partial s}, \qquad \forall t \in (0,T) \\ f(0,s) \leqslant g(0,s), \quad s \in \Omega_*, \ \textit{et } g(t,s) \geqslant 0, \end{cases}$$

alors $f \leqslant g$ *dans* Q_{T_*}.

Preuve. Posons $w = f - g$. Alors w vérifie

$$\begin{cases} \dfrac{\partial w}{\partial t} - \left(N\alpha_N^{\frac{1}{N}}\right)^2 s^{2-\frac{2}{N}} \dfrac{\partial^2 w}{\partial s^2} - \alpha\overline{\chi}\left(f\dfrac{\partial f}{\partial s} - g\dfrac{\partial g}{\partial s}\right) \leqslant 0 \text{ dans } Q_{T_*} \\ w(t,0) \leqslant 0, \qquad \dfrac{\partial w}{\partial s}(t,|\Omega|) \leqslant 0, \quad \forall t \in [0,T] \\ w(0,s) \leqslant 0 \text{ pour } s \in \overline{\Omega}_*. \end{cases}$$

On multiplie la première inégalité par $s^{\frac{2}{N}-2}w_+$, ($w_+ = \max(w,0)$), on obtient alors pour $0 < \delta < |\Omega|$

$$\int_\delta^{|\Omega|} s^{\frac{2}{N}-2}\frac{\partial w}{\partial t} w_+ ds \leqslant$$

$$\leqslant \left(N\alpha_N^{\frac{1}{N}}\right)^2 \int_\delta^{|\Omega|} \frac{\partial^2 w}{\partial s^2} w_+ ds + \alpha\overline{\chi} \int_\delta^{|\Omega|} \left(f\frac{\partial f}{\partial s} - g\frac{\partial g}{\partial s}\right) w_+ s^{\frac{2}{N}-2} ds. \tag{9.26}$$

Par intégration par partie, on a :

$$\int_\delta^{|\Omega|} \frac{\partial^2 w}{\partial s^2} w_+ ds = -\int_\delta^{|\Omega|} \left(\frac{\partial w_+}{\partial s}\right)^2 ds + \frac{\partial w}{\partial s}\Big(t,|\Omega|)w_+(t,|\Omega|\Big) - \frac{\partial w}{\partial s}(t,\delta)w_+(t,\delta). \tag{9.27}$$

Puisque, $\dfrac{\partial w}{\partial s}(t,|\Omega|) \leqslant 0$, cette dernière inégalité donne :

$$J_0 = \int_\delta^{|\Omega|} \frac{\partial^2 w}{\partial s^2} w_+ ds \leqslant -\frac{\partial w}{\partial s}(t,\delta)w_+(t,\delta) - \int_\delta^{|\Omega|} \left(\frac{\partial w_+}{\partial s}\right)^2 ds. \tag{9.28}$$

Maintenant, écrivons $f = w + g$ alors :

$$J_1 = \int_\delta^{|\Omega|} \left(f\frac{\partial f}{\partial s} - g\frac{\partial g}{\partial s}\right) w_+ s^{\frac{2}{N}-2} ds =$$

$$= \int_\delta^{|\Omega|} s^{\frac{2}{N}-2} w_+^2 \frac{\partial f}{\partial s} ds + \int_\delta^{|\Omega|} s^{\frac{2}{N}-2} w_+ \frac{\partial w}{\partial s} g \, ds. \tag{9.29}$$

Puisque $\left|\dfrac{\partial f}{\partial s}\right|(t,s) \leqslant c(t)$, on déduit :

$$J_1 \leqslant c(t) \int_\delta^{|\Omega|} s^{\frac{2}{N}-2} w_+^2 ds + \int_\delta^{|\Omega|} s^{\frac{2}{N}-2} w_+ \frac{\partial w_+}{\partial s} g\, ds. \tag{9.30}$$

Puisque $g \geqslant 0$ et $f(t,0) = 0$, on a alors :

$$w_+(t,s) \leqslant f_+(t,s) = \int_0^s \frac{\partial f_+}{\partial \sigma}(t,\sigma)\, d\sigma \leqslant \int_0^s \left|\frac{\partial f}{\partial \sigma}\right| (t,\sigma)\, d\sigma \leqslant c(t) s \tag{9.31}$$

d'où

$$s^{\frac{2}{N}-2} w_+^2(t,s) \leqslant s^{\frac{2}{N}} c(t)^2 \in L^1(\Omega_*).$$

Par ailleurs,

$$\int_\delta^{|\Omega|} s^{\frac{2}{N}-2} w_+ \left|\frac{\partial w_+}{\partial s}\right| g\, ds \leqslant \int_\delta^{|\Omega|} s^{\frac{2}{N}-2} w_+ \left|\frac{\partial w_+}{\partial s}\right| f\, ds$$

car $w_+ = 0$ si $f \leqslant g$. De ces faits, on déduit que :

$$J_1 \leqslant c(t) \int_\delta^{|\Omega|} s^{\frac{2}{N}-2} w_+^2(t,s) ds + \int_\delta^{|\Omega|} s^{\frac{2}{N}-2} w_+ \left|\frac{\partial w_+}{\partial s}\right| f\, ds. \tag{9.32}$$

En combinant les relations (9.26), (9.28), (9.31) et (9.32), on obtient:

$$\frac{1}{2}\frac{d}{dt}\int_\delta^{|\Omega|} s^{\frac{2}{N}-2} w_+^2(t,s) ds + \left(N\alpha_N^{\frac{1}{N}}\right)^2 \int_\delta^{|\Omega|} \left(\frac{\partial w_+}{\partial s}\right)^2 (t,s)\, ds \leqslant$$

$$\leqslant \alpha\overline{\chi} c(t) \int_\delta^{|\Omega|} s^{\frac{2}{N}-2} w_+^2(t,s) ds + \alpha\overline{\chi} c(t) \int_\delta^{|\Omega|} s^{\frac{2}{N}-2} w_+ \left|\frac{\partial w_+}{\partial s}\right| s\, ds + \tag{9.33}$$

$$+ \left(N\alpha_N^{\frac{1}{N}}\right)^2 \left|\frac{\partial w}{\partial s}(t,\delta)\right| w_+(t,\delta).$$

En appliquant l'inégalité de Young, on sait :

$$\alpha\overline{\chi} c(t) \int_\delta^{|\Omega|} s^{\frac{2}{N}-2} w_+ \left|\frac{\partial w_+}{\partial s}\right| s\, ds \leqslant$$

$$\leqslant \frac{1}{2}\left(N\alpha_N^{\frac{1}{N}}\right)^2 \int_\delta^{|\Omega|} \left(\frac{\partial w_+}{\partial s}\right)^2 (t,s)\, ds + c_1(t) \int_\delta^{|\Omega|} s^{\frac{2}{N}-2} w_+^2(t,s) ds \tag{9.34}$$

où $c_1 \in L^1(0,T)$.

On aboutit à l'inégalité de Gronwall suivante :

$$\frac{1}{2} y_\delta'(t) \leqslant c_2(t) y_\delta(t) + \left(N\alpha_N^{\frac{1}{N}}\right)^2 \left|\frac{\partial w}{\partial s}(t,\delta)\right| w_+(t,\delta) \tag{9.35}$$

où $y_\delta(t) = \int_\delta^{|\Omega|} s^{\frac{2}{N}-2} w_+^2(t,s) ds$ et $c_2 \in L^1(0,T)$.

Mais du fait que $\left|\dfrac{\partial g}{\partial t}\right| \leqslant c(t)\max(1, s^\ell)$ et $\left|\dfrac{\partial f}{\partial t}\right| \leqslant c(t)$, on déduit que, pour $\delta < 1$

$$\left(N\alpha_N^{\frac{1}{N}}\right)^2 \left|\frac{\partial w}{\partial s}\right|(t,\delta)w_+(t,\delta) \leqslant c_3(t)\delta^{1-\ell} \xrightarrow[\delta\to 0]{} 0, \qquad c_3 \in L^2(0,T).$$

D'où quand $\delta \to 0$, on obtient de l'inégalité de Gronwall que :

$$y_0(t) = \int_{\Omega_*} s^{\frac{2}{N}-2} w_+^2(t,s)ds \leqslant c y_0(0) = 0.$$

D'où

$$w_+ = 0 : f \leqslant g.$$

□

<u>Preuve du théorème 9.5.2.</u>

Cas où N $= 1$.
On considère $f = k$ et g la fonction définie par

$$g(t,s) = p\mathrm{e}^{-\lambda t} th\left(\alpha\overline{\chi}p\frac{s}{4}\right) \doteq \mathrm{e}^{-\lambda t} h_p(s)$$

(th= fonction tangente hyperbolique) où λ et p sont choisis de sorte que

$$\int_0^s u_{0*}(\sigma)d\sigma \leqslant h_p(s) \text{ (pour } p \text{ grand)}$$

et $0 < \lambda \leqslant \alpha\overline{\chi}h_p'(|\Omega|)$.

Dans ces conditions, on a :

$$\frac{\partial g}{\partial t} - \left(N\alpha_N^{\frac{1}{N}}\right)^2 s^{2-\frac{2}{N}} \frac{\partial^2 g}{\partial s^2} - \alpha\overline{\chi}g\frac{\partial g}{\partial s} \geqslant \mathrm{e}^{-\lambda t} h_p\left(\alpha\overline{\chi}h_p'(|\Omega|) - \lambda\right) \geqslant 0.$$

Comme $f = k$ vérifie le lemme 9.5.1, on déduit d'après le lemme de comparaison que :

$$\int_0^s u_*(t,\sigma)d\sigma \leqslant \mathrm{e}^{-\lambda t} h_p(s),$$

d'où

$$|u(t)|_{L^\infty(\Omega)} \leqslant (\text{constante})\mathrm{e}^{-\lambda t}.$$

Cas où N $= 2$.
On choisit

$$g(t,s) = \mathrm{e}^{-\lambda t}\frac{aqs}{1+qs}$$

avec λ, a, q à choisir.

D'abord, on choisit a : $\int_\Omega u_0(x)dx < a$ et $\alpha\overline{\chi}a < 8\pi$ et q assez grand de sorte que $\int_0^s u_{0*}(s)d\sigma \leqslant \frac{aqs}{1+qs}, \quad \forall s \in \overline{\Omega}_*$.
Enfin, on prend $0 < \lambda \leqslant \frac{q}{(1+q|\Omega|)^2}(8\pi - \alpha\overline{\chi}a)$.
Dans ces conditions, on a :

$$\frac{\partial g}{\partial t} - \left(N\alpha_N^{\frac{1}{N}}\right)^2 s^{2-\frac{2}{N}}\frac{\partial^2 g}{\partial s^2} - \alpha\overline{\chi}g \cdot \frac{\partial g}{\partial s} \geqslant 0.$$

D'où

$$\int_0^s u_*(t,\sigma) \leqslant \mathrm{e}^{-\lambda t}\frac{aqs}{1+qs}, \quad \forall s \in \overline{\Omega}_*.$$

En particulier

$$|u(t)|_\infty \leqslant c\mathrm{e}^{-\lambda t}.$$

Cas où N $\geqslant 3$.
On suppose que u_0 vérifie $\alpha\overline{\chi}\,|u_0|_N < N\alpha_N^{\frac{2}{N}}\,|\Omega|^{-\frac{1}{N}}$. On choisit

$$g(t,s) = \mathrm{e}^{-\lambda t}\ell_q(s)$$

où $\ell_q(s) = qs^{1-\frac{1}{N}}$ $\quad q = \frac{N}{\beta}\alpha_N^{\frac{2}{N}}\,|\Omega|^{-\frac{1}{N}}$ et $0 < \lambda \leqslant (\beta - \alpha\overline{\chi})\,\ell_q'(|\Omega|)$
alors g est convenable i.e.

$$\frac{\partial g}{\partial t} - \left(N\alpha_N^{\frac{1}{N}}\right)^2 s^{2-\frac{2}{N}}\frac{\partial^2 g}{\partial s^2} - \alpha\overline{\chi}g \cdot \frac{\partial g}{\partial s} \geqslant 0.$$

D'où en appliquant le théorème de comparaison, on a :

$$f(t,s) = \int_0^s u_*(t,\sigma)d\sigma \leqslant \mathrm{e}^{-\lambda t}\ell_q(s)$$

et qui implique :

$$|u(t)|_\infty \leqslant c\mathrm{e}^{-\lambda t} \qquad \forall t.$$

Notes pré-bibliographiques
La majorité des théorèmes cités dans ce chapitre est due à l'auteur ou ses collaborateurs, voir par exemple Mossino-Rakotoson [83], Dìaz-Nagai [47], Dìaz-Nagai-Rakotoson [48], Rakotoson [97].

Le théorème 9.4.1 est issu du livre de Temam [124].

10

Exercices et problèmes

10.1 Exercices

Exercice 10.1.1. *Soit* $u \in L^p(\Omega)$ $1 \leqslant p < +\infty$. *Calculer* $\ell = \lim_{t \to +\infty} t^p m(t)$.

Exercice 10.1.2. *Soit* $u : \Omega \to \mathbb{R}$ *mesurable, avec* $|\Omega| < +\infty$.

(i) Montrer que $|u \geqslant u_*(s)| \geqslant s \quad \forall s \in \overline{\Omega_*}$.

(ii) Montrer que si $\operatorname{mes}\Big(P(u)\Big) = 0$ *(u sans plateau) alors*

$$\forall s \in \overline{\Omega_*} \quad |u \geqslant u_*(s)| = s = m\big(u_*(s)\big).$$

(iii) Montrer que si $u \in C(\Omega)$ *(continue sur* Ω*) alors*

$$u_*\big(m(t)\big) = t \quad \forall t \in]\inf u, \sup u[.$$

Exercice 10.1.3. *Montrer que :*

1. *Si* $1 \leqslant p < +\infty$ $\mathbb{L}^p_\#(\Omega) = \big\{u \in C(\overline{\Omega}) \cap L^p(\Omega) : \operatorname{mes}\big(P(u)\big) = 0\big\}$ *est dense dans* $L^p(\Omega)$.
2. *Si* $p = +\infty$ $\mathbb{L}^\infty_\#(\Omega) = \big\{u \in L^\infty(\Omega) : \operatorname{mes}\big(P(u)\big) = 0\big\}$ *est dense dans* $L^\infty(\Omega)$.

Exercice 10.1.4. *Soit* $a \in L^1(\Omega)$, $a > 0$ *p.p. On définit pour* $u : \Omega \to \mathbb{R}$ *mesurable, la fonction de distribution relativement au poids a, pour* $t \in \mathbb{R}$

$$m_{u,a}(t) = \int_{\{u>t\}} a(x)dx.$$

On pose $|\Omega|_a = \displaystyle\int_\Omega a(x)dx$ *et on définit le réarrangement décroissant de u (par rapport à la mesure* $a(x)dx \doteq a$*),*

$$s \in]0, |\Omega|_a[, \quad u^a_{*\cdot}(s) = \text{Inf } \{t \in \mathbb{R},\ m_{u,a}(t) \leqslant s\}.$$

1. *Donner les propriétés de* $u_*^a(s)$ *(*$u_*^a(0) = \sup\limits_{\Omega} \operatorname{ess} u$*,* $u_*^a(|\Omega|_a) = \inf\limits_{\Omega} \operatorname{ess} u$*).*
2. *Montrer que* u *et* u_*^a *sont équimesurables relativement à ces mesures (*$|u > t|_a = m_{u,a}(t) = m_{u_*^a}(t) = |u_*^a > t| \quad \forall t$*).*
3. *Montrer que si* $a_1 \leqslant a_2$ *alors* $u_*^{a_1} \leqslant u_*^{a_2}$*.*
   ($a \longrightarrow u_*^a$ *est croissante). De même,* $u \longrightarrow u_*^a$ *est croissante.*
4. *Montrer que si* $u \geqslant 0$ *t.q.* $\displaystyle\int_\Omega u(x)^p a(x) dx < +\infty$ *alors*

$$\int_0^{+\infty} t^p dm_{u,a}(t) = -p \int_0^{+\infty} m_{u,a}(t) t^{p-1} dt.$$

Déduire directement que

$$\int_\Omega u^p(x) a(x)\, dx = \int_0^{|\Omega|_a} (u_*^a(s))^p\, ds.$$

Exercice 10.1.5.
Soit $u_j(x) \longrightarrow u(x)$ *p.p. Montrer que* $\forall t \in \mathbb{R} \backslash D(u)$*, on a* $\lim\limits_j m_{u_j}(t) = m_u(t)$*.*

Exercice 10.1.6. *Soit* $u_j(x) \leqslant u_{j+1}(x) \leqslant \ldots \leqslant u(x), \quad u_j(x) \longrightarrow u(x)$*.*
Montrer que $u_{j*}(\sigma) \longrightarrow u_*(\sigma) \quad \forall \sigma$*.*

Exercice 10.1.7. *Pour* $1 \leqslant p \leqslant +\infty, \quad 1 \leqslant q \leqslant +\infty, \quad f \in L^{p,q}(\Omega)$*, on note*

$$|f|_{p,q} = \left[\int_{\Omega_*} \left[t^{\frac{1}{p}} \, |f|_* (t) \right]^q \frac{dt}{t} \right]^{\frac{1}{q}} \quad si\ q < +\infty$$

et

$$|f|_{p,+\infty} = \sup_{0<t<|\Omega|} \left[t^{\frac{1}{p}} \, |f|_* (t) \right] \quad si\ q = +\infty.$$

Montrer qu'il existe une constante $c > 0$ *t.q.*

$$|f|_{p,q} \leqslant |f|_{(p,q)} \leqslant c |f|_{p,q} \qquad \forall f \in L^{p,q}(\Omega),\ 1 < p \leqslant +\infty, \quad 1 \leqslant q \leqslant +\infty.$$

Exercice 10.1.8.

1. *Soit* $\{E_i\}_i$ *une partition de* Ω*,* $a_i \geqslant 0$ $i = 0, \ldots, n$
   et $u(x) = \displaystyle\sum_{i=0}^{n} a_i \chi_{E_i}(x)$*. Calculer* u_**.*
2. *Montrer que les fonctions étagées sont denses dans* $L^{p,q}(\Omega)$*,*
   $1 \leqslant p \leqslant +\infty$*,* $1 \leqslant q < +\infty$*.*

Exercice 10.1.9. *Si* $f(x) = \sum_{j=0}^{n} c_j \chi_{E_j}(x)$ *avec* $E_i \cap E_j = \emptyset$, $i \neq j$, $c_0 > c_1 > \ldots > c_n$. *Si on note* $F_j = \bigcup_{k=0}^{j} E_k$, $\alpha_j = c_j - c_{j+1}$ *alors* $f(x) = \sum_{j=0}^{n} f_j(x)$, $f_j = \alpha_j \chi_{F_j}$ *et* $f_*(t) = \sum_{j=0}^{n} f_{j*}(t)$.

Exercice 10.1.10. *1. Comparer* $L^{p_1,q_1}(\Omega)$ *et* $L^{p_2,q_2}(\Omega)$

2. Quel espace est $L^{p,p}(\Omega)$ *?*

3. Pour $1 \leqslant p \leqslant +\infty$, $1 \leqslant q < +\infty$, *montrer que* $L^\infty(\Omega)$ *est dense dans* $L^{p,q}(\Omega)$.

4. Montrer que si $1 \leqslant q \leqslant p < +\infty$ *alors* $f \to |f|_{p,q}$ *est une norme sur* $L^{p,q}(\Omega)$.

Exercice 10.1.11. *En dimension (3) calculer* σ_3 *(mesure du secteur unitaire dans* $\mathbb{R}^3$*).*

Exercice 10.1.12. *Soit* f, $f \in L^p(\Omega)$, $g \in L^{p'}(\Omega)$, $\dfrac{1}{P} + \dfrac{1}{p'} = 1$. *Montrer que*

$$\int_{\Omega_*} f_* g_* dt = \sup \left\{ \int_\Omega f \bar{g} dx, \ \bar{g}_* = g* \right\}.$$

Commencer par le cas où f *est sans palier et ensuite utiliser l'exercice 10.1.3.*

Exercice 10.1.13. *1. Montrer que si* $p > N$ *alors* $W^{1,p}(\Omega) \subset W^1(\Omega, |\cdot|_{N,1})$, *est une inclusion continue.*

2. Si $u \in W^{1,p}(\Omega)$, $x \in \Omega$, $r > 0$ *t.q.* $B(x,r) \subset \Omega$ *alors*

$$\operatorname*{osc}_{B(x,r)} u \leqslant c\,|\nabla u|_{L^p(\Omega)}\, r^{1-\frac{N}{p}} \quad \text{où } c = c(N,p) \text{ à préciser.}$$

Exercice 10.1.14.

1. *Montrer que si* $W^{1,1}_{\Gamma_0}(\Omega) = \left\{ u \in W^{1,1}(\Omega),\ u = 0, \text{ sur } \Gamma_0 \right\}$ *alors il existe* $c > 0$ *t.q.* $\forall u \in W^{1,1}_{\Gamma_0}(\Omega)$, $|u|_{L^1} \leqslant c\,|Du|_{L^1}$.
2. *Montrer que* $Q(\Gamma_1, \Omega) = \sup\limits_{u \in W^{1,1}_{\Gamma_0}(\Omega)} \dfrac{|u|_{N'}}{|Du|_1}$

   et que $\dfrac{1}{N \alpha_N^{\frac{1}{N}}} \leqslant Q(\Gamma_1, \Omega) < +\infty$.

Exercice 10.1.15. *Calculer* $\displaystyle \sup_{u \in L^{N'}(\Omega)\ u \geqslant 0} \frac{|u|_{N'}}{\int_0^{+\infty} |u > t|^{1-\frac{1}{N}}\, dt}$.

Exercice 10.1.16. • *Réfléchir sur le cas où Ω est un ouvert borné lipschitzienne t.q. $\Gamma_0 \subset \partial\Omega$ et $\Gamma_0 \cap \partial\Omega_i$ est de mesure $H_{N-1} > 0$ où $\partial\Omega_i$ est le bord d'une composante connexe Ω_i de Ω.*

• *Montrer que $|\nabla u|_p$ est une norme équivalente à la norme de $W^{1,p}_{\Gamma_0}(\Omega)$*

Exercice 10.1.17. *Soient $(a_1, \ldots, a_n)$, $(b_1, \ldots, b_n)$ des nombres réels tels que*

$$a_n \leqslant a_{n-1} \leqslant \ldots \leqslant a_1 \text{ et } b_n \leqslant b_{n-1} \leqslant \ldots \leqslant b_1.$$

1. *Montrer que*

$$0 \leqslant \frac{1}{2}\sum_{k=1}^{n}\sum_{j=1}^{n}(a_k - a_j)(b_k - b_j) = n\sum_{k=1}^{n} a_k b_k - \left(\sum_{k=1}^{n} a_k\right)\left(\sum_{j=1}^{n} b_j\right).$$

2. *Soit Ω un ensemble mesurable de mesure finie, u $u : \Omega \to \mathbb{R}$ et $v : \Omega \to \mathbb{R}$ deux fonctions mesurables et soit $(s_1, \ldots, s_n)$ tel que $0 < s_1 \leqslant s_2 \leqslant \ldots \leqslant s_n < |\Omega|$.*
   Montrer que

$$\left(\frac{1}{n}\sum_{j=1}^{n} u_*(s_j)\right)\left(\frac{1}{n}\sum_{j=1}^{n} v_*(s_j)\right) \leqslant \frac{1}{n}\sum_{j=1}^{n} u_*(s_j)v_*(s_j).$$

3. *On suppose que Ω est un ouvert connexe (pour simplifier). Déduire de (2) que si $u \in L^p(\Omega)$, $v \in L^{p'}(\Omega)$ alors*

$$\left(\frac{1}{|\Omega|}\int_\Omega u(x)dx\right)\left(\frac{1}{|\Omega|}\int_\Omega v(x)dx\right) \leqslant \frac{1}{|\Omega|}\int_{\Omega_*} u_*(s)v_*(s)ds.$$

4. *Montrer que si $u \in L^1(\Omega)$ alors $\forall s \in [0, |\Omega|]$*

$$\frac{s}{|\Omega|}\int_\Omega u(x)dx \leqslant \int_0^s u_*(\sigma)d\sigma.$$

Exercice 10.1.18. *1. Montrer la proposition 9.4.1.*

2. *Montrer que la fonction k donnée au théorème 9.4.6 vérifie $k \leqslant K$.*
   Déduire que $\displaystyle\int_\Omega \Phi\big(u(t,x)\big)dx \leqslant \int_{\widetilde{\Omega}} \Phi\big(U(t,x)\big)dx$, pour toute fonction Φ convexe lipschitzienne de $\mathbb{R} \to \mathbb{R}$.

Exercice 10.1.19. *Soit $\eta > 0$, $0 < \varepsilon < 1$, Ω un ouvert borné de mesure 1, $f \in L^2(\Omega)$. Pour $v \in H_0^1(\Omega)$, on définit*

$$J(v) = \frac{1}{2}\int_\Omega |\nabla v|^2\, dx + \frac{1}{2\eta}\int_\varepsilon^1 \left[(v_*)_+\right]^2(s)\, ds - \int_\Omega f \cdot v\, dx.$$

1. *Montrer qu'il existe une fonction $u_\eta \in H_0^1(\Omega)$ vérifiant*

$$J(u_\eta) = \inf\left\{J(v),\ v \in H_0^1(\Omega)\right\}.$$

2. *Donner l'inéquation variationnelle vérifiée par u_η et montrer que u_η reste dans un borné de $H_0^1(\Omega)$ quand η tend vers 0.*
3. *On suppose que u_η converge faiblement vers u dans $H_0^1(\Omega)$. Montrer que u satisfait à*

$$\begin{cases} |u > 0| \leqslant \varepsilon, & (i) \\ u \in H_0^1(\Omega), & (ii) \\ -\Delta u \leqslant f \text{ dans } \mathcal{D}'(\Omega). & (iii) \end{cases}$$

4. *Donner des fonctions f pour lesquelles, on n'a pas l'égalité dans (iii) et prouver que si on a l'égalité dans (iii) alors u est unique.*

Exercice 10.1.20. *Soient f et g deux fonctions intégrables sur un intervalle borné (a,b). On suppose que f est décroissante et que $0 \leqslant g \leqslant 1$ sur (a,b).*

1. *Montrer que*

$$\int_{b-\lambda}^{b} f(t)dt \leqslant \int_a^b f(t)g(t)dt \leqslant \int_a^{a+\lambda} f(t)dt \quad \text{où } \lambda = \int_a^b g(t)dt.$$

2. *Retrouver à partir de (1) le corollaire 2 du théorème de Hardy-Littlewood qui stipule*

$$\int_0^s u_*(\sigma)d\sigma = \text{Max}\left\{\int_\Omega u(x)z(x)dx,\ 0 \leqslant z \leqslant 1\ \int_\Omega z\,dx = s\right\}.$$

Exercice 10.1.21. *Soient $1 \leqslant q \leqslant p \leqslant +\infty$ et $r > N$. Alors*

$$|u|_p \leqslant c\,|\nabla u|_r^a\,|u|_q^{1-a}\,,\ \forall u \in W_0^{1,r}(\Omega)$$

en précisant $0 < a < 1$ et c.
Ici Ω est un ouvert borné de $\mathbb{R}^N$.

Exercice 10.1.22. *Soient f, g, h trois fonctions intégrables sur un domaine mesurable Ω. on suppose que h est bornée et que*

$$(i) \int_{\{h \geqslant t\}} f(x)dx \geqslant \int_{\{h \geqslant t\}} g(x)dx\,,\ \forall t \geqslant 0,$$

$$(ii) \int_{\{h < t\}} f(x)dx \leqslant \int_{\{h < t\}} g(x)dx\,,\ \forall t < 0.$$

Montrer que $\displaystyle\int_\Omega gh\,dx \leqslant \int_\Omega fh\,dx.$

Exercice 10.1.23. *Soit Ω un ouvert borné de $\mathbb{R}^N$.*
On note $d(x,\Gamma) = v(x)$ la distance d'un point $x \in \Omega$ au bord $\Gamma = \partial\Omega$.

1. *Montrer que*

$$\forall s \in \Omega_*, \qquad d(\cdot,\Gamma)_*(s) \leqslant \frac{1}{\alpha_N^{\frac{1}{N}}}\Big(|\Omega|^{\frac{1}{N}} - s^{\frac{1}{N}}\Big).$$

2. *Déduire que :*
   si $\alpha \geqslant 1$ $\displaystyle\int_\Omega d(x,\Gamma)^{-\alpha}dx = +\infty$,
   si Ω est la boule unité de $\mathbb{R}^N$ alors $d(\cdot,\Gamma)_*(s) = 1 - \alpha_N^{-\frac{1}{N}} s^{\frac{1}{N}}$.
3. *Montrer que si $g \in W_0^{1,p}(0,1)$, $1 < p < +\infty$ alors*

$$\left|\frac{g}{x(1-x)}\right|_p \leqslant \frac{2p}{p-1}|g'|_p.$$

   (utiliser une inégalité de Hardy).
4. *Déterminer une constante $c > 0$ t.q. $\forall u \in W_0^{1,p}(\Omega)$, $u \geqslant 0$*

$$\int_{\underset{\sim}{\Omega}} \underset{\sim}{u}(x)^p d(x,\underset{\sim}{\Gamma})^{-p}dx \leqslant c\int_{\underset{\sim}{\Omega}} \left|\nabla \underset{\sim}{u}(x)\right|^p dx.$$

   Ici $1 < p < +\infty$, $\underset{\sim}{\Gamma} = \partial\underset{\sim}{\Omega}$.

Exercice 10.1.24. *Soit Ω un ouvert borné de $\mathbb{R}^N$, $1 \leqslant r \leqslant p - N'$, $p < +\infty$. Déterminer une constante $c > 0$ telle que :*

$$|u|_p \leqslant c\,|\nabla u|_N^{1-\frac{r}{p}}\,|u|_r^{\frac{r}{p}}, \qquad \forall u \in W_0^{1,N}(\Omega).$$

Exercice 10.1.25. *Soit E un ensemble mesurable dans $\mathbb{R}^N$, de mesure finie. On note χ_E la fonction caractéristique de E. Soit $(\rho_n)_{n\geqslant 0}$ une suite régularisante dans $C_c^\infty(\mathbb{R}^N)$.*

1. *Montrer que $u_n = \chi_E * \rho_n$ vérifie*

$$|Du_n|_1 \leqslant |D\chi_E|_1 \doteq P_{\mathbb{R}^N}(E).$$

2. *Sachant que $u_n \in C_c^\infty(\mathbb{R}^N)$, montrer que*

$$\forall x = (x_1,\ldots,x_N) \qquad |u_n(x)|^N \leqslant \prod_{j=1}^N \int_{-\infty}^{+\infty} |\partial_j u_n|\,dx_j$$

   (on écrira que $u_n(x) = \displaystyle\int_{-\infty}^{+\infty} \partial_j u_n\,dx_j$).

3. *Pour* $i = 1, \dots, N$ *en intégrant successivement par rapport à* x_i *et en appliquant l'inégalité de Hölder*
   i.e. $\int_{\mathbb{R}^N} u_1 \dots u_m dx \leqslant |u_1|_{P_1} \cdots |u_m|_{P_m}$, $m = N-1$, *montrer que*
$$|u_n|_{N'} \leqslant \frac{1}{\sqrt{N}} |Du_n|_1 .$$
4. *Déduire* $|E|^{1-\frac{1}{N}} \leqslant \dfrac{1}{\sqrt{N}} P_{\mathbb{R}^N}(E)$.

Exercice 10.1.26. *Soit* Ω *un ouvert borné de* $\mathbb{R}^N$, $a : \Omega \to]0, +\infty[$ *une fonction poids. On note*
$$W^1(\Omega, a) = \left\{ v \in L^1_{loc}(\Omega) \cap L^1(\Omega, a),\ |\nabla v| \in L^1(\Omega, a) \right\},$$
$$L^1(\Omega, a) = \left\{ v \text{ mesurable } : \int_\Omega |v(x)|\, a(x) dx < +\infty \right\}.$$
On note u^a_* *le réarrangement d'une fonction* u *mesurable par rapport à la mesure* $d\mu = a\,dx$, $v_{*u,a}$ *le réarrangement relatif d'une fonction* v *par rapport à* u *i-e*
$$\lim_{\lambda \to 0} \frac{(u + \lambda v)^a_* - u^a_*}{\lambda} = v_{*u,a}$$
(même sens que si $a = 1$*).*

On suppose que $W^1(\Omega, a)$ *vérifie la propriété (PSR) suivante :*
$$-(u^a_*)'(s) \leqslant K_a(s) |\nabla u|_{*u,a}(s) \qquad p.p\ s \in \left[0,\ |\Omega|_a = \int_\Omega a(x) dx\right].$$

1. *Réécrire l'ensemble des inégalités du chapitre 4 en remplaçant* u_* *par* u^a_*.
2. *Donner des inégalités d'interpolation relatives à ces espaces à poids.*

Exercice 10.1.27. *Soit* Ω *un ouvert connexe de* $\mathbb{R}^N$.
Sachant que $\Omega = \bigcup_{j \in \mathbb{N}} Q_j$, Q_j *cubes d'intérieur deux à deux disjoints i.e.* $\overset{\circ}{Q}_j \cap \overset{\circ}{Q}_k = \emptyset$ $\ j \neq k$, *donner une preuve du théorème que si* $u \in W^{1,1}_{loc}(\Omega)$ *alors* $u_* \in W^{1,1}_{loc}(\Omega_*)$.

Exercice 10.1.28. *Soient* Ω *un ensemble de mesure finie de* $\mathbb{R}^N$, $u \in L^1(\Omega)$, $g \in L^{p,q}(\Omega_*)$, $1 < p < +\infty$, $1 < q < +\infty$.

1. *Montrer que* $M_u(g) \in L^{p,q}(\Omega)$ *et donner une estimation de sa norme (en précisant bien les normes utilisées).*
2. *Montrer que si* u *est sans plateau alors* $M_u : (L^{p,q}(\Omega_*), |\cdot|_{p,q}) \to (L^{p,q}(\Omega), |\cdot|_{p,q})$ *est une isométrie.*

Exercice 10.1.29. *Soient $f : [0,+\infty[\to [0,+\infty[$ mesurable, r, q deux nombres réels t.q. $r < 0$, $q \geqslant 1$. Montrer qu'il existe une constante $c_1 = c_1(q,r) > 0$ t.q.*

$$\int_0^{+\infty} \left(\int_x^{+\infty} f(t)dt\right)^q \frac{dx}{x^{r+1}} \leqslant c_1 \int_0^{+\infty} f(t)^q t^q \frac{dt}{t^{r+1}}.$$

Soit $W_0^1(\Omega, |\cdot|_{p,q}) = \left\{v \in L^1(\Omega) : |\nabla v| \in L^{p,q}(\Omega)\right\} \cap W_0^{1,1}(\Omega)$.

Montrer que si $1 \leqslant p < N$, $1 \leqslant q \leqslant p$, $p^* = \dfrac{Np}{N-p}$ *alors,*

$$\forall v \in W_0^1(\Omega, |\cdot|_{p,q}),\ v \geqslant 0, |v|_{p^*,q} \leqslant c_2 \Big| |\nabla v|_{*v} \Big|_{p,q} \leqslant c_2 |\nabla v|_{p,q}$$

où c_2 est une constante à préciser.

Exercice 10.1.30. *On considère un ouvert borné Ω de mesure 1 et $w :]0,1] \to \mathbb{R}_+$ une fonction localement intégrable telle que*

$$\int_0^1 w(t)dt = +\infty.$$

On suppose $\operatorname*{inf\,ess}_{[0,1]} \left(t^{\frac{m}{p}} w(t)\right) > 0$ *où* $(m,p) \in]0,+\infty[^2$.

On définit pour $v \in L^0(\Omega)$, $\rho_w(v) = \left[\displaystyle\int_0^1 w(t) \left[\int_0^t |v|_*^p(\sigma)d\sigma\right]^{\frac{m}{p}} dt\right]^{\frac{1}{m}}$.

Montrer que ρ_w est une norme de Fatou, invariante par réarrangement. Dédurie que si $(u,v) \in L^1(\Omega)^2$ alors $\rho_w(v_{*u}) \leqslant \rho_w(v)$.

10.2 Problèmes

Exercice 10.2.1. *Soit Ω un ouvert borné connexe de $\mathbb{R}^N$ de bord lipschitzien et soit $f \in L^2(\Omega)$ de moyenne nulle.*

1. *Montrer qu'il existe une fonction unique $u \in H^1(\Omega)$ t.q.*
   (a) $\displaystyle\int_\Omega u(x)\,dx = 0$,
   (b) $\displaystyle\int_\Omega \nabla u(x) \cdot \nabla v(x)\,dx = \int_\Omega f(x)v(x)\,dx, \quad \forall v \in H^1(\Omega)$.
2. *On suppose désormais que Ω est un rectangle de largeur b et de longueur a. On pose*

$$F_u(t) = \min\left(\int_0^t |f_{*u}|_*(\sigma)d\sigma;\quad \int_0^{ab-t} |f_{*u}|_*(\sigma)d\sigma\right)$$

$$k(t) = \min\left(\sqrt{t}, \sqrt{ab-t}\right), \quad t \in [0, ab].$$

Montrer que $|\nabla u|_{*u}(s) \leqslant \left(\frac{a}{2b}\right)^{\frac{1}{2}} \frac{F_u(s)}{k(s)}$, *pour presque tout* $s \in [0, ab]$.

3. *Montrer que* $|\nabla u|_{*u} \in L^\infty(\Omega_*)$ *et que* $\left||\nabla u|_{*u}\right|_\infty \leqslant \left(\frac{a}{2b}\right)^{\frac{1}{2}} |f_{*u}|_{L^2(\Omega_*)}$.
4. *Déduire que* $u \in L^\infty(\Omega)$ *et donner une estimation explicite de* $|u|_\infty$.

Exercice 10.2.2. *Soit* $W^1(\Omega, |\cdot|_{N,1}) = \left\{v \in L^1(\Omega), |\nabla v| \in L^{N,1}(\Omega)\right\}$ *où* Ω *est un ouvert connexe borné de frontière lipschitzienne.*

Q.0. *Montrer que* $u_* \in W^{1,1}(\Omega_*)$ *si* $u \in W^1(\Omega, |\cdot|_{N,1})$ *en donnant une estimation.*

On se propose de montrer que si $u_n \to u$ *dans* $W^1(\Omega, |\cdot|_{N,1})$ *et si* $\text{mes}\left\{x : \nabla u(x) = 0\right\} = \text{mes}\left\{x : \nabla u_n(x) = 0\right\} = 0$ *alors* $u'_{n_*} \to u'_*$ *dans* $L^1(\Omega_*)$. *On aura besoin de quelques résultats préliminaires suivants :*

Q.1. *Montrer que si* $u_n \to u$ *dans* $W^1(\Omega, |\cdot|_{N,1})$ *alors* $u_n \to u$ *dans* $W^{1,1}(\Omega)$.

Q.2. *Montrer que* $u'_{n_*} \rightharpoonup u'_*$ *dans* $L^1(\Omega_*)$*-faible.*

Q.3. *Montrer que pour tout* $a \geqslant 0$, $b \geqslant 0$, *on a :*

$$\sqrt{1+b^2} \geqslant \sqrt{1+a^2} + \frac{a(b-a)}{\sqrt{1+a^2}} + \frac{1}{2}\frac{(b-a)^2}{\left[1+\max(a,b)^2\right]^{\frac{3}{2}}}.$$

Q.4. *Montrer que si* $\lim_n \int_{\Omega_*} \sqrt{1+u'^2_{n_*}(s)}\, ds = \int_{\Omega_*} \sqrt{1+u'^2_*(s)}\, ds$ *alors* $u'_{n_*} \to u'_*$ *dans* $L^1(\Omega_*)$*-fort.*

Q.5. *On désigne par* m *(resp.* m_n*) la fonction de distribution de* u *(resp. de* u_n*) et on suppose désormais que* $\text{mes}\left\{x : \nabla u(x) = 0\right\} = \text{mes}\left\{x : \nabla u_n(x) = 0\right\} = 0$.

Montrer que m *et* m_n *sont des fonctions absolument continues de* $\mathbb{R}$ *dans* Ω_* *et montrer que si* $R(u) = [Inf_\Omega u,\ Sup_\Omega u]$ *alors*

$$\int_{R(u)} \sqrt{1+m'^2(t)}\, dt = \int_{\Omega_*} \sqrt{1+u'^2_*}\, ds$$

(de même pour m_n *et* u'_{n_*}*.)*

On admet que pour presque tout t de $\mathbb{R}$ $|\mathbf{m}'(\mathbf{t})| \leqslant \liminf_{\mathbf{n}} |\mathbf{m}'_{\mathbf{n}}(\mathbf{t})|$

Q.6. *Montrer* $\lim_n \int_t^{+\infty} m'_n(\sigma) d\sigma = \int_t^{+\infty} m'(\sigma) d\sigma$ *pour tout* $t \in [-\infty, +\infty]$ *et* $\lim_n \int_{\mathbb{R}} |m'_n(t) - m'(t)|\, dt = 0$.

Q.7 Déduire des questions précédentes que

$$\lim_n \int_{\Omega_*} |u'_{n_*} - u'_*| \, d\sigma = 0 \; .$$

Exercice 10.2.3. Problème des plasmas
Soient $I > 0$, $\lambda > 0$ deux réels donnés, Ω un ouvert borné connexe de $\mathbb{R}^2$ de classe C^∞.

1. *Montrer que pour tout $v \in L^2(\Omega)$, il existe une constante unique $C(v)$ t.q.*

$$\int_\Omega \big(v(x) + C(v)\big)_- dx = \frac{I}{\lambda}$$

(t_- désigne la partie négative de t). On notera désormais $C : L^2(\Omega) \to \mathbb{R}$ définie ci-dessus.

Soit maintenant pour $x \in \Omega$, $A(x)$ une matrice à coefficients dans $L^\infty(\Omega)$ et coercive au sens que : $\forall \xi \in \mathbb{R}^2$ $A(x)\xi \cdot \xi \geqslant |\xi|^2$, et soit

$$\begin{array}{c} S : L^4(\Omega) \to L^4(\Omega) \\ \varphi \mapsto \psi \end{array} \iff \begin{cases} Av = -div\big(A(x)\nabla v\big) = -\lambda\varphi \\ v \in H_0^1(\Omega) \\ \psi = \big(v + C(v)\big)_- \end{cases} .$$

2. *Montrer que S est bien définie.*
3. *Soit v la solution de $Av = -\lambda\varphi$, $v \in H_0^1(\Omega)$. Montrer qu'il existe une constante $a > 0$ (ne dépendant que de Ω) qu'on précisera t.q. $|v|_\infty \leqslant \lambda a |\varphi|_{L^4(\Omega)}$.*
4. *Déduire que pour $\psi = \big(v + C(v)\big)_-$, on a*

$$|\psi|_\infty \leqslant 2\lambda a |\varphi|_{L^4(\Omega)} + \frac{I}{\lambda|\Omega|} \; .$$

Que vaut $|\psi|_{L^1(\Omega)}$?

5. *Montrer que $|\psi|_{L^4}^4 \leqslant \dfrac{I}{\lambda}|\psi|_\infty^3$.*
6. *Déduire des questions précédentes que pour tout $\varphi \in L^4(\Omega)$, on a :*

$$|S\varphi|_{L^4}^4 \leqslant \big(C_1|\varphi|_{L^4} + C_2\big)^3 \; ,$$

où C_1, C_2 sont des constantes à préciser ne dépendant que de a, λ, I, $|\Omega|$.

7. *Soit R la plus grande racine positive de*

$$X^4 - \big(C_1 X + C_2\big)^3 = 0$$

(vérifier qu'elle existe).

Montrer que si $|\varphi|_{L^4} \leqslant R$ *alors* $|S\varphi|_{L^4} \leqslant R$ *et déduire que si on note* $B_4(R)$ *la boule de* $L^4(\Omega)$ *i.e.* $B_4(R) = \left\{v \in L^4(\Omega) : |v|_{L^4} \leqslant R\right\}$ *alors,*

$$S : B_4(R) \to B_4(R).$$

8. *En décomposant* S*, montrer que* S *est compacte de* $L^4(\Omega)$ *dans* $L^4(\Omega)$.
9. *Déduire que* S *admet un point fixe* $u \in H_0^1(\Omega) \cap L^\infty(\Omega)$.
10. *Déduire qu'il existe* $w \in H_0^1(\Omega) \oplus \mathbb{R}$ *vérifiant :*

$$\begin{cases} Aw + \lambda w_- = 0 \\ \displaystyle\int_\Omega w_- dx = \frac{I}{\lambda}. \end{cases}$$

Exercice 10.2.4. Problème

On rappelle que si $v \in W^{1,p}(0,1)$, $1 \leqslant p \leqslant +\infty$ *alors*

(i) $v_* \in W^{1,p}(0,1)$, $|v_*'|_{L^p(0,1)} \leqslant |v'|_{L^p(0,1)}$.

(ii) Si $g \geqslant 0$ *mesurable alors*

$$\int_0^1 |v'(x)|\, g(x)dx = \int_{-\infty}^{+\infty} \left(\sum_{x \in v^{-1}(t)} g(x) \right) dt.$$

On note m_v *la fonction de distribution de* v *ou plus simplement* m *s'il n'y a pas de confusion.*

Partie I

Soit $u \in W^{1,p}(0,1)$, $1 \leqslant p < +\infty$.

1. *Montrer que pour presque tout* $\theta \in \left(\inf_{[0,1]} u ; \sup_{[0,1]} u \right)$ *on a :*

$$-\frac{d}{d\theta} \int_{u_* > \theta} |u_*'(\sigma) d\sigma| = 1.$$

2. *Montrer que si* $\operatorname{mes}\left\{x \in (0,1),\ u'(x) = 0\right\} = 0$ *alors pour presque tout* $\theta(\inf u, \sup u)$, $m'(\theta) \neq 0$ *et* $1 = \big(-m'(\theta)\big(u_*'(m(\theta))\big)$ *où* $m(\theta) = |\{u > \theta\}|$.
3. *On considère la fonction suivante : pour* $\theta > 0$ *et* $h > 0$, $t \in \mathbb{R}$

$$S_{\theta,h}(t) = \begin{cases} 0 & si\ \ |t| \leqslant 0 \\ \operatorname{sign}(t) & si\ |t| \geqslant \theta + h \\ \dfrac{1}{h}(t - \theta) & si\ \theta \leqslant t \leqslant \theta + h \\ \dfrac{1}{h}(t + \theta) & si\ -\theta - h \leqslant t \leqslant -\theta. \end{cases}$$

On pose $v = |u|$, montrer alors que pour presque tout $\theta > 0$

$$-\frac{d}{d\theta}\int\limits_{\{v_*>\theta\}} |v_*'(\sigma)|^p \, d\sigma \leqslant -\frac{d}{d\theta}\int\limits_{\{v>\theta\}} |v'(x)|^p \, dx\,.$$

4. Montrer que pour presque tout $\theta \in (\inf_{[0,1]} v,\ \sup_{[0,1]} v)$

$$1 \leqslant \left(-\frac{d}{d\theta}\int\limits_{u>\theta} |v'(x)|^p \, dx\right)\big(-m_v'(\theta)\big)^{p-1}.$$

Partie II

On se propose maintenant d'utiliser cette inégalité dans les équations d'évolution. On considère pour $j \geqslant 1$, $\varphi_j(x) = \sqrt{2}\sin(j\pi x)$, $x \in (0,1)$. $V_m = vect\{\varphi_1, \dots, \varphi_m\}$ (sous espace engendré par $\varphi_1, \dots, \varphi_m$)$P_m$ la projection orthogonale de $L^2(0,1)$ sur V_m et $T > 0$.

1. *Soit $f \in L^2(]0,T[\times]0,1[)$, $u_0 \in L^2(0,1)$. Montrer qu'il existe une fonction unique $u_m \in H^1(0,T;V_m)$ t.q.*

$$\frac{d}{dt}\int_0^1 u_m(t,x)\psi(x)dx + \int_0^1 \frac{\partial u_m}{\partial x}(t,x)\psi'(x)dx = \int_0^1 f(t,x)\psi(x)dx$$

   $\forall \psi \in V_m$ *et* $u_m(0) = P_m u_0$.

2. *Montrer que u_m reste dans un borné de $H^1(]0,T[\times]0,1[)$ quand m varie. Montrer que si $u_m(t) \neq 0$ (pour t fixé).*
   Alors $\forall j \in \mathbb{N}$, $\forall \theta \in \mathbb{R}$.

$$\text{mes}\Big\{x \in (0,1),\ \frac{\partial^j}{\partial x^j} u_m(t,x) = \theta\Big\} = 0.$$

3. *On pose $v_m = |u_m|$. Montrer que pour presque tout $t \in (0,T)$ et pour presque tout $\theta > 0$*

$$\int\limits_{v_m(t)>\theta} \frac{\partial u_m}{\partial t}(t,x)dx - \frac{d}{d\theta}\int\limits_{v_m(t)>\theta} \left(\frac{\partial u_m}{\partial x}\right)^2 (t,x)dx =$$

$$= \int\limits_{v_m(t)>\theta} \big(P_m f(t)\big)(x)\,\text{sign}\ u_m dx.$$

4. *Pour* $t \in (0,T)$, $s \in (0,1)$, $\theta > 0$, *on définit les fonctions* $k_m(t,s) = \int_0^s v_{m*}(t,\sigma)d\sigma$,
$g_m = |P_m f(t)|$
et $M(t,\theta) = \text{mes}\{x \in (0,1),\ v_m(t,x) > \theta\}$.
Montrer que $\frac{\partial k_m}{\partial t}(t,s) = \int_0^s \frac{\partial u_{m*}}{\partial t}(t,\sigma)d\sigma$ *dans* $\mathcal{D}'(]0,T[\times]0,1[)$ *et que pour presque tout* $\theta \in \left(\inf_{[0,1]} v_m(t), \sup_{[0,1]} v_m(t)\right)$ *(t étant fixé),*

$$1 \leqslant \left[\int_0^{M(t,\theta} g_{m*}(t)(\sigma)d\sigma - \int_0^{M(t,\theta)} \frac{\partial v_{m*}}{\partial t}(t,\sigma)d\sigma\right]\Big(-\frac{\partial M}{\partial \theta}(t,\theta)\Big).$$

5. *Déduire que pour t fixé, on a pour presque tout* $s \in [0,1]$,

$$-\frac{\partial u_{m*}}{\partial s}(t,s) \leqslant \int_0^s g_{m*}(t,s)d\sigma - \int_0^s \frac{\partial u_{m*}}{\partial t}(t,\sigma)d\sigma$$

et qu'au sens des distributions dans $\mathcal{D}'(]0,T[\times]0,1[)$

$$\frac{\partial k_m}{\partial t}(t,s) - \frac{\partial^2 k_m}{\partial s^2}(t,s) \leqslant \int_0^s g_{m*}(t,\sigma)d\sigma.$$

6. *Montrer qu'il existe une fonction unique* $u \in H^1(]0,T[\times]0,1[)$ *t.q.*

$$\frac{\partial u}{\partial t} - \frac{\partial^2 u}{\partial x^2} = f$$

$$u(0) = u_0,\ u(t,0) = u(t,1) = 0, \quad \forall t \in [0,1]$$

et si on pose $k(t,s) = \int_0^1 u_*(t,\sigma)d\sigma$ *alors*

$$\frac{\partial k}{\partial t}(t,s) - \frac{\partial^2 k}{\partial s^2}(t,s) \leqslant \int_0^s f_*(t,\sigma)d\sigma \ \textit{dans}\ \mathcal{D}'(]0,T[\times]0,1[).$$

Exercice 10.2.5.
Soit Ω *un ouvert borné de* $\mathbb{R}^N$, $f \in L^{p'}(\Omega)$, $1 < p' < +\infty$, $f \geqslant 0$.

1. *Déterminer explicitement la solution*

$$U \in W_0^{1,p}(\underset{\sim}{\Omega}) \text{ de } -\Delta_p U = -div\left(|\nabla U|^{p-2}\nabla U\right) = \underset{\sim}{f}$$

dans $\underset{\sim}{\Omega}$. *Ici* $\frac{1}{p} + \frac{1}{p'} = 1$.
Donner U'_*.

2. *Soit* $\widehat{a} : \Omega \times \mathbb{R} \times \mathbb{R}^N \to \mathbb{R}^N$ *vérifiant p.p.* $x \in \Omega$, $\forall(\sigma,\xi) \in \mathbb{R} \times \mathbb{R}^N$, $\widehat{a}(x,\sigma,\xi)\cdot\xi \geqslant |\xi|^p$. *Montrer que toute solution* $u \in W_0^{1,p}(\Omega)$ *de* $-div(\widehat{a}(x,u,\nabla u)) = f$ *dans* $\mathcal{D}'(\Omega)$ *satisfaisant* $\widehat{a}(x,u,\nabla u) \in L^{p'}(\Omega)^N$ *vérifie*
   (a) $u \geqslant 0$
   (b) $|u'_*(s)| \leqslant |U'_*(s)|$ *p.p.* $s \in \Omega_*$.
3. *Montrer que* $\underset{\sim}{u}(x) \leqslant U(x) \quad \forall x \in \underset{\sim}{\Omega}$.

Exercice 10.2.6. *Soient* Ω *un ouvert de mesure 1,* $1 < p < +\infty$, $p' = \dfrac{p}{p-1}$. *Pour* $g \geqslant 0$ *mesurable, on associe*

$$|g|_{(p'} = \operatorname*{Inf}_{g=\sum_{k=1}^{+\infty} g_k \ g_k\geqslant 0} \left\{ \sum_{k=1}^{+\infty} \inf_{0<\varepsilon<p-1} \varepsilon^{-\frac{1}{p-\varepsilon}} \left(\int_\Omega g_k^{(p-\varepsilon)'} dx \right)^{\frac{1}{(p-\varepsilon)'}} \right\}$$

où $(p-\varepsilon)'$ *est le conjugué de* $p-\varepsilon$.

1. *Montrer que* $\rho(g) = |g|_{(p'}$ *est une norme de Fatou invariante par réarrangement.*
2. *On note* $L^{(p'} = \left\{ g \text{ mesurable } : |g|_{(p'} < +\infty \right\}$. *Montrer que* $L^{p'+\varepsilon}(\Omega) \subset L^{(p'}(\Omega) \subset L^{p'}(\Omega)\ \forall\varepsilon > 0$.

Exercice 10.2.7. *Construire une application* $\rho : L^0(\Omega_*) \to [0,+\infty]$ *qui ne soit pas une norme mais qui soit monotone homogène.*
Choisir ensuite une application ρ *t.q.*

$$\rho\left(\left(\operatorname{Log} \frac{|\Omega|}{s} \right)^{\frac{1}{N'}} \right) < +\infty, \ N' = \frac{N}{N-1}.$$

Exercice 10.2.8. *Montrer que les fonction de* $W^{1,1}_{loc}(\mathbb{R})$ *sont co-aire régulières.*

Exercice 10.2.9. *Soit* $\Omega =]0,1[\times]0,1[$, $u(x,y) = y - x$ *et* $v \in L^1(\Omega)$.
Calculer $v_{*u}(s)$, $s \in [0,1]$ *en fonction de* v *et de* $u_*(s)$.
Déduire si $v \in C(\overline{\Omega})$ *alors* $v_{*u} \in C(\overline{\Omega_*})$.
Montrer que si $v \in C^1(\overline{\Omega})$. *Alors* $v_{*u} \in W^{1,+\infty}(\Omega_*)$.

Exercice 10.2.10. *Soient* u, v_1, v_2 *trois fonctions de* $L^1(\Omega)$.
Montrer que $\forall s \in \Omega_*$

$$\int_0^s |v_{1*u} - v_{2*u}|_*(s)ds \leqslant \int_0^s |v_1 - v_2|_*(\sigma)d\sigma.$$

11

Solutions ou indications

11.1 Exercices

Solution 11.1.1.

réponse : $\ell = 0$ car $t^p m(t) \leqslant \displaystyle\int_{u_+ > t} u_+^p(x)dx.$

Solution 11.1.2.

Indication sur la preuve de l'exercice 2

(i) Comme $|u \geqslant u_*(s)| = |u_* \geqslant u_*(s)|$,
considérons l'intervalle $\{u_* \geqslant u_*(s)\}$ il contient s ....

(ii) Si $\text{mes}\Big(P(u)\Big) = 0$ alors $|u_* \geqslant u_*(s)| = |u_* > u_*(s)|$.

(iii) Soit $t \in I\!R$, si $\theta > t$ alors $m(\theta) < m(t)$ et si $\theta < t$ alors $m(\theta) > m(t)$ (car u est continue $|\theta < u < t| > 0$ si $(\theta, t) \in]\inf u, \sup u[$).

Solution 11.1.3.

Indication

1. $I\!R[X]$ l'ensemble des polynômes est contenu dans $I\!L^p_\#(\Omega)$.
2. Considérons $P(u) = \displaystyle\bigcup_{t \in D} \{u = t\}$, $u \in L^\infty(\Omega)$ alors pour $j \in I\!N$, on définit

$$u_j(x) = \begin{cases} u(x),\ x \in \Omega \backslash P(u) & \\ te^{-\frac{|x|+\gamma}{j+1}} & si\ u(x) = t \neq 0 \\ \dfrac{|x|}{j+1} & si\ u(x) = 0 \\ \gamma \in I\!R,\ \inf\limits_{x \in \Omega} |x| > -\gamma & \end{cases}$$

alors pour $\theta \in I\!R$, $|u_j = \theta| = 0 \quad \forall j \geqslant 0$,

$$|u_j - u|_\infty \leqslant \left(1 - e^{-\frac{\sup|x|+\gamma}{j+1}}\right)|u|_\infty + \frac{\sup|x|}{j+1} \xrightarrow[j \to +\infty]{} 0$$

Solution 11.1.4.

Reprendre les arguments du cours.

Solution 11.1.5.

Preuve. On a : $m_{u_j} = \int_\Omega \chi_{]t,+\infty[}(u_j(x))dx, \quad t \notin D(u)$.
Soit $x \in \Omega$
· Si $u(x) > t \quad \chi_{]t,+\infty[}(u_j(x)) = 1 \quad j \geqslant j_x$
· Si $u(x) < t$ alors
$$\begin{cases} \chi_{]t,+\infty[}(u_j(x)) = 0 \quad j \geqslant j_x : \lim \chi_{]t,+\infty[}(u_j(x)) = \chi_{]t,+\infty[}(u(x)) \\ = \chi_{]t,+\infty[}(u(x)) \end{cases}$$
Par convergence dominée, $\lim_j m_{u_j}(t) = m_u(t)$.

Solution 11.1.6.

Preuve. $u_{j*}(\sigma) \leqslant u_{(j+1)_*}(\sigma) \leqslant \ldots \leqslant u_*(\sigma) \quad \forall\sigma$. Alors, $\lim_j u_{j*}(\sigma) \doteq v_*(\sigma)$ vérifie $v_*(\sigma) \leqslant u_*(\sigma) \quad \forall\sigma$.
$|u > t| = \lim_j |u_j > t| = |v_* > t|$ p.p. t. Donc pour tout t car
$|u > t - h| = |v_* > t - h| \Longrightarrow |u > t| = |v_* > t|$. D'où $u_* = v_*$.

Solution 11.1.7.

Indication Montrer que $|f|_*(t) \leqslant \frac{1}{t}\int_0^t |f|_*(\sigma)d\sigma$. Pour l'autre inégalité, utiliser l'inégalité de Hardy.

Solution 11.1.8.

Indication
-> Soit $a_{j+1}^* \leqslant a_j^* \leqslant \ldots \leqslant a_*^0$ réarrangement de $\{a_0, \ldots, a_n\}$

$$u_*(s) = \begin{cases} a_0^* & si\ s \in \Big[0, |E_0^*|\Big[\\ a_i^* & si\ s \in \Big[\sum_{k=0}^{i-1}|E_k^*|, \sum_{k=0}^{i}|E_k^*|\Big[\\ i = 1, \ldots, n & \\ 0 & si\ t \geqslant |\Omega| = \sum_{k=0}^{n}|E_k| \end{cases}$$

(avec a_i^* associé à E_i^*) i.e. $E_i^* = \{x : u(x) = a_i^*\}$).

Solution 11.1.9.

Utiliser 10.1.8

Solution 11.1.10.

Utiliser 10.1.8

Solution 11.1.11.

Réponse : $\sigma_3 = \dfrac{4\pi}{3}\sin^2\left(\dfrac{\alpha}{2}\right)$.

Solution 11.1.12.

Voir l'indication du texte de l'exercice.

Solution 11.1.13.

Indication Montrer tout d'abord que :

$$L^p(\Omega) \subset L^{N,1}(\Omega) \subset L^N(\Omega) \qquad \forall p > N$$

Ainsi :

$$W^{1,p}(\Omega) \subsetneqq W^1(\Omega, |\cdot|_{N,1}) \subsetneqq W^{1,N}(\Omega).$$

Pour montrer l'inclusion $L^{p,q_1}(\Omega) \subset L^{p,q_2}(\Omega)$ si $q_1 \leqslant q_2$. On peut d'abord montrer que $\forall t \in \Omega_*$, $\forall f \in L^{p,q}(\Omega)$.

(i) $|f|_{**}(t) \leqslant e^{\frac{1}{e}} \dfrac{|f|_{(p,q)}}{t^{\frac{1}{p}}}$. Ensuite à partir de (i), montrer que

(ii) $|f|_{(p,q_2)} \leqslant e^{\frac{1}{e}} |f|_{(p,q_1)}$ si $q_1 \leqslant q_2$.

Indication Pour (i) $|f|^q_{(p,q)} \geqslant \displaystyle\int_0^x |f|_{**}(t)^q t^{\frac{q}{p}-1}dt \leqslant |f|_{**}(x)^q \left(\frac{p}{q}\right) x^{\frac{p}{q}}$ (noter $q^{\frac{1}{q}} \leqslant e^{\frac{1}{e}}$). Pour (ii), on écrit que

$$|f|^{q_2}_{(p,q_2)} = \int_{\Omega_*} |f|_{**}(t)^{q_1} |f|^{q_2-q_1}_{**}(t) \cdot t^{\frac{q_2}{p}-1}dt \leqslant c\,|f|^{q_2-q_1}_{(p,q_1)} |f|^{q_1}_{(p,q_2)}.$$

Solution 11.1.14.

Indication Utiliser la preuve des inégalités de Poincaré-Sobolev classiques sachant que $W^{1,1}_{\Gamma_0}(\Omega) \hookrightarrow L^1(\Omega)$ de façon compact.

Solution 11.1.15.

Réponse : 1.
Indication Utiliser l'espace dense $\mathcal{D}(\Omega)$ et le réarrangement sphérique.

Solution 11.1.16.

Laissé au lecteur.

Solution 11.1.17.

1. Puisque les applications $j \to a_j$, $j \to b_j$ sont décroissantes, on déduit que pour $k \neq j$
$$\frac{a_k - a_j}{k - j} \leqslant 0 \; et \; \frac{b_k - b_j}{k - j} \leqslant 0$$
D'où $(a_k - a_j)(b_k - b_j) \geqslant 0$ et par suite
$$\frac{1}{2}\sum_{k=1}^{n}\sum_{j=1}^{n}(a_k - a_j)(b_k - b_j) \geqslant 0,$$
on développe cette double somme pour obtenir l'égalité
2. On applique la question (1) avec $a_j = u_*(s_j)$ et $b_j = v_*(s_j)$.
3. On utilise le théorème de Riemann et l'équimesurabilité.
4. On applique (3). En choisissant $v(x) = \chi_E(x)$ avec $|E| = s$.

Solution 11.1.18.

Penser au théorème de comparaison et un théorème du chapitre 1.

Solution 11.1.19.

1. Noter que $J(v) \geqslant J_0(v) = \dfrac{1}{2}\displaystyle\int_\Omega |\nabla v|^2 - \int_\Omega f\,v$, ainsi on a la coercivité de J comme l'application $v \in H_0^1(\Omega) \to \dfrac{1}{2\eta}\displaystyle\int_\varepsilon^1 (v_{*+})^2(\sigma)\,d\sigma$ est continue sur $H_0^1(\Omega)$-faible, on déduit le résultat en suivant les arguments usuels. Notons $J_0(u_\eta) \leqslant J(0)$ donc u_η reste borné de $H_0^1(\Omega)$ quand η varie. On supposera $u_\eta \rightharpoonup u$ dans $H_0^1(\Omega)$-faible.
2. On calcule $J'(u_\eta)v = \displaystyle\lim_{t\to 0,\ t>0} \frac{J(u_\eta + tv) - J(u_\eta)}{t} \geqslant 0$. D'où
$$\int_\Omega \nabla u_\eta \cdot \nabla v\,dx + \frac{1}{\eta}\int_\varepsilon^1 u_{\eta*+}(\sigma)v_{*u}(\sigma)d\sigma - \int_\Omega f\,v\,dx \geqslant 0$$
pour tout $v \in H_0^1(\Omega)$.
3. On interprète cette inégalité, sachant que si $v \in \mathcal{D}(\Omega),\ v \geqslant 0,\ v_{*u_\eta} \leqslant 0$ ainsi :
$$\int_\Omega \nabla u_\eta \cdot \nabla v\,dx - \int_\Omega f\,v\,dx \geqslant 0 : -\Delta u_\eta - f \leqslant 0 : -\Delta u \leqslant f.$$
Comme $J(u_\eta) \leqslant J(0) \Longrightarrow \displaystyle\int_\varepsilon^1 (u_{\eta*+})^2 \leqslant (constante)\eta$. Par suite
$$\int_\varepsilon^1 (u_{*+})^2(\sigma)d\sigma = 0 : u_{*+}(\sigma) = 0,\ \forall\sigma \in [\varepsilon, 1] \Longrightarrow |u > 0| \leqslant \varepsilon.$$

4. exemple$\begin{cases} f \geqslant 0 \\ f \not\equiv 0 \end{cases}$ principe du maximum $u > 0 : |u > 0| > \varepsilon$

Solution 11.1.20.

On ne montrera que la deuxième inégalité (qui entraîne (2) la première se fait de façon identique.
Posons pour $x \in (a, b)$:

$$H(x) = \int_a^{a+\int_a^x g(t)dt} f(t)dt - \int_a^x f(t)g(t)dt.$$

C'est une fonction qui s'annule en $x = a$ et sa dérivée est positive car

$$H'(x) = f\left(a + \int_a^x g(t)dt\right) - f(x)g(x) \geqslant 0$$

car $0 \leqslant g \leqslant 1$ implique $\displaystyle\int_a^x g(t)dt \leqslant x - a$ et puisque f est décroissante alors

$$f\left(a + \int_a^x g(t)dt\right) \geqslant f(x) \geqslant f(x)g(x).$$

Par suite $H(x) \geqslant H(a) = 0$.

Solution 11.1.21.

Voir partie interpolation du cours.

Solution 11.1.22.

Voir le théorème de Fubini chapitre 1.

Solution 11.1.23.

1. La fonction $v(x) = d(x, \Gamma)$ est dans $C_+^{0,1}(\Omega) \cap H_0^1(\Omega)$ et $|\nabla v(x)| \leqslant 1$ p.p., par l'inégalité (PSR), on déduit :

$$-v_*'(s) \leqslant \frac{s^{\frac{1}{N}-1}}{N\alpha_N^{\frac{1}{N}}}$$

d'où, pour tout $s \in \overline{\Omega}_*$, on a :

$$v_*(0) - \frac{s^{\frac{1}{N}}}{\alpha_N^{\frac{1}{N}}} \leqslant v_*(s) \leqslant \frac{1}{\alpha_N^{\frac{1}{N}}}\left(|\Omega|^{\frac{1}{N}} - s^{\frac{1}{N}}\right).$$

2. Par équimesurabilité et l'estimation ci-dessus, en faisant un changement de variables, on déduit :

$$\int_\Omega d(x,\Gamma)^{-\alpha} = \int_0^{|\Omega|} v_*(s)^{-\alpha} ds \geqslant (constante) \int_{\frac{1}{2}}^1 (1-t)^{-\alpha} dt = +\infty$$

si $\alpha \geqslant 1$.
Si Ω est la boule unité de $\mathbb{R}^N$, on a $|\Omega| = \alpha_N$ et $v_*(0) = 1$ d'où

$$v_*(s) = 1 - \frac{1}{\alpha_N^{\frac{1}{N}}} s^{\frac{1}{N}}.$$

3. Voir le livre JE Rakotoson-JM Rakotoson [88].
4. Pour simplifier on peut supposer que $\underset{\sim}{\Omega}$ est la boule unité, alors $d(x, \underset{\sim}{\Gamma}) = 1 - |x|$. Pour $u \in C_c^\infty(\Omega)$, $u \geqslant 0$

$$\int_{\underset{\sim}{\Omega}} \frac{\underset{\sim}{u}(x)^p}{(1-|x|)^p} dx = N \int_0^1 \frac{u_*(\alpha_N r^N)^p r^{N-1}}{(1-r)^p} dr = N \int_0^1 \left| \frac{g(r)}{r(1-r)} \right|^p dr,$$

avec $g(r) = u_*(\alpha_N r^N) r^{\frac{N-1}{p}+1}$ alors $g \in W_0^{1,p}(0,1)$ (voir régularité de u_*). Conclure avec l'inégalité de Hardy de la question 3 et l'inégalité classique de Sobolev (voir chapitre 4), i.e. $|\underset{\sim}{u}|_p \leqslant c_p(\Omega)|\nabla u|_p$.

Solution 11.1.24.

Voir chapitre 4 le corollaire 4.6.2

Solution 11.1.25.

1. Puisque l'espace associé de $L^{p,q}$ est $L^{p',q'}$ avec $\frac{1}{p} + \frac{1}{p'} = 1 = \frac{1}{q} + \frac{1}{q'}$, (voir lemme 4.5.1, il suffit d'estimer pour $g \in L^{p,q}(\Omega_*)$, $h \in L^{p',q'}(\Omega)$ l'intégrale $\int_\Omega M_u h\, dx$, pour $h \geqslant 0$, $g \geqslant 0$ (car $|M_u(g)| \leqslant M_u(|g|)$)

$$\int_\Omega M_u(g) h\, dx = \int_{\Omega \backslash P(u)} g(\beta(u)) h\, dx + \sum_{i \in D} |P_i| \left(\fint_{P_i^*} g\, d\sigma \right) \left(\fint_{P_i} h(x) dx \right) \tag{11.1}$$

$\left(\fint_A \text{ désignant la moyenne sur } A \right)$
on a par Hardy-Littlewood :

$$\int_{\Omega \backslash P(u)} g(\beta(u)) h\, dx \leqslant \int_{\Omega_*} g_* h_* d\sigma \leqslant |g|_{(p,q)} \cdot |h|_{p',q'} \cdot \tag{11.2}$$

Par l'inégalité de Hardy-Littlewood, on déduit :

$$\fint_{P_i^*} g\,d\sigma \leqslant \frac{1}{t}\int_0^t g_*(\sigma)d\sigma \; si \; t \leqslant |P_i|\,.$$

D'où

$$\int_{P_i^*} t^{\frac{q}{p}-1}\left(\fint_{P_i^*} g\,d\sigma\right)^q \leqslant \int_{P_i^*} t^{\frac{q}{p}-1} g_{**}(t)^q\,dt.$$

Soit

$$\fint_{P_i^*} g\,d\sigma \leqslant \left(\frac{q}{p}\right)^{\frac{1}{q}} |P_i|^{-\frac{1}{p}} \left(\int_{P_i^*}\left[t^{\frac{1}{p}} g_{**}(t)\right]^q \frac{dt}{t}\right)^{\frac{1}{q}}.$$

De même

$$\fint_{P_i} h(x)dx \leqslant \left(\frac{q'}{p'}\right)^{\frac{1}{q'}} |P_i|^{\frac{1}{p'}} \left(\int_{P_i^*}\left[t^{\frac{1}{p}} h_{**}(t)\right]^{q'} \frac{dt}{t}\right)^{\frac{1}{q'}}.$$

En posant

$$a_i = \int_{P_i^*}\left[t^{\frac{1}{p}} g_{**}(t)\right]^q \frac{dt}{t} \qquad b_i = \int_{P_i^*}\left[t^{\frac{1}{p}} h_{**}(t)\right]^{q'} \frac{dt}{t}. \tag{11.3}$$

Alors, on déduit des relations (11.1)–(11.3)

$$\int_\Omega M_u(g) h dx \leqslant |g|_{(p,q)} |h|_{(p',q')} + \sum_{i\in D} a_i^{\frac{1}{q}} b_i^{\frac{1}{q'}}. \tag{11.4}$$

Par l'inégalité de Hölder discrète (D est au plus dénombrable)

$$\sum_{i\in D} a_i^{\frac{1}{q}} b_i^{\frac{1}{q'}} \leqslant \left(\sum_{i\in D} a_i\right)^{\frac{1}{q}} \left(\sum_{i\in D} b_i\right)^{\frac{1}{q'}} =$$

$$= \left(\int\limits_{\cup P_i^*}\left[t^{\frac{1}{p}} g_{**}(t)\right]^q \frac{dt}{t}\right)^{\frac{1}{q}} \cdot \left(\int\limits_{\cup P_i^*}\left[t^{\frac{1}{p}} h_{**}(t)\right]^{q'} \frac{dt}{t}\right)^{\frac{1}{q'}}$$

$$\leqslant |g|_{(p,q)} |h|_{(p',q')}\,. \tag{11.5}$$

En combinant les relations (11.4) et (11.5), on déduit :

$$\int_\Omega M_u(g) h\,dx \leqslant 2\,|g|_{(p,q)} |h|_{(p',q')}\,. \tag{11.6}$$

D'où $M_u(g) \in L^{p,q}(\Omega)$ et

$$\sup\left\{\int_\Omega (M_u(g)h)\,dx,\, |h|_{(p',q')} = 1\right\} \leqslant 2\,|g|_{(p,q)}\,.$$

2. Par équimesurabilité, on déduit $g\big(\beta(u)\big)_* = g_*$ d'où le résultat.

Solution 11.1.26.

C'est une inégalité de Hardy, lemme 1.4.2, on la traite comme celle de la première version (chapitre 1). Pour $f \geqslant 0$ mesurable, on écrit pour $x > 0$

$$\int_x^{+\infty} f(t)dt = \int_x^{+\infty} f(t)t^{\frac{r}{q}-1}t^{1-\frac{r}{q}}dt\,.$$

En appliquant à cette inégalité, l'inégalité de Hölder relative à la mesure $d\mu(t) = t^{\frac{r}{q}} - 1dt$, on déduit :

$$\left(\int_x^{+\infty} f(t)dt\right)^q \leqslant \left(\int_x^{+\infty} f(t)^q t^{q-r} t^{\frac{r}{q}-1}dt\right)\left(\int_x^{+\infty} t^{\frac{r}{q}-1}dt\right)^{\frac{q}{q}'}$$

$$\left(\frac{1}{q}+\frac{1}{q'}=1\right) \qquad \leqslant \left|\frac{q}{r}\right|^{q-1} x^{\frac{r}{q'}} \int_x^{+\infty} f(t)^q t^{q-r} t^{\frac{r}{q}-1}dt\,.$$

D'où l'inégalité suivante :

$$\int_0^{+\infty}\left(\int_x^{+\infty} f(t)dt\right)^q \frac{dx}{x^{r+1}} \leqslant \left|\frac{r}{q}\right|^{q-1} \int_0^{\infty} x^{-\frac{r}{q}-1}dx \int_0^{+\infty} \chi_{[x,+\infty[}(t)h(t)dt$$

où $h(t) = f(t)^q t^{q-r} t^{\frac{r}{q}-1}$.
On applique le théorème de Fubini à cette dernière double intégrale

$$\int_0^{+\infty} x^{-\frac{r}{q}-1}dx \int_0^{+\infty} \chi_{[x,+\infty[}(t)h(t)dt = \int_0^{+\infty} h(t)dt \int_0^t x^{-\frac{r}{q}-1}dx$$

$$= \frac{q}{|r|}\int_0^{+\infty} h(t)t^{-\frac{r}{q}}dt$$

$$= \frac{q}{|r|}\int_0^{+\infty} f(t)^q t^{q-r-1}dt.$$

En combinant les deux dernières relations, on a :

$$\int_0^{\infty}\left(\int_x^{\infty} f(t)dt\right)^q \frac{dx}{x^{r+1}} \leqslant \left|\frac{q}{r}\right|^q \int_x^{\infty} f(t)^q t^q \frac{dt}{t^{r+1}}\,.$$

On applique cette inégalité maintenant et pour cela, si $v \in W_0^1(\Omega, |\cdot|_{p,q})$, $v \geqslant 0$ on sait que $v_* \in W^{1,1}(s, |\Omega|)$,$s > 0$ et $v_*(s) = -\displaystyle\int_s^{|\Omega|} v_*'(t)dt$.

Posons $f(t) = \begin{cases} -v_*'(t) & si\ t \in \overline{\Omega}_* \\ 0 & si\ t > |\Omega| \end{cases}$ on a alors :

$$s^{\frac{q}{p^*}} v_*(s)^q \leqslant s^{\frac{s}{p^*}} \left(\int_s^{+\infty} f(t)dt \right)^q$$

et en posant $r = -\dfrac{q}{p^*}$ cette dernière inégalité conduit à :

$$\int_{\Omega_*} s^{\frac{q}{p^*}} v_*(s)^q \frac{ds}{s} \leqslant \int_0^{+\infty} \left(\int_s^{+\infty} f(t)dt \right)^q \frac{ds}{s^{r+1}}.$$

Par application de l'inégalité de Hardy précédente, on a :

$$\int_{\Omega_*} s^{\frac{q}{p^*}} v_*(s)^q \frac{ds}{s} \leqslant \left|\frac{q}{r}\right|^q \int_x^{\infty} f(t)^q t^q \frac{dt}{t^{r+1}} = \left|\frac{q}{r}\right|^q \int_{0_*} |v_*'(t)|^q\, t^q \frac{dt}{t^{r+1}}.$$

Par l'inégalité PSR $|v_*'(t)| \leqslant \dfrac{t^{\frac{1}{N}-1}}{N\alpha_N^{\frac{1}{N}}} |\nabla v|_{*v}(t)$ et donc,

$$\int_{\Omega_*} s^{\frac{q}{p^*}} v_*(s)^q \frac{ds}{s} \leqslant \left|\frac{q}{r}\right|^q \int_{\Omega_*} \frac{t^{(\frac{1}{N}-1)q+q-r-1}}{\left(N\alpha_N^{\frac{1}{N}}\right)^q} \left[\, |\nabla v|_{*v}\right]^q(t)dt.$$

Puisque $r = -\dfrac{q}{p^*}$, en simplifiant l'exposant, on déduit :

$$\int_{\Omega_*} s^{\frac{q}{p^*}} v_*(s)^q \frac{ds}{s} \leqslant \left|\frac{q}{r}\right|^q \frac{1}{\left(N\alpha_N^{\frac{1}{N}}\right)^q} \int_{\Omega_*} t^{\frac{q}{p}} \left[\, |\nabla v|_{*v}\right]^q(t)dt.$$

Puisque $q \leqslant p$ l'application $v \to |v|_{p,q}$ est une norme de Fatou invariante par réarrangement et de ce fait

$$\left||\nabla v|_{*v}\right|_{p,q} \leqslant |\nabla v|_{p,q}.$$

Ainsi

$$|v|_{p^*,q} \leqslant \frac{p^*}{N\alpha_N^{\frac{1}{N}}} \left||\nabla v|_{*v}\right|_{p,q} \leqslant \frac{p^*}{N\alpha_N^{\frac{1}{N}}} |\nabla v|_{p,q}.$$

Solution 11.1.27.

Voir l'article de Fiorenza-Rakotoson [63].

11.2 Problèmes

Solution 11.2.1.

1. On applique le théorème de Lax-Milgram avec le sous-espace fermé de $H^1(\Omega)$ suivant :

$$V = \Big\{v \in H^1(\Omega), \int_\Omega v(x)dx = 0\Big\}.$$

On sait que $\forall v \in V,\ |v|_{H^1(\Omega)} \leqslant c|\nabla v|_{L^2(\Omega)}$ où $c > 0$, et par conséquent, la forme bilinéaire donnée par $a(v,w) = \displaystyle\int_\Omega \nabla v \cdot \nabla w\, dx$ est continue coercive sur $V \times V$, et l'application $v \to \displaystyle\int_\Omega fv$ est linéaire continue sur V. Il existe alors u unique sur V t.q

$$a(u,v) = \int_\Omega fv\, dx \quad \forall v \in V$$

d'où la réponse.

2. La fonction $v = \big(u - u_*(s)\big)_+ \in H^1(\Omega)$, en utilisant les techniques du chapitre 5, on a déduit pour presque tout $s \in \Omega_*$

$$\Big(|\nabla u|^2\Big)_{*u}(s) = \frac{d}{ds}\int_\Omega f\big(u - u_*(s)\big)_+ dx = \Big(\int_0^s f_{*u}(\sigma)d\sigma\Big)\Big(-\frac{du_*}{ds}(s)\Big).$$

En appliquant l'inégalité de Poincaré-Sobolev ponctuelle (relative au rectangle), on sait

$$-\frac{du_*}{ds}(s) \leqslant \sqrt{\frac{a}{2b}} \cdot \frac{1}{k(s)}\, |\nabla u|_{*u}(s)$$

avec $k(s) = \min(s, |\Omega| - s)^{\frac{1}{2}}$, $|\Omega| = ab$.

Sachant que $(|\nabla u|_{*u})^2 \leqslant \big[\,|\nabla u|^2\,\big]_{*u}$, on a alors (après simplification)

$$|\nabla u|_{*u}(s) \leqslant \sqrt{\frac{a}{2b}} \cdot \frac{1}{k(s)}\left|\int_0^s f_{*u}(\sigma)d\sigma\right| \tag{11.7}$$

mais comme,

$$0 = \int_\Omega f dx = \int_{\Omega_*} f_{*u}(\sigma)d\sigma = \int_0^s f_{*u}(\sigma)d\sigma + \int_s^{|\Omega|} f_{*u}(\sigma)d\sigma$$

on a alors d'après Hardy-Littlewood :

$$\begin{cases} \left|\int_0^s f_{*u}(\sigma)d\sigma\right| = \left|\int_s^{|\Omega|} f_{*u}(\sigma)d\sigma\right| \leqslant \int\limits_0^{ab-s} |f_{*u}|_*(\sigma)d\sigma \\ \left|\int_0^s f_{*u}(\sigma)d\sigma\right| \leqslant \int_0^s |f_{*u}|(\sigma)d\sigma \end{cases} . \tag{11.8}$$

En introduisant

$$F_u(t) = \min\left(\int_0^t |f_{*u}|(\sigma)d\sigma;\ \int\limits_0^{ab-t} |f_{*u}|_*(\sigma)d\sigma\right)$$

les relations (11.7) et (11.8) conduisent à

$$|\nabla u|_{*u}(s) \leqslant \sqrt{\frac{a}{2b}} \cdot \frac{F_u(s)}{k(s)} \ p.p.\ en\ s. \tag{11.9}$$

3. Par l'inégalité de Cauchy-Schwartz, $F_u(s) \leqslant k(s)\,|f_{*u}|_{L^2(\Omega_*)}$ ce qui donne avec la relation (11.9) :

$$||\nabla u|_{*u}|_\infty \leqslant \sqrt{\frac{a}{2b}}\,|f_{*u}|_{L^2(\Omega_*)} . \tag{11.10}$$

4. En reprenant l'inégalité PSR, et l'inégalité (11.10) on déduit :

$$-u_*'(s) \leqslant \frac{a}{2b}\,|f_{*u}|_{L^2(\Omega_*)} \cdot \frac{1}{k(s)} \ p.p.\ en\ s.$$

Puisque $\int_\Omega u\,dx = 0$, il existe alors $s_0 \in \overline{\Omega}_*$ t.q $v_*(s_0) = 0$. Ainsi,

$$u_*(0) = |u_*(0)| = -\int_0^{s_0} u_*'(t)dt \leqslant \frac{a}{2b}\,|f_{*u}|_{L^2} \cdot \int_{\Omega_*} \frac{dt}{k(t)}$$

et

$$\left|u_*(\,|\Omega|\,)\right| = -\int\limits_{s_0}^{|\Omega|} u_*'(t)dt \leqslant \frac{a}{2b}\,|f_{*u}|_{L^2} \cdot \int_{\Omega_*} \frac{dt}{k(t)}.$$

Comme,

$$|u|_\infty = \text{Max}\ \Big(|u_*(0)|\,, \left|u_*(\,|\Omega|\,)\right|\Big) \leqslant \frac{a}{2b}\,|f_{*u}|_{L^2} \cdot \int_{\Omega_*} \frac{dt}{k(t)}$$

et

$$\int_{\Omega_*} \frac{dt}{k(t)} = 2 \int_0^{\frac{ab}{2}} \frac{dt}{\sqrt{t}} = 4 \left(\frac{ab}{2}\right)^{\frac{1}{2}},$$

on déduit

$$|u| \leqslant a \left(\frac{2a}{b}\right)^{\frac{1}{2}} |f_{*u}|_{L^2} \leqslant a \left(\frac{2a}{b}\right)^{\frac{1}{2}} |f|_{L^2}.$$

Solution 11.2.2.

Les réponses aux questions de cet exercice sont la plupart données dans le cours. Elles sont succinctement décrites. On notera c différentes constantes ne dépendant que de Ω et N et de u

Q0: D'après l'inégalité PSR, on a pour

$$u \in W^1(\Omega, |\cdot|_{N,1}),\ |u_*'(s)| \leqslant Q \max(s, |\Omega| - s)^{\frac{1}{N}-1} |\nabla u|_{*u}(s)$$

d'où avec l'inégalité de Hardy-Littlewood

$$\int_{\Omega_*} |u_*'(s)|\, ds \leqslant Q 2^{1-\frac{1}{N}} \int_{\Omega_*} \left[s^{\frac{1}{N}} \left(|\nabla u|_{*u}\right)_* (s)\right] \frac{ds}{s}$$

$$\leqslant Q 2^{1-\frac{1}{N}} |\nabla u|_{(N,1)} \leqslant \frac{NQ2^{1-\frac{1}{N}}}{N-1} |\nabla u|_{N,1}.$$

Q1: $0 < s < |\Omega|$, $\displaystyle \fint_{\Omega_*} |\nabla(u-u_n)|_*(\sigma) d\sigma \leqslant \frac{1}{s} \int_0^s |\nabla(u-u_n)|_*(\sigma) d\sigma.$

D'où

$$\int_\Omega |\nabla(u-u_n)|\, dx \leqslant \frac{|\Omega|^{1-\frac{1}{N}}}{N} |\nabla(u-u_n)|_{(N,1)} \leqslant \frac{|\Omega|^{1-\frac{1}{N}}}{N-1} |\nabla(u-u_n)|_{N,1}.$$

Q2: Soit $u_n \to u$ dans $W^1(\Omega, |\cdot|_{N,1})$ alors u_{n*}' reste dans un borné de $L^1(\Omega_*)$ comme $u_{n*} \to u_*$ dans $L^1(\Omega_*)$ alors $u_{n*}' \rightharpoonup u_*'$ dans $\mathcal{D}(\Omega_*)$. Soit maintenant $E \subset \Omega_*$, par l'inégalité ponctuelle PSR et l'inégalité de Hardy-Littlewood, on déduit

$$\int_E |u_{n*}'|\, d\sigma \leqslant c \int_0^{|E|} s^{\frac{1}{N}-1} \left(|\nabla u_n|_{*u_n}\right)(s) ds \leqslant c \int_0^{|E|} s^{\frac{1}{N}-1} |\nabla u_n|_{**}(s) ds$$

$$\int_E |u_{n*}'|\, d\sigma \leqslant c |\nabla(u-u_n)|_{N,1} + c \int_0^{|E|} s^{\frac{1}{N}-1} |\nabla u|_{**}(s) ds.$$

Comme $\displaystyle \int_0^{|E|} s^{\frac{1}{N}-1} |\nabla u_n|_{**}(s) ds \xrightarrow[|E|\to 0]{} 0$, on déduit de cette dernière inégalité par (u_{n*}') vérifie les conditions de Dunford-Pettis.
Par suite $u_{n*}' \rightharpoonup u_*'$ dans $L^1(\Omega_*)$-faible.

Q3: On applique la formule de Taylor-Lagrange au point a avec $\Phi(t) = \sqrt{1+t^2}$, alors

$$\Phi(b) = \Phi(a) + (b-a)\Phi'(a) + \frac{(b-a)^2}{2}\Phi"(c) \quad c \in]a,b[$$

$$\sqrt{1+b^2} = \sqrt{1+a^2} + \frac{a(b-a)}{\sqrt{1+a^2}} + \frac{(b-a)^2}{2(1+c^2)^{\frac{3}{2}}}, \quad 0 \leqslant c \leqslant \max(a,b)$$

d'où

$$\sqrt{1+b^2} \geqslant \sqrt{1+a^2} + \frac{a(b-a)}{\sqrt{1+a^2}} + \frac{(b-a)^2}{2\big(1+\max(a,b)^2\big)^{\frac{3}{2}}}.$$

Q4: On applique l'inégalité précédente avec $a = |u'_*(s)| = -u'_*(s)$, $b = -u'_{n*}(s)$ alors

$$\int_{\Omega_*} \left(\sqrt{1+u'_{n*}(s)^2} - \sqrt{1+u'_*(s)^2}\right) ds \geqslant$$

$$\geqslant \int_{\Omega_*} \frac{u'_*}{\sqrt{1+u'^2_*}}(u'_{n*} - u'_*)ds + \int_{\Omega_*} (u'_{n*} - u'_*)^2 K_n(s) ds.$$

Par convergence faible $\lim_n \int_{\Omega_*} \frac{u'_*}{\sqrt{1+u'^2_*}}(u'_{n*} - u'_*)ds = 0$ avec l'hypothèse de la question, on déduit : $\lim_n \int_{\Omega_*} (u'_{n*} - u'_*)^2 K_n(s) ds = 0$ où $K_n(s) = \frac{1}{2} \cdot \frac{1}{\left[1+\max\big(|u'_{n*}(s)|, |u'_*(s)|\big)^2\right]^{\frac{3}{2}}}$.

Soit $\theta > 0$, $b_n(s) = \max\left(|u'_{n*}(s)|, |u'_*(s)|\right)$, $s \in \Omega_*$ alors,

$$|u'_{n*} - u'_*|_1 \leqslant \int\limits_{b_n > \theta} |u'_{n*} - u'_*|\, dt + \int\limits_{b_n \leqslant \theta} |u'_{n*} - u'_*|\, dt\,.$$

On a alors

$$\int\limits_{b_n \leqslant \theta} |u'_{n*} - u'_*|\, dt \leqslant c\left(1+\theta^2\right)^{\frac{3}{4}} \left(\int_{\Omega_*} (u'_{n*} - u'_*)^2 K_n(s) ds\right)^{\frac{1}{2}}.$$

Comme

$$|b_n > \theta| \leqslant \frac{1}{\theta}\int_{\Omega_*} b_n(t) dt \leqslant \frac{1}{\theta}\left(\int_{\Omega_*} |u'_{n*}| + \int_{\Omega_*} |u'_*|\right) \leqslant \frac{c}{\theta}.$$

Ainsi, à l'aide de la question Q2, on a :

$$\int_{b_n>0} |u'_{n*} - u'_*|\,dt \leqslant c\int_0^{|b_n>\theta|} s^{\frac{1}{N}-1}\,|\nabla u|_{**}\,ds + c\int_0^{|b_n>\theta|} s^{\frac{1}{N}-1}\,|\nabla u_n|_{**}\,ds$$

$$\leqslant c\,|\nabla(u_n - u)|_{N,1} + c\int_0^{\frac{c}{\theta}} s^{\frac{1}{N}-1}\,|\nabla u|_{**}\,ds\,.$$

Ainsi

$$|u'_{n*} - u'_*| \leqslant c(1+\theta^2)^{\frac{3}{4}}\left(\int_{\Omega_*}(u'_{n*} - u'_*)^2 K_n(s)ds\right)^{\frac{1}{2}} +$$

$$+c\int_0^{\frac{c}{\theta}} s^{\frac{1}{N}-1}\,|\nabla u|_{**}\,ds + c\,|\nabla(u_n - u)|_{N,1}\,.$$

D'où

$$\limsup_n |u'_{n*} - u'_*|_1 \leqslant c\int_0^{\frac{c}{\theta}} s^{\frac{1}{N}-1}\,|\nabla u|_{**}\,ds \xrightarrow[\theta\to+\infty]{} 0.$$

D'après la formule de co-aire, m et m_n sont absolument continues.

$$\left(m(a) - m(b) = \int_a^b dt\int_{u=t}\frac{dH_{N-1}(x)}{|\nabla u|\,(x)}\quad si\ N \geqslant 2\right)$$

$$\int_{-\infty}^{+\infty} dt\int_{u=t}\frac{dH_{N-1}(x)}{|\nabla u|\,(x)} < +\infty, \text{ idem pour } N = 1.$$

On fait le changement de variables, $t = u_*(\sigma)$

$$\int_{R(u)}\sqrt{1 + m'^2(t)}dt = \int_{\Omega_*}\sqrt{1 + u'^2_*(\sigma)}d\sigma.$$

Pour la question Q6 voir chapitre 6.
La question Q7 découle de Q6, Q5 et Q4.

Solution 11.2.3.

1. $t \to \int_\Omega (v(x)+t)_-\,dx = G_v(t)$ est strictement décroissante, de plus

$$G_v(t) \xrightarrow[t\to+\infty]{} 0, \qquad G_v(t) \xrightarrow[t\to-\infty]{} +\infty.$$

En effet, par le théorème de Fatou, on a :

$$\underline{\lim}_{t\to-\infty} G_v(t) \geqslant \int_\Omega \lim_{t\to-\infty} \big(v(x)+t\big)_- dx = +\infty$$

et

$$G_v(t) \leqslant \int_\Omega (t - v_-(x))_- dx, \qquad \lim_{t\to+\infty} (t - v_-(x))_- = 0$$

$$(t - v_-(x))_- \leqslant v_-(x),$$

d'où le théorème de la convergence dominée implique que

$$\lim_{t\to+\infty} \int_\Omega (t - v_-(x))_-\,dx = 0.$$

D'où il existe $C(v)$ unique t.q $G_v\big(C(v)\big) = \dfrac{I}{\lambda}$.

2. Pour $\varphi \in L^4(\Omega) \subset L^2(\Omega)$, d'après le théorème de Lax-Milgram, il existe $v \in H_0^1(\Omega)$ unique t.q $Av = -\lambda\varphi$. Comme $C(v)$ est unique $\psi = \big(v + C(v)\big)_- = S\varphi$ unique.
3. Soit $w = |v|$ et $\big(w - w_*(s)\big)_+ \operatorname{sign}(v) \in H_0^1(\Omega)$

$$\frac{d}{ds}\int_{w>w_*(s)} |\nabla w|^2\,dx = -\frac{d}{ds}\int \lambda\varphi\big(w - w_*(s)\big)_+ \operatorname{sign}(v)$$

$$\Big[|\nabla w|^2\Big]_{*w}(s) = +\left(\int_0^s \big(\lambda\varphi \operatorname{sign}(v)\big)_{*w}(t)dt\right)(w_*'(s)).$$

D'où

$$\left(\Big[|\nabla w|^2\Big]_{*w}\right)^{\frac{1}{2}} \leqslant \lambda Q k^{-1}(s)\left(\int_0^s |\varphi|_*(t)dt\right)$$

où $k(s) = \sqrt{s}$, $Q = \dfrac{1}{2\sqrt{\pi}}$. D'où

$$-w_*'(s) \leqslant \frac{1}{4\pi} s^{-1} s^{\frac{3}{4}} |\varphi|_{L^4},$$

$$|v|_\infty = -\int_0^{|\Omega|} w_*'(s)ds \leqslant \frac{|\Omega|^{\frac{3}{4}}}{3\pi} |\varphi|_{L^4}$$

soit

$$a = \frac{|\Omega|^{\frac{3}{4}}}{3\pi}.$$

4. Comme l'application $t \to G_v(t)$ est décroissante et $G_v(|v|) = 0$ d'où $|v|_\infty \geqslant C(v)$

- Si $C(v) \geqslant 0$ alors $|\psi|_\infty \leqslant |v|_\infty + C(v) \leqslant 2|v|_\infty$.
- Si $C(v) < 0$ alors distinguons deux cas :
  si $+|v|_\infty + C(v) \geqslant 0$ alors $|C(v)| \leqslant |v|_\infty$
  et si $+|v|_\infty + C(v) \leqslant 0$ alors

$$\frac{I}{\lambda} = \int_\Omega (v + C(v))_- \geqslant |\Omega| \int_\Omega \left(|v|_\infty + C(v) \right)_- =$$

$$= -|\Omega| \left(|v|_\infty + C(v) \right)_-$$

$\dfrac{I}{\lambda|\Omega|} + |v|_\infty \geqslant |C(v)|$ alors

$$|\psi|_\infty \leqslant 2|v|_\infty + \frac{I}{\lambda|\Omega|} \text{ et } |\psi|_{L^1} = \frac{I}{\lambda}.$$

5.

$$|\psi|_{L^4}^4 \leqslant \int_\Omega |\psi|^4 \leqslant |\psi|_\infty^3 \int_\Omega \psi = \frac{I}{\lambda} |\psi|_\infty^3$$

$$|S\varphi|_{L^4}^4 = |\psi|_{L^4}^4 \leqslant \frac{I}{\lambda} \left(2\lambda a |\varphi|_{L^4} + \frac{I}{\lambda|\Omega|} \right)^3$$

$$|S\varphi|_{L^4}^4 \leqslant \left(2\lambda a \left(\frac{I}{\lambda}\right)^{\frac{1}{3}} |\varphi|_{L^4} + \left(\frac{I}{\lambda}\right)^{\frac{1}{3}} \frac{1}{|\Omega|} \right)^3.$$

D'où,

$$C_1 = 2\lambda a \left(\frac{I}{\lambda}\right)^{\frac{1}{3}}, \qquad C_2 = \frac{1}{|\Omega|} \left(\frac{I}{\lambda}\right)^{\frac{4}{3}}$$

$$|S\varphi|_{L^4}^4 \leqslant (C_1 |\varphi|_{L^4} + C_2)^3.$$

Soit $X^4 - (C_1 X + C_2)^3 = 0$ admet une racine $R > 0$ car

$$F(X) = X^4 - (C_1 X + C_2)^3 \xrightarrow[X \to +\infty]{} +\infty, \qquad F(0) = -C_2 < 0$$

Si $|\varphi|_{L^4} \leqslant R$ alors $|S\varphi|_{L^4}^4 \leqslant (C_1 R + C_2)^3 = R^4$.
Soit $|S\varphi|_{L^4} \leqslant R : S : B_4(R) \to B_4(R)$

$$S : L^4(\Omega) \xrightarrow{L} H_0^1(\Omega) \subset L^\infty(\Omega) \xrightarrow{i} L^4 \xrightarrow{C+I} L^4 \xrightarrow{P} L^4$$

$$\varphi \longmapsto v \longrightarrow v \longrightarrow v + Cv \longrightarrow (v + C(v))_-$$

L continue, i =compact, $C + I$ continue, P continue $\Longrightarrow S$ est compact.
Il existe $u \in H^1(\Omega) \subset L^\infty(\Omega)$ t.q

$$Su = u$$

(théorème de Leray-Schauder)
on a:

$$Su = u \Longleftrightarrow \begin{cases} u = \big(v + C(v)\big)_- \\ -div\big(A(x)\nabla v\big) = -\lambda u \end{cases}.$$

Si on pose $w = v + C(v)$ alors

$$\begin{cases} Au = Aw = -\lambda w_- \\ w \in H_0^1(\Omega) \oplus I\!R \\ \displaystyle\int_\Omega w_- dx = \frac{I}{\lambda}. \end{cases}$$

Solution 11.2.4.

Laissé au lecteur.

Solution 11.2.5.

1. Si $f \in L^{p'}(\Omega)$ alors $\underset{\sim}{f} \in L^{p'}(\underset{\sim}{\Omega})$. En minimisant la fonctionnelle $J(v) = \dfrac{1}{p}\displaystyle\int_{\underset{\sim}{\Omega}} |\nabla v|^p\, dx - \int_{\underset{\sim}{\Omega}} \underset{\sim}{f} v$ sur $W_0^{1,p}(\underset{\sim}{\Omega})$, on déduit qu'il existe au moins un élément $U \in W_0^{1,p}(\underset{\sim}{\Omega})$ solution de $-\Delta_p U = \underset{\sim}{f}$. Du fait de la monotonicité du p-Laplacien (qui est stricte) on déduit que cette solution est unique. De plus $f \geqslant 0$ implique que $\underset{\sim}{f} \geqslant 0$ et par le principe du maximum on déduit que $U \geqslant 0$. Dans ces conditions, $J(\underset{\sim}{U}) \leqslant J(U)$ et par stricte convexité de J (ou unicité de solution) on a : $\underset{\sim}{U} = U$. Ainsi pour calculer explicitement U, il suffit de calculer U_*.

Recherche de U Soit $s \in \Omega_*$ et choisissons $\big(U - U_*(s)\big)_+$ comme fonction test, on déduit

$$\int_{U>U_*(s)} |\nabla U|^p\, dx = \int_{\underset{\sim}{\Omega}} \underset{\sim}{f}\big(U - U_*(s)\big)_+ dx. \tag{11.11}$$

Puisque $U(x) = U_*(\alpha_N |x|^N)$ on a $|\nabla U(x)| = N\alpha_N |U_*'| \left(\alpha_N |x|^N\right) |x|^{N-1}$.
Puisque U est radial, alors on a :

$$\int_{U>U_*(s)} |\nabla U|^p\, dx = (N\alpha_N)^p \int_{\alpha_N|x|^N<s} |U_*'|^p \,(\alpha_N |x|^N)\, |x|^{(N-1)p}\, dx$$

(par changement de variables)

$$= (N\alpha_N^{\frac{1}{N}})^p \int_0^s |U_*'|^p (\sigma)\sigma^{\frac{p}{N'}} d\sigma. \tag{11.12}$$

En combinant les relations (11.11) et (11.12) et en dérivant par rapport à s, on déduit :

$$(N\alpha_N^{\frac{1}{N}})^p |U_*'|^p (s) s^{\frac{p}{N'}} = -U_*'(s) \int_{U>U_*(s)} \underset{\sim}{f}\, dx \quad = -U_*'(s) \int_0^s f_*(\sigma) d\sigma).$$

Puisque la solution est unique, on va chercher U et montrer à posteriori que l'ensemble $\Big\{s : U_*'(s) = 0\Big\}$ est de mesure nulle. Ainsi :

$$|U_*'|^{p-1}(s) = \frac{s^{-\frac{p}{N'}}}{(N\alpha_N^{\frac{1}{N}})^p} \left(\int_0^s f_*(\sigma) d\sigma\right)$$

soit

$$U_*'(s) = -\frac{s^{-\frac{p'}{N'}}}{(N\alpha_N^{\frac{1}{N}})^{p'}} \left(\int_0^s f_*(\sigma) d\sigma\right)^{\frac{1}{p-1}} \tag{11.13}$$

d'où

$$U(x) = U_*(\alpha_N |x|^N) = -\frac{1}{(N\alpha_N^{\frac{1}{N}})^{p'}} \int_{\alpha_N |x|^N}^{|\Omega|} \sigma^{-\frac{p'}{N'}} \left[\int_0^\sigma f_*(t) dt\right]^{\frac{1}{p-1}} d\sigma\,. \tag{11.14}$$

Par un calcul direct, on vérifie que $-\Delta_p U = \underset{\sim}{f}$, $U(x) = 0$, $x \in \partial\Omega$.

Par unicité de solution, on conclut que U_*' est donné par (11.13) et que $\Big\{s : U_*'(s) = 0\Big\}$ est de mesure nulle.

2. Montrons que $|u_*'(s)| \leqslant |U_*'(s)|$. En appliquant la technique du chapitre 5, nous avons :

$$(|\nabla u|^p)_{*u}(s) \leqslant \big(-u_*'(s)\big) \int_0^s f_*(t) dt. \tag{11.15}$$

Notons que par le principe du maximum, une solution u de

$$-div\big(\widehat{a}(x, u, \nabla u)\big) = f \geqslant 0$$

est positive car

$$0 \leqslant \int_\Omega |\nabla u_-|^p dx \leqslant -\int_\Omega \widehat{a}(x, u, \nabla u) \cdot \nabla u_- dx = -\int_\Omega f \cdot u_- \leqslant 0$$

(ici $u_-(x) = -\min\big(u(x),0\big)$.)

En appliquant l'inégalité ponctuelle PSR on a :

$$-u'_*(s) \leqslant \frac{s^{\frac{1}{N}-1}}{N\alpha_N^{\frac{1}{N}}} \left([|\nabla u|^p]_{*u}(s)\right)^{\frac{1}{p}}, \quad s \in \Omega_*,$$

la relation (11.15) conduit à :

$$\left([|\nabla u|^p]_{*u}(s)\right)^{\frac{1}{p}} \leqslant \frac{s^{-\frac{p'}{N'}\frac{1}{p}}}{(N\alpha_N^{\frac{1}{N}})^{\frac{1}{p-1}}} \left(\int_0^s f_*(t)dt\right)^{\frac{1}{p-1}}. \tag{11.16}$$

Sachant que $|\nabla u|_{*u}(s) \leqslant \left((|\nabla u|^p)_*(s)\right)^{\frac{1}{p}}$, et l'expression de U'_* donnée par (11.13), on déduit que :

$$|\nabla u|_{*u}(s) \leqslant \frac{s^{-\frac{p'}{N'}\frac{1}{p}}}{(N\alpha_N^{\frac{1}{N}})^{\frac{1}{p-1}}} \left(\int_0^s f_*(t)dt\right)^{\frac{1}{p-1}} = N\alpha_N^{\frac{1}{N}} s^{\frac{1}{N'}} \left|U'_*(s)\right|.$$

D'où

$$|u'_*(s)| \leqslant \frac{s^{-\frac{1}{N'}}}{N\alpha_N^{\frac{1}{N}}} |\nabla u|_{*u}(s) \leqslant |U'_*(s)|.$$

3. Puisque $u_*(s) = \displaystyle\int_s^{|\Omega|} |u'_*(t)|\, dt$ d'où $u_*(s) \leqslant U_*(s)$, $\forall s \in \overline{\Omega}_*$ et d'où $\underset{\sim}{u}(x) = u_*(\alpha_N |x|^N) \leqslant U_*(\alpha_N |x|^N) = U(x)$.

Solution 11.2.6.

Laissé au lecteur (ou voir les articles de Fiorenza-Rakotoson).

Solution 11.2.7.

Laissé au lecteur (ou voir l'article de Almgrem et Lieb).

Solution 11.2.8.

Laissé au lecteur.

Solution 11.2.9.

$$v_{*u}(s) = \int_0^1 v(x, x + u_*(s))dx, \quad s \in [0,1].$$

Solution 11.2.10.

On sait que $\forall \psi : \mathbb{R}_+ \to \mathbb{R}_+$ convexe et lipschitzienne, on a :

$$\int_{\Omega_*} \psi(|v_{1*u} - v_{2*u}|)d\sigma \leqslant \int_{\Omega_*} \psi(|v_1 - v_2|_*)d\sigma.$$

En prenant $\psi(\sigma) = (\sigma - t)_+,\ t \in \mathbb{R}$ on déduit :

$$\int_{\Omega} (|v_{1*u} - v_{2*u}|(\sigma) - t) + d\sigma \leqslant \int_{\Omega} (|v_1 - v_2|_* - t)_+ d\sigma.$$

La proposition 1.2.1 donne le résultat.

12

Commentaires bibliographiques

Le concept de réarrangement relatif a été introduit en 1981 par J. Mossino et R. Temam [84] et annoncé formellement dans [127]. Comme cette dérivée directionnelle concerne le réarrangement monotone, nous avons commencé au premier chapitre par des résultats généraux concernant cette dernière notion. On peut trouver un développement du réarrangement monotone dans le livre de Chong-Rice [32]. Quant aux espaces liés au réarrangement monotone, on peut consulter les livres de Bennett-Sharpley [17], ou de Ziemer W. [129] ou l'article de O'Neil [85]. Bien entendu, les inégalités de Hardy-Littlewood évoquées ici sont données dans les livres [70,73,86]. Les propriétés de contraction dans les espaces de Orlicz sont énoncées dans Chiti [31] voir aussi [92].

La preuve que nous avons adoptée dans le second chapitre est tirée d'un article de Rakotoson-Simon [104–106], pour des mesures générales, dans Dìaz-Nagai-Rakotoson [48], pour une extension pour un domaine non borné. L'analyse convexe utilisée dans cette partie se trouve dans Rockafellar [110], Brezis [24], Ekeland-Temam [53]. Quant aux propriétés du réarrangement relatif, elles relèvent des articles de Mossino-Temam ou des articles de l'auteur et collaborateurs [63,89,92–94,96–98,101]. Une alternative de la preuve de la dérivée directionnelle est donnée dans Alvino-Lions-Trombetti [6].

La notion de périmètre a été introduite par De Giorgi [38] développée dans Federer [54] quant à la formule de Fleming-Rishel rencontrée au chapitre 3 elle est démontrée de façon similaire dans [64]. Les inégalités isopérimétriques (ou relatives isopérimétriques) sont prouvées dans le livre de Federer [54], elles utilisent l'inégalité de Brun-Minkowski. L'inégalité relative isopérimétrique que nous citons pour un domaine connexe régulier est un résultat de Federer-Fleming [54], la constante de cette inégalité dans le cas d'une boule a été calculée par V. Majda [79] et dans $\mathbb{R}^2$ par A. Cianchi [34]. Le résultat de régularité de u_* est d'abord dû à Sperner en 1974 dans le cas d'une fonction à trace nulle, mais sans utiliser la notion de réarrangement relatif bien entendu, le cas général est dû à l'auteur et Temam [109], dès 1987. La preuve présentée ici est une version simplifiée des détails de cet article présenté dans [107,109]. Quant aux inégalités classiques de Polyà-Szëgo que nous donnons ici, on peut les retrouver dans [86] et dans le livre de Bandle [14] ou Mossino [82] pour les fonctions positives à trace nulle. Une étude de l'optimalité de l'inégalité de Polyà-Szëgo classique a été faite dans [27]. Quant aux fonctions à trace partiellement nulle, la notion C_α- réarrangement et inégalités isopérimétriques sur un cône peuvent être trouvées dans les articles Lions P.L. Pacella F. Tricarico, M. [76] et [75]. Les inégalités ponctuelles de Polyà-Szëgo ont été introduites par l'auteur [97, 98].

Le chapitre 4 a montré comment la propriété d'estimation ponctuelle intervient de façon simple et donne une méthode unificatrice d'obtention de diverses inégalités. Ces inégalités ont été introduites par l'auteur [97, 98] (voir aussi Fiorenza-Rakotoson [61, 62]). Néanmoins, l'usage des inégalités telle que l'inégalité de Bliss remonte déjà aux travaux de Rodemich [111] et Talenti [121]. Pour compléter ce chapitre, on peut consulter d'autres ouvrages concernant les inclusions de Sobolev, tels les livres de Gilbarg N.S. Trudinger [68], Adams R [1], V. Majda [79] ou les articles Alvino et collaborateurs [3,4,6], Moser J. [81], Brezis-Wainger [25], Strichartz [119]. La preuve page 98 pour $W^{1,1}(\Omega)$ est inspirée de W. Ziemer [129].

L'usage des réarrangements monotones dans les équations elliptiques a été initié par Talenti [120, 122, 123]. Sa méthode fut exploitée dans diverses directions par exemple [6, 7, 10–12, 20, 21, 39–44, 57, 58, 66, 67, 116] la méthode de Talenti s'appuie surtout sur l'usage de la fonction de distribution $m(t) = |u > t|$ et de l'inégalité différentielle $-m'(t)dt \leqslant -dm(t)$. Cette méthode a été reprise dans les références citées ci-dessus et a servi dans de nombreux cas à des théorèmes de comparaison de solutions. D'autres approches de ces résultats de comparaison sont dans [8, 13].

La méthode du chapitre 5 est totalement différente de celle de Talenti puisqu'elle n'utilise pas la fonction distribution mais directement le réarrangement monotone mais aussi le réarrangement relatif du gradient. C'est l'estimation de cette quantité qui est une des clés de cette nouvelle approche additionnée des inégalités dites ponctuelles PSR. Cette technique a été introduite dans les articles de l'auteur [97–99]. Quant au modèle mathématique de problème de valeur propre non linéaire, il a été tiré de l'article de Temam [126]. La modélisation de ces équations est faite dans [125]. Les modèles en physique des plasmas ont motivé l'introduction du réarrangement relatif [84, 127]. Le lemme 5.4.3 est aussi prouvé dans le livre de Mossino [82].

Le chapitre 6 a été bâti à l'aide de l'article d'Almgren-Lieb [2], même si la présentation que nous avons adoptée est différente de l'article originel de [2]. Les théorèmes du type Morse-Federer utilisés à la fin de ce chapitre sont donnés dans Federer [54], Ziemer [129]. Notons que le premier résultat dans le cas de la dimension 1 est dû à Coron [36].

Le chapitre 7 concernant la continuité forte du réarrangement relatif a fait l'objet de nombreux articles [95, 96] suivi [55, 56, 100, 102]. Ce chapitre a été surtout motivé par les problèmes nonlocaux étudiés par Dìaz-Rakotoson [49–51] suivis des articles Dìaz-Lerena-Padial-Rakotoson [45]. Ces problèmes relèvent de certains modèles en physique des plasmas liés aux machines de confinement appelées Stellerator (voir [50, 51, 65, 115]).

Un résultat voisin du théorème 7.2.1 est donné par Alvino-Trombetti pour le pseudo-réarrangement [57]. Notre preuve, donnée dans [93], est basée entièrement sur la définition particulière du réarrangement relatif contrairement à la preuve d'Alvino-Trombetti.

Le chapitre 8 a été fondé à partir des articles Rakotoson-Seoane [96], Rakotoson-Serre [103] et présente les applications des résultats du chapitre 7 et du chapitre 2 à des problèmes non standard. Le problème d'optimisation traité a été présenté par Serre [114].

Enfin le chapitre 9 reprend l'article de Dìaz-Nagai [47] Dìaz-Nagai-Rakotoson [48] mais aussi les idées de Bandle [14], A. Cianchi [35], Mossino-Rakotoson [83]. Les théorèmes de comparaison pour les problèmes paraboliques ont été développés par Bandle pour les solutions fortes (régulières) et améliorées par Mossino-Rakotoson [83] pour les solutions faibles. Comme les résultats de Talenti pour le cas elliptique, les théorèmes de comparaison ont été exploités par divers auteurs par exemple Rodriguez [112], Dìaz-Mossino [46], Gustafsson-Mossino [69], pour les équations d'Hamilton-Jacobi dans [59, 66, 67], (voir aussi [7, 8]). Le système de Chemotaxis dans le cas d'un domaine borné et présenté ici a été étudié par Dìaz-Nagai [47]. Le théorème abstrait 9.4.1 a été pris dans le livre de Temam [128].

En complément aux références précédentes, on a un exposé général sur la théorie de la mesure utile à la compréhension dans [71] et des propriétés des espaces de Sobolev utilisées pour la continuité du réarrangement monotone sont traitées dans [30]. D'autres applications du réarrangement monotone dans les inéquations variationnelles par exemple se trouvent dans [9, 15, 78], ou pour certains problèmes liés à la mécanique des fluides [29, 52]. Pour les approches numériques du réarrangement monotone et relatif, on peut consulter [19, 101].

Le réarrangement relatif n'est pas un réarrangement comme la symétrisation de Steiner ou de Schwarz. Pour permettre aux lecteurs de faire une comparaison entre ces divers réarrangements nous avons cités quelques références [5, 13, 14, 22, 26, 28, 73].

Les références [44, 65, 113, 115] concernent les équations de la magnétohydrodynamique liées aux équations de la physique des plasmas citées ici.

Littérature

1. **Adams, R.**
   Sobolev spaces. Academic Press, 1975.
2. **Almgren, F. and Lieb, E.**
   Symmetric rearrangement is sometimes continuous.
   J. Amer. Math. Soc., 2: pp.683–773, 1989.
3. **Alvino, A.**
   Sulla disegualianza di Sobolev in spazi di Lorentz.
   Boll. Un. Mat. Ital., 14: pp.148–156, 1977.
4. **Alvino, A.**
   Un caso limite della diseguafliana di Sobolev in spazi di Lorentz.
   Rend. Acad. Sci. Napoli, XLIV: pp.105–112, 1978.
5. **Alvino, A. Díaz J.I. Lions, P.L. and Trombetti, G.**
   Elliptic Equations and Steiner Symmetrization.
   Comm. Pure Appl. Math., XLIX: pp.217–236, 1996.
6. **Alvino, A. Lions, P.L. and Trombetti, G.**
   On Optimization Problems with Prescribed Rearrangements.
   Nonlinear Anal. T.M.A., 13(2): pp.185–220, 1989.
7. **Alvino, A. Lions, P.L. and Trombetti, G.**
   Comparison results for elliptic and parabolic equation via Schwarz symmetrization.
   Ann. Inst. Henri Poincaré., 7: pp.37–65, 1990.
8. **Alvino, A. Lions, P.L. and Trombetti, G.**
   Comparison results for elliptic and parabolic equation via symmetrization: a new approach.
   Diff. Int. Eq., 4: pp.25–50, 1991.
9. **Alvino, A. Matarasso, S. and Trombetti, G.**
   Variational inequalities and rearrangements.
   Rend. Mat. Acc. Lincei., 9: pp.271–285, 1992.
10. **Alvino, A. and Trombetti, G.**
    Sulle migliori costanti di maggiorazione per una classe di equationi ellittiche degeneri.
    Ricerche Mat., 27: pp.413–428, 1978.

11. **Alvino, A. and Trombetti, G.**
Sulle migliori costanti di maggiorazione per una classe di equationi ellittiche degeneri e non.
Ricerche Mat., 30: pp.15–33, 1981.
12. **Alvino, A. and Trombetti, G.**
A lower bound for the first eigenvalue of an elliptic operator.
J. Math. Anal. Applic., 94: pp.328–337, 1983.
13. **Baernstein, A.**
A unified approach to symmetrization.
Partial Differential Equations of Elliptic Type, XXXV: pp.47–91, 1995. A. Alvino et al., Symposia matematica.
14. **Bandle, C.**
Isoperimetric inequalities and applications.
Pitman, 1980.
15. **Bandle, J. and Mossino, J.**
Rearrangements in variational inequalities.
Ann. Mat. Pura e Appl., (4) 138: pp.1–14, 1984.
16. **Bénilan, P. and Crandall, M.L.**
Semigroup theory and evolution equations.
Ph Clements et al. (editors Marcel Decker Inc), pp.41–76, 1991.
17. **Bennett, C. and Sharpley, R.**
Interpolation of operators.
Academic Press, 1983.
18. **Berestycki, H. and Brézis, H.**
On a free boundary problem arising in plasma physics.
Nonlinear Anal., 4: pp.415–436, 1980.
19. **Bermúdes, A. and Seoane, M.L.**
Numerical solution of a nonlocal problem arising in plasma physics.
Math. Comp. Modell., 27(5): pp.45–59, 1998.
20. **Betta, F. and Mercaldo, A.**
Existence and Regularity results for a nonlinear Elliptic Equations.
Rendiconti di Matematica, VII(11): pp.737–759, 1991.
21. **Betta, F. and Mercaldo, A.**
Comparison and regularity results for a nonlinear elliptic equation.
Nonlinear Anal. Theory Meth. Appl., 20(1): pp.63–77, 1993.
22. **Betta, F. and Mercaldo, A.**
Geometric inequalities related to Steiner symmetrization.
Diff. Int. Equ., 10(3): pp.473–486, 1997.
23. **Blum, J., Gallouet, T. and Simon, J.**
Equilibrium of a plasma in a Tokamak.
ed Pitman, 1985.
24. **Brézis, H.**
Analyse fonctionnelle Théorie et Applications.
Masson, 1983.
25. **Brézis, H. and Wainger, S.**
A note on limiting cases of Sobolev embedding and convolution inequalities.
Commun. Part. Diff. Equ., 5: pp.773–789, 1980.
26. **Brock, F.**
Continuous Steiner-symmetrization.
Math. Nachrichten, 172: pp.25–48, 1995.

27. **Brothers, J. and Ziemer, W.P.**
Minimal rearrangements of Sobolev functions.
J. Reine Angew. Math., 384: pp.153–179, 1988.
28. **Burchard, A.**
Steiner symmetrization is continuous in $W^{1,p}$.
Geom. Funct. An., 7: pp.823–860, 1997.
29. **Burton, G.R.**
Rearrangement of functions Maximization of convex functionals and vortex rings.
Math. An., 276(2): pp.225–253, 1987.
30. **Chabi, A. and Haraux, A.**
Un théorème de valeurs intermédiaires dans les espaces de Sobolev et applications.
Ann. Fac. Sci. Toulouse, VII: pp. 87–100, 1985.
31. **Chiti, G.**
Rearrangement of functions and convergence on Orlicz spaces.
Appl. Anal., 9(1): pp.23–27, 1979.
32. **Chong, K.M. and Rice, N.M.**
Equimeasurable rearrangements of functions.
Queen's University, 1971.
33. **Choquet, G.**
Theory of capacities.
Ann. Inst. Fourier, 5: pp.131–395, 1955.
34. **Cianchi, A.**
On relative isoperimetric inequalities in the plane.
Bolletino della Unione Mathematica Italiana, 7(3-B): pp.289–325, 1989.
35. **Cianchi, A.**
Optimal gradient bounds and heat equation.
Diff. Int. Equ., 6(5): pp.1079–1088, 1993.
36. **Coron, J.M.**
The Continuity of the Rearrangement in $W^{1,p}(\mathbb{R})$.
Annali della Scuola Normale Superiore di Pisa. Série IV, 11(1): pp.57–85, 1984.
37. **Crandall, M.G. and Tartar, L.**
Some relations between nonexpansive and ordre preserving maps.
Proc. AMS, 78(3): pp.385–390, 1980.
38. **De Giorgi, E.**
Su una teoria generale della misura $(r-1)$-dimensionale in uno spazio ad r-dimension.
Annali Mat. pura appl., 36: pp.191–213, 1952.
39. **Díaz, J.I.**
Applications of symmetric rearrangement to certain nonlinear elliptic equations with a free boundary. Pitman, 1985.
40. **Díaz, J.I.**
Nonlinear partial differential equations and free boundaries., volume 1, elliptic equations.
Pitman, 1985.
41. **Díaz, J.I.**
Desigualdades de tipo isoperimétrico para problemas de Plateau y capilaridad.
Revista de la Academica Canaria de Ciencas, III,1(1): pp.127–166, 1991.

42. **Díaz, J.I.**
Symmetrization of nonlinear elliptic and parabolic problems and applications: a particular overview.
Progress in partial differential equations elliptic and parabolic problems, Pitman Research Notes Mathematics Longman, Harlow, Essex(266): pp.1–16, 1992.
43. **Díaz, J.I.**
Qualitative study of nonlinear parabolic equations: an introduction.
Extracta Mathematicae, 16(2): pp.303–341, 2001.
44. **Díaz, J.I.**
Modelos bidimensionales de equilibrio magnetohidrodinámico para Stellarators, Informe 3 Formulaci.
Euroatom CIEMAT Associaton Reports, Madrid, December 1991.
45. **Díaz, J.I. Lerena, M. Padial, J.F. and Rakotoson, J.M.**
Nonlocal elliptic-parabolic equation arising in the stability of a confined plasma in a Stellerator.
C.R. Acad. Sci. Paris, t.329, série I: pp. 773–777, 1999.
46. **Díaz, J.I. and Mossino, J.**
Isoperimetric inequalities in the parabolic obstacle problems.
J. Math. Pures Math., 71(9): pp.233–266, 1992.
47. **Díaz, J.I. and Nagai, T.**
Symmetrization in a parabolic-elliptic system related to chemotaxis.
Adv. Math. Sci. Appl., 5: pp.659–680, 1995.
48. **Díaz, J.I. Nagai, T. and Rakotoson, J.M.**
Symmetrization techniques on unbounded domains: application to a chemotaxis system on $\mathbb{R}^N$.
J. Diff. Equ., 145(1): pp.156–183, 1998.
49. **Díaz, J.I. Padial, J.F. and Rakotoson, J.M.**
Mathematical treatement of the magnetic confinement in a current carrying Stellerator.
Nonlinear Anal. TMA, 34: pp.857–887, 1998.
50. **Díaz, J.I. and Rakotoson, J.M.**
On a two–dimensional stationary free boundary problem arising in the confinement of a plasma in a Stellarator.
C.R. Acad. Sci. Paris Serie I, 317: pp.353–358, 1993.
51. **Díaz, J.I. and Rakotoson, J.M.**
On a nonlocal stationary free boundary problem arising in the confinement of a plasma in a Stellarator geometry.
Arch. Rat. Mech. Anal., 134(1): pp.53–95, 1996.
52. **Douglas, R.J.**
Rearrangement of functions on unbounded domains.
Proc. R. Soc. Edin., 124(A): pp.621–644, 1994.
53. **Ekeland, I. and Temam, R.**
Convex analysis and variational problems.
North-Holland, 1976.
54. **Federer, H.**
Geometric measure.
Springer, 1989.

55. **Ferone, A. Jalal, M. Rakotoson, J.M. and Volpicelli, R.**
Nonlocal generalized models for a confined plasmas in a Tokamak.
Appl. Math. Lett., 12(1): pp.43–46, 1999.
56. **Ferone, A. Jalal, M. Rakotoson, J.M. and Volpicelli R.**
A topological approach for generalized nonlocal models for a confined plasmas in a Tokamak.
Commun. Appl. Anal., 5(2): pp. 159–182, 2001.
57. **Ferone, A. and Volpicelli, R.**
Some relations between pseudo-rearrangement and relative rearrangement.
Nonlinear Anal., 41(7–8): pp.855–869, 2000.
58. **Ferone, V. and Posteraro, M.R.**
A remark on a Comparison theorem.
Commun. Partial Diff. Equ., 16: pp.1255–1262, 1991.
59. **Ferone, V. Posteraro, M.R. and Volpicelli, R.**
An inequality concerning rearrangements of functions and Hamilton-Jacobi equations.
Arch. Ration. Mech. Anal., 125(3): pp.257–269, 1993.
60. **Fiorenza, A.**
Duality and reflexivity in Grand Lebesgue spaces.
Collect. Math., 51(2): pp.131–148, 2000.
61. **Fiorenza, A. and Rakotoson, J.M.**
Petits espaces de Lebesgue et quelques applications.
C.R.A.S., série I, 334: pp.23–26, 2002.
62. **Fiorenza, A. and Rakotoson, J.M.**
New proprieties of small Lebesgue spaces and their applications.
Mathematishe Annalen, 326: pp.543–561, 2003.
63. **Fiorenza, A. and Rakotoson, J.M.**
Compactness, interpolation inequalities for small Lebesgue-Sobolev spaces and applications.
Calc. Var. PDE, 25(2): pp.187–203, 2006.
64. **Fleming, R. and Rishel, F.W.**
On integral formula for total graadiant variation.
Arch. Math. 11: pp.218–222, 1960.
65. **Freidberg, J.P.**
Ideal magnetohydrodynamics.
Plenum, 1987.
66. **Giarusso, E. and Nunziante, D.**
Comparison theorems for a class of first-order Hamilton-Jacobi equations.
Annales Toulouse, 7: pp.57–75, 1985.
67. **Giarusso, E. and Nunziante, D.**
Symmetrization in a class of first-order Hamilton-Jacobi equations.
Nonlinear Anal., 8(4): pp.289–299, 1984.
68. **Gilbarg, D. and Trudinger, N.S.**
Elliptic partial differential equations of second order.
Springer, 1983.
69. **Gustafsson, B. Mossino, J.**
Isoperimetric inequalities for Stefan problem.
SIAM J. Math. Anal., 20(5): pp.1095–1108, 1989.

70. **Hardy, G.H. Littlewood, J.E. and Polya, G.**
Inequalities.
Cambridge University Press, 1964.
71. **Hewitt, E. and Stromberg, K.**
Real and abstract analysis.
Springer, New York, Heidelburg, Berlin, 1965.
72. **Hunt, R.**
On $L(p, q)$ spaces.
L'enseignement Math., 12: pp.249–276, 1966.
73. **Kawohl, B.**
Rearrangements and convexity of level sets in PDE.
Springer lecture notes 1150, 1985.
74. **Lieb, E.**
Sharp constants in the Hardy-Littlewood-Sobolev and related inequalities.
Ann. Math., 118(2): pp.349–374, 1983.
75. **Lions, P.L. and Pacella, F.**
Isoperimetric inequalities for convex cones.
Proc. A. M. S., 109(2): pp.477–485, 1990.
76. **Lions, P.L. Pacella, F. and Tricarico, M.**
Best constants on Sobolev inequalities for functions vanishing
on some part of the boundary and related question.
Indiana Univ. Math. J., 37: pp.301–324, 1988.
77. **Ljusternik, L.A.**
Brun-Minkowski inequality for arbitrary sets.
Dokl. Akad. Nausk SSSR., 3: pp.55–58, 1935.
78. **Maderna, C. and Salsa, S.**
Some special properties of solutions to obstacle problem.
Rend. Sem. Mat. Un. Padova, 71: pp.121–129, 1984.
79. **Madja, V.**
Sobolev spaces.
Springer, 1985.
80. **Mercaldo, A.**
Boundedness of minimizers of degerate functionals.
Diff. Int. Equ., 9(3): pp.541–546, 1996.
81. **Moser, J.**
A sharp form of an inequality by N. Trudinger.
Indiana Uni. Math. J., 20: pp.1077–1092, 1971.
82. **Mossino, J.**
Inégalités Isopérmétriques et applications en physique.
Hermann, 1984.
83. **Mossino, J. and Rakotoson, J.M.**
Isoperimetric inequalities in parabolic equations.
Annali della Scuola Normale Superiore di Pisa. Série IV, 13(1): pp.51–73, 1986.
84. **Mossino, J. and Temam, R.**
Directional derivative of the increasing rearrangement mapping and application to a queer differential equation in plasma physics.
Duke Math. J., 48(3): pp.475–495, 1981.
85. **O'Neil, R.**
Convolution operators and $L(p, q)$ spaces.
Duke. Math. J., 80: pp.129–142, 1986.

86. **Pòlya, G. and Szegö, W.N.**
Isoperimetric inequalities in mathematical physics.
Princenton University Press, 1951.

87. **Puel, J.P.**
A non linear eigenvalue problem with free boundary.
CRAS., 284(A): pp.861–863, 1977.

88. **Rakotoson J.E. and Rakotoson, J.M.**
Analyse fonctionnelle appliquée aux équations dérivées partielles.
PUF, 1999.

89. **Rakotoson J.E. and Rakotoson, J.M.**
Local regularity of the monotone rearrangement.
Appl. Math. Lett., 17(3): pp.353–355, 2004.

90. **Rakotoson, J.M.**
Résultat de régularité et d'existence pour certaines équations elliptiques quasilinéaires.
C.R.A.S., 302, série 1(1): pp.567–570, 1986.

91. **Rakotoson, J.M.**
Réarrangement relatif dans des équations quasilinéaires avec un second membre distribution. Application à un théorème d'existence et de régularité.
J. Diff. Equ., 66(3): pp.391–419, 1987.

92. **Rakotoson, J.M.**
Some properties of the relative rearrangement.
J. Math. Anal. Appl., 135(2): pp.488–500, 1988.

93. **Rakotoson, J.M.**
A differentiability result for the relative rearrangement.
Diff. Int. Equ., 2: pp. 363–377, 1989.

94. **Rakotoson, J.M.**
Relative rearrangement for highly nonlinear equations.
Nonlinear Anal. Theory, Meth. Appl., 24(4): pp.493–507, 1995.

95. **Rakotoson, J.M.**
Strong continuity of the relative rearrangement maps and application to a Galerkin approach for nonlocal problems.
Appl. Math Lett., 8(6): pp.61–63, 1995.

96. **Rakotoson, J.M.**
Galerkin approximations, strong continuity of the relative rearrangement map and application to plasma physics equations.
Diff. Int. Equ., 12(1): pp. 67–81, 1999.

97. **Rakotoson, J.M.**
General pointwise relations for the relative rearrangement and applications.
Appl. Anal., 80(1–2): pp.201–232, 2001.

98. **Rakotoson, J.M.**
Some new applications of the pointwise relations for the relative rearrangement.
Adv. Diff. Equ., 7(5): pp. 617–640, 2002.

99. **Rakotoson, J.M.**
Relative rearrangement and interpolations.
RACSAM (Rev. R. Acad. Ciencas Mad.), 97(1): pp. 133–145, 2003.

100. **Rakotoson, J.M.**
Multivalued fixed point index and non local problems involving relative rearrangement.
Nonlinear Anal., DOI:10.1016/j.na(2006.03.32)., 2006.

101. **Rakotoson, J.M. and Seoane, M.L.**
Numerical approximations of the Relative Rearrangement. The piecewise linear case: Application to some nonlocal problems.
M2AN, 34(2): pp.477–499, 2000.

102. **Rakotoson, J.M. and Seoane, M.L.**
Strong convergence of the directional derivative of the decreasing rearrangement mapping and related questions.
Diff. Integr. Equ., 17(11–12): pp.1347–1358, Nov–Dec 2004.

103. **Rakotoson, J.M. and Serre, D.**
Un problème d'optimisation lié aux équations de Navier-Stokes.
Ann. Della Scuola Norm. di Pisa, XX, fasc 4, série 4,: pp.633–649, 1993.

104. **Rakotoson, J.M. and Simon, B.**
Relative rearrangement on a measure space. Application to the regularity of weighted monotone rearrangement. Part I–II.
Appl. Math. Lett., 6(1): pp.75–78, 79–92, 1993.

105. **Rakotoson, J.M. and Simon, B.**
Relative rearrangement on a finite measure space. Application to the regularity of weighted monotone rearrangement.
Rev. R. Acad. Cienc. Exactas Fís. Nat. (Esp.), 91(1): pp.17–31, 1997.

106. **Rakotoson, J.M. and Simon, B.**
Relative rearrangement on a finite measure space. Application to weighted spaces and to P.D.E.
Rev. R. Acad. Cienc. Exactas Fís. Nat. (Esp.), 91(1): pp.33–45, 1997.

107. **Rakotoson, J.M. and Temam, R.**
Une formule intégrale du type Federer et Applications.
Comptes Rendus Acad. Sci., 304: pp.443–446, 1987.

108. **Rakotoson, J.M. and Temam, R.**
Une nouvelle méthode d'estimation L^∞. Application aux inéquations variationnelles.
Comptes Rendus Acad. Sci., 304, serie 1(17): pp.527–530, 1987.

109. **Rakotoson, J.M. and Temam, R.**
A co–area formula with applications to monotone rearrangement and to regularity.
Arch. Ration. Mech. Anal., 109: pp.213–238, 1990.

110. **Rockafellar, R.T.**
Convex analysis.
Princeton University Press, 1970.

111. **Rodemich, E.**
The Sobolev inequality with best possible constants.
Analysis Seminar at California Institute of Technology, 1966.

112. **Rodrigues, J.F.**
Strong solutions for quasi-linear elliptic-parabolic problems with time-dependent obstacles.
Pitman R.N.M.S., pp.266, 1987.

113. **Saramito, B.**
Stabilité d'un plasma: modélisation mathématique et simulation numérique., volume RMA, 34. Masson, 1994.
114. **Serre, D.**
Sur le principe variationnel des équations de la mécanique des fluides parfaits.
Mod. Math. et Analyse Num., 27(6): pp.739–758, 1993.
115. **Shafranov, V.D.**
On magneto-hydrodynamical equilibrium configurations.
Soviet Physics JETP, 6(33): pp.545–554, 1958.
116. **Simon, B.**
Réarrangement relatif sur un espace mesuré.
Thèse Université de Poitiers, 1994.
117. **Simon, J.**
Asymptotic behavior of a plasma induced by an electric current.
Nonlinear Anal. T.M.A., 9(2): pp.149–169, 1985.
118. **Stein, E.M.**
The differentiability of functions in $\mathbb{R}^n$.
Annals Math., 113: pp.383–385, 1981.
119. **Strichartz, R.S.**
A note on Trudinger's extension of Sobolev inequalities.
Indiana Univ. Math. J., 21: pp.841–841, 1972.
120. **Talenti, G.**
Elliptic equations and rearrangements.
Ann. Scuola Norm. Sup. Pisa Cl. Sci., 3: pp.697–718, 1976.
121. **Talenti, G.**
Best constant in Sobolev inequality.
Ann. Mat. Pura Appli., (4) 110: pp.353–372, 1976.
122. **Talenti, G.**
Rearrangements of functions and Partial Differential Equations. In Fasano, A. and Primicerio, M., editors,
Nonlinear diffus. probl., pp.153–178. Springer-Verlag, 1986.
123. **Talenti, G.**
Rearrangements and PDE. In Everitt, W.N., editor,
Inequalities, fifty years on from Hardy, Littlewood and Pòlya, pp.211–230. Marcel Dekker, 1991.
124. **Temam, R.**
Analyse Numérique.
Presses Universitaires de France, 1970.
125. **Temam, R.**
A non-linear eigenvalue problem: the shape equilibrium of a confined plasma.
Arch. Rat. Mech. Anal., 60: pp.51–73, 1976.
126. **Temam, R.**
Remarks on a free boundary problem arising in plasma physics.
Comm. Par. Diff. Eq., 2(6): pp.563–585, 1977.
127. **Temam, R.**
Monotone rearrangement of functions and the Grad-Mercier equation of plasma physics.
Proceedings of the International Meeting on Recent Methods in Nonlinear Analysis (Rome, 1978), E. de Giogi, U. Mosco, pp.83–98, Pitagora, 1979.

128. **Temam, R.**
Infinite-dimensional dynamical systems in mechanics and physics, volume 68. Springer, 1988.
129. **Ziemer, W.**
Weakly differentiable functions. Springer, 1989.

Index

L

M

N

O

P

R

S

Résumé

Ce livre est accessible en grande partie à toute personne ayant une culture en analyse réelle de base (théorie de la mesure de Lebesgue).

Il aborde d'abord la question : "Comment trouver une racine commune à toute une famille d'inégalités"?
On obtient alors les inégalités de type Poincaré-Sobolev pour les espaces normés dont la norme est de Fatou et invariante par réarrangement, les inégalités de type Gagliardo-Nirenberg pour des espaces normés, les inégalités de Polyà-Szëgo ou encore les inégalités donnant la régularité des solutions de problèmes aux limites.

"Peut-on obtenir toutes ces inégalités uniquement à partir d'un minimum d'informations"?

Nous répondrons positivement en introduisant les inégalités ponctuelles, liées aux réarrangements monotones et relatifs. On retrouvera alors dans ce livre non seulement les inclusions et interpolations liées aux inclusions de Poincaré-Sobolev classiques mais aussi leurs extensions aux espaces invariants par réarrangement tels les espaces de Lorentz, les petits espaces de Lebesgue et les résultats classiques de régularité L^p pour certaines équations aux dérivées partielles. Outre cela, on y trouvera toute une variété d'applications de l'analyse fonctionnelle concernant les réarrangements et les espaces qui leur sont liés.

Déjà parus dans la même collection

1. T. Cazenave, A. Haraux : Introduction aux problèmes d'évolution semi-linéaires. 1990
2. P. Joly : Mise en œuvre de la méthode des éléments finis. 1990

3/4. E. Godlewski, P.-A. Raviart : Hyperbolic systems of conservation laws. 1991

5/6. Ph. Destuynder : Modélisation mécanique des milieux continus. 1991

7. J. C. Nedelec : Notions sur les techniques d'éléments finis. 1992
8. G. Robin : Algorithmique et cryptographie. 1992
9. D. Lamberton, B. Lapeyre : Introduction au calcul stochastique appliqué. 1992
10. C. Bernardi, Y. Maday : Approximations spectrales de problèmes aux limites elliptiques. 1992
11. V. Genon-Catalot, D. Picard : Eléments de statistique asymptotique. 1993
12. P. Dehornoy : Complexité et décidabilité. 1993
13. O. Kavian : Introduction à la théorie des points critiques. 1994
14. A. Bossavit : Électromagnétisme, en vue de la modélisation. 1994
15. R. Kh. Zeytounian : Modélisation asymptotique en mécanique des fluides Newtoniens. 1994
16. D. Bouche, F. Molinet : Méthodes asymptotiques en électromagnétisme. 1994
17. G. Barles : Solutions de viscosité des équations de Hamilton-Jacobi. 1994
18. Q. S. Nguyen : Stabilité des structures élastiques. 1995
19. F. Robert : Les systèmes dynamiques discrets. 1995
20. O. Papini, J. Wolfmann : Algèbre discrète et codes correcteurs. 1995
21. D. Collombier : Plans d'expérience factoriels. 1996
22. G. Gagneux, M. Madaune-Tort : Analyse mathématique de modèles non linéaires de l'ingénierie pétrolière. 1996
23. M. Duflo : Algorithmes stochastiques. 1996
24. P. Destuynder, M. Salaun : Mathematical Analysis of Thin Plate Models. 1996
25. P. Rougee : Mécanique des grandes transformations. 1997
26. L. Hörmander : Lectures on Nonlinear Hyperbolic Differential Equations. 1997
27. J.F. Bonnans, J.C. Gilbert, C. Lemaréchal, C. Sagastizábal : Optimisation numérique. 1997
28. C. Cocozza-Thivent : Processus stochastiques et fiabilité des systèmes. 1997
29. B. Lapeyre, É. Pardoux, R. Sentis : Méthodes de Monte-Carlo pour les équations de transport et de diffusion. 1998
30. P. Sagaut : Introduction à la simulation des grandes échelles pour les écoulements de fluide incompressible. 1998
31. E. Rio : Théorie asymptotique des processus aléatoires faiblement dépendants. 1999
32. J. Moreau, P.-A. Doudin, P. Cazes (Eds.) : L'analyse des correspondances et les techniques connexes. 1999
33. B. Chalmond : Eléments de modélisation pour l'analyse d'images. 1999
34. J. Istas : Introduction aux modélisations mathématiques pour les sciences du vivant. 2000
35. P. Robert : Réseaux et files d'attente : méthodes probabilistes. 2000
36. A. Ern, J.-L. Guermond : Eléments finis : théorie, applications, mise en œuvre. 2001
37. S. Sorin : A First Course on Zero-Sum Repeated Games. 2002

38. J. F. MAURRAS : Programmation linéaire, complexité. 2002
39. B. YCART : Modèles et algorithmes Markoviens. 2002
40. B. BONNARD, M. CHYBA : Singular Trajectories and their Role in Control Theory. 2003
41. A. TSYBAKOV : Introdution à l'estimation non-paramétrique. 2003
42. J. ABDELJAOUED, H. LOMBARDI : Méthodes matricielles – Introduction à la complexité algébrique. 2004
43. U. BOSCAIN, B. PICCOLI : Optimal Syntheses for Control Systems on 2-D Manifolds. 2004
44. L. YOUNES : Invariance, déformations et reconnaissance de formes. 2004
45. C. BERNARDI, Y. MADAY, F. RAPETTI : Discrétisations variationnelles de problèmes aux limites elliptiques. 2004
46. J.-P. FRANÇOISE : Oscillations en biologie : Analyse qualitative et modèles. 2005
47. C. LE BRIS : Systèmes multi-échelles : Modélisation et simulation. 2005
48. A. HENROT, M. PIERRE : Variation et optimisation de formes : Une analyse géometric. 2005
49. B. BIDÉGARAY-FESQUET : Hiérarchie de modèles en optique quantique : De Maxwell-Bloch à Schrödinger non-linéaire. 2005
50. R. DÁGER, E. ZUAZUA : Wave Propagation, Observation and Control in $1-d$ Flexible Multi-Structures. 2005
51. B. BONNARD, L. FAUBOURG, E. TRÉLAT : Mécanique céleste et contrôle des véhicules spatiaux. 2005
52. F. BOYER, P. FABRIE : Eléments d'analyse pour l'étude de quelques modèles d'écoulements de fluides visqueux incompressibles. 2005
53. E. CANCÈS, C. L. BRIS, Y. MADAY : Méthodes mathématiques en chimie quantique. Une introduction. 2006
54. J-P. DEDIEU : Points fixes, zeros et la methode de Newton. 2006
55. P. LOPEZ, A. S. NOURI : Théorie élémentaire et pratique de la commande par les régimes glissants. 2006
56. J. COUSTEIX, J. MAUSS : Analyse asympotitque et couche limite. 2006
57. J.-F. DELMAS, B. JOURDAIN : Modèles aléatoires. 2006
58. G. ALLAIRE : Conception optimale de structures. 2007
59. M. ELKADI, B. MOURRAIN : Introduction à la résolution des systèmes polynomiaux. 2007
60. N. CASPARD, B. LECLERC, B. MONJARDET : Ensembles ordonnés finis : concepts, résultats et usages. 2007
61. H. PHAM : Optimisation et contrôle stochastique appliqués à la finance. 2007
62. H. AMMARI : An Introduction to Mathematics of Emerging Biomedical Imaging. 2008
63. C. GAETAN, X. GUYON : Modélisation et statistique spatiales. 2008
64. RAKOTOSON, J.-M. : Réarrangement Relatif. 2008